"十二五"国家重点图书出版规划项目

陕西出版资金资助项目

新兴微纳电子技术丛书

半导体光伏器件

Semiconductor Photovoltaic Cells

张春福　张进成

马晓华　冯　倩　编著

西安电子科技大学出版社

内 容 简 介

随着对能源需求的不断增加以及对生存环境的不断重视，人们逐渐将目光转向储量极其丰富而又清洁无污染的太阳能，半导体光伏器件因而越来越为人们所重视。本书讲述了半导体光伏器件的基本工作原理，论述了主流的硅基、Ⅲ-Ⅴ族化合物以及传统薄膜太阳能电池，介绍了新近迅速发展的染料敏化太阳能电池和有机太阳能电池，最后对超越现有极限、获得高效太阳能电池的一些新思路、新方法做了总结。

本书可作为半导体专业高年级本科生以及研究生的教材，对从事半导体光伏太阳能器件研究的科研人员和工程师也有重要的参考价值，材料、能源、信息等领域的科技人员以及对半导体光伏器件感兴趣的其他相关人员也可从本书中学到相关知识。

图书在版编目(CIP)数据

半导体光伏器件/张春福等编著. —西安：西安电子科技大学出版社，2015.4
(新兴微纳电子技术丛书)
ISBN 978 - 7 - 5606 - 3537 - 8

Ⅰ. ①半… Ⅱ. ①张… Ⅲ. ①太阳能电池—研究 Ⅳ. ①TM914.4

中国版本图书馆 CIP 数据核字(2015)第 052275 号

策　　划　李惠萍
责任编辑　雷鸿俊　李惠萍
出版发行　西安电子科技大学出版社(西安市太白南路 2 号)
电　　话　(029)88242885　88201467　　邮　编　710071
网　　址　www.xduph.com　　　　电子邮箱　xdupfxb001@163.com
经　　销　新华书店
印刷单位　陕西天意印务有限责任公司
版　　次　2015 年 4 月第 1 版　2015 年 4 月第 1 次印刷
开　　本　787 毫米×960 毫米　1/16　　印　张　23.75
字　　数　476 千字
印　　数　1～3000 册
定　　价　46.00 元
ISBN 978 - 7 - 5606 - 3537 - 8/TM

XDUP 3829001 - 1

* * * 如有印装问题可调换 * * *

"十二五"国家重点图书出版规划项目
陕西出版资金资助项目

新兴微纳电子技术丛书
编写委员会名单

编委会主任　庄奕琪

编委会成员　樊晓桠　梁继民　田文超　胡　英　杨　刚

　　　　　　　张春福　张进成　马晓华　郭金刚　靳　钊

　　　　　　　娄利飞　何　亮　张茂林　冯　倩

前　言

随着社会的不断发展，人们消费的能源越来越多。在各种能源形式中，电能无疑是用处最为广泛的能源，它几乎应用于人类生活的各个方面。随着人们对环境保护的不断重视，如何利用清洁无污染的方法获得电能成为当今社会的重要课题。

与煤、石油、天然气等储量有限且不可再生资源不同，太阳能取之不尽，用之不竭，清洁无污染，是理想的能源来源。随着太阳能光伏器件的出现，人类获得了一种直接从太阳能产生高质量能源的方法。近年来，半导体太阳能光伏器件已应用于从太阳能电站到路灯光伏照明系统等许多方面，未来半导体太阳能光伏器件将扮演着越来越重要的角色。

半导体太阳能光伏器件种类繁多，本书对最为常见和成熟的半导体太阳能光伏器件进行了详细介绍，包括晶体硅太阳能电池、非晶硅基薄膜太阳能电池、Ⅲ-Ⅴ族单结及多结太阳能电池、$Cu(InGa)Se_2$ 太阳能电池、CdTe 太阳能电池、染料敏化电池和有机太阳能电池。这些半导体太阳能光伏器件具有代表性，掌握了这些器件的结构、原理和制作工艺，对于其他类型的半导体太阳能光伏器件的理解也就比较容易了。

在本书的编写过程中，编者既重视各章内容之间的相互联系，又适当保持了各章的相对独立性。第一章和第二章为本书的基础理论介绍，在阅读后面章节前应先行阅读这两章。第三章至第九章分别介绍各种类型的半导体太阳能光伏器件，这些章节可根据需要进行选读，而不影响对章节内容的理解。第十章在前面各章的基础上进一步讨论半导体太阳能光伏器件的理论效率及实现最大效率的途径，以使读者对半导体太阳能光伏器件的进一步发展有一个完整的概念。

本书可供半导体专业高年级本科生及研究生学习使用，对从事半导体太阳能光伏器件研究、生产的科研人员和工程师也有重要的参考价值，材料、能源、信息等领域的科技人员以及对半导体光伏器件感兴趣的其他相关人员也可从本书中获得太阳能光伏器件的相关知识。

在本书的编写过程中，西安电子科技大学宽带隙半导体技术国家重点学科实验室给予了重要支持，在这里表示诚挚的感谢。另外，陈大正、王之哲、高沏、孙丽、唐诗、衡婷、张闽等研究生也为本书的编写做了大量工作，在这里一并表示感谢。

由于编者的水平有限，书中难免还存在一些不足之处，殷切希望广大读者批评指正。

编 者

2014 年 9 月

目　　录

第一章　太阳能与太阳能电池

　　对能源需求的不断增长和能源的有限供应已经开始制约世界经济的发展，能源问题越来越受到人们的关注，而不合理的资源利用导致的环境污染也严重影响着人类的生活质量。在这种情况下，人们不得不把目光投向新型、清洁、可再生的绿色能源——风能、潮汐能、水力能、生物能以及太阳能等，而实际上，上述可再生能源本质都来源于太阳能。太阳能的利用有很多种，可以利用光的热效应，将太阳辐射转化为热能；也可以利用光的伏特效应将太阳辐射直接转换成电能等。其中，太阳能的光电利用成为近些年来发展最快、最具活力的研究领域[1]。本章将在阐述光伏效应原理的基础上具体介绍太阳能电池的发展历史、太阳能电池的特性以及太阳能电池的应用。

1.1　能源消耗与太阳能

　　工业革命以来，世界经济呈现飞速发展。经济的增长与能源资源的开发和利用是紧密相关的，所以要确保经济的稳定可持续发展，有必要了解能源资源的利用情况，以及为将来可能出现或已经出现的能源资源问题早做准备，确保经济发展不会受到制约，甚至还要尽可能地找到新途径、新方法，使得能源资源促进经济的发展，造福于人类。

1. 世界能源现状及特点

世界能源的现状及特点如下：

（1）经济迅猛发展和人口日益增长导致地球上一次性能源消费量不断增加。

随着世界经济规模的不断扩大，世界能源消费量持续增长。1990 年世界所有国家的国内生产总值为 26.5 万亿美元（按 1995 年不变价格计算），2000 年达到 34.3 万亿美元，到 2012 年更是突破了 72.6 万亿美元。我国的经济发展更为迅速，2012 年国内生产总值超过 8.3 万亿美元，位居全球第二[2]。跟随经济一同发展的是对能源需求的不断增加。根据 IEA（国际能源署）、OECD（经济合作与发展组织）和世界银行统计，世界人口由 1990 年的 52.6 亿增加到 2008 年的 66.8 亿，平均能源消耗由 1990 年的 19.4 千千瓦时增加到 2008 年的 21.3 千千瓦时，这使得世界总的能源消耗由 1990 年的 102.3 千太瓦时增加到 2008 年的 142.3 千太瓦时，增加了 39%[3]。

（2）各国能源消费状况呈现不同的增长模式，发展中国家增长速度明显高于发达国家。

过去 20 年来，美国、欧盟、中东、中国、拉美、非洲及印度等地区的能源消费总量均有所增加，但是经济、科技与社会比较发达的北美洲和欧洲两大地区的增长速度相对缓慢，1990 年到 2008 年间美国能源消耗只增长了 20%，欧盟增长更低，只有 7%。相对于这些发达地区，发展中地区能源消耗增长迅速，1990 年到 2008 年间，中东能源消耗增长了 170%，中国增长了 146%，印度增长了 91%，非洲增长了 70%，拉美增长了 66%[3]。发达国家的能源消费量占世界总消费量的比例因此也逐年下降，其主要原因有：一是发达国家的经济发展已进入到后工业化阶段，经济向低能耗、高产出的产业结构发展，高能耗的制造业逐步转向发展中国家；二是发达国家高度重视节能与提高能源使用效率。

（3）世界能源消费结构趋向优质化，但地区差异仍然很大。

自 19 世纪 70 年代的产业革命以来，化石燃料的消费量急剧增长。初期主要是以煤炭为主，进入 20 世纪，特别是第二次世界大战以来，石油和天然气的生产与消费持续上升，石油于 20 世纪 60 年代首次超过煤炭，跃居一次性能源的主导地位。虽然 20 世纪 70 年代世界经历了两次石油危机，但世界石油消费量却没有丝毫减少的趋势。此后，石油、煤炭所占比例缓慢下降，天然气的比例上升。同时，核能、风能、水力、地热等其它形式的新能源逐渐被开发和利用，形成了目前以化石燃料为主和可再生能源、新能源并存的能源结构格局。到 2008 年年底，化石能源仍是世界的主要能源，在世界能源消耗量中，石油占 33.5%、煤炭占 26.8%、天然气占 20.9%；非化石能源和可再生能源虽然增长很快，但仍保持较低的比例，其中核能占 5.8%，水力占 2.2%，其它可再生能源约占 10.6%[3]；此外，还有少量其它能源约占 0.2%。

由于中东地区油气资源最为丰富，开采成本极低，故中东能源消费主要为石油和天然气，其比例明显高于世界平均水平，居世界之首。在亚太地区，中国、印度等国家煤炭资源丰富，煤炭在能源消费结构中所占比例相对较高，故在亚太地区的能源结构中，石油和天然气的比例偏低。

（4）世界能源资源仍比较丰富，但能源贸易及运输压力增大。

根据《2013 年 BP 世界能源统计》，截止到 2012 年年底，全世界剩余石油探明可采储量为 1668.9 亿桶，其中，中东地区占 48.4%，北美洲占 13.2%，中、南美洲占 19.7%，欧洲及欧亚大陆占 8.4%，非洲占 7.8%，亚太地区占 2.5%。通过对比各地区石油产量与消费量可以发现，中东地区需要向外大量输出石油，非洲和中南美洲的石油产量也大于消费量，而亚太、北美和欧洲的产消存在巨大缺口。

煤炭资源的分布也存在巨大的不均衡性。截止到 2012 年年底，世界煤炭剩余可采储量为 8609.38 亿吨,欧洲及欧亚大陆、北美和亚太三个地区是世界煤炭主要分布地区,三个地区合计占世界总量的 94.8% 左右。同时,天然气剩余可采储量为 187.3 万亿立方米。中东和欧洲是世界天然气资源最丰富的地区,两个地区占世界总量的 74.2%,而其它地区的份额较低。随着世界一些地区能源资源的相对枯竭,世界各地区及国家之间的能源贸易量将进一步增大,能源运输需求也相应增大,能源储运设施及能源供应安全等问题将日益受到重视。

(5) 可再生能源特别是太阳能储量巨大,但开发利用并不充分。

可再生能源为来自大自然的能源,例如太阳能、风力、潮汐能、地热能等,是取之不尽、用之不竭的能源,会自动再生,是相对于会穷尽的不可再生能源的一种能源。单单是太阳光,就可以满足全世界 2850 倍的能源需求。风能可满足全世界 200 倍的能源需求,水力可满足全世界 3 倍的能源需求,生物质能可满足全世界 20 倍的能源需求,地热能可满足全世界 5 倍的能源需求。但是现今人类实际使用的可再生能源远远低于其可被开发的潜力:2008 年全球有 19% 的能源需求来自可再生能源,其中 13% 为传统的生物能,多半用于热能(例如烧柴),3.2% 来自水力,来自新的可再生能源(小于 20 MW 的水力,现代的生物质能、风能、太阳能、地热能等)则只有 2.7%[4]。

2. 我国能源消耗现状

我国是一个能源生产大国和消费大国,拥有丰富的化石能源资源。2006 年,我国煤炭保有资源量为 10 345 亿吨,探明剩余可采储量约占全世界的 13%,列世界第三位。但是我国的人均能源资源拥有量较低,煤炭和水力资源人均拥有量仅相当于世界平均水平的 50%,石油、天然气人均资源拥有量仅为世界平均水平的 1/15 左右。能源资源赋存不均衡,开发难度较大,已探明石油、天然气等优质能源储量严重不足。再加上能源利用技术落后,利用率低下,在经济高速增长的条件下,我国能源的消耗速度比其它国家更快,能源枯竭的威胁可能来得更早、更严重。世界和我国未来主要传统能源储量可开采时间预测如表 1.1 所示。日益增长的能源需求造成的能源压力迫使我们不得不寻找解决能源危机的突围之路。

表 1.1 　世界和我国未来主要传统能源储量可开采时间(年)预测[5]

能源种类	太阳能	煤	石油	天然气	铀
世界	无穷大	230	50	60	70
中国	无穷大	100	40	40	50

我国是世界上少数几个以煤为主要能源的国家,一次性能源生产和消费 65% 左右为煤炭。由于大量使用煤炭,使我国 66% 的城市大气中颗粒物含量以及 22% 的城市空气二氧化硫含量超过国家空气质量二级标准。长期以来这种以煤炭为主的能源结构和单一的能源消

费模式带来了严重的环境污染。伴随着经济的快速发展和能源需求量的持续增长，化石燃料燃烧所产生的温室气体排放给环境造成了越来越沉重的压力。面对当前化石能源消耗带来的严重环境危机，调整能源结构已迫在眉睫[6]，特别是近几年我国大面积出现雾霾，PM2.5 含量在很多地区居高不下，使得我们不得不对能源的消耗进行调整。

3. 太阳能资源的开发及利用

日益突出的能源短缺和环境污染问题迫使人们不得不寻找新的清洁能源。新能源应该同时符合两个条件：一是蕴藏丰富，不会枯竭；二是安全、清洁，不会威胁人类和破坏环境。目前，新能源主要有太阳能、生物能、地热能、潮汐能、风能、核能、氢能等，其中最理想的能源是太阳能。太阳能(Solar Energy)一般是指太阳光的辐射能量。地球上的生物就主要依靠太阳提供的热和光生存，而自古人类也懂得以阳光晒干物件，并作为保存食物的方法，如制盐和晒咸鱼等。但在化石燃料日益减少的情况下，人类才有意进一步发展太阳能的利用[7]。

太阳能的利用方式可以分成以下三种：

(1) 间接利用太阳能：化石能源、生物质能(光能转化为化学能)。

(2) 直接利用太阳能：集热器(有平板型集热器和聚光式集热器)(光能转化为热能)。

(3) 太阳能电池：一般应用在电站、人造卫星、宇宙飞船、打火机、手表等方面，近期也作为我国电力能源的重要来源之一(光能转化为电能)。

之所以选择发展太阳能作为未来能源资源的主力，主要是因为新型清洁可再生的太阳能具有以下独特的优势：

(1) 储量丰富。太阳每秒放射的能量相当于 1.6×10^{23} kW，其中仅有极微小的部分(约 22 亿分之一)到达地球。即便这样，太阳每秒辐射到达地球表面的能量还高达 8×10^{13} kW，相当于 6×10^9 t 标准煤。按此计算，一年内到达地面的太阳能总量折合成标准煤共约 1.892×10^{16} t。德国太阳能专家伯尔科说，只需开发非洲部分地区的太阳能发电，便能满足全世界的电力需求。而且太阳辐射可以源源不断地供给地球，取之不尽，用之不竭。

(2) 普遍性。太阳能不像其它能源那样具有分布的偏集性。世界不少国家因为能源分布的不平衡性不得不花费庞大的输电设备费用或交通费用。而太阳能处处都可就地利用，有利于缓解能源供需矛盾及运输压力，对解决偏僻边远地区及交通不便的农村、海岛的能源供应，更有其巨大的优越性。

(3) 无污染性。人类比以往更强烈地认识到，为实现可持续发展，环境保护是发展过程中不可或缺的组成部分，环境与发展不能相互脱离。在众多环境问题中，矿物燃料燃烧形成的污染十分严重。而利用太阳能作能源，没有废渣、废气、废水排出，无噪声，不产生有害物质，这在环境污染日趋严重的今天显得尤为可贵。

(4) 经济性。电站的经济性主要由建造费、燃料费、运行管理维修及环保投资等几部分组成。而利用太阳能发电，既不会污染环境，又取之不尽、无处不在，因此从长期来看，其发电成本要小得多。专家们的预测和研究一致认为：21 世纪人类最洁净、最廉价的能源就是太阳能。

当然，太阳能利用也有其缺点，如能量密度低、不易收集、不稳定、随季节气候和天气昼夜变化而变化等，且现阶段发电成本相对较高。但总的来说，太阳能有很多其它能源无法相比的优点，有极其广阔的利用前景[8]。

我国幅员广阔，多处于中低纬度，太阳高度角较大，辐射较强，太阳能资源十分丰富。图 1.1 所示为我国太阳能资源分布图。

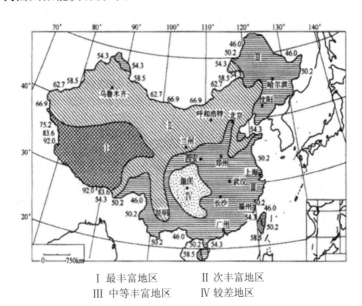

Ⅰ 最丰富地区　　　　Ⅱ 次丰富地区
Ⅲ 中等丰富地区　　　Ⅳ 较差地区

图 1.1　我国太阳能资源分布图

我国太阳辐射年总量大约为 3300～8300 MJ/m²。根据各地太阳辐射量的差异和太阳能利用特点，可将全国分为四种地域类型。

（1）最丰富地区：包括青藏高原及其边缘地区。该地区最大的特点是地势高，空气稀薄，水汽和尘埃含量少，透明度高，太阳辐射特别强烈，辐射量明显高于同纬度的平原地区。此外，该地区年降雨量少，且多夜雨，日照时数长，一般全年在 2800～3200 小时，对太阳能的利用极其有利。

（2）次丰富地区：包括新疆、宁夏大部、甘肃、内蒙古西部及陕西、山西的北部。该地区处于我国西北干旱区，云量少，晴天多，日照时数是全国最长的，全年大部在 3200 小时以上，新疆北部可长达 3500 小时，有利于太阳能的利用。虽然冬季时间长、气温低，全年日均温高于 0℃的天数仅为 100～150 天，但由于气温日差较大，冬季中午气温可达到较高温度，也有利于太阳能的利用。风沙日多、风速大是该地区的不利因素。

（3）中等丰富地区：秦岭—淮河以北的北方地区以及福建和广东的南部、台湾和海南的大部。北方地区利用太阳能的优势在于晴天多、云量少、日照时间长，全年日照时数大部分地区在 2400 小时以上。不足是冬季严寒、气温低、辐射强度弱，一般有 3~5 个月不利于太阳能利用。此外，北方地区普遍风大，特别是春秋季节，对太阳能利用装置的热效率也有较大影响。

（4）较差地区：秦岭—淮河以南的南方地区，尤其是四川、贵州、湖北南部和湖南西部。南方地区虽然纬度低、气温高，全年日均温高于 0℃ 的日期大部在 350 天以上，但由于受季风影响阴雨天多，云量大，全年可利用的日照时数并不多，大多数地区在 2000 小时以下，川南、黔东北仅有 1100 小时左右。四川、贵州是全国阴天最多的地区，成都平均全年有阴天 244.6 天。

从我国太阳能资源看，前三类地区太阳辐射总量多接近或超过 5500 MJ/m²，是资源较为丰富的地区，约为全国总面积的 2/3 以上。即便是资源较差的南方地区，由于纬度低，太阳辐射强度较高，仍有较大的利用价值，特别是带有聚光装置的太阳能利用器，可以充分发挥其效能。从世界范围看，太阳能利用较好的是欧洲、日本等地区。欧洲大部分地区的纬度位置比我国高，日本的纬度位置与我国华北地区相当，但这些地区的气候受海洋影响较大，太阳能资源远不如我国。美国纬度与我国相当，太阳辐射也很丰富，特别是南部和西部沙漠地区，但像我国青藏地区这样得天独厚的太阳能资源，在世界上也是少见的，资源上的优势为我国太阳能利用提供了良好的前提条件[8]。

1.2　光伏效应及应用

1839 年，法国科学家 A. E. Becqurel 首先发现了"光生伏特效应"，简称"光伏效应"。所谓光伏效应，简单地说，就是当物体受到光照时，其内部的电荷分布状态发生变化而产生电动势和电流的一种效应。它首先是由光子(光波)转化为电子、光能量转化为电能量的过程；其次，是形成电压的过程。在气体、液体和固体中均可产生这种效应，但在固体尤其是半导体中，光能转换成电能的效率特别高。因此半导体中的光伏效应引起了人们的格外关注。

光具有波粒二象性，在太阳能电池研究中，光被看做粒子，光的单元能量称为光子，与光子的振动频率成比例，为 $E=h\nu$，其中，E 为光子能量，ν 为光子振荡频率，且角频率 $\omega=2\pi\nu$。为保证光子的有效吸收，光子的能量必须满足：

$$h\nu \geqslant E_g = h\nu_0 \tag{1.1}$$

其中，E_g 为材料禁带宽度。等于 E_g 的光子能量 $h\nu_0$ 是可能产生电子—空穴对的最低光子能量，称为本征吸收限。相应的波长最大值为

$$\lambda_0 = c\,\frac{2\pi}{\omega_0} = \frac{c}{\nu_0}$$

其中，c 为光速，真空中为 3×10^8 m/s，且吸收的最大波长与禁带宽度 E_g 的关系为

$$\lambda_0 = \frac{1.24}{E_g(\mathrm{eV})}\ (\mu m) \tag{1.2}$$

当光的能量小于 $h\nu_0$ 或波长大于 λ_0 时，吸收系数迅速下降。$E=h\nu$ 关系对于研究太阳能电池的工作特性和提高效率具有重要意义。

当入射光垂直入射到 PN 结表面时，只要结深足够浅，符合 $d<1/\alpha$ 条件（其中 α 是材料的吸收系数，$\alpha=4\pi\nu\kappa/c$ 是波长的函数，κ 为消光系数），光就可以到达势垒区或更深的地方。入射光中光子能量 $h\nu \geqslant E_g=h\nu_0$ 的光子由于本征吸收而在结的两边产生电子—空穴对。在光激发下多数载流子的浓度一般改变很小，而少数载流子的浓度却变化很大。

如图 1.2 所示，由于 PN 结势垒区内存在较强的由 n 区指向 p 区的内建电场，结两边的光生少数载流子受该电场的作用，各自向相反方向运动：p 区的电子穿过 PN 结进入 n 区；n 区的空穴进入 p 区，p 端电势升高，n 端电势降低，于是在 PN 结两端形成了光生电动势，这就是 PN 结的光生伏特效应。由于光照产生的载流子各自向相反方向运动，从而

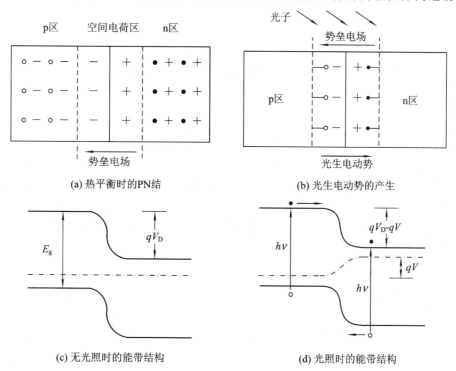

(a) 热平衡时的PN结　　　　　　　　　(b) 光生电动势的产生

(c) 无光照时的能带结构　　　　　　　(d) 光照时的能带结构

图 1.2　光伏效应能带图

在 PN 结内部形成自 n 区指向 p 区的光生电流 I_{ph}。由光生载流子漂移并堆积形成一个与热平衡结电场方向相反的电场并产生一个与光生电流方向相反的正向结电流，它补偿结电场，当光生电流与正向结电流相等时，PN 结两端建立起稳定的电势差，即光生电压。由于光照在 PN 结两端产生光生电动势，相当于在 PN 结两端加正向电压 V，使势垒降低为 $qV_D - qV$，产生正向电流 I_F。在 PN 结开路的情况下，当光生电流和正向电流相等时在 PN 结两端所建立起的稳定的电势差 V_{OC} 就是太阳能电池的开路电压。如将 PN 结与外电路接通，只要光照不停止，就会有源源不断的电流通过电路，PN 结起到了电源的作用。

实际上，并非所有产生的光生载流子都对光生电流有贡献。在空间电荷区内吸收的光生电子—空穴对是有效的光吸收，对光电流有贡献。另外，设 n 区中空穴在寿命 τ_p 的时间内扩散距离为 L_p，p 区中电子在寿命 τ_n 的时间内扩散距离为 L_n，$L_n + L_p = L$。可以认为在结附近平均扩散距离 L 内所产生的光生载流子对光电流有贡献。为了简化，把空间电荷区长度也包括在 L 之内。在这个简化之下，产生的位置距离结区超过 L 的电子—空穴对，在扩散过程中将全部被复合掉，对 PN 结光电效应无贡献[9]。

光伏效应的应用主要是在半导体的 PN 结上，把光辐射能转换成电能。由于半导体 PN 结器件在阳光下的光电转换效率最高，所以通常把这类光伏器件称为太阳能电池，也称光电池或太阳电池。

1.3　太阳能电池的发展

1954 年，美国贝尔实验室的恰宾、富勒和皮尔松制成第一个效率为 6% 的硅太阳能电池，经过逐渐的改进后，效率达到 10%，并于 1958 年装备于美国的先锋 1 号人造卫星上，成功运行了 8 年。在 20 世纪 70 年代以前，光伏发电主要应用于外层空间，至今人类发射的航天器绝大多数是用光伏发电作为动力的，光伏电源为人类航天事业作出了重要的贡献。20 世纪 70 年代发生的能源危机，大大激发了人们对于新能源的需求，太阳能电池也得以快速发展。70 年代后，由于技术的进步，太阳能电池的材料、结构、制造工艺等方面不断改进，降低了生产成本，开始在地面上得到应用，光伏发电逐渐推广到很多领域。但是由于价格偏高，在相当长的时期内其应用市场并不广泛。到 1997 年，这个现象开始被打破，此前太阳能电池产量的年增长率平均为 12% 左右，由于一些发达国家宣布实施"百万太阳能屋顶计划"，1997 年其增长率就达到了 42%[10]。

我国太阳能光伏发电产业起始于 20 世纪 70 年代，到 90 年代中期已进入稳步发展阶段。太阳能电池及其组件产量都已逐年稳步增加。经过 40 多年的努力，目前我国太阳能光伏发电产业已迎来快速发展的新阶段。而且我国的太阳能光伏发电在"光明工程"先导项目和"送电到乡"工程等国家项目及世界光伏市场的有力拉动下，已经建立起稳固的新生产业链并迅猛发展。2013 年 8 月底我国太阳能累计装机容量为 8.98 GW[11]，从事太阳能电池生产的企业众多，并使从原材料生产到光伏系统建设等多个环节组成的产业链更趋于稳定成熟，特别是多晶硅材料生产取得了重大进展，冲破了太阳能电池原材料生产的瓶颈制约，为我国光伏发电的规模化发展奠定了基础。可以说，近十年是我国太阳能光伏产业发展最快的时期。

至今太阳能电池已经发展到了第二代。第一代太阳能电池包括单晶硅和多晶硅两种，工业化产品效率一般为 13%～15%，目前可工业化生产、可获得利润的太阳能电池就是指第一代电池，但是由于生产工艺等因素使得该类型的电池生产成本较高。第二代太阳能电池是薄膜太阳能电池，其成本低于第一代，可大幅度增加电池板制造面积，但是其效率不如第一代。将来的第三代太阳能电池应该具有薄膜化、高效率、原材料丰富和无毒性等特性。可望实现的第三代电池的途径包括叠层电池、多带光伏电池、热载流子电池、碰撞电离电池等，本书将对各种类型电池进行介绍。

1.4　太阳能电池的特性

传统的太阳能电池包括两层半导体，一层是正的(p 型)，另一层是负的(n 型)，两者靠近形成 PN 结。当光照射到半导体时，能量 $h\nu$ 超过禁带宽度的入射光子被半导体材料吸收，使电子由价带跃入导带形成导电电流。对于每一个带负电的电子，都有可移动的带正电的空穴与之对应。靠近 PN 结的电子和空穴在电场的作用下被向相反方向扫描，一个电极驱动这些电子到外电路，在外电路中这些电子做功失去能量，然后它们通过接近电路的第二个选择电极回到材料的价带。传统的太阳能电池基本都是基于这个过程工作的，因此我们需要一些具有特定意义的参数或品质因数来衡量或表征不同太阳能电池的性能好坏。通常用开路电压、短路电流、填充因子、光电转换效率等衡量电池性能差异，此外还需要用串联电阻、光电流、量子效率等术语来描述太阳能电池具体的工作原理和过程。

1.4.1　光电流与量子效率

前面已经提到，当能量大于半导体材料禁带宽度的一束光入射到 PN 结时，在 PN 结两端会建立起稳定的电势差，即光生电压。光生电压也是太阳能电池可能输出的电压。PN 结开路时，光生电压为开路电压。如外电路短路，外电路的电流为短路电流，理想情况下就是光电流。短路电流也就是伏安特性曲线与纵坐标的交点所对应的电流，通常用 I_{SC} 表示（或短路电流密度 J_{SC}，一般用 I 表示电流，J 表示电流密度）。太阳能电池的短路电流 I_{SC} 与太阳能电池的面积大小有关，面积越大，I_{SC} 越大。一般 1 cm^2 的单晶硅太阳能电池的 I_{SC}

为 16～30 mA。

太阳能电池工作时共有三股电流：光生电流 I_{ph}、在光生电压 V 作用下的 PN 结正向电流 I_F 以及流经外电路的电流。I_{ph} 和 I_F 都流经 PN 结的内部，但方向相反。

由 PN 结整流方程可知，在正向偏压 V 作用下，通过结的正向电流为

$$I_F = I_0 (e^{\frac{qV}{kT}} - 1) \qquad (1.3)$$

其中：对于工作中的太阳能电池来说，V 为光生电压，在工作电路中表现为太阳能电池的输出电压；I_0 为反向饱和电流；k 为玻耳兹曼常数；T 为绝对温度；q 为单位电荷电量。

当用一定强度的光照射太阳能电池时，由于存在吸收，一般光强度随着光透入的深度按指数规律下降，所以光生载流子产生率也随着光照深度而减小，也就是产生率 G 是深度 x 的函数。为了对光生电流有一个直观的了解，我们对光生电流做一估算。用 $\bar{G}$ 表示在结内的扩散长度 L 内非平衡载流子的平均产生率，并假设在扩散长度 L_p 内的空穴和 L_n 内的电子都能扩散到 PN 结面而进入另一边。这样光生电流 I_{ph} 就为

$$I_{ph} = q\bar{G}AL \qquad (1.4)$$

其中，A 是 PN 结面积。光生电流 I_{ph} 从 n 区流向 p 区，与 I_F 反向。

当太阳能电池与负载电阻接成通路时，就组成了理想的太阳能电池电路（如图 1.3(a) 所示），则通过负载的电流应为

$$I = I_{ph} - I_F = I_{ph} - I_0 (e^{\frac{qV}{kT}} - 1) \qquad (1.5)$$

由短路电流的定义，当 $V=0$ 时对应的电流即为电池短路电流 I_{SC}。由上式可见，理想情况下，I_{SC} 与 I_{ph} 是相等的，但在实际电路中，这两个值略有区别，因为实际电池情况与理想情况是不同的，我们后面会讲到。

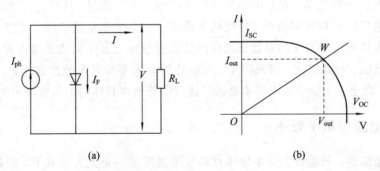

图 1.3　理想太阳能电池等效电路图及其伏安特性曲线

量子效率 QE(Quantum Efficiency) 或称收集效率(Collection Efficiency) 用来表征光电流与入射光的关系。QE 描述不同能量的光子对短路电流 I_{SC} 的贡献。对整个入射光谱，则是短路电流的光谱响应。QE 是能量的函数，有两种表达方式。第一种是外量子效率 EQE (External Quantum Efficiency)，定义为对整个入射太阳能光谱，每个波长为 λ 的入射光子

能对外电路提供一个电子的概率，用下式表示：

$$EQE(\lambda) = \frac{I_{SC}(\lambda)}{qAQ(\lambda)} \tag{1.6}$$

式中，$Q(\lambda)$ 为入射光子流谱密度，A 为电池面积。它反映的是对短路电流有贡献的光生载流子数与入射光子数之比。

量子效率的另一种描述是内量子效率 IQE(Internal Quantum Efficiency)，它定义为被电池吸收的波长为 λ 的一个入射光子能对外电路提供一个电子的概率。内量子效率反映的是对短路电流有贡献的光生载流子数与被电池吸收的光子数之比：

$$IQE(\lambda) = \frac{I_{SC}(\lambda)}{qA(1 - T(\lambda))(1 - R(\lambda))Q(\lambda)} \tag{1.7}$$

式中，$R(\lambda)$ 表示光在器件表面的反射率，$T(\lambda)$ 表示光透过器件的透射率。

比较这两个量子效率的定义，外量子效率的分母没有考虑入射光的反射损失、材料吸收、电池厚度等过程的损失因素，因此 EQE 通常是小于 1 的。而内量子效率的分母考虑了反射损失、电池实际的光吸收等，因此对于一个理想的太阳能电池，若材料的载流子寿命 $\tau \to \infty$，表面复合 $S \to 0$，则电池有足够的厚度吸收全部入射光，IQE 是可以等于 1 的。量子效率谱从另一个角度反映电池的性能，分析量子效率谱可了解材料质量、电池几何结构及工艺等与电池性能的关系。电池的外量子效率谱在实验上是可直接测量的，而电池的内量子效率谱的确定需要考虑电池的反射、光学厚度、栅线结构等[12]。

1.4.2　开路电压

前面讲过，在 PN 结开路的情况下，当光生电流和正向电流相等时在 PN 结两端所建立起的稳定的电势差 V_{OC} 就是太阳能电池的开路电压。也就是说，在开路状态下，总的输出电流是 0。由式(1.5)，理想情况下，开路电压为

$$V_{OC} = \frac{kT}{q} \cdot \ln\left(\frac{I_{ph}}{I_0} + 1\right) \tag{1.8}$$

忽略"+1"项，得到：

$$V_{OC} = \frac{kT}{q} \cdot \ln\frac{I_{ph}}{I_0} \tag{1.9}$$

可见 PN 结的反向饱和电流 I_0 越小，光生电压越大[14]。

从电池的伏安特性来看，在一定的温度和光辐照条件下，太阳能电池在空载（开路）情况下的端电压，也就是伏安特性曲线与横坐标的交点所对应的电压为开路电压 V_{OC}[13]。对于一般的太阳能电池，可近似认为接近于理想的太阳能电池，即太阳能电池的串联电阻值为零，旁路电阻为无穷大。太阳能电池的开路电压 V_{OC} 与电池面积大小无关，一般单晶硅太阳能电池的开路电压约为 $450 \sim 600$ mV[10]。

在实际的太阳能电池中，由于电池表面和背面的电极与接触，以及材料本身具有一定的电阻率，流经负载的电流经过它们时，必然引起损耗，在等效电路中可将它们的总效果用一个串联电阻 R_s 来表示；同时，由于电池边沿的漏电，在电池的微裂痕、划痕等处形成的金属桥漏电等，使一部分本该通过负载的电流短路，这种作用可用一个并联电阻 R_{sh} 来等效表示。此时的等效电路如图 1.4 所示，太阳能电池的输出电流 I 可表示为

$$I = I_{ph} - I_0 \left(e^{\frac{q(V+IR_s)}{nkT}} - 1 \right) - \frac{V + IR_s}{R_{sh}} \tag{1.10}$$

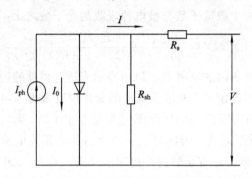

图 1.4　非理想二极管等效电路图

当太阳能电池两端开路，即负载阻抗为无穷大时，电池的输出电流 I 为零，此时的电压为电池的开路电压 V_{OC}。令式(1.10)中 $I=0$，则有：

$$I_{ph} = I_0 \left(e^{\frac{qV_{OC}}{nkT}} - 1 \right) + \frac{V_{OC}}{R_{sh}} \tag{1.11}$$

$$V_{OC} = \frac{nkT}{q} \ln\left(\frac{I_{ph} - V_{OC}/R_{sh}}{I_0} + 1 \right) \tag{1.12}$$

上式表明，开路电压 V_{OC} 不受串联电阻 R_s 的影响，但与并联电阻 R_{sh} 有关。R_{sh} 的理想阻值为无穷大。可以看出，R_{sh} 减小时，V_{OC} 会随之减小。也正是 R_{sh} 这种非理想的电阻情况，使得 I_{SC} 的值与 I_{ph} 的值有所偏离。

1.4.3　光电转换效率

理想太阳能电池的伏安特性曲线如图 1.3(b)所示。图中负载线为一直线，其斜率由电阻的大小决定。负载线与伏安特性曲线的交点 W 为工作点。负载电阻 R_L 从电池获得的功率 P_{out} 为

$$P_{out} = I_{out} V_{out} \tag{1.13}$$

即图 1.3(b)中的矩形面积。由图中可见，当负载电阻变化时，工作点 W 也随之在伏安特性曲线上移动，其中存在一个工作点 m，使相应的工作电压与工作电流乘积最大，即最大输出功率

$$P_\mathrm{m} = I_\mathrm{m} V_\mathrm{m} \tag{1.14}$$

此时相应的负载电阻称为最佳负载。因此，太阳能电池的转换效率等于外接最佳负载时的输出功率与输入功率之比：

$$\eta = \frac{P_\mathrm{m}}{A P_\mathrm{in}} \times 100\% \tag{1.15}$$

式中，A 为电池活性面积，P_in 为单位面积入射光的功率。另外，定义填充因子 FF 为

$$FF = \frac{V_\mathrm{m} I_\mathrm{m}}{V_\mathrm{OC} I_\mathrm{SC}} \tag{1.16}$$

FF 是用以衡量太阳能电池输出特性好坏的重要指标之一。对于具有确定的开路电压和短路电流值的特性曲线来说，填充因子越接近于 1，曲线愈方，输出功率越高。电池的转换效率也可表示为

$$\eta = \frac{FF \times V_\mathrm{OC} \times I_\mathrm{SC}}{A P_\mathrm{in}} \times 100\% \tag{1.17}$$

在实际的太阳能电池中，由于引线等因素的存在，以上公式应改为

$$\eta = \frac{V_\mathrm{m} I_\mathrm{m}}{A_\mathrm{t} P_\mathrm{in}} \times 100\% \tag{1.18}$$

式中，A_t 为包括引线面积在内的太阳能电池总面积（也称全面积）。有时也用活性面积 A 取代 A_t，即从总面积中扣除引线所占的面积，这样计算出来的效率要高一些[10]。光伏电池的光电转换效率是衡量电池质量和技术水平的重要参数，它与电池的结构特性、材料特性、工作温度和环境温度变化等有关。在温度恒定的情况下，电池的转换效率会随光强的增加而增加。对于一个给定的功率输出，电池的转换效率决定了所需电池板的数量，所以电池达到尽可能高的转换效率是极其重要的。而这个结论就为提高转换效率提供了一种途径：可以通过加装聚光器来加强光照强度，从而减少光伏电池的使用，降低光伏发电的成本[15]。

1.4.4　串联电阻

串联电阻主要来源于电池本身的体电阻、前电极金属栅线的接触电阻、栅线之间横向电流对应的电阻、背电极的接触电阻及金属本身的电阻等。当电流为零，即开路时，串联电阻不影响开路电压；电流不为零时，它使输出终端间有一压降 IR_s，因此串联电阻对填充因子的影响十分明显。串联电阻越大，短路电流的降低越明显[16]。根据实测的 I-V 曲线确定太阳能电池难以直接测量的参数，特别是串联电阻，一直是太阳能电池理论和实验研究的一个重点。因为太阳能电池的串联电阻对其效率有显著的影响，所以有必要准确简便地确定太阳能电池的串联电阻，以便于改进工艺技术，尽量减小串联电阻，提高太阳能电池的效率。一般认为，在理论上，由于太阳能电池的 I-V 特性为超越方程，不可能由实

测的 I-V 曲线来直接测量串联电阻。实践中，串联电阻可以从 I-V 曲线在开路电压处的斜率求出，但实际上此处为非线性区间，难以实测斜率。一般有明暗特性曲线比较法和不同光强下曲线比较法提取串联电阻，但是曲线比较法分析测试设备精密昂贵，测量方法也比较复杂。实际上，对太阳能电池的 I-V 特性超越方程进行数值分析，就可以得到由实测数据数值计算太阳能电池串联电阻的简便方法。对一般的太阳能电池而言，串联电阻较小，它只减小填充因子而降低效率，开路电压和短路电流则不变，光生电流等于短路电流。可以证明，光生电流越大，反向饱和暗电流和串联电阻越小，效率越高。

1.4.5　非理想的二极管特性

理想的二极管特性是单向导电性，即正向导电且没有电阻，反向不导电相当于开路。非理想二极管特性则有反向漏电流的存在。对太阳能电池而言，始终有一些杂质和缺陷，有些是硅片本身就有的，也有的是在工艺中形成的，这些杂质和缺陷可以起到复合中心的作用，可以俘获空穴和电子，使它们复合。复合的过程始终伴随着载流子的定向移动，必然会有微小的电流产生，这些电流对测试所得的暗电流的值是有贡献的，其中由薄层贡献的部分称为薄层漏电流，由体区贡献的部分称为体漏电流。它们共同导致了非理想二极管特性。

需要注意的是，在前面公式中对电流一般用 I 表示，如果出现 J，则此时表示的是电流密度。这两个符号在本书中将经常出现，需要注意它们的区别。

1.5　太阳能电池的应用

太阳能电池光伏发电有众多应用[12]。光伏发电可以分为独立光伏发电系统、并网光伏发电系统和风光互补发电系统，如图 1.5 所示。每种发电系统都有着重要的应用领域。

太阳能电池最早的应用领域是作为人造卫星的电源。1958 年高效的单晶硅电池在人造卫星上首次被使用，1971 年我国也成功地将其应用于东方红 2 号卫星上。现在太阳能电池越来越多地在民用领域发挥了巨大的作用。在长三角地区和广东等沿海试点示范区，太阳能电池实现了大规模的并网发电，取得了理想效果，既缓解了当地电力供应的紧张局面又保护了环境，而随着大量住宅小区以及新兴城市的建设，集中并网型太阳能光伏系统将会进一步得到应用和普及；在西部边远地区，太阳能有望解决长期生活供电难的问题。在屋顶和大型建筑物上安装太阳能电池板，既能节省电力又能保护环境，德国等发达国家早就开始了这方面的工作，我国目前也正准备实施。在我国一些城市已经开始使用太阳能信号灯，相信不久将会普及到更多的城市。在远离电网供应的区域，太阳能电池可解决电力短缺问题。2007 年 8 月 5 日，我国第一家太阳能光伏"追日"发电系统在北京奥运会沙滩排球场馆正式并网发电，体现了"人文奥运、科技奥运、绿色奥运"的理念；在 2008 年北京奥运会期间，"鸟巢"中使用的太阳能灯节能又美观；太阳能手机、太阳能手表、太阳能汽车、太阳能计算器、光伏通信等都显示了太阳能巨大的发展潜力[9]。

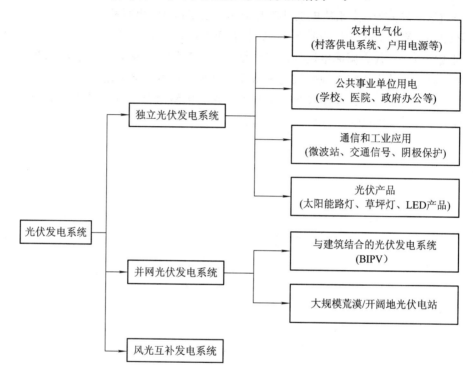

图 1.5 光伏发电系统

本章参考文献

[1] 成志秀，王晓丽. 太阳能光伏电池综述. 信息记录材料，2007，8(2)：41 - 47.

[2] 维基百科. 各国国内生产总值列表.

[3] 维基百科. 世界能源消耗量.

[4] 维基百科. 可再生能源.

[5] 狄丹. 太阳能光伏发电是理想的可再生能源. 华中电力，2008，21(5)：59 - 65.

[6] 和讯网. 中国面临的能源危机.

[7] 凤凰网. 太阳能资源的开发及利用.

[8]　赵媛，赵慧. 我国太阳能资源及其开发利用. 经济地理，1998，18(1)：56 - 61.

[9]　李亚丹. 硅太阳能电池关键技术研究. 黑龙江大学硕士学位论文，2009.

[10]　于胜军，钟建. 太阳能光伏器件技术. 成都：电子科技大学出版社，2011.

[11]　OFweek 太阳能光伏网. 我国太阳能累计装机容量 8.98 GW.

[12]　熊绍珍，朱美芳. 太阳能电池基础与应用. 北京：科学出版社，2009.

[13]　Pagliaro M，et al. Flexible Solar Cells. Wiley-VCH，2008.

[14]　司俊丽. 第三代太阳能电池的效率计算. 合肥工业大学硕士学位论文，2007.

[15]　姚叙红. 高效太阳能电池关键技术研究，中北大学硕士学位论文，2009.

[16]　顾锦华，钟志有. 有机太阳能电池内部串并联电阻对器件光伏性能的影响. 中南民族大学学报，2009，28(1)：57 - 61.

第二章　太阳能电池基础

　　对半导体太阳能电池的理解需要熟悉半导体物理学的一些基本概念，这些概念在大多数半导体物理的教科书中有详细的论述，本章将对这些基本概念做一个简单介绍。由于太阳能电池是将太阳能转换为电能的器件，因此必须对太阳能光谱有所了解。另外，太阳能电池的工作原理是光生伏特效应，而光生伏特效应是与半导体材料以及半导体结的存在密不可分的。因此本章首先将简要介绍太阳能光谱与大气质量的概念，然后详细说明半导体材料的相关内容，包括半导体材料本身的基本属性，半导体中载流子的产生、复合和输运，以及半导体结的相关内容等，最后简要讨论太阳能电池的最高效率问题。

2.1　光子与太阳能光谱

2.1.1　黑体辐射

　　所有的物体在温度高于绝对零度时，都会向外发射电磁辐射，这是由于原子和分子的热运动导致的。热物体发出的电磁辐射，其波长或光谱分布由该物体的温度所决定。完全的吸收体叫做"黑体"。黑体所发出辐射的光谱分布由普朗克辐射定律确定。光辐射分布$M(\lambda, T)$用公式表示为

$$M(\lambda, T) = \varepsilon(\lambda, T) \frac{2\pi hc^2}{\lambda^5} \frac{1}{\exp\left(\frac{hc}{k\pi T}\right) - 1} \tag{2.1}$$

这里的λ是波长，k是玻耳兹曼常数，h是普朗克常数，c是真空中的光速。光谱发射率$\varepsilon(\lambda, T)$只有在理想黑体时才等于1。黑体在变化的温度下的能量分布如图2.1所示。它有两个重要的特点：其一，随着热源温度的升高，在所有波段上向外辐射的能量都在增加；其二，短波段的能量输出增加的速度非常快[1]。

　　黑体是能完全吸收照射到它上面的各种电磁辐射频率的物体。它不反射任何光线，因而

呈现黑色。黑体是一个理想模型，它也是最佳的辐射体。黑体的吸收与辐射是共存的两个方面。实验证明，吸收能力越强的物体，辐射能力也越强。在黑体辐射中，随着温度不同，光的颜色各不相同，黑体呈现红—橙红—黄—黄白—白—蓝白的渐变过程。某个光源所发射的光的颜色，看起来与黑体在某一个温度下所发射的光颜色相同时，黑体的这个温度称为该光源的色温。黑体的温度越高，光谱中蓝色的成分越多，而红色的成分则越少。例如，白炽灯的光色是暖白色，其色温表示为 2700 K，而日光色荧光灯的色温表示则是 6000 K。

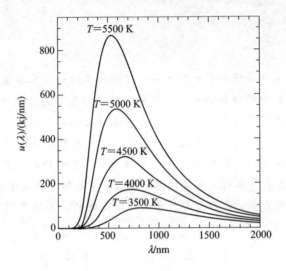

图 2.1　不同黑体温度的普朗克黑体辐射分布

实验证明，不同温度的物体，电子从高能态向低能态跃迁时释放的能量以电磁波方式向外辐射。这种能量的频率分布随温度的差异而不同的电磁辐射叫做热辐射。黑体辐射可看成热辐射，是由于自身温度产生的向外辐射电磁波的现象。测量结果表明，太阳能光谱类似于温度为 5758 K 的黑体辐射光谱，因此通常把太阳作为黑体来处理，这样已知黑体辐射的一系列表征即可直接用于描述太阳辐射[2]。

绝对黑体的辐射能量按波长的分布仅与温度有关，而与物体的性质无关。但现实世界不存在这种理想的黑体，对任一波长，定义发射率为该波长的一个微小波长间隔内真实物体的辐射能量与同温下的黑体的辐射能量之比。显然发射率为介于 0 与 1 之间的正数，一般发射率依赖于物质特性、环境因素及观测条件。如果发射率与波长无关，那么可把物体叫做灰体(grey body)，否则叫做选择性辐射体[3, 4]。

2.1.2　太阳能光谱及大气质量

太阳看上去是白色的，但是如果使一束太阳光通过一个玻璃三棱镜，那么就会在白色幕布上出现一条红、橙、黄、绿、青、蓝、紫等彩色光带。物理学上把这样的彩色光带叫做太阳能光谱，如图 2.2 所示，可见光谱只占太阳能光谱中的微小部分。整个太阳能光谱的波长是非常宽广的，从几埃（Å）到几十米（1 Å＝0.1 nm），比可见光波长长的有红外、微波、无线电波等，比可见光波长短的有紫外线、X 射线等。太阳能光谱是一种吸收光谱，它是在连续光谱的背景上分布许多暗线。原因是太阳发出的白光，要穿过温度比太阳低得多的太阳大气层，在这种太阳大气层里存在着从太阳里蒸发出来的许多元素的气体，太阳光穿过它们的时候，跟这些元素标识谱线相同的光，都被这些气体吸收掉了，所以太阳光到达地球后就形成了吸收光谱。地球大气上界的太阳辐射光谱能量的 99% 以上分布在波长为 0.15～4.0 μm 的区间。大约 50% 的太阳辐射能量在可见光谱区（波长为 0.4～0.76 μm），7% 在紫外光谱区（波长小于 0.4 μm），43% 在红外光谱区（波长大于 0.76 μm），最大能量在波长 0.475 μm 处。由于太阳辐射波长较地面和大气辐射波长（约 3～120 μm）小得多，所以通常又称太阳辐射为短波辐射，称地面和大气辐射为长波辐射。太阳活动和日地距离的变化等会引起地球大气上界太阳辐射能量的变化[5]。

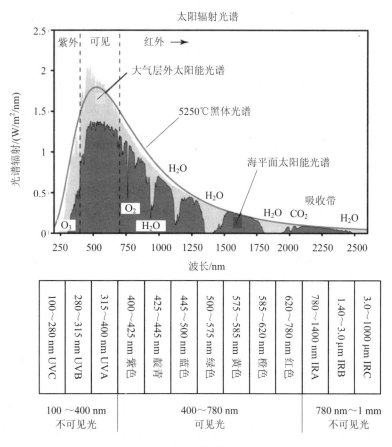

图 2.2　太阳能光谱

太阳表面放射出的能量通过约 100 005 000 km 的宇宙到达地球的大气圈外时，与太阳光垂直的面上的太阳辐射能量的密度约为 1.395 kW/m²，此值称为太阳常数。太阳常数是指当地球与太阳处在平均距离的位置时，在大气层的上部与太阳光垂直的平面上单位面积的太阳辐射能量密度，一般采用 1964 年国际地球观测年所决定的值，即太阳常数的值为 1.382 kW/m²。

在地面上的任何地方都不可能排除大气吸收对太阳辐射的影响。实际测量的太阳光既和测试的时间、地点有关，也和当地的气象条件有关。为了描述大气吸收对太阳辐射能量及其光谱分布的影响，引入大气质量（Air Mass，AM）的概念。如果把太阳在天顶时垂直于海平面的太阳辐射穿过大气的高度作为一个大气质量，则太阳在任意位置时的大气质量定义为从海平面看太阳穿过大气的距离与太阳在天顶时通过大气的距离之比。所以平常所说的大气质量相当于"一个大气质量"的若干倍，大气质量是一个无量纲的量。图 2.3 所示为大气质量的示意图。A 为地球海平面上一点，当太阳在天顶位置 S 时，太阳辐射穿过大气层到达 A 点的路径为 OA，而太阳位于任一点 S' 时，太阳辐射穿过大气层的路径为 $O'A$。则大气质量定义为

$$\mathrm{AM} = \frac{O'A}{OA} = \frac{1}{\sin\theta} \tag{2.2}$$

式中，θ 是入射的太阳光线与水平面之间的夹角，叫太阳高度角。考虑到不同地域大气压力的差异既反映阳光通过大气距离的不同，也反映单位面积上大气柱中所含空气质量的不同，如果 A 点不是处于海平面，则大气质量需作如下修正，即

$$\mathrm{AM} = \frac{P}{P_0} \cdot \frac{1}{\sin\theta} \tag{2.3}$$

式中，P 为当地的大气压力，$P_0 = 101.3$ kPa，为标准大气压。

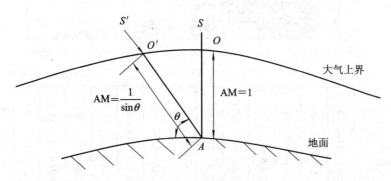

图 2.3　大气质量示意图

可以看出，太阳当顶时海平面处的大气质量为 1，称为 AM1 条件。在外层空间不通过大气的情况称为 AM0 条件，表示大气质量为 0。太阳常数 S_0 为 AM0 条件下的太阳辐照通量。AM0 光谱主要用于评估太空用光伏电池和组件性能。

随着太阳高度的降低，光通过大气的路径变长，大气质量大于 1。由于大气吸收的增加使到达地面的光辐照度下降。由于地面上 AM1 条件与人类生活地域的实际情况有较大差异，所以通常选择更接近人类生活现实的 AM1.5 条件作为评估地面用太阳电池及组件的标准。此时太阳高度角约为 48.2°[6]。

2.2　太阳能电池器件原理

太阳能电池器件的核心部分由半导体构成。因此，了解半导体材料的基本属性、半导体材料中载流子的特点以及半导体材料接触形成的半导体结的知识，不论是对理解太阳能电池工作原理还是对提高太阳能电池性能的研究都有重要意义。在众多的有关半导体材料及物理的书中，对半导体的基本特性都有所介绍，本节将在这些已有的基础之上对用于太阳能电池的半导体材料基本性质做一简单介绍。

2.2.1　半导体材料的基本属性

半导体是导电性能介于金属和绝缘体之间的一种材料。半导体基本上可分为两类：位于元素周期表IV族的元素半导体材料和化合物半导体材料。大部分化合物半导体材料是III族和V族元素化合形成的。由一种元素组成的半导体称为元素半导体，如 Si 和 Ge。Si 是集成电路中常用的半导体材料，而且应用越来越广泛。双元素化合物半导体，如 GaAs 或 GaP，是由III族和V族元素化合而成的。GaAs 是其中应用最广泛的一种化合物半导体，它良好的光学性能使其在光学器件中广泛应用，同时也应用在需要高速器件的特殊场合。也可以制造三元素化合物半导体，如 $Al_xGa_{1-x}As$，其中的下标 x 是低原子序数元素的组分比。甚至还可形成更复杂的半导体，这为选择材料属性提供了灵活性。

无定形、多晶和单晶是固体的三种基本类型。每种类型的特征是用材料中有序化区域的大小加以判定的。有序化区域是指原子或者分子有规则或周期性几何排列的空间范畴。无定形材料只在几个原子或分子的尺度内有序。多晶材料则在多个原子或分子的尺度内有序，这些有序化区域称为单晶区域，彼此有不同的大小和方向。单晶区域称为晶粒，它们由晶界将彼此分离。单晶材料在整体范围内都有很高的几何周期性，它的优点在于其电学特性通常比非晶材料好，而晶界的存在会导致电学特性的衰退。

1. 晶体及能带结构

应用于太阳能电池的半导体材料，按结构分有单晶体(包含多晶体)、原子无序排列的非晶态材料及新发展的低维材料(纳米晶、量子点、超晶格量子阱)、有机材料等。其中，晶体材料是目前电池应用量最大的材料，单晶材料的性质也是讨论其它材料的基础和参考。

晶体是原子在三维空间周期性重复排列拓展而成的。原胞为晶体的最小重复单元，按原胞结构的不同构成不同类型的晶体。以立方晶系的原胞为例，可构成如图 2.4 所示的简单立方、面心立方和体心立方三种原胞。原胞的棱长为晶格常数 a。

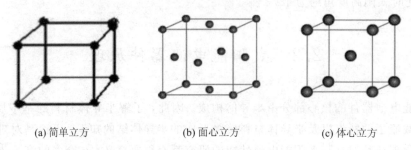

(a) 简单立方　　　　　　　(b) 面心立方　　　　　　　(c) 体心立方

图 2.4　立方晶体原胞

从结晶学的角度看，Ge、Si、C 的晶体结构是金刚石结构，它是立方晶系中两个面心立方结合的复式格子，这两个面心立方晶格是沿体对角线[111]方向相对移动体对角线的 1/4 长度相嵌而成的，如图 2.5 所示。四面体是金刚石结构中的最小重复单元，又称物理学原胞。一个四面体包含了两个原子：四个顶角原子分别对原胞贡献 1/4 个原子和一个中心原子。

大部分Ⅲ-Ⅴ族化合物及一些Ⅱ-Ⅵ族化合物，如 CdTe 等属于立方晶系闪锌矿结构。闪锌矿结构与金刚石结构的晶格点阵是相同的，不同的是金刚石结构是由同种原子组成的，而闪锌矿结构是由两种不同原子组成的。图 2.6 所示是 GaAs 原子排列结构，它是 Ga 原子的面心立方晶格与 As 原子面心立方晶格沿体对角线方向相对移动体对角线的 1/4 长度相嵌而成的。闪锌矿结构同样有四面体的物理学原胞，只是四面体的中心原子和顶角原子不同。

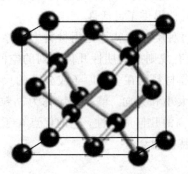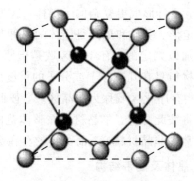

图 2.5　立方晶系中的金刚石结构　　　　图 2.6　立方晶系中的闪锌矿结构

另外一些Ⅱ-Ⅵ族光伏材料 CdS、ZnS、CdSe、ZnSe 等及常见的Ⅲ-Ⅴ族 GaN 体系材料则属于简单立方的纤锌矿结构，如图 2.7 所示。该结构中每个原子与最近邻的四个原子成键，也形成四面体。虽然闪锌矿结构与纤锌矿结构都是由两个不同原子构成的四面体的堆积，但它们堆积的组态却不相同。两个四面体是由一个共价键组合的，若其它三个键在垂直共用键平面上的投影是重合的，称重合组态，不重合的则称交错组态。纤锌矿结构六个键在垂直共用键平面上的投影是重合组态。闪锌矿结构六个键在垂直共用键平面上的投影是错开 $60°$ 的，是交错组态。

半导体材料的物理性质是与电子和空穴的运动状态紧密相关的，而对它们的运动状态的描述和理解是建立在能带理论的基础上的。当单个原子组成晶体时，原子的能级并不是固定不变的。如两个相距很远的独立原子逐渐接近时，每个原子中的电子除了受到自身原子的势场作用外，还受到另一个原子势场的作用。其结果是根据电子能级的简并情况，原有的单一能级会分裂成 m 个相近的能级（m 是能级的简并度）。如果 N 个原子组成晶体，则每个原子的能级都会分裂成 m 个相近的能级，该 mN 个能级将组成一个能量相近的能带。这些分裂能级的总数量很大，因此，此能带中的能级可视为连续的。这时共有化的电子不是在一个能级内运动，而是在一个晶体的能带间运动，此能带称为允带。允带之间是没有电子运动的，被称为禁带。图 2.8 所示为原子能级组成晶体时分裂成能带的示意图。

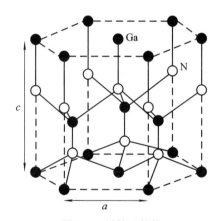

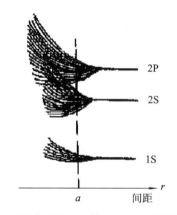

图 2.7　纤锌矿结构　　　　　　图 2.8　原子能级组成晶体时分裂成能带的示意图

原子的内壳层电子能级低，简并程度低，共有化程度也低，因此其能级分裂得也很小，能带很窄；而外壳层电子（特别是价电子）能级高，简并程度也高，基本处于共有化状态，因此能级分裂得多，能带宽。

通常，在能带低的能带中都填满了电子，这些能带称为满带；而能带图中能量最高的能带往往是全空或半空的，电子没有填满，此能带称为导带（导带底能量为 E_c）；在导带下的那个满带，其电子有可能跃迁到导带，此能带称为价带（价带顶能量为 E_v）；两者之间的区域称为禁带（禁带宽度为 E_g）。电子可以在不同的能带中运动，也可以在不同的能带间跃迁，但不能在能带之间的区域运动。

　　对于一个填满电子的能带，虽然能带内电子在外场作用下是运动的，但由于满带内总是有速度相等但方向相反的成对的电子运动，统计平均起来对外呈现的总的电流为零，因此被电子完全占据的满带对外不呈导电性。在绝对零度下，绝缘体和半导体均不导电。而金属的价带是半填满的，外场作用下电子运动不呈现对称性，因此显现良好的导电性。虽然在绝对零度下绝缘体和半导体均不导电，但它们的导电性能仍有差别。这是由于绝缘体和半导体的禁带宽度 E_g 的不同。E_g 的大小影响了外场，如热场、电场、光场及电磁场将电子从价带激发到导带的能力。绝缘体的禁带宽度 E_g 很大，通常在 $5.0\ eV$ 以上，因此不导电。半导体材料的 E_g 较小，在 $0.5\sim3.0\ eV$ 范围。价带电子较容易激发到导带，此时价带与导带都不是满带，虽然电导率较低，但仍能呈现导电性，形成电导率较低的半导体。不同材料的能带示意图如 2.9 所示。

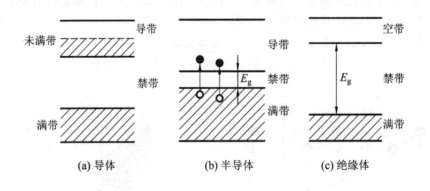

图 2.9　不同材料的能带示意图

2. 半导体中的电子状态

　　载流子在半导体中的状态一般用量子统计的方法进行研究，其中状态密度和在能级中的费米统计分布是其主要表示形式。以电子为例，在利用量子统计处理半导体中电子的状态和分布时，认为：电子是独立体，电子之间的作用力很弱；同一体系中的电子是全同（量子力学中的全同概念）且不可分辨的，任何两个电子的交换并不引起新的微观状态；在同一个能级中的电子数不能超过 2；由于电子的自旋量子数为 1/2，所以每个量子态最多只能容纳一个电子。

　　在此基础上，电子的分布遵守费米—狄拉克分布，即能量为 E 的电子能级被一个电子占据的概率 $f(E)$ 为

$$f(E) = \frac{1}{e^{\frac{E-E_F}{kT}} + 1} \tag{2.4}$$

式中，$f(E)$ 为费米分布函数，k 为玻耳兹曼常数，T 为热力学温度，E_F 为费米能级。当能

量与费米能级相等时，费米分布函数为

$$f(E_F) = \frac{1}{e^{\frac{E_F - E_F}{kT}} + 1} = \frac{1}{2} \tag{2.5}$$

即电子占有率为 1/2 的能级为费米能级。

图 2.10 所示为费米分布函数 $f(E)$ 随能量的变化情况。在 $T = 0$ K 时

如果　$E < E_F$，则　$f(E) = 1$

如果　$E > E_F$，则　$f(E) = 0$

这说明在绝对温度零度时，比 E_F 小的能级被电子占据的概率为 100%，没有空的能级；而比 E_F 大的能级被电子占据的概率为零，全部能级都空着。

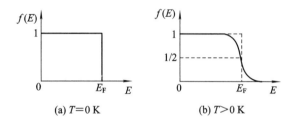

(a) $T = 0$ K　　　　　　(b) $T > 0$ K

图 2.10　费米分布函数 $f(E)$ 随能量的变化情况

在 $T > 0$ K 时，比 E_F 小的能级被电子占据的概率随能级升高逐渐减小，而比 E_F 大的能级被电子占据的概率随能级降低而逐渐增大。也就是说，在 E_F 附近且能量小于 E_F 的能级上的电子，吸收能量后跃迁到大于 E_F 的能级上，在原来的地方留下了空位。显然，电子从低能级跃迁到高能级，就相当于空穴从高能级跃迁到低能级；电子占据的能级越高，空穴占据的能级越低，体系的能量就越高。因此，相对于电子的分布概率，空穴的分布概率为 $1 - f(E)$。

在 $(E - E_F) \gg kT$ 时，$e^{\frac{E - E_F}{kT}} \gg 1$，则费米分布函数可以简化为

$$f(E) \approx e^{-\frac{E - E_F}{kT}} \tag{2.6}$$

此时的费米分布函数与经典的玻耳兹曼分布是一致的。

这里以硅为例研究半导体的导电特性。如图 2.11 所示，$T = 0$ K 时，每个硅原子周围有八个价电子，而这些价电子都处于最低能态并以共价键结合。随着温度从 0 K 上升，一些价带上的电子可能得到足够的热能，从而打破共价键并跃入导带。半导体是处于电中性的，这就意味着一旦带负电的电子脱离了原来的共价键位置，就会在价带中的同一位置产生一个带正电的"空状态"。随着温度的不断升高，更多的共价键被打破，越来越多的电子跃入导带，价带中也就相应产生了更多的带正电的"空状态"。

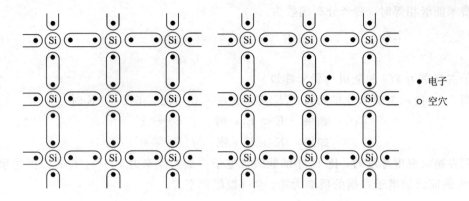

图 2.11　晶体硅共价键二维结构示意图以及电子跃迁产生空位示意图

　　一般来说，电子在晶格中的运动与在自由空间中不同。外加作用力，以及晶体中的带正电荷的离子和带负电的电子所产生的内力，都会对电子在晶格中的运动产生影响。可以写出

$$F_{total} = F_{ext} + F_{int} = ma \tag{2.7}$$

其中，F_{total}、F_{ext}、F_{int} 分别是晶体中粒子所受的总作用力、外部作用力和内力，参数 a 为加速度，m 为粒子的静止质量。

　　因为很难一一考虑粒子所受的内力，所以将上述等式写为

$$F_{ext} = m^* a \tag{2.8}$$

其中：加速度 a 直接与外力有关；参数 m^* 称为有效质量，它概括了粒子的质量以及内力的作用效果。

　　有效质量是一个将量子力学结果与经典力学作用力方程结合起来的参数。对于大多数情况，导带底的电子可以看成是运动符合牛顿力学规范的经典粒子，而将内力和量子力学特性都归纳为有效质量。如果对允带底的电子外加上一个电场，就可以将加速度写为

$$a = \frac{-eE}{m_n^*} \tag{2.9}$$

其中，m_n^* 为电子的有效质量。接近导带底的电子的有效质量 m_n^* 为一个常数。

　　当一个价电子跃入导带后，就会留下一个带正电的"空状态"。当 $T > 0$ K 时，所有价电子都可能获得热能，如果一个价电子得到热能，它就有可能跃入那些空状态。价电子在空状态中的移动完全可以等价为那些带正电的空状态自身的移动。现在晶体中就有了第二种同样重要的可以形成电流的电荷载流子。这种电荷载流子称为空穴，第一章中已经多次提到过"空穴"这个名词，它也可以看做是一种运动符合牛顿力学规范的经典粒子。

　　再次考虑允带顶的电子。如果外加一个电场并使用牛顿力学方程，则有

$$F = m^* a = -eE \tag{2.10}$$

然而，m^* 现在是负值，所以有

$$a = \frac{-eE}{-|m^*|} = \frac{+eE}{|m^*|} \tag{2.11}$$

允带顶附近电子的运动方向与所受外加电场的方向相同。

在价带中这些粒子的密度与电子的空状态相同，粒子具有正电荷和正的有效质量 m_p^*。这种新粒子就是空穴。正是由于空穴具有正的有效质量和正电荷，所以其运动方向与外加电场方向相同[7]。

3. 掺杂

导体（如金属材料）的导电是由于电子的移动而造成的，但在太阳能光电材料（半导体材料）中，除电子以外，一种带正电的空穴也可以导电，材料的导电性能同时取决于电子和空穴的浓度、分布和迁移率。这些导电的电子、空穴被称为载流子，它们的浓度是半导体材料的基本参数，对半导体材料电学性能有极为重要的影响。

一般而言，半导体材料都是利用高纯材料，然后人为地加入不同类型、不同浓度的杂质，精确控制其电子或空穴的浓度。在没有掺入杂质的高纯半导体材料中，电子和空穴的浓度相等，称为本征半导体。如果在超高纯半导体材料中掺入某种杂质元素，使得电子浓度大于空穴浓度，称其为 n 型半导体，而此时的电子称为多数载流子，空穴称为少数载流子；反之，如果在超高纯半导体材料中掺入某种杂质元素，使得空穴浓度大于电子浓度，则称其为 p 型半导体，而此时的空穴称为多数载流子，电子称为少数载流子。相应的，这些杂质被称为 n 型掺杂剂（施主杂质）或 p 型掺杂剂（受主杂质）。

对于一般的导电材料，其电导率 σ 可用下式表示：

$$\sigma = ne\mu \tag{2.12}$$

式中，n 为载流子浓度（个/cm³），e 为电子的电荷量，μ 为载流子的迁移率（单位电场强度下载流子的运动速度 cm²/(V·s)）。载流子在这里为电子。对于半导体材料，由于电子和空穴同时导电，存在两种载流子，因此有：

$$\sigma = nq\mu_e + pq\mu_p \tag{2.13}$$

式中，n 为电子浓度，p 为空穴浓度，q 为电子的电荷，μ_e 和 μ_p 分别为电子和空穴的迁移率。如果电子浓度 n 远远大于空穴浓度 p，则材料的电导率 $\sigma \approx nq\mu_e$；反之，材料的电导率 $\sigma \approx pq\mu_p$。

对于掺杂的半导体而言，无论是 n 型还是 p 型，从整体来看，都是电中性的，内部的正电荷数目和负电荷数目相等，对外不显示电性，这是由于单晶半导体和掺入的杂质都是电中性的缘故。在掺入的过程中，既不损失电荷，也没有从外界得到电荷，只是掺入杂质原子的价电子数目比基体材料的价电子多了一个或少了一个，因而使半导体出现大量可运动的电子或空穴，并没有破坏整个半导体内正、负电荷的平衡状态。

现在假定向硅中掺入一个 V 族元素，如磷，作为替位杂质。V 族元素有五个价电子，其中四个与硅原子结合形成共价键，剩下的第五个则松散地束缚于磷原子上。图2.12所示为这一现象的示意图。第五个价电子称为施主电子。

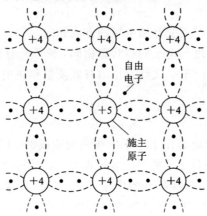

图 2.12　硅中掺磷提供自由电子示意图

　　磷原子失去施主电子后带正电。在温度极低时，施主电子束缚在磷原子上。但很显然，激发价电子进入导带所需能量，与激发那些被共价键束缚的电子所需要的能量相比，会小得多。如果施主电子获得了少量能量，如热能，就能激发到导带，留下一个带正电的磷原子。导带中的这个电子此时能在整个晶体中运动形成电流，而带正电的磷原子固定不动。因为这种类型杂质原子向导带提供电子，所以我们称之为施主杂质原子。由于施主杂质原子增加导带电子，但并不产生价带空穴，所以此时的半导体称为 n 型半导体。

　　现在假定向硅中掺入Ⅲ族元素，如硼，作为硅的替位杂质。Ⅲ族元素有三个价电子，并且与硅都结合形成了共价键，而且有一个共价键位置是空的，如图2.13所示。当硼原子引入的空位被填满时，其它价电子位置将变空。可以把这些空下来的电子位置想像为半导体材料中的空穴。

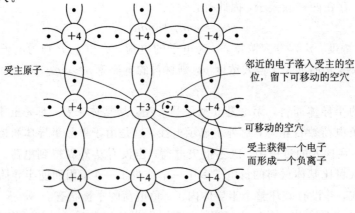

图 2.13　硅中掺硼提供自由空穴示意图

空穴可以在整个晶体中运动形成电流，但带负电的硼原子固定不动。Ⅲ族元素原子从价带中获得电子，因此我们称之为受主杂质原子。受主杂质原子能在价带中产生空穴，但不在导带中产生电子。我们称这种类型的半导体材料为 p 型材料。

纯净的单晶半导体称为本征半导体。掺入定量杂质原子后，就变为非本征半导体。非本征半导体具有数量占优势的电子或空穴。

砷化镓等化合物半导体的情况则更加复杂。Ⅱ族元素如铍、锌和镉，能够作为替位杂质进入晶格中，代替Ⅲ族元素镓成为受主杂质。同样Ⅵ族元素如硒和碲也能替位式地进入晶格中，代替Ⅴ族元素砷成为施主杂质。Ⅳ族元素如硅和锗，也可以成为砷化镓中的杂质原子。如果一个硅原子替代了一个镓原子，则硅杂质将起施主作用；如果一个硅原子替代了一个砷原子，于是硅杂质将起受主作用。锗原子作为杂质也是同样的道理。这种杂质称为双性杂质。在砷化镓的实验中发现，锗主要表现为受主杂质，而硅主要表现为施主杂质。

补偿半导体是指在同一区域内同时含有施主和受主杂质原子的半导体。我们可以通过向 n 型材料中扩散受主杂质或向 p 型材料中扩散施主杂质的方法来形成补偿半导体。当 $N_d > N_a$ 时，就形成了 n 型补偿半导体；当 $N_d < N_a$ 时，就形成了 p 型补偿半导体；而当 $N_d = N_a$ 时，就得到了完全补偿半导体，它具有本征半导体的特性。

当非常大的掺杂剂浓度被引入半导体中时，掺杂剂就不能再认为仅仅是对系统的微扰了。此时，它们对能带结构的影响必须被考虑。这种所谓的重掺杂效应表明它们可以减小禁带宽度 E_g，因而导致本征载流子浓度的增加。这种禁带宽度的变窄对太阳能电池的性能来说是不利的，一般在设计太阳能电池时应避免这种效应的发生，虽然它可能要在太阳能电池电极附近的重掺杂区中发挥一定作用[8]。

4. 平衡态及非平衡态的半导体特性

半导体材料的性质依赖于其载流子浓度，在掺杂浓度一定的情况下，载流子浓度主要由温度所决定。在绝对零度时，对于本征半导体而言，电子束缚在价带上，半导体材料没有自由电子和空穴，也就没有载流子；随着温度的升高，电子从热振动的晶格中吸收能量，电子从低能态跃迁到高能态，如从价带跃迁到导带，形成自由的导带电子和价带空穴，称为本征激发。对于杂质半导体而言，除本征激发外，还有杂质的电离；在极低温时，杂质电子也束缚在杂质能级上，当温度升高，电子吸收能量后，也从低能态跃迁到高能态，如从施主能级跃迁到导带产生自由的导带电子，或者从价带跃迁到受主能级产生自由的价带空穴。因此，随着温度的升高，不断有载流子产生。

所谓平衡状态或热平衡状态，是指没有外界影响（如电压、电场、磁场或者温度梯度等）作用于半导体上的状态。在这种状态下，材料的所有特性均与时间无关。在没有外界光、电、磁等的作用时，在一定的温度下，从低能态跃迁到高能态的载流子也会产生相反方向的运动，即从高能态向低能态跃迁，同时释放出一定能量，称为载流子的复合。因此，在一定的温度下，在载流子不断产生的同时，又不断有载流子的复合，最终载流子浓度会达到一定的稳定值，此时半导体处于热平衡状态。在热平衡状态下，电子不停地从价带激发到导带，产生电子—空穴对；同时，它们又不停地复合，从而保持总的载流子浓度不变。对于本征半导体而言，电子和空穴浓度相等；对于 n 型半导体而言，电子浓度大于空穴浓度，电子是多数载流子，空穴是少数载流子；而对于 p 型半导体而言，空穴则是多数载流子，电子是少数载流子。

　　导带电子的分布为导带中允许量子态的密度与某个量子态被电子占据的概率的乘积。其公式为

$$n(E) = g_{C}(E) f_{F}(E) \tag{2.14}$$

其中，$f_{F}(E)$ 是费米—狄拉克概率分布函数，$g_{C}(E)$ 是导带中的量子态密度。在整个导带能量范围内积分，便可得到导带中单位体积的总电子浓度：

$$n_0 = N_C \exp\left[\frac{-(E_C - E_F)}{kT}\right] \tag{2.15}$$

　　同理，价带中空穴的分布为价带允许量子态的密度 $g_{V}(E)$ 与某个量子态不被电子占据的概率的乘积。可表示为

$$p(E) = g_{V}(E)[1 - f_{F}(E)] \tag{2.16}$$

　　在整个价带能量范围内积分，便可得到价带中单位体积的总空穴浓度：

$$p_0 = N_V \exp\left[\frac{-(E_F - E_V)}{kT}\right] \tag{2.17}$$

　　本征半导体中，导带中电子浓度值等于价带中的空穴浓度值。本征半导体中的电子浓度和空穴浓度分别表示为 n_i、p_i，通常称它们是本征电子浓度和本征空穴浓度。因为 $n_i = p_i$，所以通常简单地用 n_i 表示本征载流子浓度，它是指本征电子浓度或本征空穴浓度。本征半导体的费米能级称为本征费米能级，或 $E_F = E_{Fi}$，则有

$$n_0 = n_i = N_C \exp\left[\frac{-(E_C - E_{Fi})}{kT}\right] \tag{2.18}$$

和

$$p_0 = p_i = n_i = N_V \exp\left[\frac{-(E_{Fi} - E_V)}{kT}\right] \tag{2.19}$$

　　将两式相乘，则有

$$n_i^2 = N_C N_V \exp\left[\frac{-(E_C - E_{Fi})}{kT}\right] \cdot \exp\left[\frac{-(E_{Fi} - E_V)}{kT}\right] \tag{2.20}$$

或

$$n_i^2 = N_C N_V \exp\left[\frac{-(E_C - E_V)}{kT}\right] = N_C N_V \exp\left[\frac{-E_g}{kT}\right] \tag{2.21}$$

其中，E_g 为禁带宽度。对于给定的半导体材料，当温度恒定时，n_i 为定值，与费米能级无关。

由于电子和空穴浓度相等，因此有

$$N_V \exp\left[\frac{-(E_{Fi} - E_V)}{kT}\right] = N_C \exp\left[\frac{-(E_C - E_{Fi})}{kT}\right] \tag{2.22}$$

可以求出

$$E_{Fi} = \frac{1}{2}(E_C + E_V) + \frac{3}{4}kT \ln\left(\frac{m_p^*}{m_n^*}\right) \tag{2.23}$$

上式第一项是 E_C 和 E_V 之间的精确中间能量值，即禁带中央。若电子和空穴有效质量 $m_p^* = m_n^*$，则本征费米能级精确位于禁带中央；若 $m_p^* > m_n^*$，则本征费米能级位置会稍高于禁带中央；若 $m_p^* < m_n^*$，则本征费米能级位置会稍低于禁带中央。

在半导体中加入施主或受主杂质原子将会改变材料中电子和空穴的分布状态。由于费米能级是与分布函数有关的，因此它也会随着掺入杂质原子而改变。如果费米能级偏离了禁带中央，那么导带中电子的浓度和价带中空穴的浓度就都将会变化。

经过推导变形，热平衡电子浓度还可以写成

$$n_0 = n_i \exp\left[\frac{E_F - E_{Fi}}{kT}\right] \tag{2.24}$$

和

$$p_0 = n_i \exp\left[\frac{-(E_F - E_{Fi})}{kT}\right] \tag{2.25}$$

当加入施主或受主杂质时，费米能级发生了变化，而上面两个式子表示随着费米能级偏离本征费米能级，n_0 和 p_0 也偏离了 n_i；如果 $E_F > E_{Fi}$，就有 $n_0 > n_i$ 和 $p_0 < n_i$。n 型半导体的特征是 $E_F > E_{Fi}$，所以 $n_0 > p_0$。同样，在 p 型半导体中有 $E_F < E_{Fi}$，因此 $p_0 > n_i$，$n_0 < n_i$，于是 $p_0 > n_0$。

对于热平衡状态下的本征或非本征半导体，有

$$n_i^2 = N_C N_V \exp\left[\frac{-(E_C - E_V)}{kT}\right] = N_C N_V \exp\left[\frac{-E_g}{kT}\right] \tag{2.26}$$

即

$$n_0 p_0 = n_i^2 \tag{2.27}$$

对于某一温度下的给定半导体材料，其中 n_0 和 p_0 的乘积总是一个常数，与半导体材料的掺杂状态无关。虽然这个等式看上去很简单，但它却是热平衡状态半导体的一个基本公式。

半导体中热平衡状态的任何偏离都可能导致电子和空穴浓度的变化。比如温度的突然增加，会使热产生电子和空穴的速度增加，从而导致它们的浓度随时间变化，直到达到一个新的平衡值。一个外加的激励，比如光，也会产生电子和空穴，从而出现非平衡状态。对于 n 型半导体，空穴是少数载流子，如果出现非平衡载流子，则其中的空穴称为非平衡少数载流子；而对于 p 型半导体，非平衡载流子中的电子为非平衡少数载流子。一般情况下，

非平衡载流子浓度与掺杂浓度(即多数载流子浓度)相比很低,对多数载流子浓度影响不大。但是,它与半导体中的少数载流子浓度相当,严重影响少数载流子浓度及相关性质。所以,在非平衡载流子中,非平衡少数载流子对半导体性能的影响是至关重要的。

太阳能光电效应就是典型的半导体材料在非平衡状态下的应用。假设高能光子射入半导体,从而导致价带中的电子被激发跃入导带。此时不只是在导带中产生了一个电子,价带中也会同时产生一个空穴,这样就生成了电子—空穴对。而这种额外的电子和空穴就称为过剩电子和过剩空穴。外部的作用会产生特定比率的过剩电子和空穴。令 g'_n 为过剩电子的产生率,g'_p 为过剩空穴的产生率。对于直接带间产生来说,过剩电子和空穴是成对出现的,因此一定有

$$g'_n = g'_p \tag{2.28}$$

当产生非平衡的电子和空穴后,导带中的电子浓度和价带中的空穴浓度就会高于它们热平衡时的值。可以写为

$$n = n_0 + \delta n \tag{2.29}$$

和

$$p = p_0 + \delta p \tag{2.30}$$

其中,n_0 和 p_0 为热平衡浓度,δn 和 δp 为过剩电子和空穴浓度。平衡状态受到外力的扰动,因此半导体不再处于热平衡状态。在非平衡状态下,$np \neq n_0 p_0 = n_i^2$。

同时也可以定义电子浓度和空穴浓度的准费米能级,以便用于非平衡状态。若 δn 和 δp 分别为过剩电子和空穴浓度,则有

$$n_0 + \delta n = n_i \exp\left[\frac{E_{Fn} - E_{Fi}}{kT}\right] \tag{2.31}$$

和

$$p_0 + \delta p = n_i \exp\left[\frac{E_{Fi} - E_{Fp}}{kT}\right] \tag{2.32}$$

其中,E_{Fn} 和 E_{Fp} 分别是电子浓度和空穴浓度的准费米能级。总电子浓度和总空穴浓度是准费米能级的函数。

2.2.2　载流子的产生、复合与输运

1. 光的吸收及载流子的光电产生

太阳光照射到固体表面时,光子与固体中的电子之间的相互作用有三个基本过程:光吸收、自发发射和受激发射。半导体材料通常能够强烈地吸收光能,在太阳能电池和光电探测器中起支配作用的有效过程是光吸收。半导体中有多种光的吸收过程:能带之间的本征吸收、激子的吸收、子带之间的吸收、来自同一带内载流子的跃迁的自由载流子吸收、晶格振动能级之间的跃迁相关的晶格吸收等。吸收过程反映了电子或声子不同的跃迁机

制。对不同吸收过程的研究将有效地提供晶体能带结构及声子谱等信息。能带之间的本征吸收使电子从价带跃迁到导带。发生本征吸收的条件是光子能量必须大于禁带宽度 E_g。与光吸收相伴随的电子跃迁是由能带结构与能量、动量守恒原则确定的。

理想半导体在绝对零度时，价带是完全被电子占满的，无外界作用价带内的电子不可能被激发到更高的能级。只有当吸收足够能量的光子使电子激发，越过禁带跃迁入空的导带，而在价带中留下一个空穴时，才会形成电子—空穴对。这种由于电子在带与带之间的跃迁所形成的吸收过程称为本征吸收。

实验证明，只有那些能量 $h\nu$ 等于或大于禁带宽度 E_g 的光子，才能触发本征吸收，即

$$h\nu \geqslant h\nu_0 = E_g \tag{2.33}$$

或

$$\frac{hc}{\lambda} \geqslant \frac{hc}{\lambda_0} = E_g \tag{2.34}$$

其中，ν_0 与 λ_0 是刚好能产生本征吸收的光子频率和波长，称为半导体的本征吸收限，第一章已介绍过。

本征吸收长波限的公式为

$$\lambda_0 = \frac{1.24}{E_g(\text{eV})} \quad (\mu\text{m}) \tag{2.35}$$

这个公式在第一章中已经提到。根据半导体材料不同的禁带宽度，可算出相应的本征吸收长波限。例如硅的禁带宽度 E_g 是 1.12 eV，所以硅的波长吸收限 λ_0 是 1.11 μm。而砷化镓的禁带宽度 E_g 为 1.43 eV，故 λ_0 为 0.867 μm。

在本征吸收产生电子—空穴对时，不仅要遵守能量守恒，而且要遵守动量守恒。如果半导体材料的导带底的最小值和价带顶的最大值具有相同的波失 k，那么在价带中的电子跃迁到导带上时，动量不发生变化，称为直接跃迁，这种半导体称为直接带隙半导体，如砷化镓。如果半导体材料的导带底的最小值和价带顶的最大值具有不同的 k，此时在价带中的电子跃迁到导带上时，动量要发生变化，除了要吸收光子能量外，电子还需要与晶格作用，发射或吸收声子，达到动量守恒，这种跃迁称为间接跃迁，这种半导体称为间接带隙半导体，如硅和锗。因此，间接跃迁不仅取决于电子和光子的作用，而且要考虑电子和晶格的作用，这导致吸收系数大大降低。一般而言，间接带隙半导体的吸收系数要比直接带隙半导体的吸收系数低 2~3 个数量级，需要更厚的材料才能吸收同样光谱的能量。对于间接带隙半导体硅而言，需要几百微米以上的厚度，才能完全吸收太阳光中大于其禁带宽度的光波的能量；而对于直接带隙的砷化镓半导体，仅仅需要几个微米的厚度就可以完全吸收太阳光中大于其禁带宽度的光波的能量。实验证明，波长比本征吸收限 λ_0 长的光波在半导体中往往也能被吸收。事实上，除本征吸收外，还存在着其它光吸收过程，主要有激子吸收、杂质吸收、自由载流子吸收等，这些过程称为非本征吸收。

半导体对光的吸收中最重要的是本征吸收，本征吸收系数比其它非本征吸收系数大几十倍到几万倍，所以在一般照射条件下只考虑本征吸收就可以了。

光子能量大于等于半导体禁带宽度时，能产生本征吸收，但并不意味着光进入半导体内部就可以立即被吸收。半导体中光的吸收如图 2.14 所示，当一强度为 I_0 的光由垂直表面进入半导体内部时，扣除反射后，进入半导体的光强为 $I_0(1-R)$，在半导体内距表面 x 处的光强 I_x 遵守吸收定律，一般为

$$I_x = I_0(1-R)e^{-\alpha x} \tag{2.36}$$

其中，α 为吸收系数，R 为反射率。光强衰减是固体吸收了一定能量的光子将电子从较低的能态激发到较高的能态的结果。

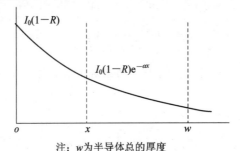

注：w 为半导体总的厚度

图 2.14　半导体中光的吸收

2. 载流子的复合

由于热学过程具有随机的性质，因此电子会不断地受到热激发而从价带跃入导带。同时，导带中的电子会在晶体中随机移动，当其靠近空穴时就有可能落入价带中的空状态。这种复合过程同时使电子和空穴消失。因为热平衡状态下的净载流子浓度与时间无关，所以电子和空穴的产生率一定与它们的复合率相等。

分别令 G_{n0} 和 G_{p0} 为电子和空穴的产生率。对于直接带间产生来说，电子和空穴是成对出现的，因此一定有

$$G_{n0} = G_{p0} \tag{2.37}$$

分别令 R_{n0} 和 R_{p0} 为电子和空穴的复合率。对于直接带间复合来说，电子和空穴是成对消失的，因此一定有

$$R_{n0} = R_{p0} \tag{2.38}$$

对于热平衡状态来说，电子和空穴的浓度与时间无关，因此产生和复合的概率相等，于是有

$$G_{n0} = G_{p0} = R_{n0} = R_{p0} \tag{2.39}$$

当产生非平衡载流子的外部作用撤除以后，注入的非平衡载流子并不能一直存在下去，它们要逐渐消失，也就是原来激发到导带的电子又回到价带，电子和空穴又成对消失。

最后，载流子浓度又回到热平衡时的值。这个过程叫做非平衡载流子的复合。

当产生非平衡载流子的外部作用撤除以后，注入的非平衡载流子并不是立刻全部消失，而是有一个过程，即它们在导带和价带中有一定的生存时间。非平衡载流子的平均生存时间称为非平衡载流子的寿命，用 τ 表示。相对于非平衡多数载流子，非平衡少数载流子的影响处于主导的、决定的地位，因而非平衡载流子的寿命通常称为非平衡少数载流子寿命。显然，$1/\tau$ 就表示单位时间内非平衡载流子的复合概率。通常把单位时间、单位体积内净复合消失的电子—空穴对的数目称为非平衡载流子的复合率。过剩电子的复合率用 R'_n 表示，过剩空穴的复合率用 R'_p 表示。过剩电子和空穴是成对复合的，因此复合率一定相同，可以写为

$$R'_n = R'_p \tag{2.40}$$

由于直接的带间复合是一种自发行为，因此电子和空穴的复合率相对时间是一个常数。而且复合的概率必须同时与电子和空穴的浓度成比例。如果没有电子或没有空穴，也就不可能产生复合。

复合时，导带上的电子首先跃迁到导带底，将能量传给晶格，变成热能；然后，导带底的电子跃迁到价带与空穴复合，这种复合称为直接复合。如果禁带中有缺陷能级，包括体内缺陷引起的能级和表面态引起的能级，则价带上的电子就会被激发到缺陷能级上，缺陷能级上的电子可能被激发到导带上；而复合时，从导带底跃迁的电子，首先会跃迁到缺陷能级，然后再跃迁到价带与空穴复合，这种复合称为间接复合，这种缺陷又称为复合中心。

非平衡载流子复合时，从能量高的能级跃迁到能量低的能级，会放出多余的能量。根据能量释放的方式，复合又可以分为以下三种形式：

(1) 载流子复合时，发射光子，产生发光现象，称为辐射复合或发光复合；

(2) 载流子复合时，发射声子，将能量传递给晶格，产生热能，称为非辐射复合；

(3) 载流子复合时，将能量传给其它载流子，增加它们的能量，称为俄歇复合。

由此可见，在外界条件的作用下，非平衡载流子产生并出现不同形式的复合；如果外界作用始终存在，非平衡载流子不断产生，也不断复合，最终产生的非平衡载流子和复合的非平衡载流子要达到新的平衡；如果外界作用消失，产生的非平衡载流子会因复合而很快消失，恢复到原来的平衡状态。

3. 载流子的输运

载流子的输运就是指通过载流子的运动来传输电荷、能量、热量等的过程。半导体晶体中有两种基本输运机制：第一种是漂移运动，即由电场引起的载流子运动；第二种是扩散运动，即由浓度梯度引起的载流子流动。

如果导带和价带中有空的能量状态，那么半导体中的电子和空穴在外加电场力的作用下将产生净加速度和净位移。这种电场力作用下的载流子运动称为漂移运动。载流子电荷

的净漂移形成漂移电流。在电场作用下，自由空穴沿电场方向的漂移或电子逆电场方向的漂移，均将形成电流。载流子从电场不断获得能量而加速，因此其漂移速度与电场有关。另一方面，载流子在晶体场中受到晶体中偏离周期场的畸变势的散射作用，失去原来的运动方向或损失能量，经重新加速，再散射和再加速不断地进行，最后偏离周期势的散射作用使载流子的漂移速度不会无限地增大。对于一个恒定电场，漂移速度 v_d 与电场强度 E 成正比，$v_\mathrm{d} = \mu E$。比例系数 μ 称为迁移率，定义为单位电场下的载流子漂移速度。原则上迁移率是电场的函数，但在弱场下迁移率与电场无关，可看成是常数。太阳能电池通常工作在低电场条件。电子浓度为 n 的漂移电流密度 J_n 为

$$J_\mathrm{n} = -qnv_\mathrm{d} = qn\mu_\mathrm{n}E \tag{2.41}$$

空穴浓度为 p 的漂移电流密度 J_p 为

$$J_\mathrm{p} = qpv_\mathrm{d} = qp\mu_\mathrm{p}E \tag{2.42}$$

n 型和 p 型半导体电导率分别表示成：

$$\sigma_\mathrm{n} = nq\mu_\mathrm{n}, \quad \sigma_\mathrm{p} = pq\mu_\mathrm{p} \tag{2.43}$$

电子和空穴对电导都有贡献的情况

$$\sigma = q(n\mu_\mathrm{n} + p\mu_\mathrm{p}) \tag{2.44}$$

上面两个公式我们在前面也已经接触过。迁移率是半导体材料主要的宏观参量之一，其单位为 $\mathrm{cm^2/(V \cdot s)}$。它是由固体中载流子运动遭遇的散射过程确定的。它涉及晶体中的晶格缺陷、杂质及晶格振动等对载流子的弹性散射或非弹性散射。描述这种散射过程的参数是 τ 或散射概率 $1/\tau$。τ 可理解成载流子在两次散射之间的平均时间间隔，它的大小直接反映了载流子在晶体中运动的迁移能力。太阳能电池中最重要的散射机制是晶格散射和离化杂质散射。在低掺杂水平时，迁移率由晶格散射控制，而在高掺杂水平时，迁移率则由离化的杂质散射控制。

当固体中粒子浓度(原子、分子、电子、空穴等)在空间分布不均匀时将发生扩散运动。载流子从高浓度向低浓度(正好是梯度的反方向)的扩散运动是载流子的重要输运方式。如一束光入射到半导体材料上，半导体对光的吸收沿入射方向是衰减的，在离表面吸收深度范围内将激发大量的电子和空穴，形成从表面向体内，光生载流子浓度由高到低的不均匀分布。在此情况下，虽然半导体处于同一温度，载流子分布却是空间位置的函数。设在无光照时，n 型半导体电子浓度空间均匀分布为 n_0，光照后，在光照的 x 方向电子浓度分布为 $n(x)$，光生电子沿 x 方向的浓度变化为 $\Delta n(x) = n(x) - n_0$，扩散运动形成的电子扩散流密度可表示为

$$J_\mathrm{n扩} = qD_\mathrm{n}\frac{\mathrm{d}\Delta n}{\mathrm{d}x} \tag{2.45}$$

扩散流密度与浓度梯度方向相反，然而电子带负电荷，因此电子的扩散电流密度 $J_\mathrm{n扩}$ 没有负号。类似地，空穴扩散电流密度

$$J_{p扩} = -qD_p \frac{\mathrm{d}\Delta p}{\mathrm{d}x} \qquad (2.46)$$

式中，比例系数 D_n、D_p 分别为电子和空穴的扩散系数，单位是 cm^2/s。

　　到目前为止，我们已了解到半导体中会产生四种相互独立的电流，它们分别是电子漂移电流和扩散电流、空穴漂移电流和扩散电流。总电流密度是四者之和。对于一维情况，有

$$J = en\mu_n E_x + ep\mu_p E_x + eD_n \frac{\mathrm{d}n}{\mathrm{d}x} - eD_p \frac{\mathrm{d}p}{\mathrm{d}x} \qquad (2.47)$$

推广到三维情况，有

$$J = en\mu_n E + ep\mu_p E + eD_n \nabla n - eD_p \nabla p \qquad (2.48)$$

　　电子的迁移率描述了半导体中电子在电场力作用下的运动情况。电子的扩散系数描述了半导体中电子在浓度梯度作用下的运动情况。电子的迁移率和扩散系数是相关的。同样，空穴的迁移率和扩散系数也不是相互独立的。

　　在热平衡状态下，没有净空穴流和净电子流的存在。换句话说，漂移和扩散电流必须严格平衡。在非简并材料中，有爱因斯坦关系：

$$\frac{D}{\mu} = \frac{kT}{q} \qquad (2.49)$$

它允许根据迁移率直接计算出扩散系数[8]。

　　当能量大于半导体材料禁带宽度的一束光垂直入射到 PN 结表面时，入射光在结区及结附近的空间将激发电子空穴对。产生在空间电荷区内的光生电子与空穴在结电场作用下分离，产生在结附近扩散长度范围内的光生载流子扩散到空间电荷区，也在电场作用下分离。第一章中曾介绍过 p 区的电子在电场作用下漂移到 n 区，n 区空穴漂移到 p 区，形成自 n 区向 p 区的光生电流。由光生载流子漂移、堆积形成一个与热平衡结电场方向相反的电场并产生一个与光生电流方向相反的正向结电流，它补偿结电场，当光生电流与正向结电流相等时 PN 结两端建立稳定的电势差。因此，从上述光电过程的描述可以看出，当光照射到太阳能电池时，载流子的扩散运动与漂移运动是同时存在的。

2.2.3　半导体结

1. 半导体结与光伏效应的产生

　　第一章中介绍光伏效应时已经提到了 PN 结，这里做更为详细的介绍。

　　众所周知，高纯半导体材料具有很大的电阻，如把一定数量的杂质掺入半导体内，可以形成 n 型或 p 型半导体。严格控制掺入杂质的数量，可使半导体的电阻率符合器件工作的需要。硅是一种半导体材料，它具有 4 个价电子。如前所述，若把具有 5 个价电子的元素作为杂质掺入硅中，即变成 n 型半导体。由于掺入的杂质比硅多一个价电子，这个电子在硅中可以起传输电流的作用，因此称这类杂质为施主杂质。电子运动形成电流，留下的是

电离了的施主杂质。因这种电子的数量很大，故称为多数载流子。在 n 型半导体中，存在大量带负电荷的电子，同时也存在等量的带正电荷的电离了的施主离子，因此，掺杂后的 n 型半导体保持电中性。与电子的数量比较，在 n 型半导体中有少量的空穴，为少数载流子。若把具有 3 个价电子的材料作为杂质掺入硅中，即形成 p 型半导体。由于掺入的杂质比硅少一个电子，相当于一个空穴，因此这种杂质称为受主杂质。p 型半导体材料中，空穴起导电作用，空穴是多数载流子。与空穴的数量比较，电子是少数载流子。在 p 型半导体中，存在着大量带正电的空穴，同时也存在着等量的带负电荷的电离了的受主离子，因此掺杂后的 p 型半导体也保持电中性。

把一块 n 型半导体和一块 p 型半导体十分紧密地接触形成 PN 结，n 型和 p 型半导体接触后，由于交界面处存在电子和空穴的浓度差，因此 n 区中的多数载流子电子要向 p 区扩散，p 区中的多数载流子空穴要向 n 区扩散。扩散后，在交界面的 n 区一侧留下带正电荷的施主离子，形成一个正电荷区域；同理，在交界面的 p 区一侧留下带负电的受主离子，形成一个负电荷区域。这样，就在 n 区和 p 区交界面的两侧，形成一侧带正电荷而另一侧带负电荷的一层很薄的区域，称为空间电荷区，即通常所说的 PN 结。由于浓度差形成的扩散电子流组成电子扩散电流。由浓度差形成的扩散空穴流组成空穴扩散电流。扩散电流包括电子扩散电流和空穴扩散电流两个部分。在 PN 结内有一个从 n 区指向 p 区的电场，由于它是由 PN 结内部电荷产生的，因而称为内建电场，也称为自建电场。由于存在内建电场，在空间电荷区内将产生载流子的漂移运动，使电子由 p 区拉向 n 区，空穴由 n 区拉向 p 区，其方向与扩散运动的方向相反。这样开始时扩散运动占优势，空间电荷区两侧的正负电荷逐渐增加，空间电荷区逐渐加宽，内建电场逐渐增强。随着内建电场的增强，漂移运动也逐渐增强，扩散运动开始减弱，最后扩散运动和漂移运动趋向平衡，扩散运动不再发展，空间电荷区的厚度不再增加，内建电场不再增强，这时扩散和漂移的载流子数目相等而运动方向相反，达到动态平衡。在动态平衡状态时，内建电场两边的电势不等，n 区比 p 区高，存在着电势差，称为 PN 结势垒，也称为内建电势差或接触电势差，用符号 V_D 表示。由电子从 n 区流向 p 区可知，p 区对于 n 区的电势差为负值。由于 p 区相对于 n 区具有电势 $-V_D$，所以 p 区中所有电子都有一个附加电势能，其值为

$$电势能 = 电荷 \times 电势 = (-q) \times (-V_D) = qV_D$$

qV_D 通常为势垒高度，用 φ_B 表示。势垒高度取决于 n 区和 p 区的掺杂浓度，掺杂浓度越高，势垒高度也就越高。

所谓非平衡 PN 结，是指外加偏压情况下的 PN 结，此时 PN 结不平衡，其势垒和平衡时不同，扩散电流将不能与漂移电流相抵消，有电流通过 PN 结。由于 PN 结的势垒是一个高阻层，所以当 PN 结两端外加电压"V"以后，这个电压将集中降落在势垒区。

考虑 PN 结外加正向电压的情况，即 p 型一边接正，n 型一边接负。这个电压与平衡 PN 结中原来的接触电势差 V_D 的方向正好相反，因此加正向电压以后，势垒中的电场将减

小，则势垒宽度变窄，势垒高度将变为 $q(V_D - V)$，比原来降低 qV。势垒高度降低了，空间电荷区中载流子的扩散运动将大于漂移运动。n 区的电子不断扩散至 p 区，p 区的空穴不断扩散至 n 区。这种注入的载流子称为非平衡少数载流子。注入 p 区的电子首先在势垒边界处积累起来，由于浓度梯度的作用电子向 p 区纵深方向扩散，在扩散过程中，不断与空穴复合，电子电流逐渐转化为空穴电流。经过几个电子扩散长度的距离后，电子基本上与空穴复合完毕，n 区注入 p 区的电子电流完全转化为 p 区的空穴电流。同样，注入 n 区的空穴也首先在势垒边界处积累起来，由于浓度梯度的作用空穴向 n 区纵深方向扩散，在扩散过程中，不断与电子复合，空穴电流逐渐转化为电子电流。经过几个空穴扩散长度的距离后，空穴基本上与电子复合完毕，p 区注入 n 区的空穴电流完全转化为 n 区的电子电流。我们把势垒区两侧几个扩散长度以内的区域称为扩散区。p 区一边是电子扩散区，n 区一边是空穴扩散区。从总体上来说，虽然流过 PN 结任一截面的电子空穴总电流应该相等，但是不同的区域，在总电流中电子电流和空穴电流所占的比例是不同的。一般在靠近 p 型一边的端头附近基本上是空穴电流，在靠近 n 型一边的端头附近则基本上是电子电流。这两部分电流在 PN 结中间区域通过复合互相接替，而总电流保持不变。显然，随着正向电压增加，势垒高度进一步降低，越过势垒从 n 区向 p 区运动的电子和从 p 区向 n 区运动的空穴迅速增多，从而使通过 PN 结的电流迅速增大，这个电流称为 PN 结的正向电流。再考虑 PN 结加反向电压的情况，即 p 型一边接负，n 型一边接正。这个电压与平衡 PN 结中原来的内建电势差 V_D 方向相同，因此加上反向电压后，势垒中电场将增大，势垒区变宽，势垒高度将比平衡时升高，由原来的 qV_D 变成 $q(V_D + V)$。

由于受反向 PN 结势垒中强电场的作用，使得势垒边缘处的少数载流子都被电场拉走，势垒两边扩散区中少数载流子浓度低于平衡时的浓度。此时，扩散区中发生的是复合的逆过程——产生。在 n 型一边扩散区中产生的空穴扩散到势垒区，受强电场作用拉入 p 型区，与那里扩散区产生的空穴汇合在一起，向正电极运动。电子的运动情况也完全类似，p 型一边扩散区中产生的电子扩散到势垒区，再受电场作用，漂移过势垒区与 n 型一边扩散区中产生的电子汇合在一起，向负电极运动。电子电流和空穴电流在势垒区、扩散区互相接替转换，组成由 n 区到 p 区的反向电流。由于从 n 区抽出的空穴及从 p 区抽出的电子都是少数载流子，势垒区两个边界处的少数载流子浓度不需要多大的反向电压已降为零，电压再大也只不过为零而已。也就是说，少数载流子浓度梯度不随反向电压而变，而反向电流的大小取决于扩散区的少数载流子浓度梯度。由于梯度不大，因此，PN 结的反向电流是一个数值很小且不随外加反向电压而变化的电流。这就是 PN 结的反向饱和电流。外加电压 V 时，流过 PN 结的电流密度 J_i 由下式表示：

$$J_i = J_0(e^{\frac{qV}{kT}} - 1) \tag{2.50}$$

式中，J_0 为反向饱和电流密度。

PN 结加反向电压时，空间电荷区变宽，电场增强。反向电压增大到一定程度时，反向电流将突然增大。如果外电路不能限制电流，则电流会大到将 PN 结烧毁。反向电流突然增大时的电压称为击穿电压。基本的击穿机制有两种，即隧道击穿（也叫齐纳击穿）和雪崩击穿。前者击穿电压小于 0.6 V，有负的温度系数；后者击穿电压大于 0.6 V，有正的温度系数。PN 结加反向电压时，空间电荷区中的正负电荷构成一个电容性的器件。它的电容量将随外加电压而改变。

光照下的 PN 结也是一个非平衡的 PN 结。注入的非平衡载流子是由于光激发后的电子空穴对产生的。只要光子的能量等于或大于 E_g，光子照射入半导体中，把电子从价带激发到导带，就会在价带中留下一个空穴，产生一个电子—空穴对。被激发的电子有一种自发的倾向，重新跳回价带与空穴复合，把吸收的能量放掉，恢复平衡位置。所以，必须在电子和空穴复合之前，把电子和空穴分开，使它们不会再复合，实现光转换成电的目的。这个分离作用可以通过 PN 结的空间电荷区来实现，如图 2.15 所示。

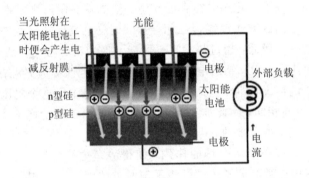

图 2.15　半导体结中光伏效应的产生

在空间电荷区产生的电子—空穴对在内建电场的作用下可以很快分离产生光电流；在空间电荷区之外，如果所产生的电子—空穴对有足够长的寿命，那么 p 区和 n 区中的光生少子各自扩散到 PN 结的势垒区附近，被内建电场所分离，也产生光电流。光生的非平衡少子电子由 p 区扫入 n 区，光生的非平衡少子空穴由 n 区扫入 p 区，从而实现有效的光电转换[9]。

2. 半导体结的类型

半导体结的类型按掺杂方式可分为突变结、缓变结以及超突变结等。

突变结的主要特点是：每个掺杂区的杂质浓度是均匀分布的，在交界面处，杂质的浓度有一个突然的跃变。缓变结中的线性缓变结的特点是：冶金结两侧的掺杂浓度可以由线性分布近似。而超突变结的特点是：掺杂浓度从冶金结处开始下降，它是一种特殊的 PN 结。

实际的 PN 结中掺杂往往都不是均匀的。在一些实际的电学应用中，往往要利用特定的非均匀掺杂来实现所要求的 PN 结电容特性。

此外，根据构成材料的异同，半导体结还有同质结和半导体异质结以及金属—半导体结之分。

由同一种半导体材料组成的结叫做同质结。由两种不同的半导体材料组成的结称为半导体异质结。存在四种基本类型的异质结。掺杂类型变化的结称为反型异质结。可以制成 nP 结或 Np 结，其中大写字母表示较宽带隙的材料。具有相同掺杂类型的异质结称为同型异质结，可以制成 nN 和 pP 同型异质结。

实际上，PN 结不是 p 型半导体光电材料和 n 型半导体光电材料的简单物理结合，而是通过合金法、扩散法、离子注入法或薄膜生长法等技术形成 PN 结。最简单的方法就是扩散法，它是通过杂质的扩散，在基质材料上形成一层与基质材料导电类型相反的材料层而构成 PN 结。根据基质材料和扩散杂质的不同，太阳能电池的基本结构分为两类：一类是基质材料为 p 型半导体光电材料，扩散能提供电子的杂质，在 p 型基质材料表面形成 n 型材料，制备 PN 结，n 型材料为受光面；另一类则相反，在基质材料为 n 型的半导体光电材料上，扩散能提供空穴的杂质，在 n 型基质材料表面形成 p 型材料，制备 PN 结，相应地，p 型材料为受光面。

金属—半导体形成的冶金学接触叫做金属—半导体结（M-S 结）或金属—半导体接触。

把须状的金属触针压在半导体晶体上或者在高真空下向半导体表面上蒸镀大面积的金属薄膜都可以实现金属—半导体结，前者称为点接触，后者则相应地叫做面接触。金属—半导体接触出现两个最重要的效应：其一是整流效应，其二是欧姆效应。前者称为整流接触，又叫做整流结；后者称为欧姆接触，又叫做非整流结。非整流特性不论外加电压的极性如何都具有低的欧姆压降而且不呈整流效应。这种接触几乎对所有半导体器件的研制和生产都是不可缺少的部分，因为所有半导体器件都需要用欧姆接触与其它器件或电路元件相连接。

3. 半导体—半导体结与金属—半导体结

半导体材料之间根据材料异同可以形成同质结和异质结。同质结要求在一块半导体材料上做两种不同类型的掺杂，形成 PN 结；而异质结既可做成同型异质结又可做成异形异质结。半导体—半导体结的形成都是因为载流子分布不均匀而使多数载流子向对方区域扩散，在原位留下不可动的杂质离子，这些杂质离子又会在结区形成内建电场阻止载流子的进一步扩散进而达到最终的平衡状态。表现在能带结构上就是能带弯曲，费米能级在同一水平线上。

金属作为导体，通常是没有禁带宽度的，自由电子处于导带中，可以自由运动，从而导电能力很强。在金属中，电子也服从费米分布，与半导体材料一样，在绝对零度时，电子填满费米能级（E_{Fm}）以下的能级，在费米能级以上的能级是全空的。当温度升高时，电子能够吸收能量，从低能级跃迁到高能级，但是这些能级大部分处于费米能级以下，只有少数费米能级附近的电子可能跃迁到费米能级以上，而极少量的高能级的电子吸收了足够的能量，可以跃迁到金属体外。用 E_0 表示真空中金属表面外静止电子的能量，那么一个电子要从金属跃迁到体外所需的最小能量为

$$W_\mathrm{m} = E_0 - E_\mathrm{Fm} \tag{2.51}$$

W_m 称为金属的功函数或逸出功。

同样的，对于半导体材料，要使一个电子从导带或价带跃迁到体外，也需要一定的能量。类似于金属，如果 E_0 表示真空中半导体表面外静止电子的能量，那么半导体的功函数就是 E_0 和费米能级（E_Fs）之差，即

$$W_\mathrm{s} = E_0 - E_\mathrm{Fs} \tag{2.52}$$

当金属与 n 型半导体材料相接触时，两者有相同的真空电子能级。如果接触前金属的功函数大于半导体的功函数，那么，金属的费米能级就低于半导体的费米能级，而且两者的费米能级之差就等于功函数之差，即 $E_\mathrm{Fs} - E_\mathrm{Fm} = W_\mathrm{m} - W_\mathrm{s}$。接触后，虽然金属的电子浓度要大于半导体的电子浓度，但由于金属的费米能级低于半导体的费米能级，导致半导体中的电子流向金属，使得金属表面的电子浓度增加，带负电，半导体表面带正电。而且半导体与金属的正、负电荷数量相等，整个金属—半导体系统保持电中性，只是提高了半导体的电势，降低了金属的电势。

在电子从半导体流向金属后，n 型半导体的近表面留下一定厚度的带正电的施主离子，而流向金属的电子则由于这些正电离子的吸引，集中在金属—半导体界面层的金属一侧，与施主离子一起形成了一定厚度的空间电荷区，内建电场的方向是从 n 型半导体指向金属，主要落在半导体的近表面层。与半导体 PN 结相似，内建电场产生势垒，称为金属—半导体接触的表面势垒，又称为电子阻挡层，使得空间电荷区的能带发生弯曲。而且，由于内建电场的作用，电子受到与扩散反方向的力，使得它们从金属又流向 n 型半导体。到达平衡时，从 n 型半导体流向金属和从金属流向半导体的电子数相等，空间电荷区的净电流为零，金属和半导体的费米能级相同，此时势垒两边的电势之差称为金属—半导体的接触电势差，等于金属、半导体接触的费米能级之差或功函数之差，即

$$V_\mathrm{ms} = \frac{1}{q}(W_\mathrm{m} - W_\mathrm{s}) = \frac{1}{q}(E_\mathrm{Fs} - E_\mathrm{Fm}) \tag{2.53}$$

如果接触前金属的功函数小于半导体的功函数，即金属的费米能级高于半导体的费米能级，则通过相同的分析可知，金属和半导体接触后，在界面附近的金属一侧形成了很薄的高密度空穴层，半导体一侧形成了一定厚度的电子累积区域，从而形成了一个具有电子高电导率的空间电荷区，称为电子高电导区，又称为反阻挡区。

同样的，对于金属和 p 型半导体的接触，在界面附近也会存在空间电荷区，形成空穴势垒区（阻挡区）和空穴高电导区（反阻挡区）。

如果在金属和 n 型半导体之间加上外加电压，将会影响内建电场和表面势垒的作用，表现出金属和半导体接触的整流效应。当金属接正极而半导体接负极时，即外加电场从金

属指向半导体，与内建电场相反，外加电场将抵消一部分内建电场，导致电子势垒降低，电子阻挡层减薄，使得从 n 型半导体流向金属的电子流量增大，电流增大。相反地，当金属接负极，半导体接正极时，外加电场从半导体指向金属，与内建电场一致，增加了电子势垒，电子阻挡层增厚，使得从 n 型半导体流向金属的电子减少，电流几乎为零。此特性与 PN 结的电流电压特性是一样的，同样具有整流效应[10]。

金属与半导体接触可以分为整流接触和非整流接触两种。当金属功函数 $W_m >$ n 型半导体功函数 W_n 或者当 $W_m <$ p 型半导体功函数 W_p 时，金属分别与此 n 型或 p 型半导体之间形成的就是整流接触。而当金属功函数 $W_m <$ n 型半导体功函数 W_n 或者当 $W_m >$ p 型半导体功函数 W_p 时，金属分别与此 n 型或 p 型半导体之间形成的就是非整流接触，即欧姆接触。

欧姆接触是指这样的接触：它不产生明显的附加阻抗，而且不会使半导体内部的平衡载流子浓度发生显著改变。从电学上讲，当有电流流过时，欧姆接触上的电压降远小于样品或器件本身的电压降，这种接触不影响器件的 I-V 特性。在实际中欧姆接触也有很重要的应用。半导体器件一般都要利用金属电极输入或输出电流，这就要求在金属和半导体之间形成良好的欧姆接触。在超高频和大功率器件中，欧姆接触是设计和制造中的关键问题之一。在欧姆接触中，由于接触处的附加电阻很小，正反方向有对称的电流电压特性，如图 2.16 所示。

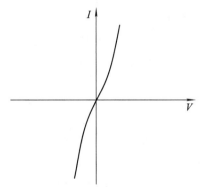

图 2.16　金属—半导体欧姆接触的 I-V 特性

金属和半导体接触时，如果半导体掺杂浓度很高，则势垒区宽度变得很薄，电子很容易通过隧道效应贯穿势垒产生相当大的隧道电流，甚至超过热电子发射电流而成为电流的主要成分。当隧道电流占主导地位时，它的接触电阻很小，可以用作欧姆接触。因此，半导体重掺杂时，它与金属的接触可以形成接近理想的欧姆接触。

制造欧姆接触时，常常是在 n 型或 p 型半导体上制作一层重掺杂区后再与金属接触，形成金属—n^+n 或金属—p^+n 结构。形成金属与半导体接触的方法也有多种，如蒸发、溅射、电镀等。

金属和半导体形成整流接触时就具有与 PN 结相似的整流效应。在 PN 结的 P 端和 N 端分别引出引线就可形成二极管。同样地，利用金属—半导体接触的整流效应也可以制成二极管——称为肖特基势垒二极管。两种二极管的示意图如图 2.17 所示。

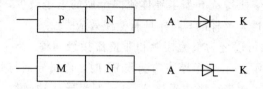

图 2.17　半导体—半导体结及金属—半导体结形成的二极管示意图

4. 有机半导体材料中的结

随着有机电子学的进步，各种具有不同功能的电子器件频频问世，诸如有机光生伏特电池、有机发光二极管、有机场效应晶体管等，而这些由多层材料所构成的器件，在它们不同材料的层次间，都存在不同功能的异质结。它们可以起到不同的作用，如激子的电荷分离作用，激子与其它物体间的能量转移作用，不同材料在基态条件下的电荷转移作用以及对不同载流子的阻挡作用等。

有机太阳能电池中的异质结往往与电池的工作原理相关，即异质结如何引起光生激子的分离，使太阳能转变为电能。在电池中如何将激子有效地分离转变为电能，就涉及异质结的引入，否则就不能得到理想的电池转换效率。

有机半导体材料也可区分为 p 型和 n 型两大类，但它们与通过本征材料掺杂而形成 p 型与 n 型的无机半导体材料不同。一般地说，有机半导体材料都是共轭的有机高分子或小分子化合物。其中缺电子型的或可用作为电子受体的化合物，被称为 n 型的有机半导体材料。而富电子型的或可用作为电子给体的化合物，则称为 p 型有机半导体材料。多数有机和高分子半导体材料是 p 型的。

有机半导体材料中的异质结按电子给体(D)和电子受体(A)的结合方式可以分为双层异质结和体异质结以及分子 D - A 结。

将具有电子给体性质的单元用共价键方式连接到受体聚合物或者小分子上就形成了分子 D - A 结。

双层异质结是将给体和受体有机材料分层排列形成平面型 D - A 界面，双层异质结中电荷分离的驱动力主要是给体和受体的最低空置轨道(LUMO)能级差，即给体和受体界面处的电子势垒。在界面处，如果势垒较大(大于激子的结合能)，激子的解离就比较有利；电子会转移到有较大电子亲和能的材料上，使激子非常有效地解离。

体异质结与双层异质结相似，都是利用 D - A 界面效应来转移电荷的。它们的主要区别在于[11]：① 体异质结中的电荷分离产生于整个活性层，而双层异质结中的电荷分离只发生在界面处的空间电荷区域(几个纳米)。因此体异质结中的激子解离效率较高，激子复合概率降低，结果减少或避免了由于有机物激子扩散长度小而导致的能量损失。② 由于界面存在于整个活性层，体异质结器件中载流子向电极传输主要是通过粒子之间的渗滤（Percolation）作用，而双层异质结中载流子传输介质是连续空间分布的给体和受体，因此双层异质结载流子传输效率相对较高。体异质结由于载流子传输特性所限，对材料的形貌、颗粒的大小较为敏感，而填充因子也相应地小。有机体异质结中材料的形貌和给体/受体的混合程度，对电荷分离、光电流的产生以及总能量转换效率有很大影响。粒径的尺寸太大，电荷的分离效率将会降低；而粒径太小，电荷的传输就会受阻，同时自由电荷再次复合的概率也相对较高。因此，在体异质结中，必须优化材料粒径大小，以同时满足较高的电荷分离效率和输运效率。

2.3　太阳能电池的效率上限

在第十章中将对太阳能电池的效率极限做比较详细的讨论，这里只进行简单的介绍，以便对效率极限有一个基本概念。

太阳能电池的光电转换过程涉及由太阳、电池周围环境及电池三部分组成的系统中各子系统之间的能量交换。这里电池环境通常认为是地球环境。在该系统里各子系统之间能量的交换是相互的，不仅有太阳的辐射、电池与环境的吸收，也有电池及地球环境光的发射，只是电池及地球环境的温度较低，发射光子的波长较长。最终三部分组成的宏观体系处于平衡态。统计理论指出，一个系统宏观平衡的充分必要条件是细致平衡条件，细致平衡条件是讨论宏观体系的基础[2]。

2.3.1　细致平衡原理

细致平衡（Detailed Balance）原理是考量太阳能电池极限理论效率最重要和最常用的手段。Detailed Balance 这个概念是 1954 年 Roosbroeck 和 Shockley 在《应用物理》（Journal of Applied Physics）杂志上发表的一篇文章中提出的。1961 年，William Shockley 和 Hans J. Queisser 在应用物理上发表了题为《Detailed Balance Limit of Efficiency of P - N Junction Solar Cells》的文章，在这篇文章中提出了细致平衡效率极限的概念，在一些假设的基础上推导出一个公式用来计算效率极限，得出单结太阳能电池效率极限为 31%。

对处于热动平衡的物理系统，细致平衡原理可用经典力学或量子力学由微观可逆性导出。对于远离平衡的系统或非物理系统，在某种情况下，细致平衡原理也成立。这就是说，细致平衡原理是一个基本的具有广泛意义的原理。把这一原理应用到某些系统中，和传统方法相比，往往可以以简便得多的方式得到统计物理中的一些重要规律并可使我们对某些物理过程获得更深刻的理解[12]。

2.3.2　太阳能电池的最高效率

2001 年，Green 提出把太阳能电池的发展过程划分为三个阶段，其中第一代体硅太阳能电池(单晶 Si 和多晶 Si)和第二代薄膜太阳能电池(非晶 Si、GaAs、CdTe、CIGS 等)都是单结电池，已基本实现了商品化，第三代太阳能电池除了继续保持薄膜化并采用丰富、无毒的原材料外，最大的特点就是具有更高的光电转换效率。

如果所有的因素都最优化，包括电学的、光学的和材料的，那么太阳能电池最终能够达到怎么样的极限效率？这是人们最关心的问题之一。Shockley 和 Queisser 通过细致平衡极限原理计算得出，理想单结太阳能电池的效率是材料禁带宽度 E_g 的函数，当 $E_g \approx 1.3$ eV 时，在 1 个太阳照射下的极限效率仅为 31%，全聚光下的极限效率为 40%[13]。细致平衡原理的重要性在于它是人们现今发现的最低的理论极限，低于卡洛效率，它是客观上能达到的最高效率。这个理论之所以有这么低的效率，是因为有以下假设：

(1) 只有能量大于禁带宽度的光子能够被吸收，小的不能吸收。

(2) 一个光子最多只能产生一个电子—空穴对。

(3) 吸收的光子能量都用于激发电子—空穴对并储存为电子—空穴对的势能。

(4) 只有辐射复合一种情况。

(5) 半导体材料完全符合黑体的行为。

细致平衡原理的大意是：太阳会以符合"普朗克黑体辐射分布"的方式辐射出不同波长的光子到达太阳能电池，这些光子中从 0 波长开始到半导体的禁带宽度为下限的部分为太阳能电池所吸收。通过对太阳辐射光子能量分布的积分可以得到被电池所吸收的总的光子数，而一个光子产生一个电子—空穴对，因此可以得到产生的总载流子数目。其次，由于太阳能电池作为有一定温度的器件也必然会辐射能量，因此电池辐射出的能量造成的能量损失就成为不可避免的一部分。这样可得到当电池短路时：

电流密度 ＝(产生的总载流子数目 − 电池本身辐射掉的载流子数)×(电子电量)

而输出电压为电子—空穴对的"电势差"，这样就可以得到输出能量＝电流×电压，则效率理论极限为输出能量除以输入能量。

通俗地说，就是电池从太阳得到有限的能量，而电池除了可以转化为电能以供利用之外还必须要辐射出去一部分，最后可利用的效率就是最高极限。细致平衡效率极限之所以不高，是因为它的假设条件很严格，如"一个光子最多只能产生一个电子—空穴对"(实际通过碰撞电离一个光子可产生多个电子—空穴对)，"能量小于禁带宽度的光子能量不被吸收"(实际的情况和实验表明并不是完全不吸收，有不少被"激子"吸收了，也存在能量的传递)[14]。

在讨论电池效率极限问题时，不仅可以基于细致平衡原理，还有很多其他的假设，例如基于热力学理论，电池的转换效率可以达到很高的水平。在第十章中将详细讨论太阳能电池的最高效率极限问题。

本章参考文献

［1］　王涛. 硅太阳能电池研究. 国防科技大学工学硕士学位论文，2006.

［2］　熊绍珍，朱美芳. 太阳能电池基础与应用. 北京：科学出版社，2009.

［3］　百度百科. 黑体辐射.

［4］　维基百科. 普朗克黑体辐射定律.

［5］　于胜军，钟建. 太阳能光伏器件技术. 成都：电子科技大学出版社，2011.

［6］　NREL Website. Reference Solar Spectral Irradiance.

［7］　尼曼. 半导体物理与器件. 3 版. 赵毅强，等译. 北京：电子工业出版社，2005.

［8］　Luque A，et al. Handbook of Photovoltaic Science and Engineering. John Wiley & Sons Ltd，2003.

［9］　司俊丽. 第三代太阳能电池的效率计算. 合肥工业大学硕士学位论文，2007.

［10］　杨德仁. 太阳能电池材料. 五南图书出版公司，2008.

［11］　吴世康，汪鹏飞. 有机半导体的异质结(Herero-junction)问题. 影像科学与光化学，2010，28(2)：147 – 149.

［12］　付丽萍. 由细致平衡原理分析原子的辐射过程. 黑龙江大学自然科学学报，1999，16(2)：86 – 88.

［13］　赵杰，曾一平. 新型高效太阳能电池研究进展. 物理：太阳能电池专题，2011，40(4)：233 – 240.

［14］　百度文库. 太阳能电池极限效率的原理.

第三章　晶体硅太阳能电池

3.1　硅制造工艺

3.1.1　硅材料

硅的独特性质使其处于现代电子信息工业的基础地位。硅的发展是 20 世纪世界上材料和电子信息领域发展的里程碑，是硅将人们带入到 21 世纪的信息迅速发展的轨道上。

硅材料来源于优质石英砂，也称硅砂，成分主要为 SiO_2。我国硅砂储量丰富，且分布较为广泛，对于工业化生产十分有益。

硅材料按纯度划分，可以分为半导体级硅和金属硅；按晶型划分，又可以分为单晶硅、多晶硅和非晶硅三种。而对于单晶硅，按工艺方法划分可分为直拉单晶硅和区熔单晶硅。多晶硅包括高纯度多晶硅、薄膜多晶硅、带状多晶硅和铸造多晶硅。多晶硅和单晶硅都属于晶体硅，其中高纯多晶硅是从金属硅中提炼得来的，而单晶硅又可以通过高纯多晶硅的提纯冶炼来获得。

在 20 世纪 80 年代，多晶硅材料开始在太阳能电池中应用，这使其成为单晶硅材料的部分取代品。虽然多晶硅材料低廉的价格使其占领了一部分市场，但是由于当时它较低的产品质量最终并没有达到应有的市场份额。随着人们对多晶硅材料物理机制及光学性能认识的不断深化，现在多晶硅材料的质量有了很大的提高，再加上天然的价格优势使其最终占据了比单晶硅更大的市场份额。

目前，大多数的硅太阳能电池研究都集中在商业应用方面，更好的材料特性对电池的最终性能提升有重要作用，所以对硅材料的特性研究十分重要[1]。

3.1.2　太阳能级硅材料

晶体硅太阳能电池从一开始就占据了光伏产业的主导地位。现在，它仍然占据了光伏市场绝大部分的份额，虽然随着一些新的革新技术的出现对其研究热度有所下降，但是在未来可预见的一段时间内它将继续保持在市场上的主导地位。

　　晶体硅在光伏市场处于主导地位的原因之一是硅技术在微电子行业的带动下得到了很大的发展。一方面微电子行业的迅速发展使硅原料及相关设备的价格越来越容易被接受；另一方面微电子加工工艺的发展为光伏产业直接提供了技术支持，使光伏加工生产得到快速变革和发展。

　　制造太阳能级硅最常用、最经济的方法是对金属硅直接进行提纯，使其达到太阳能电池所能使用的纯度。在提纯过程中，最重要的是将金属硅中含量较高的杂质的浓度降低，一般要降低到 $5 \times 10^{16}/cm^3$ 以下。在金属硅中，杂质含量通常在 5% 以上，其中铁的浓度一般为 $1700 \times 10^{-6} \sim 3000 \times 10^{-6}$，铝的浓度一般为 $1200 \times 10^{-6} \sim 4000 \times 10^{-6}$；硼和磷的浓度一般为 $20 \times 10^{-6} \sim 60 \times 10^{-6}$（$1 \times 10^{-6}$ 表示每百万个原子中含有一个杂质原子）。在这些金属硅材料所含的杂质中，除了硼和磷的分凝系数较高外，其它金属的分凝系数都不高，所以金属杂质一般可以通过定向凝固的方法去除，但是硼和磷则很难去除到所需标准，所以还需要进一步的工艺提纯[2]。

3.1.3　单晶硅的制造

　　单晶硅属于立方晶系、金刚石结构，是一种性能优良的半导体材料。自 20 世纪 40 年代起开始使用多晶硅至今，硅材料的生长技术已趋于完善，并广泛应用于红外光谱频率光学元件、红外及射线探测器、集成电路、太阳能电池等。此外，硅没有毒性，且它的原材料石英（SiO_2）构成了大约 60% 的地壳成分，因此其原料供给可得到充分保障。硅材料的优点及用途决定了它是目前最重要、产量最大、发展最快、用途最广泛的一种半导体材料。

　　到目前为止，太阳能光电工业基本上是建立在硅材料基础之上的，世界上绝大部分的太阳能光电器件是用单晶硅制造的。其中单晶硅太阳能电池是最早被研究和应用的，至今它仍是太阳能电池的最主要材料之一。单晶硅完整性好、纯度高、资源丰富、技术成熟、工作效率稳定、光电转换效率高、使用寿命长，是制备太阳能电池的理想材料，因此备受世界各国研究者的重视和青睐。随着对单晶硅太阳能电池需求的不断增加，单晶硅市场竞争日趋激烈，想在市场上占据重要地位，应在以下两个方面实现突破：一是不断降低成本。为此，必须扩大晶体直径，加大投料量，并且提高拉速。二是提高光电转换效率。为此，要在晶体生长工艺上搞突破，降低硅中氧碳含量。这两个方面对单晶硅的生产和研究提出了新的要求。了解单晶硅生长条件、生长缺陷以及它们与器件性能之间的关系，对提高晶体质量是很重要的。

　　单晶硅从生长方式上可分为熔体直拉法和悬浮区熔法两种。其中直拉法获得的单晶硅主要应用于太阳能电池和集成电路产业，其机械强度高，成本低，占领了单晶硅市场大部分份额。单晶硅的生长设备和提拉单晶过程如图 3.1 所示。

　　单晶硅的制备方法常见的有熔体直拉法、悬浮区熔法、磁控法和三晶硅法。

图 3.1　单晶硅的生产设备和提拉单晶过程

1）熔体直拉法

熔体直拉法即 CZ（CZochralski）法，CZ 法的主要原理为：在装原料的石英坩埚炉上方，有一个可以提拉和旋转的夹杆，在杆的一头夹一根籽晶。当准备拉单晶时，将籽晶插入熔融的硅液体中，按照一定速度边提拉边旋转，提拉到所需长度就得到了单晶，如图3.2 所示。

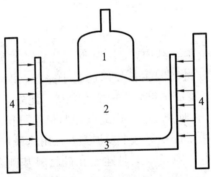

1—单晶硅；2—硅熔体；3—坩埚；4—加热器

图 3.2　CZ 法示意图

总体来看，CZ 法工艺步骤较为简单，主要分为熔化、引晶、缩颈、放肩、等径生长和收尾六步，如图 3.3 所示。

（1）熔化。将块状多晶硅粉碎至适当大小，并将表面清洗干净，放入石英坩埚中。将单晶炉抽气达到一定压力后再充入保护气体，然后加热，使温度超过硅的熔点（1412℃）。当然，温度高有助于减小熔化周期，但是会对设备产生一定程度的损害。所以，要找到一个合适的温度进行熔化。

（2）引晶。将选好的籽晶进行处理后，夹在籽晶夹上。然后将籽晶慢慢下移，当接近硅熔融液面时停止一会，使籽晶达到较高温度，否则直接进入液态硅中会产生较大热冲击，对籽晶产生损坏。当达到一定温度后，将籽晶头部放入液体硅中，使其熔为一体，之后调整温度，以一定速度旋转并提拉籽晶，进行引晶，形成单晶硅棒。

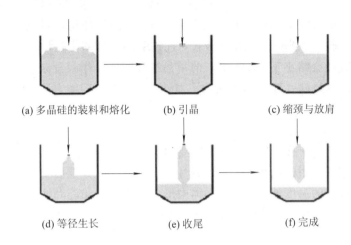

(a) 多晶硅的装料和熔化　　　　(b) 引晶　　　　(c) 缩颈与放肩

(d) 等径生长　　　　　　　(e) 收尾　　　　　　　(f) 完成

图 3.3　CZ 法工艺过程示意图

（3）缩颈。当籽晶与液体硅接触时会产生热应力，可能使籽晶产生缺陷。因此，为了避免缺陷扩散较大，将对其进行缩颈。主要办法是提拉籽晶，使单晶硅的生长达到某一个速度，从而使硅棒直径达到所需缩小到的直径。

（4）放肩。为了减少缺陷，缩颈后再次将晶棒直径放大到所需大小，这一过程称为放肩。此时放慢提拉速度，使晶棒直径增大。这时最重要的参数是直径的增加速度，如果增加过快会影响界面形态，形成应力，产生缺陷。

（5）等径生长。当放肩后达到所需要的直径时，将精确控制提拉和旋转速度，使晶棒直径维持在所需大小。随着提拉结晶越来越多，坩埚中所剩的液体硅越来越少，因此被加热的速度也越快，会对界面处的形状产生影响，形成应力，导致缺陷产生。同时由于硅棒的增大，散热越来越慢，所以应该在后期结晶时放慢提拉速度，使其充分散热。

（6）收尾。在结晶最后，将减小晶棒直径，最后缩小到一点直至离开界面，完成提拉结晶。收尾主要是对材料的缺陷密度进行控制[3]。

2）悬浮区熔法

悬浮区熔法即 FZ 法（Floating Zone Melting），在此方法中，将已经处理过的无裂痕的多晶硅棒和籽晶一起竖直放置到区熔炉的竖直轴间，其中籽晶位于多晶硅棒的下方，用 RF 加热线圈加热多晶硅棒底部，这样多晶硅棒便开始熔化，同时向下移动多晶硅棒，这样更多的液态硅便附着在籽晶上。如此反复移动硅棒，便可以获得所需要的单晶硅硅锭了，如图3.4 所示。

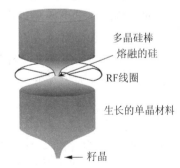

多晶硅棒
熔融的硅
RF线圈
生长的单晶材料

籽晶

图 3.4　悬浮区熔法示意图

FZ 法相对于 CZ 法来说，其晶体生长速度要快一些，加热—冷却周期较短且耗材成本也比较低。由于在熔化及结晶的过程中材料都没有与容器（如坩埚）接触，所以碳、氧、金属杂质等的含量比较低，载流子寿命比较长，且各位置电阻率比较均匀。但是，FZ 法生产出来的单晶硅棒直径会略小于 CZ 法生产的单晶硅棒，且操作较复杂，原料质量要求也略高。区熔法获得的单晶硅一般应用于大功率器件方面，在太阳能电池生产中只占了很小的市场份额[2]。

3）磁控法

在直拉法中，氧含量及其分布是非常重要而又难于控制的参数，主要是熔体中的热对流加剧了熔融硅与石英坩埚的作用，即坩埚中的氧、硼、铝等杂质易进入熔体和晶体。热对流还会引起熔体中的温度波动，导致晶体中形成杂质条纹和旋涡缺陷。

半导体熔体是良导体，对熔体施加磁场，熔体会受到与其运动方向相反的洛伦兹力的作用，可以阻碍熔体中的对流，这相当于增大了熔体中的粘滞性，使热对流作用减弱，从而降低进入到液体硅中杂质的含量。在生产中通常采用水平磁场、垂直磁场等技术。

磁控直拉技术与直拉法相比，其优点在于减少了熔体中的温度波动度。一般直拉法中固液界面附近熔体中的温度波动达 1℃ 以上，而施加 0.2 T 的磁场，其温度波动小于 1℃。这样可明显提高晶体中杂质分布的均匀性，晶体的径向电阻分布均匀性也可以得到提高。同时由于在磁场作用下，熔融硅与坩埚的作用减弱，使坩埚中的杂质较少进入熔体和晶体中，降低了单晶硅中的缺陷密度，减少了杂质的进入，提高了晶体的纯度。将磁场强度与晶体转动、坩埚转动等工艺参数结合起来，可有效控制晶体中氧浓度的变化；由于磁粘滞性，使扩散层厚度增大，可提高杂质的纵向分布均匀性，有利于提高生产率。采用磁控直拉技术，如用水平磁场，当生长速度为一般直拉法的两倍时，仍可得到质量较高的晶体。

4）三晶硅法

三晶硅法具有良好的机械强度，相对于单纯的单晶硅来说，可以允许切割出更薄的硅片。三晶硅生长方法和 CZ 法拉单晶硅的方法完全相同，只是同时应用了三个籽晶进行拉晶，硅锭生长速度更快，可以长出直径为 100～150 mm，长度为 700 mm 的硅锭。由于三晶硅具有独特的位错方式，使位错密度大大降低。三晶硅产品如图 3.5 所示。

应用了背表面场技术的三晶硅材料的太阳能电池在标准测试条件下达到了 15.5% 的平均转换效率，略高于标准单晶硅材料的太阳能电池。如果应用表面制绒工艺，则会得到更高的转

图 3.5　三晶硅产品样图[4]

换效率[2,4]。

3.1.4 多晶硅的制造

1. 多晶硅制备

多晶硅代表了硅太阳能电池的发展趋势。相对于单晶硅来说，多晶硅最大的优势在于原料更易获得，制造成本更低。另外一个优点是矩形或方形的多晶硅片相对于圆形或伪正方形的单晶硅片的利用率更高。多晶硅太阳能电池的效率主要受到杂质原子以及扩展的缺陷（晶界、位错等）的影响。提高太阳能电池效率的关键问题是控制好硅锭铸造过程中的温度变化以及控制好电池生产过程中的工艺流程，从而控制缺陷数量。此外，对于多晶硅太阳能电池来说，氢钝化工艺十分重要。以氮化硅沉积层为基础的氢钝化工艺使工业多晶硅太阳能电池的转换效率提高到 $14\%\sim15\%$。因此，硅太阳能电池产业将原材料市场不断转移到多晶硅上[2]。

工业化生产主要基于现有的氯化提纯方法，但是要想生产非常廉价的多晶硅材料却面临着诸多困难，为此必须向两个方向发展：在继续保持和发展半导体多晶硅的同时，要研究和开发生产更廉价的太阳能级多晶硅材料的新技术。近几年来制备太阳能级多晶硅的新工艺和新技术取得了较大成功，为未来的发展奠定了良好的基础。

1）改良西门子法

德国西门子公司于1954年发明了三氯氢硅（$SiHCl_3$）的氢还原法，此法又称为西门子法。此方法被很多国内外大厂所使用。下面对这一方法做简要介绍。

首先，将硅砂碾碎成颗粒直径小于0.5 mm的冶金粉末，然后在300～400℃的反应器中将其液化成冶金级硅，其反应的化学过程如下：

$$SiO_2 + 2C \rightarrow Si + 2CO_2 \uparrow$$

为了满足高纯度的需要，必须进一步提纯。放入反应器中，然后在铜的催化作用下，硅与氯化氢反应生成 $SiHCl_3$ 和 H_2，反应方程式如下：

$$Si + HCl \rightarrow SiHCl_3 + H_2 \uparrow$$

反应温度为300℃，反应过程中将释放热量[5]。除了产生三氯氢硅外还产生其它副产物，如 H_2、$SiCl_4$、SiH_2Cl_2 气体以及 $FeCl_3$、BCl_3、PCl_3 等杂质氯化物，需要经过粗馏和精馏两道工序进行提纯。为了获得更高纯度的硅，将反应器中的 $SiHCl_3$ 用大量氢气还原，在1000℃电加压的硅棒上沉淀成颗粒状多晶硅。其化学方程式如下[2]：

$$SiHCl_3 + H_2 \rightarrow Si + 3 HCl \uparrow$$

经过几天或者更长的反应时间，还原炉中原来直径只有8 mm的硅芯将生长到150 mm左右。这样得到的硅棒可作为区熔法生长单晶硅的原料，也可以碾碎作为直拉单晶的原料[5]。

四氯化硅是最西门子法生产时产生的主要污染物，为无色透明发烟液体，气味难闻，具有窒息性，对眼睛及上呼吸道具有强烈的刺激作用。高浓度的四氯化硅可引起角膜混浊、呼吸道炎症甚至肺水肿等症状，而且其它产物也对人体及环境有很坏影响。所以改良西门子法增大了对尾气的吸收并再利用，这样不但对环境和人体起到了保护作用，而且也增加了原料的利用率和产量。其生产流程如图 3.6 所示。

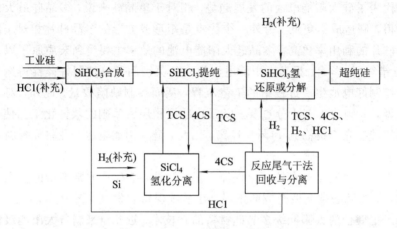

图 3.6　改良西门子法工艺流程图

2）硅烷热分解法

硅烷是用四氯化硅氢化法、硅合金分解法、硅的直接氢化法、氢化物还原法等方法制取的材料。其中一种方法是利用硅化镁和氯化铵在零度以下反应，该反应由日本小松公司发明，反应方程式如下：

$$Mg_2Si + 4NH_4Cl \rightarrow 2MgCl_2 + 4NH_3 + SiH_4$$

另外一种方法是，将四氯化硅、金属硅以及氢气反应生成三氯氢硅，然后三氯氢硅进行分解，最后得到硅烷。其反应方程式如下：

$$3SiCl_4 + Si + 2H_2 \rightarrow 4SiHCl_3$$

$$2SiHCl_3 \rightarrow SiH_2Cl_2 + SiCl_4$$

$$3SiH_2Cl_2 \rightarrow SiH_4 + 2SiHCl_3$$

然后，将制得的硅烷气体提纯后在热分解炉生产纯度较高的棒状多晶硅[2]。

硅烷可以通过减压精馏、吸附和预热分解等方式来进行硅的提纯。其反应方程式如下：

$$SiH_4 \rightarrow Si + 2H_2 \uparrow$$

经过反应后得到纯度较高的硅[5]。

后来，美国的 MEMC Pasadena 公司以高纯硅烷气为原料生产粒状多晶硅，硅烷的生产过程采用以四氟化硅为原料的无氯化工艺。这种工艺能够使产品不受四氯化硅的污染[6]。无氯化工艺流程如图 3.7 所示。

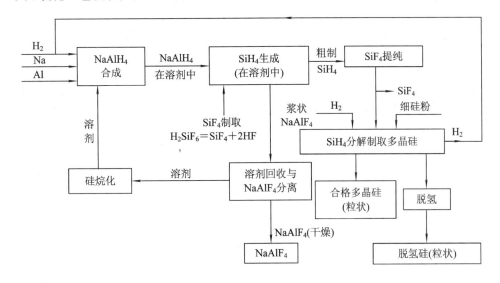

图 3.7　无氯化工艺流程图

这些方法虽然对于硅原材料的除杂很有效果，但却要消耗很多的附加原料，如 Mg，而且 SiH_4 本身易燃易爆，使用过程中极易发生危险，所以使用不是很方便，并不被大量工业生产所采用[5]。

3）流化床法

流化床法是美国联合碳化合物公司早年研发的多晶硅制备工艺技术。该方法是用 $SiCl_4$、H_2、HCl 和工业硅为原料，在高温高压流化床内生成 $SiHCl_3$，将 $SiHCl_3$ 再进一步加氢生成 SiH_2Cl_2，继而生成硅烷气。制得的硅烷气体通入加有小颗粒硅粉的流化床反应炉内进行连续热分解反应，生成粒状多晶硅产品。由于在流化床反应炉内参与反应的硅表面积大，故该方法生产效率高、能耗低、成本低。该方法的缺点是安全性较差，危险性较大，且产品的纯度也不高[6]。

4）四氯化硅氢还原法

四氯化硅氢还原法是早期最常用的技术。该方法是利用金属硅和氯气进行反应，生成四氯化硅，反应方程式如下：

$$Si + 2Cl_2 \rightarrow SiCl_4$$

然后应用精馏工艺对四氯化硅进行提纯，再通入氢气，在 1100～1200℃ 温度下进行反应，四氯化硅被还原为晶体硅，反应方程式如下：

$$SiCl_4 + 2H_2 \rightarrow Si + 4HCl$$

因为这种方法能耗较大，且原料利用率不高，所以一般很少有公司采用[2]。

2. 多晶硅铸造技术

多晶硅铸造技术主要有两种：布立基曼法和铸造法。这两种方法都可以生产出高品质的硅锭。工业上使用布立基曼法铸造多晶硅的公司有日本京瓷公司和德意志太阳能公司[7, 8]。

布立基曼法和铸造法的工艺区别在于：布立基曼法是硅原料熔化和晶体生长过程都处在同一个干锅炉中，而铸造法则在晶体生长时用另一个干锅炉来进行，其主要区别如图3.8和图3.9所示。

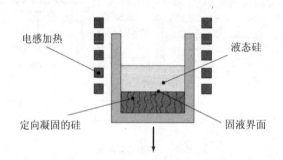

图 3.8　布立基曼法铸造多晶硅示意图

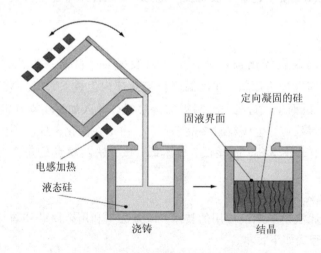

图 3.9　铸造法铸造多晶硅示意图

在布立基曼法工艺过程中，要在石英坩埚内部涂抹一层氮化物（氮化硅），将其用于硅原料的熔化和后续的多晶硅硅锭凝固过程。由于硅材料在结晶的过程中体积膨胀不可避免地要对石英坩埚有一定挤压甚至损坏，所以涂抹的氮化物主要是为了防止石英坩埚和硅锭粘连在一起，引起石英坩埚损坏。对于铸造法来说，第一步的硅原料熔化用的石英坩埚内部不涂氮化硅，但是在第二步硅锭结晶生长时，石英坩埚内要涂抹一层氮化物，作用同上。

通常情况下，这两种生产技术都是通过底部开始降温（低于硅 1410℃熔点），然后底部的硅熔液开始结晶。布立基曼法是将装有硅溶液的石英坩埚从高温区域慢慢向下移动，达到降温目的的。而铸造法结晶工艺是通过调节加热器的温度来降温的，坩埚本身是固定不动的。

底部开始结晶前，也就是处于固液混合状态时，结晶面与晶体生长方向是垂直的，这样得到的柱状硅锭在切割出硅片后，相邻硅片的缺陷（晶界、位错等）是十分相似的[6]。

通常布立基曼法的结晶速度约为 1 cm/h。为了提高生产率，就需要增加结晶速度，但是要考虑硅的冷却速度，否则降温太快，形成较大的温度梯度可能导致硅锭内部碎裂甚至崩裂。而对于铸造法来说，由于有着更灵活、先进的加热系统，可大大提高结晶速度，提高生产率[8]。

3. 多晶硅铸锭主要流程

1）加热

加热主要是在尽可能短的时间内将石墨块和硅材料加热到尽可能高的温度。当温度低于 100℃时，温度的控制不是很稳定，所以要在功率模式下进行加热。在真空中完成加热期间的所有阶段，这样可以烘焙石墨块和隔热层所吸收的水分且使其从硅料表面蒸发出去。利用功率控制模式加热石墨块内部件（加热器、坩埚板、DS-Block 和隔热层内表面），将热量传送给熔体，使温度达到熔化温度[2]。

2）熔化

开始仍然在真空中完成熔化循环的第一个阶段——烘干水分。保持恒定温度 1.5 小时，使硅料温度和石墨块温度相同且排出水分、油和油脂。然后，在几个较短的阶段里将压力增加到规定值，继续熔化和生长。在此期间，温度按一定斜率发生微变，这样可以缩短整个循环时间。最后，温度达到熔化温度且在规定时间内一直保持这个温度，使硅料完全熔化。缓慢熔化是比较好的，但是如果限定了整个循环时间，很可能不允许缓慢熔化。所以，加热速度要做一个权衡。

3）长晶

开始，将温度稍微降低，然后保持温度不变。这时形成晶核并长晶，长晶速度约为 1 cm/h。这样一直到全部凝固，长晶结束。

4）退火

当最后一个硅块凝固时，从凝固硅锭的底部到顶部存在一个明显的温度梯度。这个温度梯度会在硅锭内产生应力或者形成极小的应力裂纹。在这种状态下，如果将硅锭冷却到室温，在带锯或者线锯上切割时，会看到这些裂纹。可以增加整个硅锭的温度来消除应力，很容易将应力传递到坩埚上。最好在一个临界温度下，使硅锭温度梯度最均匀，保持这个温度 1.5 到 3 个小时来消除长晶应力，然后将炉子转换到功率控制模式下，使功率按一定规律下降，这样在冷却期间，硅锭顶部和底部温度差就会更均匀。

5）冷却

硅锭和内部元件在氦气中的冷却速度最快，其次是氩气，在真空中的冷却速度最慢。使用氦气时要避免硅锭内部由于冷却速度过快出现应力裂纹，而且必须注意硅锭外部比中间更冷，这样很可能产生另一个有害的温度梯度。冷却的第一步，在氩气中设定功率降到0，继续平缓地冷却1000℃以上的硅锭，并且防止硅锭顶部比底部冷却得更快。然后，在真空中排出氩气，之后再通入氦气，压力逐渐增加到规定值。继续冷却，直到温度下降到450℃，取出硅锭，一直冷却到室温。

3.1.5 国内太阳能级硅现状

相对于国外而言，国内对于太阳能级硅材料的研究相对较晚，各项技术相对落后。对于单晶硅，国内厂商大多生产小尺寸的晶圆，大尺寸单晶硅生产工艺尚不成熟。对于多晶硅而言，国内的生产属于粗放型的生产状况，提纯的工艺不成熟，造成能耗大、污染大、成本高等不利于产业和社会发展的生产状况。过去几年，我国的硅材料产业属于半畸形的发展状态，原料大部分依赖于进口，产品销售大部分依赖于出口。而且国内的需求不足以支撑产业发展，造成了严重的产能过剩。

因此，对于全球能源短缺的今天来说，光伏产业应得到更高的重视。目前，以硅材料为基础的太阳能电池仍占据光伏产业的主导地位。所以提高自主知识产权，改善硅材料的缺陷密度并完善大尺寸晶圆生产工艺迫在眉睫。同时，在此基础上发展新型硅材料也是未来发展光伏产业的途径[9]。

3.2 晶体硅太阳能电池原理及基本结构

3.2.1 晶体硅太阳能电池的原理

第二章中对于太阳能电池的基本原理进行了讲解，这里针对晶体硅太阳能电池再做一简略介绍。

如前所述，晶体硅太阳能电池就是光照下的 PN 结二极管。当能量大于半导体材料禁带宽度的一束光垂直入射到 PN 结表面时（如图 3.10 所示），入射的光子将在离表面一定深度的 $1/\alpha$ 范围内被吸收（α 为光吸收系数）。如果 $1/\alpha$ 大于 PN 结厚度，入射光子在结区及结附近的空间中将激发出电子—空穴对。产生在空间电荷区内的光生电子与空穴在结电场的作用下分离。产生在结附近，距离空间电荷区在电荷扩散长度范围内的光生载流子也会扩散到空间电荷区中，随后在电场作用下分离。p区的电子在电场的作用下漂移到n区，n区的空穴漂移到p区，形成n区到p区的光生电流。由光生载流子漂移堆积形成一个与热平衡结电场方向相反的电场$-qV$并产生一个与光生电流方向相反的正向结电流，反向的电场补偿了结电场，使势垒降低。光生电流与正向结电流相等时，PN结两端建立稳定的电势差，即我们前面提到的光生电压。光照使n区和p区的载流子浓度增加，引起费米能级分离，两侧能级电势之差即为开路电压V_{OC}。如果外电路短路，PN结正向电流为零，外电路的电流即为短路电流，其理想情况下就是光电流[10]。

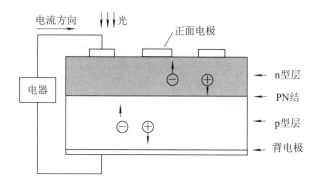

图3.10　晶体硅太阳能电池原理图

3.2.2　晶体硅太阳能电池的基本结构

对于理想太阳能电池来说，主要有以下四种假设：

（1）理想的光捕获，没有光的反射损失；

（2）最小的复合模型：缺陷及表面复合忽略不计，只考虑俄歇复合；

（3）理想电极：没有光阻挡，没有串联电阻损失；

（4）没有输运损失，体内复合最小。

在这样的假设情况下，我们利用本征衬底材料可以获得最小的俄歇复合以及很好的自由载流子收集效果。同时，要平衡光吸收及复合来决定衬底厚度。太厚，复合概率增大；太薄，光吸收效果不好。权衡两因素后理论上应采用约80 μm厚的衬底。理想情况下，在AM1.5的模拟太阳光下硅电池可以获得29％的转换效率（室温）[11]。

上面讨论的理想条件并没有告诉我们如何来安排电极位置。为了满足以上几个条件，电极可安放在前表面接近于产生载流子的地方，如图3.11(a)所示；另一种方式是电极都置于背表面，从而达到假设(3)的要求，如图3.11(b)所示[12]。这种背接触电极形式表现出非常高的光电转换效率。在大多数电池中，不同的电极分别安放在不同的表面上，如图3.11(c)所示。少数载流子的收集电极多数是放在前表面的。但是由于衬底中少数载流子浓度太低，在电极收集方面存在很大问题，而多数载流子可以几乎没有损失地到达背表面，所以一些设计形式将少子收集电极放到两个表面，如图 3.11(d)所示，这样可以提高光生载流子的吸收效率[13]。

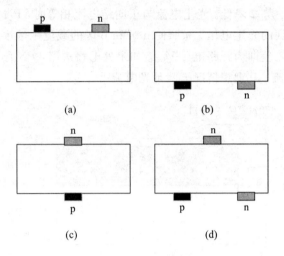

图 3.11　电极结构

　　基于以上分析，我们也可以采用双面电池，即电池前后表面都可以对照射光进行吸收并产生光生载流子。这样可以大幅增加电池单位面积上对光的吸收量，提高输出功率。如果在两表面都透光的情况下可以采用以上任何一种电极设计结构[4, 14]。在本章后面介绍具体的硅太阳能电池实际结构时将对这些理想的电池结构模型做进一步的阐述。

3.3　晶体硅太阳能电池电特性及限制因素

3.3.1　晶体硅太阳能电池的电特性

1. 晶体硅太阳能电池的体特性

　　晶体硅的禁带分为一个 $E_g = 1.12$ eV 的间接带隙和一个 $E_g = 3$ eV 的直接带隙[15]，这种带隙结构决定了硅在光吸收波长上的多样性[16]。对于短波长紫外光来说，一个光子被吸收而产生两个电子—空穴对是可能的，尽管数目可以忽略不计[17]。另外，自由载流子的产生和复合是同时存在的[18]。本征载流子浓度是一个重要的参数，与带隙结构有关。非平衡载流子的浓度可以通过外部电压控制[19]。

在通过掺杂或者外部激发而产生高浓度载流子的材料中，带隙结构会发生改变。在太阳能电池中，高浓度掺杂的区域往往会形成所谓的低光伏作用区——死层[20]（后面会详细介绍）。硅材料中的复合通常以缺陷复合为主。少子寿命长或者扩散长度大的材料被认为是比较好的材料。在载流子浓度较高时俄歇复合也是一种基本的复合形式[21]。根据激子效应（产生的激子由于电子与空穴之间的库仑力作用，没有分离成自由电子和空穴时所产生的一系列效应），俄歇复合系数在相应浓度时要更大一些[22]。带间复合也是一种基本复合形式，但是可以忽略[23]。在掺杂浓度较低时电子的迁移率是空穴的三倍，但都受到声子散射限制[24, 25]。在掺杂浓度高时杂质散射作用更加明显[26]。

降低载流子的复合速度，可以减小电池的反向饱和电流，这对增加电流输出功率和提高开路电压均有很大益处。在电池内部由光照产生的非平衡载流子的数目增加或者内建电场的抽取，都将引起 PN 结耗尽层内部的电势变化，随即亦会影响内部的复合。在整个电池内部，少数载流子的净产生率和偏压效应导致的复合是要达到平衡的。由理想情况下开路电压式(3.1)可知开路电压较短路电流更能表明内部复合的情况[10]：

$$V_{OC} = \frac{kT}{q}\ln\left(\frac{I_{SC}}{I_0} + 1\right) \tag{3.1}$$

式中，V_{OC} 为开路电压，I_{SC} 为短路电流，I_0 为反向饱和电流。所以，减小各种体内复合是改善晶体硅太阳能电池的重要途径。

2. 晶体硅太阳能电池的表面特性

衬底材料的表面分为上表面和背表面。表面有电极连接，电极的主要作用是作为连接内部的载流子与外部电路的接触点，衬底内的载流子在浓度梯度场和电场的作用下到达表面并通过外电路到达衬底另一端进行复合。所以，衬底表面附近的物理和化学形态对器件的参数有很大影响[4]。

衬底中，电子要通过内建电场的作用到达 n 型表面处，空穴要通过内建电场作用到达 p 型表面处。少数载流子在到达表面处或表面处之前会与界面缺陷以及多子复合，这样会增加饱和电流，从而影响器件的性能参数。所以，一般要求多数载流子的浓度不能过高，否则少子的复合速度增加，存活概率大大减小。表面处的缺陷数量可以通过表面钝化处理来减少，从而降低少子的表面复合速度[10]。

但是，一个好的器件要有较小的串联电阻，这十分重要。我们可以通过提高表面掺杂浓度来获得小的串联电阻。然而，由于扩散掺杂导致上表面附近的掺杂浓度在越靠近表面处越大。这样高掺杂（接近于最高溶解浓度）的表面形态使少数载流子在此处的复合概率大大增加，基本没有光生伏特作用，所以此区域也被称为死层。死层的厚度约为数十纳米。短波长的光在硅材料中吸收系数相当高。短波长的光照在因浓度过高而产生死层的发射极上时，产生的光生载流子很容易被复合，以至于短波响应很差，这意味着衬底由于短波长的光产生的载流子高速复合的原因很难达到所需的光生载流子浓度。所以，应尽可能避免过高浓度的掺杂，以防止过厚的死层出现。同时掺杂时会经过热处理，所以部分杂质会在原有晶格处产生间隙、位错等，成为复合中心，增大少数载流子的复合概率。因此，掺杂浓度不能过高，但是又要考虑到减小接触电阻的要求，所以要寻求一个最优化的掺杂浓度[2]。

在电池表面和电极接触的区域存在很高的复合概率，降低这种复合的方式有两种途径。一是尽可能地降低电极接触面积。二是在电极接触区域进行重掺杂，这样可以有效减少电极附近的少子数目，从而降低表面复合概率[10]。

3.3.2 晶体硅太阳能电池效率限制因素

1. 衬底缺陷及杂质密度

制备高效太阳能电池的首要条件是选择高质量的硅片做衬底，如一些实验室制作的高效太阳能电池都采用的是 FZ 硅。但是，这种硅片的成本较高，不适于大规模工业化生产。高效太阳能电池的发展方向之一就是要降低硅片的成本。直拉单晶硅材料虽然成本较低，但是用硼掺杂的 p 型硅片制作的电池效率也较低，并且在光照甚至在黑暗中储藏时性能也会不断降低。产生性能退化的最根本原因是该类材料中氧含量较高，在光照的情况下会和掺杂的硼发生反应。因此解决性能退化的有效办法是避免大量的氧原子和硼原子同时存在于硅片中。

现在有两种重要的解决途径：一种是利用磁聚焦直拉法生产晶体硅，这种硅材料中氧含量较低；另一种方法是采用其它掺杂源替代硼在硅材料中进行掺杂，如镓。用这两种材料制作的电池的性能相对硼扩散的直拉晶体硅电池都有较大改善。

n 型材料也是一种很好的选择，具有一些特定的优点，如载流子寿命长、制结后硼氧化反应弱、电导率好、饱和电流低等。国外一些厂家已经用 n 型硅生产出高效太阳能电池。在太阳能电池迅速发展和 p 型单晶硅材料日益紧张的情况下，相信 n 型材料会得到更广泛的应用[4]。

2. 表面结的扩散深度

PN 结的质量与电池的特性息息相关。如果 PN 结太浅，则靠近表面的材料吸收的短波长的光无法有效转换成载流子（由于死层的存在）。而且对于丝网印刷晶体硅太阳能电池，最后一道工序共烧使得前表面金属栅线与硅体形成良好的欧姆接触，如果结深太浅，金属会扩散进入电池 n 型区，影响 PN 结的质量。因此，为了降低这种影响，要求 PN 结必须有一定的深度。然而，如果 PN 结太深，距离表面太远，则表面的金属电极将无法有效收集 PN 结处分离的电子—空穴对，因此 PN 结的结深也不能太深。综上所述，为了进一步改善晶体硅太阳能电池的性能，PN 结的结深不能太深也不能太浅，要有一个最优结深值。

3. 硅片厚度的选择

从电池的电特性来看，电池衬底的厚度选择要考虑衬底质量、器件结构等许多因素。当载流子的扩散长度大于衬底厚度时，所要考虑的最重要的问题就是表面复合。当部分少数载流子能够到达表面时，减小衬底厚度不但会增加表面的复合速度，而且会减小光生载流子的产生概率，严重影响器件性能。背表面经过钝化处理会降低背表面的复合速度。当衬底的厚度从 280 μm 增加到 400 μm 左右时，由于高的表面复合速度和较小的光吸收率等非理想因素的弱化，器件的性能将得到很大提高。

考虑到少数载流子的输运损失，当从光照表面收集少数载流子时，衬底变薄，其输运损失会变小。在背表面电极结构下，薄的衬底对于电子和空穴的收集来说都是有益的。同时，在考虑到光子吸收不能使衬底太薄的情况下，将厚度定为 150～200 μm。

工业生产的太阳能电池，其扩散深度都不深，这种电池性能对衬底的厚度并不敏感，因为表面复合的载流子多半是在表面附近产生的。200～300 μm 的厚度是多数厂商的选择范围，但是考虑到薄的衬底可以节省原料来降低成本，所以薄衬底一直是厂商们追求的方向[4]。

3.4　工业生产中的晶体硅太阳能电池结构与制备流程

3.4.1　工业晶体硅太阳能电池结构

晶体硅太阳能电池结构有很多种，尤其是针对高效率太阳能电池研发的结构。但是目前产业化的硅太阳能电池的结构都非常简单。使用直拉法的单晶硅或者铸造法的多晶硅为基材，一般为硼扩散掺杂，0.5～0.6 $\Omega \cdot cm$ 的电阻率，先腐蚀制备出绒面，再经扩散工艺形成均匀发射区，最后沉积减反射层并制备上正负电极得到结构完整的太阳能电池，结构如图 3.12[2] 所示。

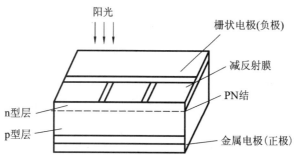

图 3.12　晶体硅太阳能电池基本结构

3.4.2 工业化基本制作流程

制造晶体硅太阳能电池包括扩散制结、蒸镀减反射膜和制备电极三个主要工序。太阳能电池与其它半导体器件的主要区别是它需要一个大面积的 PN 结来实现光能到电能的转换。电极用来输出电能，减反射层的作用是增加衬底对光的捕获，从而使太阳能电池的输出功率有所增加。总体来说，PN 结特性是影响电池光转换效率的主要因素。电极除影响电池的电性能外还关乎电池的可靠性和寿命长短[5]。工业化硅太阳能电池的基本制备流程如图 3.13 所示。

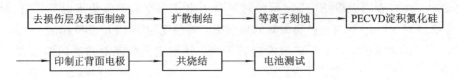

图 3.13　硅太阳能电池制备流程图

在工艺开始之前要进行硅片检测，因为硅片质量的好坏严重影响着器件性能。工业生产所用的晶片多为 CZ - Si，形状类似于方形，或者用方形的多晶硅晶片，如图 3.14 所示。检测的主要参数包括硅片表面平整度、少子寿命、电阻率、微裂纹等[5]。

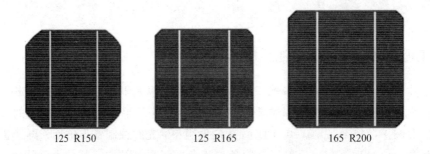

125 R150　　　　125 R165　　　　165 R200

图 3.14　太阳能电池片

1. 去除损伤层

由于硅片原料表面沾有油脂、金属、金属离子、各种无机化合物及切割硅片留下的机械损伤，因此需要对其进行粗抛。粗抛的目的是去除硅片表面的机械损伤及油污，使硅片表面光滑洁净。表面处理要把硅片放入到酸性或者碱性溶液中进行腐蚀。酸性溶液的表面处理效果要好于碱性溶液效果，但是考虑到碱性腐蚀的成本较低，对于环境的污染较小，所以工业生产中多采用碱性腐蚀方法。碱性腐蚀方法是把 10% 的 NaOH 溶液加热到 83℃（可在 80~85℃ 间调节），然后把准备好的 p 型硅片放入其中进行初抛（1~2 min，具体反应时间视硅片的厚薄情况而定，腐蚀厚度越厚，反应时间越长），去除硅片的机械损伤层。

其化学反应方程式可表示为[28]

$$Si + 2NaOH + H_2O \rightarrow Na_2SiO_3 + H_2 \uparrow \ (80℃)$$

2. 表面制绒

表面制绒是为了降低电池表面的反射率，从而增加光在硅材料中的吸收率，如图 3.15 所示。

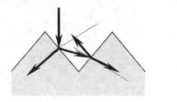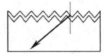

图 3.15 表面制绒的作用示意图

这种绒面是采用一种有选择性的腐蚀方法腐蚀硅表面而成的。这种腐蚀方法使硅晶格结构一个方向的腐蚀速度比另一个方向的快，从而使晶格中的某些平面暴露出来，在图 3.16 中那些外貌似金字塔的一个个小椎体就是由这些晶面相交而形成的。硅片表面通常平行于(100)面，制绒所得到的表面椎体金字塔由(111)面相交而成。

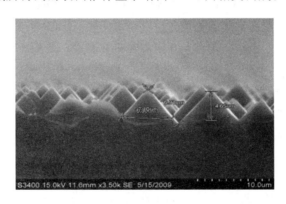

图 3.16 硅表面制绒后的电子显微镜图片[23]

金字塔的角度由晶面的取向决定，这些尖塔使入射光至少有两次机会进入电池。如果像正常入射到裸露硅表面的情况一样，在每个入射点有 33% 的光被反射，则总的反射为 $0.33×0.33$，约为 11%。如果使用减反射膜，则太阳光的反射完全可以控制在 3% 以内。另一个所希望的特点是，光射入硅中的角度应确保光在更靠近电池表面的地方被吸收，这样可以提高电池对光生载流子收集的概率，特别是对吸收较弱的长波部分[27]。

制绒过程为：在一个恒温容器内，把 1%～2% 的 NaOH 乙醇溶液加热到 70～80℃（实验表明在 NaOH 浓度为 1.5%，温度为 77℃ 时所制绒面较好）制成制绒液，硅片粗抛后应立即放入制绒液中制绒(注意：要缓慢轻放)，防止硅片表面迅速氧化。制绒持续时间约为 45 min，反应式与粗抛时的相同。图 3.17 给出了硅片制绒前后的电镜照片。由于 NaOH 溶液对单晶硅不同晶向腐蚀速率不同，于是便形成了如图 3.17(b)所示的金字塔绒面。

(a) 制绒前电镜图　　　　　　　　　(b) 制绒后电镜图

图 3.17　制绒前后表面形貌对比[24]

这里采用的 NaOH 乙醇溶液是制备晶体硅太阳能电池最常用的化学腐蚀剂，制绒液配制可以参考下面的配比式：

1％ NaOH＋10％ CH₃CH₂OH＝13000 mL H₂O＋140g NaOH＋1400 mL CH₃CH₂OH

制绒过程中除开始时要加无水乙醇外，后面每间隔 10 min 还要加入无水乙醇，每次约 100 mL。NaOH 与 Si 反应有 H_2 生成，并附着在硅片表面，使表面反应不均匀。加入乙醇，一方面由于乙醇易挥发，可以及时带走硅表面的 H_2 气泡，使 NaOH 溶液与硅表面接触更均匀，形成大小相当的金字塔，制成较好的绒面；另一方面，由于冷的乙醇比重较大，可以使溶液充分混合，起到搅拌的作用，让硅片表面的反应更为均匀。

绒面的制备对温度和 NaOH 溶液浓度比较敏感，温度和浓度过高或过低都不能形成好的绒面，因此操作前要配制好溶液浓度并设定好初温。

制绒结束后，需要中和硅片表面残余的 NaOH 溶液，采用以下两个步骤：

(1) 0.5％HCl 溶液浸泡 5 min＋去离子水清洗。

(2) 10％HF 溶液浸泡 5 min＋去离子水清洗。

判断制绒好坏的直观标准是观察绒面颜色是否均匀一致，有无花篮印、白边或雨点印迹。通过理论计算可得绒面的受光面积比未制绒面提高 3 倍，绒面的反射率大为降低[24]。

3. 扩散制结

国内绝大部分太阳能电池生产商均采用管式扩散炉。硅片被垂直放置，通过推舟进入炉管内，在氮气保护气氛下通入氧气和由氮气携带进来的 POCl₃。反应生成的 P₂O₅ 沉积在硅片表面，磷原子靠浓度梯度场和热运动的作用向硅片内部扩散形成 PN 结[29]。反应方程式如下：

$$5POCl_3 \rightarrow 3PCl_5 + P_2O_5 \, (600℃)$$
$$4PCl_5 + 5O_2 \rightarrow 2P_2O_5 + 10Cl_2 \uparrow$$
$$2P_2O_5 + 5Si \rightarrow 5SiO_2 + 4P \downarrow$$

对于硅太阳能电池的扩散工艺，影响扩散的主要因素包括扩散温度、扩散时间、携带三氯氧磷的氮气流量等。这些参数都会影响扩散到硅片体内磷的含量、扩散的深度、硅片的表面杂质浓度及硅片的体内杂质分布。硅片的表面杂质浓度可以用方块电阻来表征，扩散的深度可通过测结深来获得[30]。

若希望扩散结深更深、扩散浓度更高，一般可以通过加大携带氮气量并升高温度来实现，具体参数根据需要而定。

反应过程中生成的 Cl_2 起到清洁硅片表面和炉管的作用，形成的 PN 结较均匀，方块电阻一般控制在 $40 \sim 55 \ \Omega/\square$，扩散时间为 1 h 左右，在单面扩散的情况下，每管产量可达 300 片。磷在扩散过程中有吸杂作用，能延长材料的少子寿命，扩散后的硅片少子寿命一般在 $10 \ \mu s$ 以上。延长扩散时间，降低最高扩散温度可以延长少子寿命。双面扩散比单面扩散有更长的少子寿命和更高的转换效率。目前，闭管扩散炉比开管扩散炉的能耗更低且生成的偏磷酸少，国际上已有多家公司对闭管扩散设备与技术进行了研究，并取得了一定的成果。扩散设备如图 3.18 所示

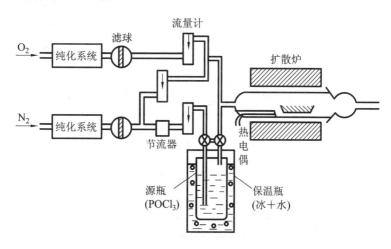

图 3.18　扩散设备装置示意图

链式(多步骤连续自动化)扩散是一种重要的产业化生产技术，其自动化程度高，减少了人参与的过程，避免了由于操作人员技术差异而导致的工艺偏差，而且能很好地与制绒和边缘刻蚀技术结合。经处理的磷酸通过涂源或超声喷雾的方法均匀地附着在硅片表面，再通过有不同温区的链式扩散炉制得 PN 结。最短的扩散时间只需 5 s，不需要复杂的装卸片装置，而且配备无接触的方块电阻在线检测，易于自动化生产[29]。

4. 边缘结刻蚀

扩散制结结束后取出硅片，待其冷却后，用四探针法测量方块电阻，其工业生产中的常见值 R 为 30～50 Ω/□，过高说明扩散不够，反之扩散磷浓度过高。之后用 10% 的 HF 去除硅片表面的磷硅玻璃（PSG），再用大量的去离子水进行冲洗。

由于在扩散炉中经扩散的电池片的四周也形成了 PN 结，硅片边缘的扩散区域会使上下表面的电极连接，使器件的并联电阻减小，影响器件性能。为了去掉这部分区域，生产中应用了低温干法刻蚀技术[28]。

最广泛应用的干法刻蚀技术是离子束刻蚀。将硅片层层叠起，然后放到桶式的刻蚀舱室内。这种刻蚀方法可以将硅片的表面保护起来，只有边缘区域暴露在等离子体中。通过射频场激活 CF_4 和 SF_6 来产生高活性物质，离子和电子很快将硅片边缘腐蚀掉。这种批量生产的方式使器件的产量大幅提升[4]。

另外，激光切割是另外一种边缘刻蚀方法。具有高能量密度的细激光束可使硅融化甚至汽化，从而达到切割的目的。激光切割去周边时必须把激光束照在背表面上，通常硅片的扩散层有 0.4 μm 左右，一般情况下，需要调节好激光强度，不能让激光击穿硅片，否则会对硅太阳能电池的 PN 结造成影响。常用于切割单晶硅片的脉冲激光器光源波长为 1.06 μm，频率为 2.0 kHz，划片时将太阳能电池背面朝上进行切割，通过调节激光电流强度来控制激光强度。激光工作电流参考值为 23 A 左右，去除边缘结后太阳能电池的面积会略微变小[28]，刻蚀示意图如图 3.19 所示。

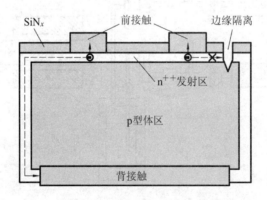

图 3.19　激光边缘刻蚀示意图

5. 沉积减反射膜

早期的丝网印刷太阳能电池采用 TiO_2 和 SiO_2 作减反射膜，但是 TiO_2 对硅片没有钝化作用，SiO_2 虽然能很好地钝化硅片表面，但对多晶硅体内起不到钝化效果，而且其折射率太低，不能起到很好的光学作用，其氧化过程在高温下进行，会对多晶硅材料产生一定的损伤，为此人们正在寻求更好的减反射层技术。日本京瓷公司于 1984 年首次将等离子增强化学气相沉积(PECVD)制备氮化硅减反膜的技术应用在商业化太阳能电池生产中,得到了良好的减反射和钝化效果。

现今,PECVD 技术被广泛地应用在太阳能电池的商业化生产中。SiH_4 与 NH_3 在 $(0.1\sim1)\times10^2$ Pa、$200\sim450℃$ 下反应,在硅片表面沉积一层厚约 75 nm、折射率为 2.05 的氮化硅,反射率可以降低到 3% 以下,并能起到很好的钝化效果。PECVD 有管式和平板式两种。平板式 PECVD 有更高的产能,管式 PECVD 因其沉积的氮化硅薄膜更加致密,可对多晶硅太阳能电池起到更好的钝化效果。随着工艺的发展,在甚高频 PECVD、微波 PECVD、远程 PECVD 等技术中,如何减少对电池表面的辐射损伤,增加膜层中的氢含量,提高表面及体钝化效果和得到合适的折射率是优化工艺的关键。除了采用 PECVD 技术制备氮化硅外,常压化学气相沉积(APCVD)、低压化学气相沉积(LPCVD)、磁控溅射也能制备出氮化硅减反射层。

$SiN_x:H$ 薄膜折射系数 n 随 NH_3/SiH_4 流量比的减小而下降,因为直接对应到所制成的薄膜是 Si-rich(折射系数小)或是 N-rich(折射系数大),而已知薄膜中 N/Si 比例和折射系数都有线性关系。晶体硅太阳能电池的氮化硅抗反射层,除了要考虑光学因素(n 值及厚度)外,还要保证 $SiN_x:H$ 薄膜的钝化效果。Si-N 键结密度可影响到电池 V_{OC},最佳 Si-N 键结密度在 1.3×10^{23} cm^{-3} 左右。对材料质量比较差的硅片来说,Si-N 键结密度的优化对结果更加重要。

$SiN_x:H$ 薄膜的末端键结有 Si-H 和 N-H 键结形式,在热处理时其键结形式及微结构有所改变,Si-H 和 N-H 上的氢原子有机会结合成氢气分子逃离薄膜,并同时产生 Si-N 新键结。但是,如果 $SiN_x:H$ 薄膜的末端键结只有 N-H 或 Si-H 键,则在热处理进行脱氢时无法生成 Si-N 键结。$SiN_x:H$ 薄膜的折射系数和 N/Si 比例有线性关系,低 N/Si 比例的 $SiN_x:H$ 薄膜烧结后氢的含量有较严重损失,释放出大量的氢。因为烧结温度远高于 Si-H/N-H 末端结氢断裂及脱氢温度(500℃ 开始脱氢,680℃ 时为脱氢高峰),所以 $SiN_x:H$ 薄膜特性必须考虑烧结后释放出的氢对基材本体的钝化效果,除此之外也必须考虑结构改变所导致的薄膜本身特性变化是否符合光学设计要求和基材表面的钝化效果[29]。反应方程式如下:

$$SiH_4 + NH_3 \rightarrow Si_3N_4 + H_2 \uparrow \quad (200\sim500℃,50\sim300\ Pa)$$
$$3SiH_4 + 4NH_3 \rightarrow Si_3N_4 + 12H_2 \uparrow$$

6. 电极制备

太阳能电池和基本化学电池一样,都需要电极进行导电,为负载提供能量。电极要满足好的焊接性、较低的电阻率特性等。与 PN 结 p 型区连接的电极称为正极,与 n 型区连接的电极称为负极。也通常把高掺杂部分连接的电极称为发射极(一般为前表面电极),把轻掺杂或者未掺杂一端的电极称为基极(一般为背电极)。但是前表面一般为光照射的部分，前表面的电极会对入射光产生阻挡，所以一般为了减小阻挡面积，会将电极线条做窄，然后由几条较宽的主电极进行电流收集。背表面电极则覆盖背表面很大部分，这样有助于减小连接电阻[28]。

目前大多数的正表面电极制作采用丝网印刷技术。丝网印刷是将含有金属粉粒的浆料印刷成所定义的电极图案，经过高温炉初级煅烧去除树脂及其它有机物，在后续急速升温区令金属粉粒熔化并与硅表面形成良好的电极接触，其技术示意如图 3.20 所示。

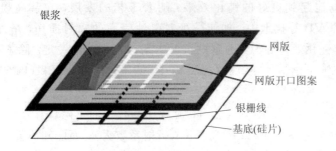

图 3.20　丝网印刷技术示意图

目前工业上丝网印刷的细栅线为 110～150 μm，主栅为 1.5～2 mm，因遮光而导致的效率损失在 8% 左右。如何改进现有的平面印刷技术，使其电极宽度进一步减小是当前研究的热点。

从印刷设备来看，丝网印刷的自动化程度可以满足工业化要求，一般进口的自动化印刷线都采用 CCD 数码相机检测丝网基准，智能化技术自动校准晶片位置，每小时产量大约为 1000 片，设备如图 3.21 所示。如何使印刷压力更加均匀，在薄片化的趋势下进一步降低碎片率是设备商们需要考虑的问题。从正表面电极银浆来看，如何能在电极烧结的过程中选择性地溶解氮化硅，避免电极材料过深进入硅体内，以及如何改良浆料成分，使其能适合大方块电阻太阳能电池是浆料制备商需要解决的主要问题[29]。

图 3.21　电极印刷设备[24]

丝网印刷用的导电浆料主要成分为金属颗粒、树脂、有机溶剂、玻璃/陶瓷材料及其它添加物，因为有粉粒沉降及汇聚问题，使用前必须充分搅拌。此外，浆料必须储存于室内阴凉处，避免因高温暴晒而变质，存放时间一般只有几个月，使用时也必须监控环境湿度和温度。目前，晶体硅太阳能电池正表面电极使用银浆料，背面电极使用铝浆料和银铝混合浆料。不同的浆料成分不同，印刷条件及后续烧结条件也有所差异，其结果对电池性能有很大影响。其中电池正面电极刺穿抗反射层与发射极形成良好的电极接触及电池背表面场的形成最为关键。

浆料本身的特性对产品有很大影响。例如，因为材料的热膨胀系数、浆料成分的不同会造成太阳能电池的翘弯问题，较薄的硅片更是如此，容易造成碎片进而影响成品率。烧结后浆料的附着性也是要考虑的问题。除此之外，还有烧结后铝浆料起泡的问题，这些都需要在材料及工艺方面进行改进[2]。

为了提高电池效率，背表面也需要降低反射率和钝化，工业中背表面钝化是利用丝网印刷技术将 Al 覆盖在硅片上进行合金化形成铝背场（3.5.3 节中介绍）。铝背场的厚度、均匀性、反射率和烧结后电池的弯曲度很大程度上由印刷在硅片背面的铝浆的厚度决定。一般铝浆的干重（经烘干后铝浆的质量）控制在 $6\sim10$ mg/cm^2，铝浆的干重越大，硅片经烧结后的弯曲度越大。铝、硅在 577℃ 时可以生成共晶结构。根据 Al - Si 二元相图，加热过程中会产生一种液相的 Al - Si 相。当温度降低时，硅发生再结晶，根据溶解度曲线可知，硅中会融解一定的铝，形成一个 p$^+$ 的背表面场层，经优化烧结工艺后得到的 p$^+$ - Si 区厚度约为 $6\sim7$ μm[29]。

7. 烧结以形成接触

经过丝网印刷后的电池基片并不能直接使用，因为硅片表面会残留一些杂质，所以要烧结，以此方法将杂质清除，剩下纯粹的电极材料。当电极材料和硅片处在高温下时，硅原子会以不同温度下的不同比例扩散到电极材料中，从而形成所希望的欧姆接触。如果此时温度降低，系统开始冷却，这时原先溶入到电极金属材料中的硅原子重新以固态形式结晶出来，也就是在金属和晶体接触界面上生长出一层外延层。如果外延层内含有足够量的与原先晶体材料导电类型相同的杂质成分，就可获得用合金法工艺形成的欧姆接触；如果在结晶层内含有足够量的与原先晶体材料导电类型相反的杂质成分，就可获得用合金法工艺形成的 PN 结。

从设备（如图 3.22 所示）的角度来看，量产工艺要求为：长的预热区（100～250℃），以便有足够的时间挥发最后一道印刷的浆料中存在的有机溶剂；长的烘烤区（500～600℃），以便有足够的时间烧掉有机溶剂及树脂；瞬间升温区（700～850℃）的温度依据抗反射层条件、浆料的特性及带速设定，所以烧结温度要考虑残

图 3.22　烧结炉[24]

留浆料的特性[2]。

8. 电池光电特性测试与分拣

太阳能电池的光学 I-V 特性曲线在室温 25℃、标准太阳光模拟器条件下进行测试。描述太阳能电池电学性能的参数主要有开路电压 V_{OC}、短路电流 I_{SC}、填充因子 FF、光电转换效率 η、最大输出功率 P_m、并联电阻 R_{SH}、串联电阻 R_S、温度系数等，这些在第二章中已经介绍过。

标准的太阳能电池光电测试特性必须符合国际规范。晶体硅太阳能电池的测试光源选择以地表附近的光谱为基础的 AM1.5 光源，光强为 1000 W/m²。目前太阳光模拟器都是以氙弧灯为光源，主要是因为其光谱最接近太阳光。在 800 nm 以上的部分区域与标准光谱有很大差异，所以较好的太阳光模拟器会再搭配滤波片将此区域的光强度降下来。

影响 I-V 特性曲线测试准确度的因素主要有以下几点：

(1) 光源稳定性；

(2) 光电传感器的软件和硬件的补偿能力；

(3) 电压探针的接触电阻；

(4) 测试台的温度控制精度。

测试之后将对产品进行分拣，通常有缺陷的太阳能电池会被淘汰，其它的电池会用统一划分标准进行分类，通常选择以固定电压下最接近最大电流的产品。将这些电池按照性能级别进行分类，以便同等级的电池在组装时能减小失配损失。自动化的测试系统可使产量大大增加。

3.5　工艺详解及改进

3.5.1　丝网印刷

1. 丝网印刷流程

1) 网格

网格是紧密印刷在器件表面的不锈钢线或者铝框。网格上涂有光刻胶，涂有光刻胶的部分，铝会像照相技术一样被清除，如图 3.23 所示。

要想做出满足前表面电极要求的好的薄层，印刷线条必须细且间隔紧密。另外，十字线条的宽度要比最大印刷颗粒的宽度大很多倍。典型的网格线条宽度大概为每英尺 200 条，线条直径为 10 μm，网格宽度为 30 μm[31]。

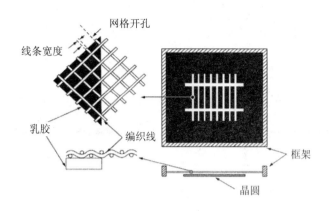

图 3.23　网格印刷示意图

2）粘贴

粘贴是用一种黏合剂将活性材料黏附在器件表面上。黏合剂的组成部分可以优化印刷的效果，粘贴主要有以下几个特点：

（1）有机溶剂有流动性，有助于印刷。

（2）有机黏合剂在热蒸发之前，可以将活性粉末黏合在一起。

（3）导电材料是由尺寸为 0.1 μm 的银晶状颗粒组成的。对于 p 型电极接触，也应用了 Al 材料，占到浆料总质量的 60%～80%。

（4）玻璃料占到浆料重量的 5%～10%，主要由铅、铋、硅等的氧化物粉末构成。

材料具有较低的熔点，加工温度下的活性高，银分子的活动性加强，从而可以扩散到硅片内，形成很好的电极接触。浆料的组成成分对于金属化的效果十分重要，而且浆料特性对于温度变化十分敏感[4]。

3）印刷

将乳胶图印在网格上的过程示意图如图 3.24 所示。网格和晶圆表面是不接触的，中间的间隔距离叫做中间距离。

当对准浆料后，对橡胶材料制成的刮刀施加压力，然后网格与晶圆接触，刮刀从一侧移动到另一侧，使浆料压贴到晶圆表面。当刮刀离开时，网格由于弹性而弹离表面，浆料则粘到表面上。浆料的用量取决于网格材料的厚度、乳液、网格面积以及网格线条的面积。浆料的黏性是很重要的因素：浆料要有一定的液体性，以使其在压力下可以无空缺地将网格内部填满，同时在印刷后不会在表面扩散。这个过程最重要的参数是刮刀的压力、刮刀行进速度以及网格与晶圆之间的距离[4]。

4）烘干

溶剂在 100～200℃ 的温度下进行蒸发，这样所印刷的图案不会被损坏。

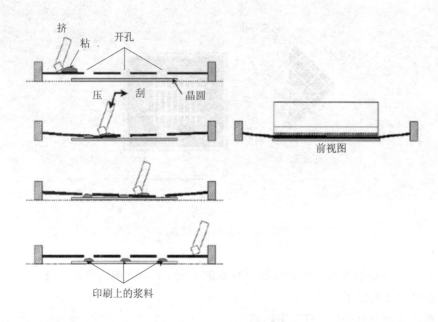

图 3.24　印刷过程示意图

5）烧制

在红外桶炉中的烧制过程基本分为三步。第一步，当升温时有机混合物与颗粒结合并燃烧。第二步，在更高的 $600 \sim 800$℃ 的温度下维持几分钟。如果印刷图层必须加热充分，则需要更高的温度。此时材料晶向以及浆料的成分也要考虑。第三步，降温。

烧制过程中的现象是十分复杂的。氧化物熔化成熔融的玻璃状，使银颗粒烧结，形成一个连续的导体层使表面电阻减小。当银的熔点没有达到，而且硅的共熔温度也没有达到时，二者烧结形成亲密接触的固体微晶结构。与此同时，有活性的熔融的玻璃料腐蚀一部分硅和一部分银颗粒，形成与电池表面紧密接触的连接。硅表面的腐蚀深度大概是 100 nm，当表面存在 TiO_2 或 Si_3N_4 时，玻璃料可以将其腐蚀透。实际上好的连接是由材料的同质化所带来的。

电极处的电极连接形态在冷却后表现为两个部分。在内侧，银晶体插入硅表面形成界面晶体，构成了良好的点接触电极形式。外侧区域的银颗粒以及玻璃料等成分则是多孔的空隙结构，这些空隙也解释了为什么银膏的电阻率高于纯银。

此外，印刷制成的电极的电阻率要高于蒸发形成电极的电阻率。即使有足够的银晶粒与表面形成好的连接，但并不是所有的银晶粒都与表面连接，总要有玻璃晶体将其与表面分离开来。而且粘贴的表面电极材料中不但有银，而且还含有铝。虽然 Al-Si 结晶使金属原子镶嵌到了衬底内，形成了较好的电极接触，但是由于结晶颗粒存在的局域性使得电极的导电率并没有想像中的好。

2. 丝网印刷的未来发展趋势

在应用丝网印刷技术的时候，高的电极接触电阻以及玻璃料的刻蚀作用要求前表面发射区进行重掺杂并且不能使发射层太薄。只有改变浆料的配方和工艺才能克服这种限制。窄且薄的片状电极连接是我们所需要的，但是规定线条宽度要比印刷材料颗粒大得多。增加线条宽度就意味着要增加浆料的使用量并增大前表面的光遮挡面积，这些都是受到线条要求限制的。而且，在这种情况下，应用这种方式会使网格变形，导致印刷图案变得模糊。

金属磨具也可以制造网格。金属磨具能够制造出宽高比较好的线条，简化部分操作流程，而且不需要过多考虑退化、维护以及清洁的问题。

在网格印刷过程中，晶片承受了相当大的压力。尤其是薄且不规则的晶圆，例如通过片状生长方式获得的硅片，容易碎裂。所以，金属化作为替代工艺常应用在生产之中。

3.5.2 薄晶圆工艺

片状生长技术使薄的衬底材料得以生产出来。片状生长技术是通过不同引晶方法，控制拉晶速度调整晶片厚度的片状生长技术，如图 3.25 所示。此前厚度小于 $200\ \mu m$ 的硅片已经问世。当应用薄衬底制造太阳能电池时，一些相应的问题将会出现。

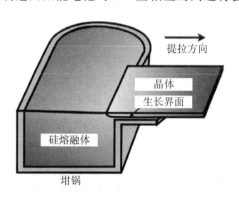

图 3.25 片状硅生长技术示意图

在操作过程中，薄晶片的碎裂概率会大大增加，尤其是操作大面积的晶圆时更是如此。相应的操作工具必须要设计出来，而且相应的操作步骤也十分重要。例如在化学浴中，对流作用在硅片表面形成很大的力。这种问题就要从硅片的机械性质上去研究商讨，同时也会促使新的结晶生产工艺出现[32]。

工艺中的操作要依据需热量的减小目标来进行修改。另外，在操作中，薄硅片极易弯曲，所以对于薄硅电池来说，研发一些特殊的操作工艺很有必要[33]。

薄硅太阳能电池主要依靠表面钝化以及光限制等技术。如果技术达到一个可以接受的程度，电池的转换效率将会得到很大提高。所以，一些新的电池结构以及技术需要被研发出来[4]。

3.5.3　表面钝化工艺

由于表面处存在多种复合机制，所以表面处的钝化对于太阳能电池性能有着极其重要的影响。

1. 正表面钝化

通过热氧化工艺可以在硅太阳能电池正表面形成一层钝化层，起到钝化以及减反层的作用。但是氧化层过厚会影响其减反层的作用，因此通过热氧化得到的氧化层必须很薄。同时在部分薄氧化层上方淀积电极，形成金属—绝缘层—半导体(MIS)结构，这样可以通过隧穿作用实现载流子收集并减小少数载流子在表面的复合概率。MINP(Metal-Insulater-NPjuction，金属超薄绝缘层 NP 结)电池结构如图 3.26 所示。

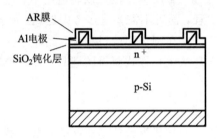

图 3.26　MINP 结构示意图

2. 背表面钝化

背表面钝化主要采用背表面场技术。背表面场主要是在背表面进行重掺杂或者形成合金结从而形成内建电场，内建电场的方向与少数载流子扩散方向相反，使体内产生的光生少数载流子远离背表面，从而减小少数载流子表面的复合概率。这样可以减小反向饱和电流，进而提高电池的开路电压和短路电流密度。这种技术广泛应用于硅太阳能电池中，对于提高太阳能电池效率有着很好的效果。

1）铝背表面场

由于铝背表面除了充当电极外还具有一定的吸杂作用，而且背表面高扩散浓度的 p 型掺杂区域(如铝在硅中的扩散区域)在高温合金的表面丝网印刷铝过程中很容易形成，所以很多硅太阳能电池厂商在生产线中应用了铝背场技术。铝背场技术可以将工艺过程集成化。当前表面应用丝网印刷技术进行铝浆印刷后将进行烧结工艺，这样在烧结的过程中铝与硅便可以形成合金。这个过程中如果应用较低温工艺，可以减小衬底等的损伤，提高器件性能。同时，背表面银电极的焊接也是薄太阳能电池发展遇到的一个问题[4]。

2）硼背表面场

硼背表面场也是主要起到除杂、减小表面复合速度的作用。硼可以像磷一样作为扩散源进行表面扩散，因此在基本工艺中可以将其与其它步骤合并。尽管在热处理操作的步骤中将工艺合并看起来很有益，但是合并之后的效果看起来远不如分离步骤所获得的[4]。

3.5.4　选择性发射极技术

PN 结里的 n 型半导体掺杂浓度关系到太阳能电池的很多重要特性。当我们想要降低接触电阻时，传统工艺是要尽量提高掺杂浓度。然而，当浓度提高后，短波长光在表面附近照射所产生的空穴很容易被高掺杂 n 型区域里的电子再次复合，使表面复合概率增大。载流子没有被电极有效收集，因此表面附近的短波吸收效果减弱，造成能量转换效率降低。所以，无法应用传统工艺获得既有很低接触电阻又有很高转换效率的太阳能电池。要想达到各方面都尽可能满意的效果，只能在此基础上进行优化。

所谓优化就是既通过降低接触电阻的方式来提高 FF，又通过减小表面复合的方式来提高开路电压以及短路电流。在此情况下，综合两方面考虑，得到了选择性发射极技术，如图 3.27 所示。

如图 3.27 所示，选择性发射极技术主要是在接触电极处进行重掺杂，这样就可以获得很好的欧姆接触，减小接触电阻，从而提高 FF；在非电极接触处进行轻掺杂，不但可以获得较小的表面载流子复合速度，提高太阳能电池的开路电压及短路电流，而且不影响电极处的接触电阻。应用这种选择性掺杂后，就可以获得较高的光电转换效率了[2]。

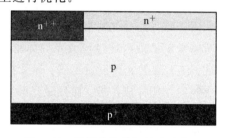

图 3.27　选择性发射极技术示意图

选择性发射极技术根据不同的难度和复杂度可以分为多种方法，下面介绍工业中应用的几种方法。

1）两部扩散法

两部扩散法的具体过程为：硅片制绒后热生长或淀积一层介质层（硅的氧化物或者氮化物），此介质层作为扩散阻挡层；在介质层上光刻或激光刻蚀或局部腐蚀形成与金属化相同的图形；在管式或链式扩散炉中进行高浓度深结扩散，除了图形区域外，其它部分被介质层覆盖，阻挡了杂质的扩散，于是只在所需的图形区域进行了扩散；去除介质层后进行低表面浓度浅结的第二次均匀扩散，此次扩散掺杂浓度远低于第一次扩散，这样就达到了不同区域不同扩散浓度的目的。

两部扩散法的优点是提高了生产效率，工艺易于控制，表面钝化效果好。但是，这种方法的工艺过程较为复杂，需要热处理的步骤较多，对器件损伤较大。

2）部分扩散法

部分扩散法与两部扩散法相似，主要是利用非完全遮盖的方法，利用薄的介质层使部分杂质材料可以穿过介质进入衬底表面。这样非完全遮盖部分的掺杂浓度比较低，而未遮盖的部分掺杂浓度较高，一次就完成了重掺杂与轻掺杂区的扩散。部分扩散法使工艺变得简单，热处理较少，对器件损伤较小。但是，这种方法对于扩散的均匀度以及浓度精确度的把握比较难。

3）扩散回蚀法

扩散回蚀法是先将表面整体进行重掺杂扩散，然后用印刷浆料对重掺杂部分进行图形覆盖。之后用腐蚀液对表面部分进行腐蚀，被浆料覆盖的部分得到保护，未被覆盖的部分被腐蚀一定深度，扩散结深变浅。因此，被腐蚀的部分掺杂浓度相对较低。扩散回蚀法热处理步骤少，损伤小，同时短波响应较好。但是，这种方法刻蚀和覆盖对腐蚀液和浆料的要求较高，且扩散浓度不好把握，表面钝化要求更高。

4）激光驱入法

激光驱入法是先对硅片表面进行浅结扩散，然后在表面旋涂扩散源。随后，利用激光按照所需重扩散区域进行激光局部驱入。这种方法的热处理步骤比较简单，但是由于表面制绒，使局部激光照射量不同，导致扩散不均匀；同时由于线条宽度不同，有些线条需要多次照射才能完成扩散，而且激光的脉冲间隔、强度等都是很难控制的[27]。

3.5.5　快速加热技术

在传统工艺中的封闭式炉子或者传送带式炉子中，所加热的不仅仅是硅片，而且设备本身（腔室、底架等）也处在加热过程中。由于大多数零件及材料处在同样高的温度下，并且整体处于高温下，从加热到冷却的周期比较长，这样一些杂质会扩散到基片中，造成污染，并且长时间的高温造成能耗非常高。

另外，在过去几年中，微电子产业经过发展，已经制造出可以快速加热的设备。这种设备只将硅片加热到高温，而不对其它物件加热。选择性加热是通过强烈的半导体紫外线照射获得的。它的主要好处是缩短了加热—冷却的周期，从传统设备所需时间降到几分钟，因此太阳能电池的产量会大大提高。此外，额外的零件不处在高温下，使得潜在的污染源减少，并且降低了能耗[4]。

实验室规模的快速加热设备已经得到了应用。快速加热技术不但在丝网印刷烧结工艺以及铝的金属化工艺中都得到很好的应用，而且在快速的氮及氧的表面钝化技术中也得到了应用。可以说，太阳能电池制造中任何一个需要热处理的过程都可以通过快速加热技术来实现[34, 35]。

快速加热技术可能因为快速的加热—冷却过程致使基片内部出现缺陷，这会使基片相对传统工艺出现一定程度的老化，缩短寿命[36]。

快速加热工艺工业化的主要阻碍是不能生产出合适的工业用设备，因为微电子加热设备需要大容量的间歇式反应器或者连续性的传送生产线。如果应用传送炉式的工业快速加热设备，加热温度的均匀性也是一个需要考虑的问题[37]。

3.6　制造多晶硅太阳能电池的一些特殊方法

多晶硅太阳能电池由于某些特殊的性质可能不适于使用标准化的工艺流程。一些替代标准工艺的方案虽然被提出来，但是由于成本相对较高，所以仍未被采用。人们仍在寻求解决方案，其中有两个方案是与单晶硅工艺不甚相同的。

第一，由于金属杂质(溶解或沉淀)以及结晶缺陷(如晶界、错位等)的存在，使多晶硅的材料质量比较差，这会影响材料中载流子的寿命，进而降低电池的效率。为了解决这种问题，人们主要采用除杂和氢的缺陷钝化两种方法。

第二，多晶硅表面制绒也是比较困难的，因为表面露出不同的晶面，导致标准的工艺是不通用的。所以，为了提高光的捕获和吸收，必须采用相应的办法[4]。

3.6.1　多晶硅太阳能电池的除杂

如通常所说，除杂技术也可以应用在单晶硅处理的工艺中，但是对于多晶硅材料来说，除杂技术显得尤其重要。在多晶硅太阳能电池工艺步骤中 P 和 Al 的除杂技术一般是集成在一步中完成的。多晶硅的除杂条件(温度、过程持续时间等)和单晶硅的条件有所不同，主要是因为材料中的晶体缺陷、金属杂质以及其它杂质(主要是 O 和 C)的相互作用。

通过实验我们知道除杂效率很大程度上依赖于材料本身的质量[38, 39]。通过不同的技术所得到的多晶硅锭有着不同的缺陷数量和分布情况，甚至在相同的硅锭中可以发现不同的缺陷分布[40]。

此外，在一个硅片上，表面和内部也都表现出杂质及缺陷分布的不均匀性。除杂在不同区域也有着不一样的效果，有可能最终影响电池的电特性[41, 42]。

3.6.2　氢钝化工艺

氮化硅被广泛用作微电子领域的掩蔽膜[43]。对于太阳能电池来说，氮化硅还可以作为一种有效的防反射层。氮化硅通常是通过一些淀积方法来实现的，但最常用的技术是化学气相沉积(CVD)，要用到硅烷气和氨气。等离子增强化学气相沉积与其它化学气相淀积方法(常压 CVD 法或低压 CVD 法)相比是一种被大多数人选择的方法，因为它是一个低温的操作过程(小于 500℃)，这意味着复杂性会降低并减慢了器件的老化速度。

好的等离子增强 CVD(PECVD)的最根本特性是它可以产生氢化反应，这对于硅来说是十分有益的[44, 45]。氢原子会与硅体内的大部分杂质和缺陷反应，中和负电荷中心，这种效果被人们称为体钝化。非晶硅氮化物薄膜通常情况下是含有氢原子的(人们通常认为只是单纯的氮化硅,但实际上其组成是 $SiN_x:H$ 形式)。随后的操作便是加热,以使含有的氢原子被激活,这步操作往往是在金属烧结工艺的过程中同时完成的[46]。

此外,基于 PECVD 方法沉积氮化硅的表面钝化技术已经得到了验证[47]。应用此种方法钝化的掺杂磷的发射极表面的效果相当于高质量的氧表面钝化效果。在一个抛光的、电阻率为 1.5 $\Omega \cdot cm$ 的硅晶片上得到的复合速度为 4 cm/s[48]。

抗反射图层、体钝化、表面钝化这三种工艺的效果是关联的,不能随意改变其中任何一个的工艺。所以,应该优化加工的工艺参数(温度、等离子体激发功率和频率、气体流量)来解决问题,得到一个各方面均衡的工艺方法。此外,不同的 PECVD 方法会得到不同的结果[49,50]。

工业中的 PECVD 工艺多数都是直接式的 PECVD,如图 3.28 所示。

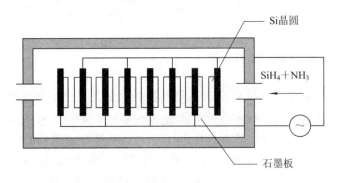

图 3.28　直接式的等离子反应

工艺中要用到的气体通过电磁场激发形成等离子体,然后将晶片直接放到等离子体气氛中处理。但是直接将晶片放在等离子体气氛下时间太长会影响表面钝化的效果。此外,在紫外线光下照射会导致晶片老化。

直接式的 PECVD 分为高频率(13.56 MHz)和低频率(10~500 kHz)两种方式。高频方式对于表面钝化效果比较好,紫外线照射的稳定性也是比较好的。但是,这种方式是比较难控制的,难以获得比较均匀的钝化层。

另外一种方法是分离式的 PECVD,这种方法是将晶圆放置到等离子体气氛之外。应用这种方式可以减小硅片的表面损伤,从而实现更好的表面钝化,但是体钝化效果会变差。经过多年的发展,这种技术已经被应用到工业生产中。分离式的钝化系统示意图如图 3.29 所示。

分离式的 PECVD 方式实现了连续性的钝化工艺,晶片被不断地送入设备中,这相对于间歇性的直接 PECVD 法是一种很大的进步[4]。

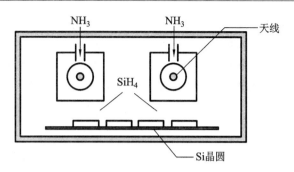

图 3.29　分离式的钝化系统示意图

3.6.3　光捕获工艺

单晶硅的标准碱性织构化工艺也可用于多晶硅硅片，但是其刻蚀结果的满意度大不如单晶硅。

由于不同的晶向上刻蚀速度不同，使表面制绒图形不是很规则，导致表面反射率仍然比较高。另外，在晶粒间可能有空位，使得在丝网印刷实现电极接触的时候出现电极间断。

以上问题的存在也是考虑寻求新的替代工艺的原因。新工艺不但要考虑光表面反射率的问题，而且要考虑表面损伤以及金属化工艺兼容性的问题。其中一些工艺已经得到了应用，正被投入到工业生产中，还有一些工艺需要进一步验证。当制绒所产生的几何尺寸与光的波长可以比拟或者小于光波长的时候，几何光学将不再适用。这时，绒面的结构将变为衍射光栅、散射媒介或者被限制在很小的几何尺寸内作为渐变折射层[4]。

1. 化学刻蚀

一些化学刻蚀技术已经得到验证。它们中的一些可以产生倒置金字塔形的结构，但是需要光刻掩膜版，这就与工业化的一些考虑因素相违背了，所以很难产业化[51]。将近有 20% 的多晶硅太阳能电池的表面制绒是通过强氧化的酸性刻蚀[52]的。其中一种简单的方法就是利用含有硝酸、氢氟酸以及一些添加剂的刻蚀液来实现各向同性的刻蚀。这种方法刻蚀出来的结构是 $1 \sim 10~\mu m$ 均匀分布的小坑。这使得在表面和晶粒之间缺失的部位可实现均匀的反射性，如图 3.30 所示。

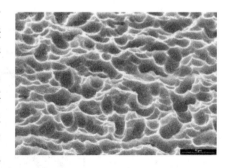

图 3.30　酸性刻蚀表面微观图[4]

表面经过各向同性刻蚀获得的太阳能电池与各向异性刻蚀获得的相比，短路电流大约会增加 $1~mA/cm^2$ [53]。但是一些技术问题也就相应出现了，例如溶液的干结损耗以及放热效应等。这些问题可能会使工业生产中的工艺不兼容。面对这些问题，自动润湿工作台、刻蚀液温度自动控制系统以及化学药品自动补充系统等相继被开发出来。

为了减小反射导致的吸收损失，人们开发了多孔硅材料[54]。分析表明，如果将吸收和反射的光都考虑进去，多孔硅可以得到一个最佳约为 5%～6% 的光吸收损失。虽然多孔硅有其发展的优势，但是丝网印刷过程中会出现工艺不兼容的问题，所以多孔硅太阳能电池的制造工艺仍需要改善。

2. 机械制绒

机械制绒应用常规切割锯和斜面刀片的机械刻蚀方法获得约为 50 μm 深的 V 形槽，然后再用碱溶液刻蚀以减小表面损伤。利用这种技术，封装后的效率可以提高 5%[55]。指状电极的印刷方向要平行于 V 形槽的方向。高台上没有进行制绒，可以比较容易地印刷电极并方便进行一些需要校准的工艺操作。除了网格印刷工艺外，其它一些电极接触技术如滚筒印刷[56]和埋层电极[57]也都得到了应用。目前一些自动化的生产工艺也正在被验证。

另外一种方法是通过激光刻槽来进行表面制绒[58]。通过激光刻蚀两组正交的平行槽，然后通过化学刻蚀除去硅，这样可以获得高度约为 7 μm 的金字塔形刻蚀坑。结合单层防反射层工艺，激光制绒方法可以将光反射量降低到 4%。改善的主要原因是各向异性刻蚀以及防反射涂层。一些工艺已经做出改进，以便获得更加平滑且小的凹槽，从而适应丝网印刷的工艺流程。

3. 反应性等离子体刻蚀（RIE）

反应性等离子体刻蚀方法是将硅片放在氯的等离子体气体中进行刻蚀，这种方法属于干法刻蚀，可以在表面获得大密度的、特征尺寸小于 1 μm 的腐蚀坑，如图 3.31 所示[59]。此种方法获得的太阳能电池的短路电流与各向异性无掩膜刻蚀方法获得的太阳能电池相比要大 1.4 mA/cm^2[60]。反应性等离子体刻蚀方法也可以和掩膜刻蚀技术结合，以获得更加规律性的腐蚀效果，但是应用于工业生产中会影响生产效率[61]，而且应用有毒且有腐蚀性的氯气也是工业生产中需要解决的问题[62]。

图 3.31　反应性等离子体刻蚀效果图[4]

4. 反射涂层及封装

不同的制绒方法得到的反射特性是不同的，因为它们通常要配合传统抗反射涂层工艺（常压 CVD 淀积 TiO_2 或者 TiO_2/SnO_2、PECVD 淀积氮化硅等）以及电池封装工艺完成制作。因此，一些刻蚀方法的优、缺点间的差距被缩小了，如表 3.1 所示。

表 3.1　几种表面处理后反射率的比较[63]

反射率/%	酸性刻蚀	碱性刻蚀	无掩膜活性离子刻蚀
裸片	34.4	27.6	11.0
表面淀积氮化硅	9.0	8.0	3.9
淀积氮化硅并封装	12.9	9.2	7.6

3.7　高效晶体硅太阳能电池技术和结构

3.7.1　带状硅技术

由于带状硅技术免去了切片过程，所以对于生产成本来说是十分有益的。边缘薄膜生长工艺已经成为制造带状硅最成熟的技术，其中串带状和树状卷式工艺方法已经应用到工业生产中。

由于带状硅衬底的缺陷(位错、晶界、杂质等)密度较高，所以带状硅太阳能电池加工过程需要一些特定工艺。通常用铝浆印刷出一个比较深的背表面场，这样有利于吸杂；通过 PECVD 法沉积氮化硅来进行体钝化和充当抗反射涂层。

对于带状硅太阳能电池来说，由于材料表面凹凸不平，所以不能使用丝网印刷工艺进行金属化，而是通过移印直写(挤压)银浆和油墨来实现。带状硅太阳能电池在工业生产上已经得到平均为 14% 的效率，某些情况下效率已达 14.7% 以上[64]。大面积带状硅的生长将会是未来降低生产成本的又一个途径，而且大面积的带状硅生长有助于降低热弹性应力和制造更均匀、更薄的晶片。另外，薄曲面晶片太阳能电池需要更新的制造技术。串型带状硅的效率已经达到了 14.7%[65]，且 50 W 和 100 W 的光伏发电模块已经商业化[66]。

3.7.2　高效低阻硅太阳能电池

高效低阻硅太阳能电池(RESC)是用电阻率为 $0.2\ \Omega \cdot cm$ 和 $0.3\ \Omega \cdot cm$ 的 p 型区熔硅制造的太阳能电池，主要特点是在电池的发射极处制作一层钝化层，这样可以减小光生载流子在表面处的表面复合速度，同时 PN 结的位置较深。由于以上所做的优化处理，使电池有着较高的开路电压和短路电流且填充因子也较高。在标准太阳光模拟器下照射可得到 21.6％的转换效率[5]。

3.7.3　钝化发射极和背面结构电池

由于铝电极覆盖了整个电池的背表面，可起到很好的吸杂作用，同时可起到 p+ 层的作用，阻止少数载流子向背表面迁移，减小表面复合。但是在硅片变薄的趋势下，电池会弯曲，导致表面复合速度增大，长波吸收效度下降。钝化发射极和背面结构电池（PERC）能够较好地解决这个问题。PERC 硅太阳能电池是澳大利亚新南威尔士大学光伏器件实验室最早研究的高效太阳能电池，电池结构如图 3.32 所示。

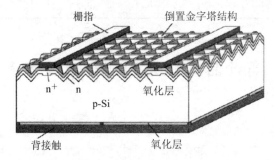

图 3.32　PERC 太阳能电池结构示意图

PERC 结构电池用氧化层来钝化电池表面，并用点接触式电极代替全铝结构。氧化层的钝化使表面的界面态密度降低，并减少了金属杂质及表面层错，大大延长了少子寿命。氧化层位于金属层与硅片之间，这样可以降低硅片弯曲的幅度。同时，氧化层还充当减反射层，可提高光子的吸收率。

点接触式的电极是将一些分离的小孔贯穿钝化层和衬底接触，这样的电池效率可以达到 23.2％。由于电极是直接与衬底接触的，所以没有经过钝化。为了降低表面的复合速度，孔的设计距离要大于衬底厚度。但是距离过大会增加表面电阻，降低开路电压等参数。所以一般要采用低电阻率的衬底材料，并设计好适当的孔间距。

PERC 电池的电极要穿透介质层实现良好的欧姆接触，工艺步骤显得很关键。目前的电极制作主要有光刻法、机械法、喷墨打印法和激光烧结法四种方法。前三种方法是在表面开孔，然后沉积金属，使其进入小孔，经烧结形成良好的电极接触。激光烧结法是在表面沉积金属材料，然后在激光的作用下将金属渗透到衬底处形成电极接触。图 3.33 所示为激光烧结图像[67]。

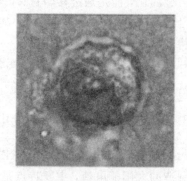

图 3.33　激光烧结图像

3.7.4　发射极钝化及背部局部扩散结构电池

发射极钝化及背部局部扩散结构电池(PERL)主要是针对 PERC 电池接触电阻较大的缺点而设计的，主要改进是在点电极接触处进行硼材料掺杂，但是硼材料的掺杂又影响了少数载流子的寿命。后来研究人员利用溴化硼进行扩散使效果大大变好。同时还可以通过减小孔间距来减小表面电阻，提高效率。后来经过一系列完善，使 PERL 电池的效率达到 24.7%，创造了转换效率的记录。

总结下来，PERL 电池的优异表现主要源于以下几点设计：

(1) 使用质量比较好的衬底材料；

(2) 应用了表面制绒技术，提高了光的吸收效率；

(3) 为了提高光的二次吸收效率，使用了两层减反射膜；

(4) 应用了点接触式电极设计，同时进行了选择性掺杂，不但减小了表面复合，而且减小了接触电阻[5]。

3.7.5　刻槽埋栅技术

刻槽埋栅工艺是新南威尔士大学开发研制的高效太阳能电池技术。这种技术是在硅表面上形成深槽，然后将金属通过非电镀法沉积在槽内，结构如图 3.34 所示。

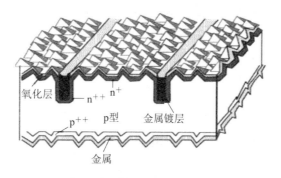

图 3.34　刻槽埋栅结构示意图

采用刻槽埋栅结构可以获得较高的纵向电极长度以及较小的金属遮光率。对于刻槽埋栅工艺，一些技术已经被广泛提出，其中激光刻蚀法是被普遍认为最适合规模化生产的工艺。刻蚀的槽大概有 40 μm 深，20 μm 宽，如图 3.35 所示。另外，其它一些工艺也被应用到刻槽埋栅结构中，如选择性发射极技术、低掺杂技术、指状电极技术和背表面场技术等。

刻槽埋栅主要工艺流程为：① 清洗、表面制绒；② 清洗；③ 淡磷扩散；④ 热氧化钝化；⑤ 开槽；⑥ 槽区腐蚀；⑦ 清洗；⑧ 槽区浓磷扩散；⑨ 背面蒸铝；⑩ 烧制背场；⑪ 化学镀埋栅；⑫ 制作背面电极；⑬ 蒸镀反射层；⑭ 去边烧结。

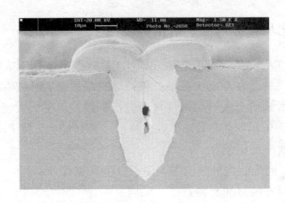

图 3.35　刻槽埋栅实际微观图[4]

在此技术中要刻蚀出一条较细的槽是较为困难的。目前主要有两种刻蚀方法：干法刻蚀和湿法刻蚀。干法刻蚀中最常用的方法是激光刻槽，这种方法的刻蚀线宽较易控制，槽形状刻蚀准确，但是刻蚀速度较慢，刻蚀深度难以掌握精确，而且容易形成衬底缺陷。应用湿法刻蚀，其刻蚀深度易于控制，但是需要在表面制作刻蚀保护层，而且对于深槽刻蚀，其速度较慢，难以达到工业化要求。

埋栅电池获得较高转换效率的原因如下：

（1）表面制绒降低了表面反射率；

（2）指状电极减小了电极遮光率，提高了短路电流；

（3）表面轻掺杂避免了"死层"的形成；

（4）选择性重掺杂使接触电阻减小；

（5）埋栅工艺使电极接触电阻减小，同时由于电极与衬底接触面积增大使其对光生载流子收集效率大大增加[2]。

3.7.6　倾斜蒸镀金属接触式太阳能电池

倾斜蒸镀金属接触式太阳能电池（OECO 电池）是由德国的 ISFH 研究所开发的一种新型电池结构。这种电池结构设计具有创造性、成本低、操作简单、适合大批量生产等特点。这种电池主要是在 MIS 结构基础上设计的，将硅片倾斜一定角度，然后在槽侧面淀积一层Al 作为电极，只需很简单的工艺即可获得较好的电极接触，且可大批量进行电极蒸镀。OECO 电池结构及电极制作示意图如图 3.36 所示。

OECO 电池表面由许多排列整齐的方形沟槽组成，在沟槽表面进行浅发射极 n^+ 掺杂，其上独有一层薄薄的隧道氧化层。铝电极材料淀积在沟槽的侧面，之后在表面蒸镀氮化硅作为钝化层和减反射层。

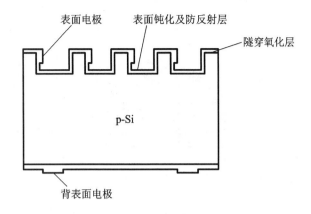

图 3.36　OECO 电池结构及电极制作示意图

OECO 电池获得较高性能的原因如下：

（1）由于电极蒸镀在槽侧表面，所以表面电极遮挡少，利于提高短路电流；

（2）基于 MIS 结构的设计，这样使电极和衬底之间没有直接接触，减小了表面复合，可以提高开路电压和填充因子；

（3）因为应用了倾斜式蒸镀的方法，所以形成了很好的电极接触；

（4）因为电极没有直接接触衬底，所以发射区可以做浅一些；

（5）较低温度的表面处理工艺没有造成过多的衬底损伤。

因为应用机械刻槽，所以工艺比较简单，同时可以大规模地倾斜蒸镀电极并且适用于薄硅工艺，可以节约成本。最主要的是电极材料用 Al 代替 Ag 并且不需要掩膜版，可以大幅降低开支，十分适用于大规模工业化生产，而且转换效率可以达到 21.2%[5]。

3.7.7　金属穿孔卷绕技术

金属穿孔卷绕技术（MWT）是荷兰最大的太阳能电池生产厂商 Solland Solar 研发的新型太阳能电池结构，如图 3.37 所示。这种技术将前表面电极保留，但是线条很细。将前表面收集的电流通过金属化的孔洞与背面主栅极连接。由于前表面的电极线条变细变少，所以减小了对光的遮挡作用。而且，电极的背表面组合可以降低组件的设计难度，节约成本。同时穿通式的电极会使载流子到达电极的距离减小，提高载流子的收集效率，增大电池的短路电流[68]。

金属穿孔卷绕技术的主要工艺流程为：① 清洗；② 激光打孔；③ 表面制绒；④ 发射极扩散；⑤ 去磷硅玻璃；⑥ 制备减反射层；⑦ 丝网印刷正面电极线条及填充孔洞；⑧ 印刷背面铝电极；⑨ 烧结；⑩ 正面与反面隔离。

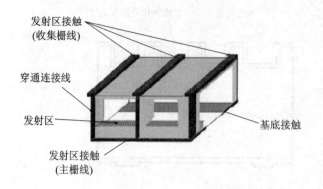

图 3.37　MWT 电池结构示意图

　　打孔技术对于 MWT 电池的制备是重要环节，因为孔洞表面要与电极形成好的欧姆接触。一般打孔技术可分为机械打孔、湿法刻蚀打孔以及激光打孔等技术。但是前两种方法都需要较长时间。所以，工业上一般采用激光刻蚀打孔法，虽然刻蚀在形貌上比较好，且速度较快，但是由于激光刻蚀导致孔径处的温度较高，会对衬底材料产生损伤。因此，打孔后还要对其进行碱液处理来减小损伤，但是仍然不能避免损伤的存在。因此解决打孔问题是未来工艺研究的一个方向[68]。

　　另外，孔洞的电极浆料填充及烧结形成电极接触也对浆料的质量提出了要求。背表面的正负电极也可能产生串通，导致电流损失，所以要做好电极隔离措施。

3.7.8　插指状背电极结构电池

　　IBC(Interdigitated Back-Sided Contact)是由 SunPower 公司开发的新型高效太阳能电池结构，如图 3.38 所示。

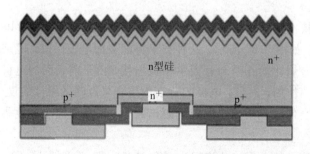

图 3.38　IBC 电池结构示意图

　　IBC 电池结构将正面金属栅电极全部去掉，正负电极在背表面交叉排列。正表面是完全无遮挡的。这种电池结构的好处主要有以下两点：

　　（1）正表面没有电极遮挡，所以对光的吸收率有所提高，增加了短路电流；

　　（2）全背表面的插指状电极设计使外部组件设计简单化，且电池基板之间的拼接更容易，提高了生产效率，降低了工艺难度，所以能够大幅降低成本。

　　但是由于较新的结构设计，所以 IBC 电池结构也存在着一些工艺方面的问题。

　　首先，由于将前表面电极移到背表面，增加了前表面对光的吸收率。短波长的光在表面很浅处就被吸收，产生激子，然后扩散到 PN 结处产生分离成为自由载流子。但是由于距前表面的距离较小，被前表面复合的概率大大增加。所以，光生载流子要想被背电极收集要扩散很长的距离到达背表面。因此，需要提高光生载流子的寿命，寻求更好的工艺制造高质量的硅。通常 n 型硅具有很高的载流子迁移率，所以是 IBC 结构太阳能电池衬底很好的选择材料。同时减小硅片的厚度也有助于电极对载流子的吸收，而且可以降低生产成本；也可以通过表面钝化来减小表面复合速度，从而提高载流子被背电极的收集效率[2]。表面钝化方法一般可以分为表面氧化形成 SiO_2 层、淀积氮化硅层或者形成表面场等。其中形成表面场的方法不但可以形成钝化层减少缺陷，而且可以起到加速载流子迁移的作用，相当于提高了少子寿命，增加少子收集数量。如果采用 n 型硅衬底，就可以采用表面 p 掺杂的办法实现钝化[68]。

　　其次，由于正负电极都位于背表面，所以电极之间的位置及排布直接影响着电池的性能。首先，要想获得较小的接触电阻就要有较宽的电极，但是这样会增加表面复合速度。所以一般采用电极处重掺杂和点接触式的电极工艺。同时电极之间要做好钝化隔离，以防产生电流损失。为了增加电极的收集效率会减小电极之间的距离，但是，较小的电极间距离会增加刻蚀的难度。考虑到工业生产上成本、操作难度及效率的要求，一般采用激光刻蚀和烧结的方法制备电极[68]。

3.7.9　热载流子太阳能电池

　　在光子激发产生光生载流子之后，载流子可能会通过俄歇复合、声子散射、光子辐射等形式降低能量，从而损失掉。所以，热载流子太阳能电池（HCSC）就是要避免光生载流子损失，使其保持较高的能量[2]。

　　HCSC 电池是要在载流子能量损失之前将其收集到电极。因此，一种方式是提高载流子迁移率，缩短其被收集所需的时间，使其尽快被电极吸收；另外一种方式是制作超晶格，使载流子量子化，这样可以延长光生载流子的生存时间。另外，也可以进行强光照射来延长其生存时间。HCSC 电池原理示意图如图 3.39 所示[69]。

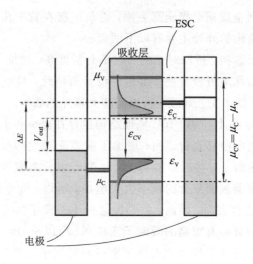

图 3.39　HCSC 电池原理示意图

3.7.10　背高效表面反射太阳能电池

背高效表面反射太阳能电池主要是在电池背表面电极与钝化层之间蒸镀一层起到高效反射层作用的材料，一般为 Al。太阳能电池可以吸收一定波长范围的光，但是超过此范围的光一般会穿过电池损失掉。所以要在背表面设计一层反射层来将未被吸收的光反射回电池内部进行二次吸收，这样就可以提高电池的光吸收率，增加电池的短路电流。尤其在电池越来越薄的趋势下，光的利用率会随衬底变薄而减小，所以背表面的反射层显得尤为重要。同时，背表面反射层还可以将波长较长的红外附近光二次反射出电池，避免电池吸收这部分光而发热，因为温度的变化可能带来电池性能的退化。

为了提高效率，也可以在电池背表面电极附近进行 p 型重掺杂，形成背表面场，减小表面复合，从而提高短路电流。而且，形成的背表面场的电势差会附加到开路电压上，提高开路电压[2]。

3.7.11　异质结结构电池

异质结（HIT）结构电池是日本三洋公司研发的高效太阳能电池。这种电池结构适合制作大面积太阳能电池，在 $100.4~cm^2$ 尺寸的硅片上获得了 23% 的转换效率，在 $98~\mu m$ 厚的 Cz-Si 上也得到了 22.8% 的转换效率，电池结构如图 3.40 所示。

如图 3.40 所示，在表面织构化的 n 型晶体硅前表面上沉积一层本征非晶硅，再在其上形成一层 p 型非晶硅，这样便形成了 PN 结结构。在背表面上同样沉积一层本征非晶硅，再形成一层 n 型非晶硅，形成背表面场（BSF）。然后在两侧非晶硅上制作透明电极以及金属栅。这些过程都是在 200℃ 以下完成的,这样可以有效避免电池受到损伤及降低功耗[4]。

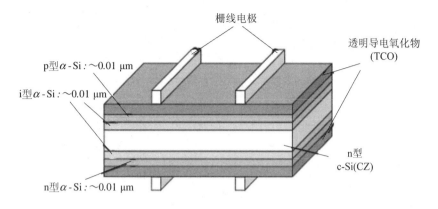

图 3.40 HIT 电池结构示意图

HIT 结构的太阳能电池一个比较好的特点就是在单晶硅上沉积了一层质量非常好的非晶硅作为钝化层。这层非常薄的本征非晶硅使异质结表面的悬挂键被修复,减小了缺陷密度,这样可以获得高于 720 mV 的开路电压。同时电池也具有好的温度效率变化(0.23%/℃)。此外,由于 HIT 电池的结构具有对称性,且表面电极是透明的,所以非常适合作为双面电池使用。这些好的电池特性使其与普通晶体硅太阳能电池相比,在相同的发电输出量时,有着更好的经济效益。

2009 年 HIT 太阳能电池的实验室转换效率已经达到了 23%。为了获得更大的竞争优势,一些技术已经从实验室阶段转化到了大规模生产阶段。

为了降低 HIT 电池的生产成本,使用更薄的硅片是很好的选择方向,但是也存在一些没有解决的问题。首先,薄硅电池的卷翘是一个问题。其次,硅片变薄导致光吸收不充分而引起的光电流下降也是急需解决的问题。第三个问题是,由于载流子距离表面更近,增加的表面复合速度会影响开路电压。所以,应用薄硅片就要采取相应的工艺方法。

从实验中获得的 58 μm 厚的 HIT 电池没有任何卷曲,因为其制作工艺中应用了低温技术而且电池拥有对称结构。

如图 3.41 所示,当电池的厚度下降时将导致光的吸收不充分而引起光电流的下降。但是,由于电池厚度变薄使电池的体电阻减小,从而增加了开路电压,这对短路电流下降起到了弥补的作用。所以,薄硅的 HIT 太阳能电池是降低生产成本的可行方案。

如图 3.42 所示为 100 μm 厚的晶体硅 HIT 电池在各种表面复合速度下的开路电压变化。由该图可见,当表面复合速度大于 100 cm/s 时,其开路电压随硅片变薄而减小。然而,当表面复合速度小于 100 cm/s 时,结果则是相反的。而表面钝化非常好的 HIT 电池表面复合速度仅为 4 cm/s。所以,随着硅片厚度减小,可以获得较高的开路电压[70]。

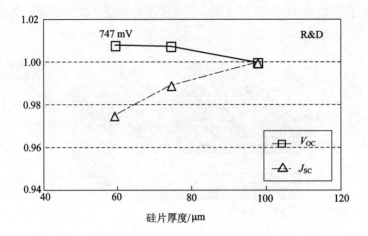

图 3.41 开路电压及短路电流与硅片厚度的关系曲线[70]

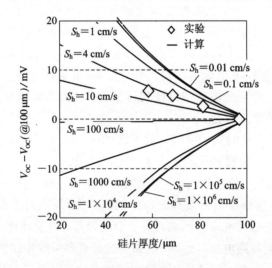

图 3.42 不同表面复合速度下开路电压与硅片厚度的关系曲线[70]

3.8 晶体硅太阳能电池展望

不断降低太阳能光伏发电成本是晶体硅太阳能电池行业研究开发的一个核心目标。经过多年发展，这一方面已经有了十足的进展：近几年随着先进生产工艺及新兴电池结构的出现，商业单晶硅太阳能电池的转换效率已经达到了 16％～19％，多晶硅太阳能电池的转换效率达到了 15％～17％。图 3.43 所示为近几年晶体硅太阳能电池转换效率趋势图。可见距离理想的硅太阳能电池效率还有很大一段距离。而且从电池的表面钝化、制绒、电极制备等方面来看还有很多要改进的地方。同时，晶体硅衬底材料的质量也严重影响转换效率，所以提高工业硅的质量也是未来发展的方向。

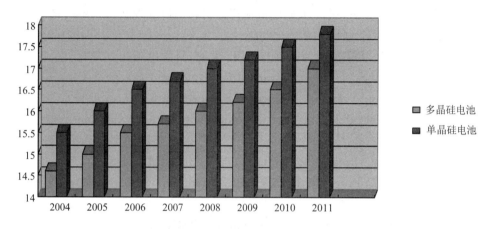

图 3.43　最近几年晶体硅太阳能电池转换效率趋势图

晶体硅太阳能电池未来的发展也要降低材料成本及加工成本。首先，硅片厚度要降低，也就是发展薄硅工艺。从某些结构的电池来说，薄硅不但可以节约原材料，而且可以提高电池转换效率，例如 HIT 结构电池。目前晶体硅太阳能电池硅片厚度大概在 180 μm，未来还会降低。但是薄硅工艺由于浅结的存在，使表面复合速度增加，所以好的表面钝化等相关工艺是十分必要的。另外，快速加热装置、激光刻蚀等技术对于提高生产效率及降低成本十分有意义。

伴随着新的工艺、设备的应用以及新型太阳能电池结构的出现，相信在成熟的硅技术基础上，硅太阳能电池会有更好的发展和未来。

本章参考文献

[1]　Maycock P. Photovolt. News，2001，20 (2)：1.

[2]　戴宝通，郑晃忠. 太阳能电池技术手册. 北京：人民邮电出版社，2012.

[3]　刘立新. 单晶硅生长原理及工艺. 长春理工大学学报，2009，32(4)：569 - 573.

[4]　Luque A. Handbook of Photovoltaic Science and Engineering. John Wiley & Sons Ltd，2002.

[5]　于胜军，钟建. 太阳能光伏器件技术. 成都：电子科技大学出版社，2011.

[6]　铁生年，李星，李昀珺. 太阳能硅材料的发展现状. 青海大学学报，2009，27(1)：33 - 38.

[7]　Koch W，et al. Solid State Phenomena，1997，401：57 - 58.

[8]　Habler C，et al. Proc. 2nd World Conf. Photovoltaic Solar Energy Conversion，1998，1886.

[9]　黄锋，陈瑞润，郭景杰，等. 太阳能电池用硅材料的研究现状与发展趋势. 特种铸造及有色合金，2008，28(12)：925 - 930.

[10]　熊绍珍，朱美芳. 太阳能电池基础与应用. 北京：科学出版社，2009.

[11]　Green M. Silicon Solar cells：Advanced Principles and Practice. Centre for Photovoltaic Devices and Systems，University of New South Wales，1995.

[12]　Verlinden P，et al. Proc. 14th Euro. Conf. Photovoltaic Solar Energy Conversion，1997，96 - 100.

[13]　Ohtsuka H，et al. Prog. Photovolt. 2000. 8：385 - 390.

[14]　Luque A，et al. Proc. 1st Euro. Conf. Photovoltaic Solar Energy Conversion，1977，269 - 277.

[15]　Hull R. Properties of Crystalline Silicon. INSPEC，Stevenage，1999.

[16]　Green M，et al. Prog. Photovolt. 1995，3：189 - 192.

[17]　Kolodinski S，et al. Appl. Phys. Lett. ，1993，63：2405 - 2407.

[18]　Clugston D，et al. Prog. Photovolt，1997，5：229 - 236.

[19]　Sproul A，et al. J. Appl. Phys. 1991，70：846 - 854.

[20]　Altermatt P，et al. Proc. 16th Euro. Conf. Photovoltaic Solar Energy Conversion，2000，102 - 105.

[21]　Dziewior J，et al. Appl. Phys. Lett. 1997，31：346 - 351.

[22]　Altermatt P，et al. Proc. 16th Euro. Conf. Photovoltaic Solar Energy Conversion，2000，243 - 246.

[23]　Green M，et al. Nature，2001，412：805 - 808.

[24]　Thurber W，et al. J. Electrochem. Soc. 1980，127：1807 - 1812.

[25]　Thurber W，et al. J. Electrochem. Soc. 1980，127：2291 - 2294.

[26]　Kane D，et al. Proc. 20th IEEE Photovoltaic Specialist Conf. ，1988，512 - 517.

[27]　马跃，魏青竹，夏月正，等. 工业化晶体硅太阳电池技术. 自然杂志，2010，32(3)：161 - 165.

[28]　何京鸿，赵恒利，李雷. 单晶硅太阳电池制备工艺探讨. 楚雄师范学院学报，2012，27(6)：26 - 29.

[29]　赵汝强，梁宗存，李军勇，等. 晶体硅太阳电池工艺技术新进展. 材料导报，2006，23(3)：25 - 29.

[30]　伍三忠，郭健辉，蔡选武，等. 高效低成本薄片晶体硅太阳能电池片工艺. 专利 CN101241952A.

[31]　Nijs J, et al. Proc. 1st World CPEC, 1994, 1242 - 1249.

[32]　Munzer K, et al. IEEE Trans. Electron Devices, 1999, 46: 2055 - 2061.

[33]　Finck von Finckenstein B, et al. Proc. 28th IEEE Photovoltaic Specialist Conf., 2000, 198 - 200.

[34]　Sivoththaman S, et al. Proc. 14th Euro. Conf. Photovoltaic Solar Energy Conversion, 1997, 400 - 403.

[35]　Doshi P, et al. Proc. 25th IEEE Photovoltaic Specialist Conf., 1996, 421 - 424.

[36]　Doshi P, et al. Sol. Energy Mater. Sol. Cells, 1996, 41/42: 31 - 39.

[37]　Biro D, et al. Sol. Energy Mater. Sol. Cells., 2002, 74: 35 - 41.

[38]　Perichaud I, et al. Proc. 23rd IEEE Photovoltaic Specialist Conf., 1993, 243 - 247.

[39]　Narasimha S, et al. IEEE Trans. Electron Devices, 1998, 45: 1776 - 1782.

[40]　Macdonald D, et al. Solid-State Electron., 1999, 43: 575 - 581.

[41]　Gee J, et al. Proc. 26th IEEE Photovoltaic Specialist Conf., 1997, 155 - 158.

[42]　del Canizo C, et al. J. Electrochem. Soc., 2002, 149: 522 - 525.

[43]　Gandhi S. VLSI Fabrication Principles. John Wiley & Sons, 1994.

[44]　Johnson J, et al. Proc. 18th Photovoltaic Specialist Conf., 1985, 1112 - 1115.

[45]　Sopori B, et al. Proc. 11th Euro. Conf. Photovoltaic Solar Energy Conversion, 1992, 246 - 249.

[46]　Szulfcik J, et al. Proc. 12th EC Photovoltaic Specialist Conf., 1994, 1018 - 1021.

[47]　Leguijt C, et al. Sol. Energy Mater. Sol. Cells, 1996, 40: 297 - 345.

[48]　Aberle A, et al. Prog. Photovolt., 1997, 5: 29 - 50.

[49]　Soppe W, et al. Proc. 29th IEEE Photovoltaic Specialist Conf, 2002.

[50]　Ruby D, et al. IEEE 1st WPEC, 1994, 1335 - 1338.

[51]　Shirasawa K, et al. Proc. 21st IEEE Photovoltaic Specialist Conf., 1990, 668 - 673.

[52]　Zhao J, et al. IEEE Trans. Electron Devices, 1999, 46: 1978 - 1983.

[53]　De Wolf S, et al. Proc. 16th Euro. Conf. Photovoltaic Solar Energy Conversion, 2000, 1521 - 1523.

[54]　Bilyalov R, et al. IEEE Trans. Electron Devices, 1999, 46: 2035 - 2040.

[55]　Spiegel M, et al. Sol. Energy Mater. Solar Cells, 2002, 74: 175 - 182.

[56]　Huster F, et al. Proc. 28th IEEE Photovoltaic Specialist Conf., 2000, 1004 - 1007.

[57]　Joos W, et al. Proc. 16th Euro. Conf. Photovoltaic Solar Energy Conversion,

　　　2000，1169 – 1172.

[58]　Pirozzi L，et al. Proc. 12th Euro. Conf. Photovoltaic Solar Energy Conversion，
　　　1994，1025 – 1028.

[59]　Ruby D，et al. Proc. of the 2nd World CPEC，1998，39 – 42.

[60]　Inomata Y，et al. Sol. Energy Mater. Sol. Cells，1997，48：237 – 242.

[61]　Winderbaum S，et al. Sol. Energy Mater. Sol. Cells，1997，46：239 – 248.

[62]　Ludemann R，et al. Proc. 17th Euro. Conf. Photovoltaic Solar Energy Conversion，
　　　2001，1327 – 1330.

[63]　Macdonald D，et al. Texturing Industrial Multicrystalline Silicon Solar Cells. ISES
　　　Solar World Congress，2001.

[64]　Schmidt W，et al. Prog. Photovolt.，2002，10：129 – 140.

[65]　Yelundur V，et al. IEEE Trans. Electron Devices，2002，49：1405 – 1410.

[66]　Janoch R，et al. Proc. IEEE 28th Photovoltaic Specialist Conf.，2000，1403 – 1406.

[67]　付明，苑鹏，范琳. 几种高效率晶体硅太阳能电池性能分析. 材料导报，2012，26
　　　(3)：1 – 5.

[68]　孟彦龙，贾锐. 低成本、高效率晶硅太阳电池的研究. 半导体光电，2011，32(2)：
　　　151 – 157.

[69]　Yasuhiko T，et al. Sol. Energy Mater. Sol. Cells，2011，95：2638 – 2644.

[70]　Tohoda S，et al. J. Non-Crystalline Solids，2012，358：2219 – 2222.

第四章 高效的Ⅲ-Ⅴ族单结及多结太阳能电池

4.1 Ⅲ-Ⅴ族半导体材料

4.1.1 Ⅲ-Ⅴ族半导体材料的命名

Ⅲ-Ⅴ族半导体是化合物半导体非常重要的一个分支。要了解Ⅲ-Ⅴ族半导体首先要理解"什么是化合物半导体"。化合物半导体被定义为由两种或两种以上元素组成的具有半导体特性的物质。值得注意的是，化合物半导体中的"化合物"同化学中的"化合物"这一概念略有出入。化学中将两种或两种以上元素按照固定组成比形成的纯物质定义为化合物。化合物具有固定的物理及化学性质，例如常温下固定的熔点、沸点、密度等特性。根据定组成定律即化合物不论用什么方法制备，其组成成分都相同，而化合物半导体更为接近合金，人们可以通过调整组成元素的比例来获得所需的特性。根据组成元素的不同，化合物半导体可以分为Ⅲ-Ⅴ族、Ⅳ-Ⅳ族、Ⅱ-Ⅵ族等。通过表4.1所示的部分元素周期表可以发现，由Ⅲ族元素和Ⅳ族元素组成的化合物，例如氮化镓（GaN）等，被称为Ⅲ-Ⅴ族化合物半导体；同理，由Ⅱ族和Ⅵ族元素组成的化合物，例如硒化锌（ZnSe）、硫化镉（CdS）、碲化镉（CdTe）、氧化锌（ZnO）等，被称为Ⅱ-Ⅵ族化合物半导体。

表 4.1 与半导体相关的部分元素周期表[1]

Ⅱ族	Ⅲ_A族	Ⅳ_A族	Ⅴ_A族	Ⅵ_A族
	硼 B 5	碳 C 6	氮 N 7	氧 O 8
镁 Mg 12	铝 Al 13	硅 Si 14	磷 P 15	硫 S 16
锌 Zn 30	镓 Ga 31	锗 Ge 32	砷 As 33	硒 Se 34
镉 Cd 48	铟 In 49	锡 Sn 50	锑 Sb 51	碲 Te 52
汞 Hg 80	铊 Tl 81	铅 Pb 82	铋 Bi 83	镁 Po 84

　　按照组成化合物半导体的元素种类，又可以将化合物半导体分为二元、三元、四元甚至五元化合物半导体。常见的二元化合物半导体有碳化硅(SiC)、砷化镓(GaAs)、磷化铟(InP)、氮化镓(GaN)、氧化锌(ZnO)等。化合物半导体的命名方法较多，目前还没有统一的命名方法。一种较为简单的命名法是根据元素不同读作 A 化 B，其中 A 是 V 族元素，B 是 Ⅲ 族元素。例如，AlGaAs 一般写为 $Al_xGa_{1-x}As$，读作砷化铝镓；GaAsP 一般写为 $GaAs_{1-x}P_x$，读作磷砷化镓。通过在砷化镓材料的生长过程中加入铝源，可以获得砷化铝镓($Al_xGa_{1-x}As$)，其中铝和镓同为 Ⅲ 族元素，x 表示铝在整个 Ⅲ-V 族化合物半导体中 Ⅲ 族元素里所占的摩尔比。通过改变生长过程中镓源同铝源的比率，可以获得不同带隙的砷化铝镓($Al_xGa_{1-x}As$)，因此砷化铝镓可以看做是砷化镓(GaAs)和砷化铝(AlAs)的合金。砷化铝镓($Al_xGa_{1-x}As$)是由三种元素组成的，因而被称为三元化合物半导体。常见的三元化合物半导体还有氮化铟镓(InGaN)、磷砷化镓(GaAsP)、磷化铟镓(GaInP)等。同理，由四种元素组成的化合物半导体被称为四元化合物半导体，常见的有氮砷化铟镓(InGaAsN)、磷化铟镓铝(GaAlInP)、磷砷化铟镓(InGaAsP)等。而氮砷锑化铟镓(InGaAsNSb)由五种元素组成，故被称为五元化合物半导体。

4.1.2　Ⅲ-V 族半导体材料的性质

　　单晶、多晶以及非晶硅都可应用于硅基太阳能电池；而在 Ⅲ-V 族化合物半导体太阳能电池中 Ⅲ-V 族化合物半导体都是单晶形态。常见的 Ⅲ-V 族化合物半导体砷化镓(GaAs)通常通过布里基曼法(Bridgman Method)和柴可拉斯基法(Czochralski Method)来获得，而后切割成适当厚度的衬底。目前半导体工业中所使用的砷化镓(GaAs)衬底尺寸可达 150 mm。这一尺寸的衬底主要被应用在高速电子组件中，对于一般光电组件而言最大尺寸一般为 75 mm。不同于较大的主流硅衬底，使用较小尺寸的 GaAs 衬底的主要原因有两个：一是砷化镓(GaAs)衬底较脆，过大尺寸的衬底容易在运输过程中破裂；二是光电组件对衬底表面的要求较为苛刻，大尺寸的衬底难以获得均匀的外延层，这也是目前砷化镓(GaAs)材料外延的一个难题。

　　Ⅲ-V 族半导体在太阳能电池应用上比常见的硅材料有优势，主要原因是大部分 Ⅲ-V 族半导体材料是直接带隙半导体。即在入射光子将能量转移至电子的过程中不涉及动量(P)的变化；而对于间接带隙半导体的硅来说，在电子从导带跃迁到价带的过程中，会伴随着动量变化并保持能量守恒，因而被吸收的光子能量是电势能和声子能量的总和，其中声子能量即为晶格振动，这部分能量最后会转化为热能耗散。因此，基于砷化镓及其它直接带隙半导体的太阳能电池的最高理论转换效率要比硅基材料太阳能电池的高。

　　除此之外，对于半导体器件来说材料的晶格常数也是一个非常重要的参数。常见 Ⅲ-V 族材料的晶格常数如图 4.1 所示。

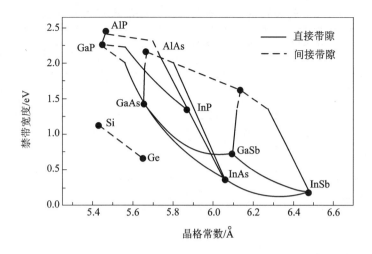

图 4.1　常见Ⅲ-Ⅴ族材料的晶格常数[2]

晶格常数指的是材料中组成原子所形成的单胞边长，以砷化铝镓（$Al_xGa_{1-x}As$）为例，当铝的摩尔比 $x=0$ 时，材料即为砷化镓（GaAs），其晶格结构为闪锌矿结构，晶格常数为 0.565 33 nm，禁带宽度为 1.42 eV；当 $x=1$ 时，材料即为砷化铝（AlAs），常温下其晶格常数为 0.566 05 nm，禁带宽度为 2.17 eV。值得注意的是，当铝的摩尔比超过 0.45 时，砷化铝镓从直接带隙变为间接带隙。砷化铝镓的禁带宽度随着铝的摩尔比的增加而增加，但是其晶格不匹配度却只有 0.1%，这意味着我们可以通过改变铝的摩尔比来获得不同禁带宽度的材料。因此，砷化镓系列的太阳能电池可以利用多层结构来吸收太阳光谱中不同波长的光，故可以获得较高的光电转换效率。

4.2　Ⅲ-Ⅴ族半导体太阳能电池的应用

4.2.1　空间应用

应用于空间的半导体太阳能电池到目前为止已经发展了三代，它们分别是以硅材料为代表的单节硅基太阳能电池、以砷化镓/锗（GaAs/Ge）为代表的单异质结太阳能电池和以磷化镓铟/砷化镓/锗（GaInP/GaAs/Ge）材料为代表的多结叠层太阳能电池。不同辐照、温度条件下典型的空间太阳能电池性能如表 4.2 所示，从表 4.2 可以看出通过替换材料和采用叠层结构，应用于空间的太阳能电池的效率从 14.8% 提升至 21.5%，同时在其它条件不变的情况下，电池的功率随着辐照剂量的增加或温度的升高而降低。

表 4.2　代表性的三代空间应用太阳能电池性能对比[3]

电池材料	效率/%	功率(W)未辐照		功率(W)1 MeV 辐照			
				$3.4 \times 10^{14}\, e/cm^2$		$1 \times 10^{15}\, e/cm^2$	
		28℃	50℃	28℃	50℃	28℃	50℃
硅	14.8	170.9	149.5	129.0	112.2	113.0	98.8
砷化镓/锗	18.5	218.1	208.2	188.1	179.6	166.8	159.3
磷化镓铟/砷化镓/锗	21.5	253.5	242.8	223.0	211.9	192.7	183.0

Ⅲ-Ⅴ族半导体太阳能电池在空间中的应用可追溯至 20 世纪 50 年代。1956 年美国波音公司投资子公司 Spectrolab 从事砷化镓(GaAs)太阳能电池的研发与制造。在应用于太空的太阳能电池发展中，Spectrolab 公司发挥着举足轻重的作用，由图 4.2 可以看出其应用于太空的太阳能电池的发展历程。

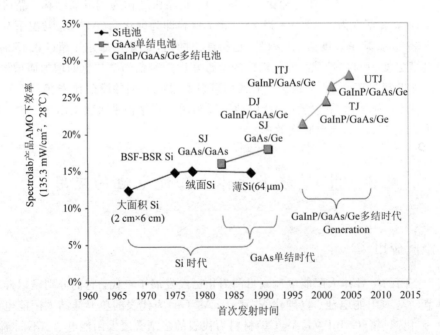

图 4.2　Spectrolab 公司太阳能电池发展历程[4]

1959 年升空的"探险家六号"就搭载了 Spectrolab 生产的太阳能电池，并将其作为主要电力来源。到了 20 世纪 60 年代，研究人员发现利用锌扩散(Zn Difusion)技术制作的砷化镓 PN 结太阳能电池具有优异的高温工作特性，高温下这种电池不仅稳定性好，而且抗辐照性也好。自 1965 年开始以砷化镓为代表的Ⅲ-Ⅴ族半导体材料被大规模应用于空间太阳能电池中。1965 年 11 月苏联发射的金星探测飞行器"Venera-2"和"Venera-3"均搭载了 2 m² 的砷化镓太阳能电池。因为探测器距金星较近，所以太阳能电池所受的太阳光热辐射影响较为显著，因而需要太阳能电池能在高温下工作，而砷化镓太阳能电池恰好符合这一需求。随后苏联在 1970 年和 1972 年分别发射登月艇"Lunokhod-1"和"Lunokhod-2"，这些登月艇上也都搭载了 4 m² 的砷化镓太阳能电池。与此同时，硅基太阳能电池的制备技术也得到了改善，表面粗化(Surface Texturing)和防反射层(Anti-Reflection Coating)等技术先后被提出和发展，使光电转换效率提高到 14%。但是月球表面的温度可高达 130℃，在该温度下，硅基材料的本征激发程度已经接近杂质电离程度，从而使 PN 结失效，导致基于硅材料的太阳能电池失效。20 世纪 80 年代砷化铝镓/砷化镓(AlGaAs/GaAs)叠层结太阳能电池被开发出来，其光电转换效率可达 18%～19%，在苏联发射的"和平号"空间站(MIR Space Station)上装配的砷化铝镓/砷化镓(AlGaAs/GaAs)单异质结太阳能电池板面积高达 70 m²，该空间站最初设计使用年限为 3 年，但到 2001 年其任务周期结束坠毁时，该空间站已经连续运行了 15 年，而搭载的砷化铝镓/砷化镓(AlGaAs/GaAs)太阳能电池在极大的空间温差及高辐照条件下，效率衰减不到 30%。如图 4.3 所示开路电压 V_{OC} 和短路电流 I_{SC} 是辐照密度的函数，随着辐照的增加开路电压 V_{OC} 基本保持不变而短路电流随辐照的增强而线性增加。当短路电流大到一定程度时电池因短路而失效，为了减少辐照引起的短路电流在应用于空间的太阳能电池中引入了直接带隙的宽禁带半导体材料。由图 4.1 可见，相比于硅，磷化镓铟(GaInP)、砷化镓(GaAs)具有更大的禁带宽度。

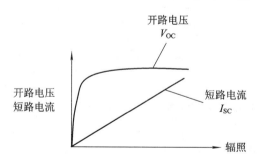

图 4.3　开路电压 V_{OC} 和短路电流 I_{SC} 与辐照密度的关系[5]

在单异质结基础上发展的多异质结叠层结构进一步提高了太阳能电池的光电转换效率，如图 4.4 所示由 Spectrolab 公司制备的 GaInP/GaAs/Ge 多结太阳能电池在 340 个太阳光的聚光情况下光电转换效率高达 41.6%，并在 340 个太阳光、25℃、AM1.5D 测试条件下通过美国国家能源部可再生能源实验室(NREL)独立验证。典型的磷化镓铟/砷化镓/锗(GaInP/GaAs/Ge)多异质结叠层结构如图 4.4 所示。这一结构的电池由禁带宽度在 1.8～1.9 eV 的磷化镓铟($Ga_xIn_{1-x}P$)顶电池、重掺杂的 PN 隧道结、砷化镓中间电池、PN

隧道结以及锗底电池组成。到目前为止，基于磷化镓铟/砷化镓/锗多异质结叠层结构的半导体太阳能电池制备技术已经十分成熟，所报道的在 340 倍聚光下光电转换效率超过 41.6%，接近其理论上限 45%[98]。

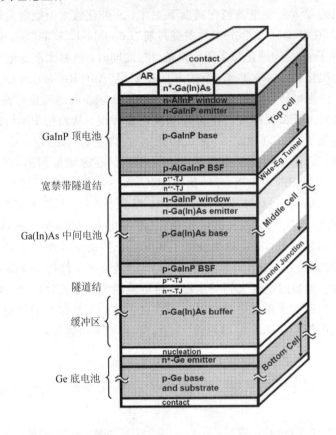

图 4.4　磷化镓铟/砷化镓/锗多异质结叠层结构[4]

4.2.2　陆地能源应用

目前，在空间太阳能电池的应用中Ⅲ-Ⅴ族半导体材料几乎完全替代了硅材料，但是在陆地能源的应用中硅基材料太阳能电池仍占据着主导地位。这是因为，相对于砷化镓，硅更为便宜并可获得更大尺寸的衬底，但是通过高倍聚光系统以及磷化镓铟/砷化镓/锗（GaInP/GaAs/Ge）多异质结叠层结构Ⅲ-Ⅴ族太阳能电池的发电成本可以大幅降低[7]。高效率、预计的低成本以及聚光系统的可行性使得发展聚光Ⅲ-Ⅴ族半导体太阳能电池成为缓解 21 世纪能源危机的有效手段之一。

4.3　Ⅲ-Ⅴ族单结及多结太阳能电池基础

4.3.1　直接带隙与间接带隙

为了更好地了解Ⅲ-Ⅴ族半导体太阳能电池的结构并进一步分析其性能，非常有必要了解限制单结Ⅲ-Ⅴ族半导体太阳能电池光电转换效率的基本因素。Ⅲ-Ⅴ族半导体的禁带宽度记为 E_g，若入射光子的能量 $h\nu > E_g$，则半导体导带中的电子会吸收光子的能量跃迁至价带。如果材料是直接带隙半导体（如砷化镓、磷化铟），则光子的能量全部转化为电位能；如果材料是间接带隙半导体（如硅、锗），则光子的能量会转化成电位能和声子能量，声子能量对光生电流没有贡献最终转化为热能耗散。电子受激跃迁的过程如图 4.5 所示。

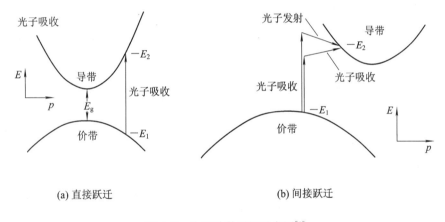

(a) 直接跃迁　　　　　　　　　　(b) 间接跃迁

图 4.5　电子受激跃迁示意图[6]

入射光子的能量 $h\nu$ 与禁带宽度 E_g 的差值越大，转化成光生电流的光子能量同入射光子能量的比值越小。另一方面，入射能量低于 E_g 的光子不会被半导体材料吸收，这些光子对光生电流也没有贡献。因此，要获得最大的光子吸收效率，应使得 $h\nu = E_g$，并且无论如何这一效率总小于 100%。

4.3.2　单结及多结太阳能电池效率的原理限制

为了更好地了解Ⅲ-Ⅴ族太阳能电池，这里简单地介绍一下单结及多结太阳能电池效率的原理限制。在介绍前，再来回顾一下太阳能光谱的能量分布。不同环境下的太阳能光谱如图 4.6 所示。由于太阳能光谱较宽，太阳光中的光子能量为 0～4 eV。因为单一的半导体材料无法吸收所有波长的太阳光，故本质上单结太阳能电池对太阳光的吸收效率远低于太阳能电池对单色光的吸收效率。在理论上解决这一问题的方法非常简单，即不再利用单一电池来吸收光谱中所有的光子，而是将光谱分成几个部分，利用不同禁带宽度的半导体材料来吸收不同光谱范围内的光子。例如，我们可以将光谱分成三个部分，即 $h\nu_1 \sim h\nu_2$、$h\nu_2 \sim h\nu_3$ 和 $h\nu_3 \sim \infty$，其中 $h\nu_1 < h\nu_2 < h\nu_3$。当禁带宽度 $E_{g1} = h\nu_1$，$E_{g2} = h\nu_2$，$E_{g3} = h\nu_3$ 时，对应光谱范围内的光子分别被吸收。光谱区域越多，光子吸收效率就越高，这就是叠层太阳能电池提高效率的理论基础。

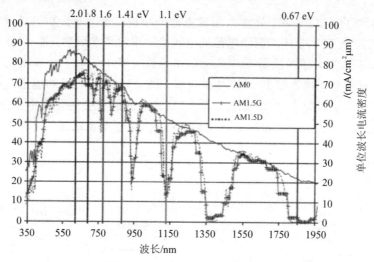

图 4.6　不同环境下太阳能光谱

Henry 计算了标准大气质量（AM1.5）下 1、2、3 以及 36 个禁带宽度的半导体材料的吸收效率，分别是 37％、50％、56％及 72％[8]。当半导体材料的禁带宽度数目从 1 上升到 2 时，吸收效率显著增加，但当禁带宽度数目继续增加时这一趋势逐渐消失[9]。而事实上制作 4 到 5 个结的叠层太阳能电池就已经非常困难。更为重要的是，如果不仔细考虑材料的晶格常数，多结太阳能电池是无法实现的，晶格失配的存在也限制了太阳能电池中所能使用的禁带宽度的数目。

　　叠层半导体太阳能电池的工作原理如图 4.7 所示，图中电池的禁带宽度从左到右依次降低。在电池之间安置的是低通反射层，并使得反射层的反射阈值为安置在其上电池材料的禁带宽度，这样就避免了入射光子被注入到无法吸收的电池中。通过这一结构，每一个电池都有其独立的负载电路，因而它们可以偏置在不同电压下。值得注意的是，原理上如果叠加电池的数目是有限的，则反射层的缺失将导致较低的吸收效率；如

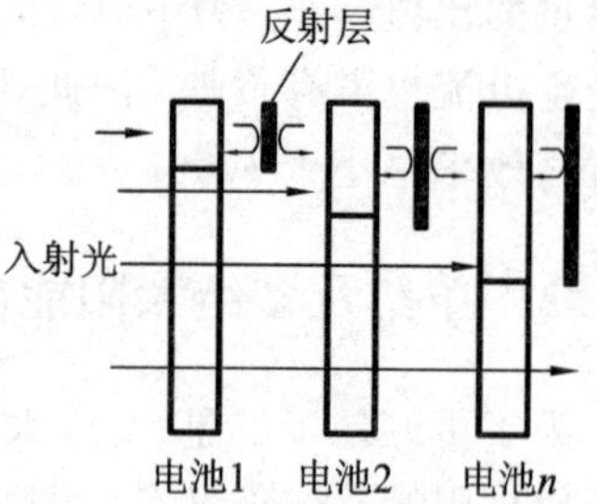

图 4.7　叠层半导体太阳能电池工作原理示意图[10]

果叠加电池的数目是无限的，则反射层的安置与否对吸收效率没有影响。

对于电池的效率极限将在第十章中详细讨论，这里只对叠层电池效率做一简略分析。对于双结电池结构的叠层电池，其产生的能量可由下式计算：

$$W = qV_l\left[N(T_s, 0, E_{gl}, E_{gh}, H_s) - N(T_a, qV_l, E_{gl}, E_{gh}, H_r)\right]$$
$$+ qV_h\left[N(T_s, 0, E_{gh}, \infty, H_s) - N(T_a, qV_h, E_{gh}, \infty, H_r)\right]$$
$$H_{s(r)} = \pi A \sin^2 \theta_{s(r)} \tag{4.1}$$

其中，下标 l 和 h 分别表示低和高，V 是 n 型与 p 型材料的准费米能级差，E_g 代表半导体材料的禁带宽度，N 为进入或离开电池的光子流，T_s 为太阳温度（通常取 6000 K），T_a 为太阳能电池所处的环境温度（通常取 300 K），H_s 和 H_r 是与太阳光辐射到太阳能电池（以下标 s 表示）及太阳能电池向周围空间辐射（以下标 r 表示）的立体角 θ 相关的量。通过改变变量 V_l、V_h、E_{gl} 和 E_{gh} 来优化函数以获得最大效率。图 4.8 显示了由两个电池构成的叠层电池的最佳效率是组成电池的两种材料的禁带宽度的函数。在图 4.8 中可以看到，最大效率发生时所对应的区域非常宽，这意味着我们可以在很大范围内组合材料制造电池。

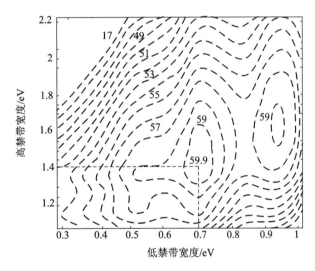

图 4.8　双结叠层电池的理想效率是材料禁带宽度 E_l 和 E_h 的函数[11]

一系列的实验也证明了这一事实，如 Spectrolab 制备的磷化镓铟/砷化镓/锗多结电池在 210 倍太阳光及 AM 1.5G 的测试条件下可获得 34％ 的效率[12][13]。若电池的层数为无穷大，当每一层电池都具有独立的单色光照及偏置电压时，电池的最高效率可由下式计算出：

$$\eta = \frac{1}{\sigma_S T_s^4} \int_0^\infty I(E, V) V_{max} \, dE \tag{4.2}$$

其中，σ_S 为斯特藩（Stefan）常数，$I(E, V)$ 为电池在单色光照射下的电流，E 为能量，V 为 p

型材料与 n 型材料的准费米能级之差，其余参数均为常数。通过式(4.2)可以计算出在某一定条件下的理想太阳能电池的最高效率上限[13]。叠层太阳能电池在室温下会发生发光辐射。这些电池在发生光电转换过程中的熵变也是正的，因为每一个单色光电池在光电转换过程中的熵变是正的。Landsberg 光电转换效率的条件如下：

（1）只有能量大于带宽的光子能够被吸收，小的不能。

（2）一个光子最多只能产生一个电子—空穴对。

（3）吸收的光子能量都用于激发电子—空穴对并储存为电子—空穴对的势能。

（4）只有辐射复合一种情况。

（5）半导体材料完全符合黑体的行为。

由于并不能完全满足达到 Landsberg 光电转换效率的条件，即条件(5)的黑体行为熵变为零且辐射为自由辐射这一条件无法满足，故能量转换的上限无法达到。

在单一基底上集成多个禁带宽度的太阳能电池这一设想并不难实现。将一系列的电池串联起来是非常实际的解决方案。前文提及的磷化镓铟/砷化镓/锗多结电池的转换效率上限由式(4.1)决定，这一效率与 E_{gl}、E_{gh}、V_l、V_h 相关，因而减小了可获得的最大光电转换效率。叠层电池获得的总电压 $V = V_l + V_h$。

那么，当叠层电池中电池的数目趋向于无穷时，电池的转换效率上限又是怎样的呢？当太阳表面温度 $T_s = 6000\,K$ 及地表温度 $T_a = 300\,K$ 时，令人惊讶的是，在这一假设下，通过式(4.2)的计算，这一转换效率上限可达到 86.8%[14, 15]。

4.3.3 光谱分离

叠层太阳能电池要求入射光子直接被对应禁带宽度的材料吸收。光谱分离概念的提出很好地满足了这一要求，利用散射性的光学器件，如棱镜，将不同能量的光子分离、照射至不同的区域，而这一区域的电池材料则将光子吸收。这一过程可由图 4.9(a)表示。

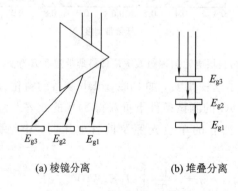

(a) 棱镜分离　　　　　(b) 堆叠分离

图 4.9　不同光谱分离方式的对比

尽管棱镜分离的概念非常简单，但在大部分情况下，符合这一概念的机械结在光学上的复杂性使得它难以被应用到实际中。另一种可行的方法是如图 4.9(b)所示，将各个电池堆叠以使得太阳光先被最上层的宽禁带太阳能电池吸收，而后逐步被低禁带太阳能电池吸收。因此，在图 4.9(b)中光子能量 $h\nu_3 > E_{g3}$ 的光子先被上层的宽禁带太阳能电池吸收，上层电池材料的禁带宽度为 E_{g3}；而后光子能量 $E_{g2} < h\nu < E_{g3}$ 的光子被中间的太阳能电池吸收，电池材料的禁带宽度为 E_{g2}；最后光子能量 $h\nu < E_{g2}$ 的光子被下层的低禁带太阳能电池吸收，电池材料的禁带宽度为 E_{g1}。简而言之，不同的结像光学器件一样将太阳能光谱分离，同时吸收对应能量的光子。对于堆叠的太阳能电池，其材料的禁带宽度从上自下依次递减。这一结构较好地避免了光学器件的使用，同时各个电池在物理上是独立的，但它们却可以通过机械方法被堆叠至同一个衬底上。不过，这一堆叠结构要求除了底部电池以外，所有的结相对于其下的结必须是光学透明的，这在一定程度上增加了衬底的选择和背接触金属化的难度。

本节将以典型的双结叠层电池结构为例分析不同参数性能的影响，同时这一分析在一定程度上也可延伸至广泛应用于太空中的磷化镓铟/砷化镓/锗三结叠层电池。我们的分析建立在四个前提条件下[16, 17]：

(1) 互连的隧道结完全透光且电阻为 0；

(2) 无反射损失；

(3) 串联电阻为 0；

(4) 入射光子完全被材料吸收且电池的 $J\text{-}V$ 曲线可以用理想二极管模型描述。

值得注意的是，高质量的Ⅲ－Ⅴ族材料半导体电池的能量转换效率是基于该分析的预测能量转换效率的 90%。

每一个结组成一个独立的子电池，子电池的短路电流密度 J_{SC} 主要由电池的量子效率 $QE(\lambda)$ 和入射光谱 $\Phi_{inc}(\lambda)$ 决定：

$$J_{SC} = e \int_0^\infty QE(\lambda)\Phi_{inc}\, d\lambda \qquad (4.3)$$

对于一个有限厚度的理想电池来说，量子效率 QE 取决于基区宽度 x_b、发射区宽度 x_e 以及扩散长度 W，并可通过标准方程表示：

$$QE = QE_{emitter} + QE_{depl} + \exp(-\alpha(x_e + W))QE_{base} \qquad (4.4)$$

其中：

$$QE_{emitter} = f_a(L_e)\left[\frac{l_e + \alpha L_e - \exp(-\alpha x_e) \times \left[l_e \cosh\dfrac{x_e}{L_e} + \sinh\dfrac{x_e}{L_e}\right]}{l_e \sinh\dfrac{x_e}{L_e} + \cosh\dfrac{x_e}{L_e}} - \alpha L_e \exp(-\alpha x_e)\right]$$

$$(4.5)$$

$$\mathrm{QE}_{\mathrm{depl}} = \exp(-\alpha x_{\mathrm{e}})[1 - \exp(-\alpha W)] \tag{4.6}$$

$$\mathrm{QE}_{\mathrm{base}} = f_\alpha(L_{\mathrm{b}}) \left[\alpha L_{\mathrm{b}} - \frac{l_{\mathrm{b}} \cos\dfrac{x_{\mathrm{b}}}{L_{\mathrm{b}}} + \sinh\dfrac{x_{\mathrm{b}}}{L_{\mathrm{b}}} - (\alpha L_{\mathrm{b}} - l_{\mathrm{b}})\exp(-\alpha x_{\mathrm{b}})}{l_{\mathrm{b}} \sinh\dfrac{x_{\mathrm{b}}}{L_{\mathrm{b}}} + \cosh\dfrac{x_{\mathrm{b}}}{L_{\mathrm{b}}}} \right] \tag{4.7}$$

$$l_{\mathrm{b}} = \frac{S_{\mathrm{b}} L_{\mathrm{b}}}{D_{\mathrm{b}}}, \; l_{\mathrm{e}} = \frac{S_{\mathrm{e}} L_{\mathrm{e}}}{D_{\mathrm{e}}}, \; D_{\mathrm{b}} = \frac{kT\mu_{\mathrm{b}}}{\mathrm{e}}, \; D_{\mathrm{e}} = \frac{kT\mu_{\mathrm{e}}}{\mathrm{e}} \tag{4.8}$$

$$f_\alpha(L) = \frac{\alpha L}{(\alpha L)^2 - 1} \tag{4.9}$$

光子的波长相关性并没有单独考虑，而是归入与波长相关的吸收效率 $\alpha(\lambda)$ 中。$\mu_{\mathrm{b(e)}}$、$l_{\mathrm{b(e)}}$ 以及 $S_{\mathrm{b(e)}}$ 分别是基区（发射区）迁移率、扩散长度以及表面的少子复合速度；T 是绝对温度。我们不妨做一个简单的的假设，每一个光子都被材料吸收并形成光生电流，通过第一性原理近似，人们发现这一假设对于大部分的 Ⅲ-Ⅴ 族结都成立，在该情况下量子效率同器件的厚度相关，$x = x_{\mathrm{e}} + W + x_{\mathrm{b}}$，可得：

$$\mathrm{QE}(\lambda) = 1 - \exp[-\alpha(\lambda)x] \tag{4.10}$$

其中有 $\exp[-\alpha(\lambda)x]$ 部分的入射光直接穿过电池而没有被吸收，显然式（4.10）是成立的，也可令 $S = 0$、$L \gg x$ 以及 $L \gg 1/\alpha$，由式（4.4）～式（4.7）推导出式（4.10）。

对于能量低于禁带宽度的入射光子，$\alpha(\lambda) = 0$，因而 $\exp[-\alpha(\lambda)x] = 1$。入射光谱 $\Phi_{\mathrm{inc}}(\lambda)$ 就是太阳能光谱 Φ_{s}。此外，到达底电池的光谱被顶电池过滤，到达底电池的太阳光谱可以表示为 $\Phi_{\mathrm{s}} \exp[-\alpha_{\mathrm{t}}(\lambda)x_{\mathrm{t}}]$，其中 x_{t} 是顶电池厚度，α_{t} 是顶电池的吸光系数。假设底电池足够厚，能够吸收所有的能量大于其禁带宽度的入射光子，就可以得出顶电池的短路电流密度 J_{SCt} 和底电池的短路电流密度 J_{SCb}：

$$J_{\mathrm{SCt}} = \mathrm{e} \int_0^{\lambda_{\mathrm{t}}} (1 - \exp[-\alpha_{\mathrm{t}}(\lambda)x_{\mathrm{t}}]) \Phi_{\mathrm{s}}(\lambda) \mathrm{d}\lambda \tag{4.11}$$

$$J_{\mathrm{SCb}} = \mathrm{e} \int_0^{\lambda_{\mathrm{b}}} \exp[-\alpha_{\mathrm{t}}(\lambda)x_{\mathrm{t}}]) \Phi_{\mathrm{s}}(\lambda) \mathrm{d}\lambda \tag{4.12}$$

其中，$\lambda_{\mathrm{b}} = hc/E_{\mathrm{gb}}$，$\lambda_{\mathrm{t}} = hc/E_{\mathrm{gt}}$ 分别是禁带宽度所对应的波长。底电池的短路电流密度 J_{SCb} 的积分下限是 0，而不是 λ_{t}，因为除非顶电池无限厚，才不会有短波范围内的光子传递到底电池。因为到达底电池的光子经过了顶电池的过滤，故底电池的短路电流密度 J_{SCb} 不仅仅取决于底电池材料的禁带宽度 E_{gb}，还取决于顶电池的禁带宽度 E_{gt}，而顶电池的短路电流密度 J_{SCt} 只取决于顶电池的禁带宽度 E_{gt}。当顶电池材料足够厚并完全吸收 $h\upsilon \geqslant E_{\mathrm{g}}$ 的光时，式（4.11）和式（4.12）可简化为以下的形式：

$$J_{\mathrm{SCt}} = \mathrm{e} \int_0^{\lambda_{\mathrm{t}}} \Phi_{\mathrm{s}}(\lambda) \mathrm{d}\lambda \tag{4.13}$$

$$J_{\mathrm{SCb}} = \mathrm{e} \int_{\lambda_{\mathrm{t}}}^{\lambda_{\mathrm{b}}} \Phi_{\mathrm{s}}(\lambda) \mathrm{d}\lambda \tag{4.14}$$

对于 m 个结的双端多结太阳能电池，单一节的 J-V 曲线可以表示为 $V_i(J)$，当所有子电池的短路电流密度相同时，整个多结太阳能电池的 J-V 曲线是各个单结太阳能电池的 J-V 曲线的简单叠加，可表示为

$$V(J) = \sum_{i=1}^{m} V_i(J) \tag{4.15}$$

这意味着在电流不变的情况下，电压是各个子电池电压的叠加。每一个单结子电池都有其独立的最大功率点 $\langle V_{\mathrm{mpi}}, J_{\mathrm{mpi}} \rangle$，在这一点上电压与电流密度的乘积最大。然而，在串联的多结太阳能电池中每个节的电流都被限定在一个固定值上，只有各个结的最大电流密度相等即 $J_{\mathrm{mp1}} = J_{\mathrm{mp2}} = J_{\mathrm{mp3}} = \cdots J_{\mathrm{mpm}}$ 时各个子电池才会工作在最大功率点。如果这一条件成立，则多结太阳能电池的最大功率输出是 V_{mpi} 与 J_{mpi} 的乘积之和。而当各个子电池的最大电流密度不相等时，一部分子电池就会偏离最大功率点。

对于高质量的Ⅲ-Ⅴ族电池来说，最大功率点十分重要，它决定了正常偏置下太阳能电池是否会发生泄漏或者在反偏下立刻击穿。图 4.10 显示了这一情况下串联多节电池的

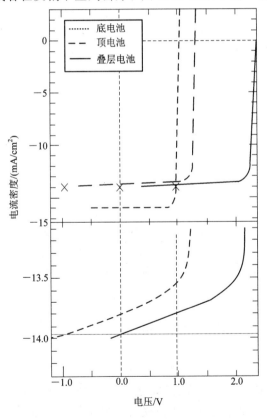

图 4.10　双结串联子电池的 J-V 曲线示意图

J-V 曲线，图中的曲线分别是磷化镓铟(GaInP)顶电池的 J-V 曲线、砷化镓(GaAs)底电池的 J-V 曲线以及两个子电池串联形成的双结电池的 J-V 曲线。在这一样品中，底电池的短路电流 J_{scb} 要高于顶电池的短路电流 J_{sct}，顶电池的 J-V 曲线略有平移以更好地说明多节电池中短路电流 J_{sc} 的变化。对于给定的电流值，多结电池的电压满足 $V_{\text{串联}} = V_{\text{顶}} + V_{\text{底}}$，这一关系也可从图 4.10 中看出。多结串联电池中界面处的短路电流密度 $J_{\text{sc}} = -14 \text{ mA/cm}^2$，图 4.10 下方放大的部分是电流密度接近顶电池的电流密度上限时的 J-V 曲线。黑叉代表电流密度为 -14 mA/cm^2 时顶电池、底电池以及双结电池的电压。这部分需要特别注意。当电流密度 $J = -13.5 \text{ mA/cm}^2$ 时，所有的子电池都是正向偏置的，对应的偏置电压仅略低于其开路电压 V_{OC}。当电流密度值超过 -14 mA/cm^2 时，底电池的偏置电压仍在其开路电压 V_{OC} 附近并保持正向偏置；而对于顶电池而言，当电流密度值超过 -14 mA/cm^2 时偏置电压仍然是 1 V 左右，但是偏置状态由正向偏置变为反向偏置。在这一电流密度下，双结电池是零偏的，这意味着各个子电池并不存在明显的泄漏电流或反向击穿。多结电池中短路电流密度 J_{sc} 被限制在一个低于各子电池短路电流密度的值（值得注意的是，这一电流限制效应使得多节电池中子电池的性能低于单结电池的性能）。

为了构建多结太阳能电池的定量分析模型，我们需要 J-V 曲线的表达式。如前面所述，我们可以采用经典的光电二极管的 J-V 曲线表达式[19]：

$$J = J_0 \left[\exp\left(\frac{eV}{kT}\right) - 1 \right] - J_{\text{sc}} \tag{4.16}$$

其中 e 是电子电量，我们假设二极管的理想因子为 1。开路电压 V_{OC} 可以表示为

$$V_{\text{OC}} \approx \frac{kT}{e} \ln \frac{J_{\text{sc}}}{J_0} \tag{4.17}$$

因为在实际中 $J_{\text{sc}}/J_0 \gg 1$。暗电流密度 J_0 可以表示为

$$J_0 = J_{0,\text{基区}} + J_{0,\text{发射区}} \tag{4.18}$$

其中：

$$J_{0,\text{基区}} = \text{e}\left(\frac{D_{\text{b}}}{L_{\text{b}}}\right)\left(\frac{n_{\text{i}}^2}{N_{\text{b}}}\right)\left(\frac{(S_{\text{b}}L_{\text{b}}/D_{\text{b}}) + \tanh(x_{\text{b}}/L_{\text{b}})}{(S_{\text{b}}L_{\text{b}}/D_{\text{b}})\tanh(x_{\text{b}}/L_{\text{b}}) + 1}\right) \tag{4.19}$$

也可以用类似的表达式描述发射区的暗电流 $J_{0,\text{发射区}}$。本征载流子浓度 n_{i} 可以表示为

$$n_{\text{i}}^2 = 4 N_{\text{c}} N_{\text{v}} \left(\frac{2\pi kT}{h^2}\right)^3 (m_{\text{e}}^* \, m_{\text{h}}^*)^{3/2} \exp\frac{-E_g}{kT} \tag{4.20}$$

其中，m_{e}^* 和 m_{h}^* 分别是电子和空穴有效质量，N_{c}、N_{v} 分别是导带底的有效状态密度和价带顶的有效状态密度。

多结电池中每一个结都可通过式(4.16)~式(4.20)来描述，第 i 个结的暗电流 $J_{0,i}$ 与短路电流 $J_{\text{sc},i}$ 对应的电流密度—电压关系为 $V_i(J)$。将单独的各个结的电流密度—电压关系 $V_i(J)$ 加起来就得到了整个电池的电流密度—电压关系 $V(J)$。最大功率点 $\{V_{\text{mpi}}, J_{\text{mpi}}\}$ 可以通过对 J-V 曲线上的点进行迭代而找出。不同太阳能电池的性能参数可以从 J-V

曲线中得出，$V_{OC}=V(0)$，$FF=J_{mp}V_{mp}/(V_{OC}J_{SC})$。

为了确定不同参数对多结太阳能电池性能的影响，我们需要控制单一变量来进行讨论。文献[16]给出了一种双结 N/P 太阳能电池的模型，除了底电池的材料禁带宽度有所改变，其它性质都与砷化镓（GaAs）太阳能电池模型相同。光吸收效率也随着禁带宽度的变化而变化，以确保当光子能量低于禁带宽度时光吸收率为零。类似地，除了禁带宽度可变，顶电池材料的其它性质均与磷化镓铟（GaInP）一致。对于砷化镓（GaAs）电池，300 K 下载流子扩散长度 $L_h=17~\mu m$，$L_e=0.8~\mu m$；对于磷化镓铟（GaInP）电池，$L_h=3.7~\mu m$，$L_e=0.6~\mu m$。为了方便同时也为了了解多结太阳能电池所能获得的最佳性能，假设所有的表面均不存在复合。对于所有的子电池，发射区的厚度 $x_e=0.1~\mu m$，离化杂质浓度 $N_e=2\times10^{18}/cm^3$，基区离化杂质浓度 $N_b=10^{17}/cm^3$。这些值非常接近于多结太阳能电池工作时的实际值。图 4.11(a)画出了在一个 AM1.5 标准太阳能光谱下无限厚的双结太阳能电池的效率轮廓。Nell 和 Barnett[20] 以及 Wanlass 等人[17]计算了在不同光谱下的无限厚的双结太阳能电池的效率。在优化的禁带宽度组合 $E_{gt}=1.75~eV$，$E_{gb}=1.13~eV$ 下，预测的双结太阳能电池效率为 38%，高于最好的单结电池的 29%。

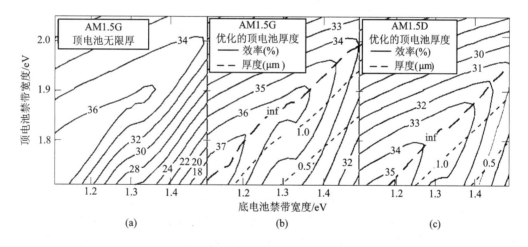

图 4.11　双端双结叠层电池的效率与禁带宽度的关系[17]

即使采用不是最优的 $E_{gt}=1.95~eV$，$E_{gb}=1.42~eV$ 的禁带宽度组合算出的效率也要高于最好的单结电池的效率。选取 $E_{gt}=1.95~eV$，$E_{gb}=1.42~eV$ 这一禁带宽度组合是因为底电池材料的禁带宽度是砷化镓（GaAs）的禁带宽度，而顶电池的禁带宽度仅略高于正常方法制备的磷化镓铟（GaInP）的禁带宽度 1.85 eV。但当底电池的禁带宽度 E_{gb} 保持砷化镓（GaAs）的禁带宽度，顶电池的禁带宽度 E_{gt} 从 1.95 eV 降到 1.85 eV 时，能量转换效率迅速从 35% 下降到 30%。这一下降是由于顶电池和底电池的光电流对顶电池材料禁带宽度 E_g 的依赖而产生的。前文提到，保持底电池的禁带宽度 E_{gb} 不变，降低顶电池的禁带宽度 E_{gt}

可以降低底电池的短路电流 J_{SCb} 并增加顶电池的短路电流 J_{SCt}。图 4.12(a) 显示了当底电池禁带宽度不变 ($E_{gb}=1.42\,\mathrm{eV}$) 时，短路电流密度 J_{SCb} 和 J_{SCt} 是顶电池禁带宽度 E_{gt} 的函数。

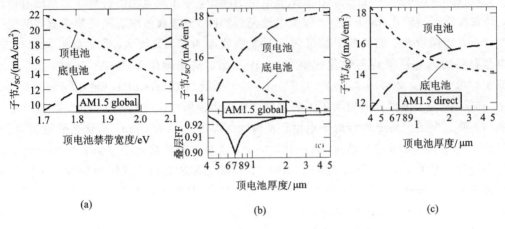

图 4.12　叠层电池性能随电池厚度的变化

多结电池的短路电流 J_{SC} 要低于顶电池的短路电流密度 J_{SCt} 和底电池的短路电流密度 J_{SCb}。图 4.12(a) 还显示出当顶电池的禁带宽度 $E_{gt}=1.95\,\mathrm{eV}$ 时，电流匹配效果最好，当顶电池的禁带宽度 $E_{gt}<1.95\,\mathrm{eV}$ 时，电流匹配程度迅速下降。短路电流 J_{SC} 的下降，是低禁带宽度底电池对光电流的限制导致的，图 4.11(a) 也证明了这一点。多结电池的短路电流密度 J_{SC} 和能量转换效率对顶电池禁带宽度 E_{gt} 的依赖使得磷化镓铟/砷化镓(GaInP/GaAs) 双结电池难以获得高的能量转换效率。幸运的是，可以通过减薄顶电池来缓解短路电流密度 J_{SC} 和能量转换效率对顶电池禁带宽度 E_{gt} 的依赖。

由于太阳能电池的吸光系数 α 并不是无限大的，一个有限厚度的电池不可能完全吸收能量大于其禁带宽度的入射光。一些光会透过材料(尤其是对于吸光系数 α 较小，光子能量在禁带宽度附近的光子)，材料越薄透光越强。因此，对于一个双结叠层电池来说，减薄顶电池的厚度意味着入射光在两个电池间的重新分配，顶电池的电流下降同时底电池的电流增加。如果在减薄前，$J_{SCb}<J_{SCt}$，则可以通过减薄顶电池使得 $J_{SCb}=J_{SCt}$。因为在多结叠层电池中电池的短路电流 J_{SC} 取决于 J_{SCb} 和 J_{SCt} 中较小的一个，因而通过减薄顶电池可以达到电流匹配从而获得最佳能量转换效率。图 4.12(b) 讨论了顶电池的禁带宽度 $E_{gt}=1.85\,\mathrm{eV}$、底电池的禁带宽度 $E_{gb}=1.42\,\mathrm{eV}$ 时，顶电池厚度对电流匹配的关系。在这一双结叠层电池中 $J_{SC}\approx\min(J_{SCt},J_{SCb})$，当顶电池厚度取 $0.7\,\mu\mathrm{m}$ 时子电池之间实现了电流匹配。在这一厚度下，$J_{SC}=J_{SCt}=15.8\,\mathrm{mA/cm^2}$，此值为无限厚度顶电池的短路电流的 85%。如此薄的电池却能吸收相当高比例的入射光的原因是，电池材料是直接带隙半导体。为了同减薄顶电池的双结电池对比，具有无限厚度顶电池的双结电池的短路电流 J_{SC} 取决于底电池的短路电流 $J_{SCb}=13.4\,\mathrm{mA/cm^2}$。通过减薄顶电池使得短路电流 J_{SC} 得到了提高，从而提高了双

结电池的能量转换效率，双结电池的能量转换效率从 30% 提升到 $15.8/13.4 \times 30\% \approx$ 35%。当然这只是一个近似的估计，下面还将讨论顶电池减薄对填充因子 FF 和开路电压 V_{OC} 的影响，然而这些都是二次效应，只考虑短路电流 J_{SC} 对能量转换效率的影响也是一个较好的近似。从图 4.12 中可以看出，减薄顶电池降低了能量转换效率对顶电池禁带宽度 E_{gt} 的依赖，使得我们可以在较大范围内选择顶电池材料。

多结太阳能电池的填充因子 FF 取决于顶电池和底电池的光电流。图 4.12(c) 显示了填充因子 FF 是顶电池厚度的函数，式(4.18)~式(4.20)显示了开路电压 V_{OC} 也是电池厚度的函数，同时也显示了有限基区宽度 x_b 和基区表面复合速度 S_b 是如何影响磷化镓铟(GaInP)电池的开路电压 V_{OC} 的。掺杂对表面复合速度 S_b 有重要影响，因而在设计磷化镓铟/砷化镓(GaInP/GaAs)电池的能量转换效率时，应该将掺杂考虑进去。

光分布在各个子电池间，因而每一个子电池中都有光电流产生，这是由入射光的光谱决定的。因此，最优的顶电池禁带宽度和顶电池厚度取决于光谱。图 4.11(c) 显示了 AM1.5D 光谱下，电池的能量效率同顶电池和底电池的禁带宽度的关系。而图 4.11(b) 显示了 AM1.5G 光谱下，电池的能量效率同顶电池和底电池的禁带宽度的关系。对于一个给定底电池禁带宽度的双结太阳能电池，AM1.5D 光谱下顶电池的最佳禁带宽度 E_{gt} 要低于 AM1.5G 光谱下顶电池的最佳禁带宽度 E_{gt}。这是因为 AM1.5D 光谱包含更少的蓝光，使得 J_{SCt}/J_{SCb} 减小；降低 E_{gt} 来使更多的光被顶电池吸收。类似的，对于一个固定顶电池禁带宽度 E_{gt} 和底电池禁带宽度 E_{gb} 的双结太阳能电池，AM1.5D 下的最佳顶电池厚度要大于 AM1.5G 下的最佳顶电池厚度。图 4.12(c) 显示了当顶电池禁带宽度和底电池禁带宽度分别取 1.85 eV 和 1.42 eV 时，顶电池短路电流 J_{SCt} 和底电池短路电流密度 J_{SCb} 是电池厚度的函数。在图 4.12(a) 中保持其它条件不变，将 AM1.5G 换成 AM1.5D 光谱，达到电流匹配所需的顶电池厚度约为 1.2 μm，高于 AM1.5G 下的 0.7 μm。作为对比，包含更多蓝光成分的 AM0 光谱下的顶电池厚度也被计算出来，所需的厚度约为 0.5 μm。

上面的分析给出了根据光谱确定顶电池厚度的方法，并没有一个光谱可以准确地描述照射在太阳能电池表面的光。随着时间及地点的变化，光谱会发生波动。具体的适用于不同光谱的多结太阳能电池设计较为复杂，可参见文献[18]。

在之前的讨论中，我们都假设入射光在电池的表面不存在反射。然而，在没有防反射层覆盖的情况下，Ⅲ-Ⅴ族太阳能电池可能反射特定光谱段高达 30% 的光。通过覆盖防反射层可以将这一反射降低到 1%，但仅对部分范围的光谱有效，这一限制对多结太阳能电池的电流匹配至关重要。因此，防反射层问题的检测对于Ⅲ-Ⅴ族多结太阳能电池非常重要。

为了分析防反射层参数对多结太阳能电池性能的影响，建立一个表面反射的数值模型是十分有用的。我们可以使用相对简单的洛克哈特-金(Lockhart-King)模型[19]。这一模型计算了三层涂层的正常反射。假设每一层都存在，并使用第 j 层反射指数为 n_j，层厚度为 d_j。j 的取值从 1 到 4，$j = 1$ 时表示衬底，$j = 4$ 时表示电池的顶层。例如，对于一个两层二氟化镁/硫化锌(MgF$_2$/ZnS)覆盖的具有磷化铝铟(AlInP)窗口的磷化镓铟(GaInP)电池，层4/3/2/1分别是二氟化镁/硫化锌/磷化铝铟/磷化镓铟(MgF$_2$/ZnS/AlInP/GaInP)。反射R是波长λ的函数，可表示为

$$R = \left| \frac{X-1}{X+1} \right|^2 \tag{4.21}$$

其中：

$$X = \frac{n_2(n_3n_4 - n_2n_4t_2t_3 - n_2n_3t_2t_4 - n_3^2t_3t_4) + in_1(n_3n_4t_2 + n_2n_4t_3 + n_2n_3t_4 - n_3^2t_2t_3t_4}{n_1n_4(n_2n_3 - n_3^2t_2t_3 - n_3n_4t_2t_4 - n_2n_4t_3t_4 + in_2n_4(n_2n_3t_2 + n_3^2t_3 + n_3n_4t_4 - n_2n_4t_2t_3t_4} \tag{4.22}$$

$$t_j = \tan\frac{2\pi n_j d_j}{\lambda} \tag{4.23}$$

尽管这一方法错误地认为从上至下不存在光的吸收，并完全忽略了堆叠的电池中光的反射和折射，但该结果较为容易理解并同更为严密的计算吻合较好[20]。防反射层的影响可通过式(4.21)讨论。

　　图4.13(a)显示了具有二氟化镁/硫化锌(MgF$_2$/ZnS)防反射层覆盖的磷化镓铟(GaInP)电池的反射模型，通过改变覆盖层的厚度[21]，可使用文献[22]、[23]报道的光学常数。

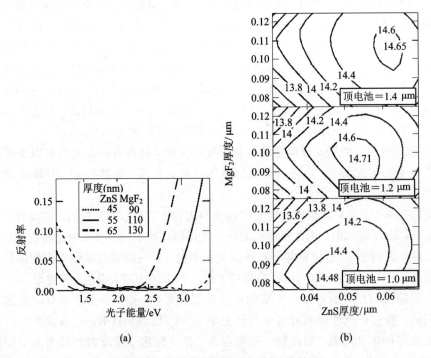

(a)　　　　　　　　　　(b)

图4.13　电池性能与防反射层的关系

　　反射率对覆盖层厚度的依赖可以分为两部分进行讨论，即两种涂层厚度之比及每一涂层的总厚度。选择合适的涂层比，可以获得低、平的槽状反射曲线。当涂层比为常数时，涂层的总厚度决定最低值的位置，随着涂层厚度的增加槽底向低光子能量的位置移动。槽的宽度要小于太阳光谱范围，因而无论槽底的位置在哪里，子电池的光电流都要比无反射的理想情况下的光电流小。将槽底向高能量光子移动，会使得更多的光被顶电池吸收而底电池吸收的光减少，反之亦然，因此防反射层影响了太阳能电池的电流匹配。图 4.13(b) 显示了在 AM1.5D 光谱下磷化镓铟/砷化镓(GaInP/GaAs)太阳能电池的光电流是二氟化镁/硫化锌(MgF$_2$/ZnS)防反射层厚度的函数。随着顶电池厚度的增加，最佳防反射层厚度也增加以使更多的光到达底电池。

　　陆地应用中的太阳能电池一般都是与聚光系统搭配使用的，这在一定程度上也增加了太阳能电池的成本。Ⅲ-Ⅴ族半导体多结太阳能电池非常适合于聚光系统，并不仅仅是因为它们在单一太阳照射下的高能量转换效率，还因为它们的高效率在 1000 个太阳的聚光情况下依然保持良好。具体应用中需要调整在单色光下工作的多结太阳能电池结构，以使其适用于聚光系统。详细的讨论可以参见文献[24]。图 4.14 显示了不同聚光条件与太阳能电池的能量转换效率的关系。

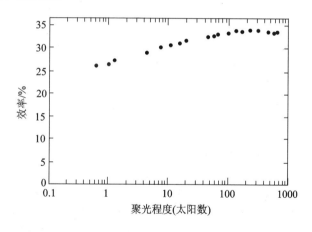

图 4.14　不同聚光条件与太阳能电池的能量转换效率的关系

　　从图 4.14 中可以看出，随着聚光程度的提高，能量转换效率也随之提高，然而这种关系并非线性的，提高聚光程度在一定程度上会增加电池成本，因而聚光条件和电池成本的平衡是太阳能电池进一步应用中的一个重要问题。

　　因为太阳能电池工作的温度并不是恒定的，为了进一步评估太阳能电池的性能，有必要讨论太阳能电池的主要参数对温度的依赖性。因为串联多结电池的开路电压 V_{oc} 是子电池的开路电压 V_{ocs} 之和，电池温度相关系数 dV_{oc}/dT 也是子电池的温度相关系数之和。以磷化镓铟/砷化镓(GaInP/GaAs)太阳能电池为例，磷化镓铟(GaInP)电池和砷化镓(GaAs)

电池的温度相关系数 $dV_{OC}/dT \approx -2 \text{ mV/℃}$。因此，多结电池的温度相关系数 $dV_{OC}/dT \approx -4 \text{ mV/℃}$[31]。表 4.3 列出了不同种类的电池的温度相关系数。假设结的理想因子 $n = 1$。除非特别说明，表中器件的温度相关系数均是在一个太阳光照下的，以同加入钝化发射极的背面局部扩散硅电池的温度相关系数相比较[32]

表 4.3　300 K 下多结电池及其子电池的温度相关系数[32]

电池结构	开路电压 V_{OC}/mV	$(dV_{OC}/dT)/(\text{mV/K})$	$(1/V_{OC} \, dV_{OC}/dT)/(\%/K)$
Ge	200	-1.8	-0.90
GaAs	1050	-2.0	-0.19
GaInP	1350	-2.2	-0.16
GaInP/GaAs	2400	-4.2	-0.17
GaInP/GaAs/Ge	2600	-6.0	-0.23
GaInP/GaAs/Ge(500 suns)	3080	-6.0	-0.19
PERL Si	711	-1.7	-0.24

对于短路电流 J_{SC} 来说，电池的短路电流取决于子电池中短路电流最小的一个，以磷化镓铟/砷化镓(GaInP/GaAs)太阳能电池为例，砷化镓(GaAs)子电池的短路电流不仅仅取决于砷化镓(GaAs)的禁带宽度还取决于磷化镓铟(GaInP)的禁带宽度，因为磷化镓铟(GaInP)电池过滤了到达砷化镓(GaAs)的光。当多结串联电池的温度升高时，底电池的禁带宽度降低，使得短路电流 J_{SC} 有增加的趋势；与此同时顶电池的禁带宽度也降低，使得到达底电池的光减少，从而缓解了短路电流 J_{SC} 增加的趋势。一般情况下，短路电流密度 J_{SCs} 并没有明显的温度相关系数。对于一个几乎电流匹配的多结太阳能电池，会存在一个拐点，在拐点以下电池的短路电流由其中一个子电池的短路电流决定，而在拐点以上电池的短路电流则由另一个子电池决定。

由于能量转换效率正比于 $V_{OC} \times J_{SC} \times FF$，而 dJ_{SC}/dT 和 dFF/dT 在温度趋向于电流匹配温度时发生变化，因此效率对温度的微分是一个关于温度 T 的相对平滑的函数。

4.3.4　器件结构

包括多结叠层电池在内，有很多方式可以将电源线从电池引出。每一结构提供了不同程度的电学隔离特性。在四端口引出的结构中，每一个子电池都有其独立的两个端口，并同其它电池形成电学隔离。这一电池的一个好处是，该结构对子电池中结的极性(p/n 或

n/p)或者说电流及电压极性没有限制。然而，四端口电池的复杂电池结构和制备工艺，使得各子电池间的电学隔离及端口引出难以单片实现。一般情况下，四端口电池是机械堆叠的，相对于单片结构，这一结构并不是一个好的选择。

相反地，三端口电池结构中，各个子电池并不是电学隔离的，上方的电池同其下的电池电学相连。三端口电池的制备更为容易，虽然相对于两端口电池难度有所增加。为了之后的工艺必须引入中间端口，与中间端口形成欧姆接触，电池材料必须具有半导体特性。中间端口的引入使得不同的子电池可以有不同的光电流。此外，中间端口的引入使得子电池可以存在不同的极性，如上方电池是 p/n 结而下方电池则是 n/p 结。更为详细的三端及四端电池模块互连可以参考文献[25]。

两端串联结构对电池的互连要求最为严格，这一结构要求不同的子电池具有相同的极性，同时光生电流也必须匹配，因为在这一结构的电池中子电池最小的光生电流决定了电池的电流。虽然电流匹配这一限制对电池材料的选择影响较大，但作为中间端的高质量单层隧道结的存在，使得该结构的电池可以像单节电池一样仅对叠层的最上和最下方进行金属化。这一优势，使得双端串联结构电池可以通过像双端单节电池一样的简单工艺实现。典型的双端三结磷化镓铟/砷化镓/锗半导体太阳能电池如图 4.4 所示。

4.4　GaInP/GaAs/Ge 多结电池发展及存在问题

4.4.1　GaInP 太阳能电池

磷化镓铟/砷化镓/锗(GaInP/GaAs/Ge)的主要优势是组成电池的材料晶格匹配度高。单片结构的电池的主要制备方法是异质结外延，大多是通过金属有机化学气相沉积(MOCVD)方式实现的。相近的晶格常数使得异质外延变得简单，例如在砷化镓(GaAs)上外延砷化铝镓(AlGaAs)，而外延晶格失配的材料则较为困难。通过成核和位错可以缓解晶格失配，而位错密度则与材料的晶格失配程度和厚度相关。这些位错会成为非辐射复合中心，并影响少数载流子的寿命和扩散长度，进而影响电池的光电转换效率。

半导体合金 $Ga_x In_{1-x} P$ 的禁带宽度同镓的摩尔比 x 线性相关，其禁带宽度可由下式表示：

$$a_{Ga_x In_{1-x} P} = x a_{GaP} + (1-x) a_{InP} \qquad (4.24)$$

其中，$a_{GaP} = 0.545\,12$ nm，$a_{InP} = 0.586\,86$ nm，它们分别是 GaP 和 InP 的晶格常数。更多的Ⅲ-Ⅴ族二元化合物的参数可参见表 4.4。

砷化镓衬底的晶格常数 $a_{GaAs} = 0.565\,318$ nm，25℃下当外延的磷化镓铟($Ga_x In_{1-x} P$)

的 $x=0.516=x_{LM}$ 时两种材料可实现晶格匹配。当外延的材料在 x_{LM} 附近发生微小的波动时，外延磷化镓铟（$Ga_xIn_{1-x}P$）材料的质量依然是非常好的。

表 4.4　部分二元 Ⅲ-Ⅴ 族化合物半导体的晶格常数、力常数以及泊松比率[28]

材　料	晶格常数/nm	C_{11}/(10^{10} N/m^2)	C_{12}/(10^{10} N/m^2)	泊松比率 ν
AlP	0.546 354	—	—	—
GaP	0.545 12	14.12	6.25	0.307
	—	14.05	6.203	0.306
InP	0.58 686	10.22	5.76	0.360
	—	10.11	5.61	0.357
$Ga_xIn_{1-x}P[x=0.516]$	—	—	—	0.333
GaAs	0.565 318	11.81	5.32	0.311
	—	11.91	5.951	0.333
InAs	0.605 83	8.239	4.526	0.352
Ge	0.565 790 6	12.89	4.83	0.273
	—	12.40	4.13	0.250

不同禁带宽度的磷化镓铟太阳能电池的短路电流如图 4.15 所示，这一电流是 $\Delta\theta$ 的函数，而 $\Delta\theta$ 的数值可通过双晶 X 射线摇摆曲线衍射测得，这也是一种衡量外延层质量的参数[29]。

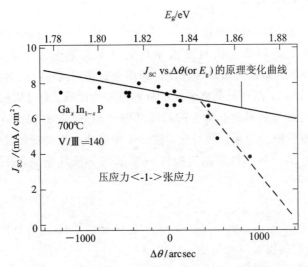

图 4.15　不同禁带宽度的磷化镓钛太阳能电池的短路电流

如果磷化镓铟(Ga$_x$In$_{1-x}$P)的材料厚度远低于与 x 相关的临界厚度，则

$$\Delta\theta = \tan\theta_B \left(\frac{xa_{GaP} + (1-x)a_{InP} - a_{GaAs}}{a_{GaAs}}\right)\left(\frac{1 + [\nu_{GaP}x + \nu_{InP}(1-x)]}{1 - [\nu_{GaP}x + \nu_{InP}(1-x)]}\right) \quad (4.25)$$

其中：θ_B 是布拉格角；$\nu_{GaP}x + \nu_{InP}(1-x)$ 是通过 GaP 和 InP 的泊松比率获得的磷化镓铟(Ga$_x$In$_{1-x}$P)泊松比率，可由表 4.4 查得(泊松比率被定义为单轴应力情况下横向应力与纵向应力之比的负值)。如果材料不存在应力，则式(4.25)的最后一项因子的值变为 1。图 4.16(a)显示了砷化镓上磷化镓铟的 x 值与角度变化 $\Delta\theta$ 之间的关系。

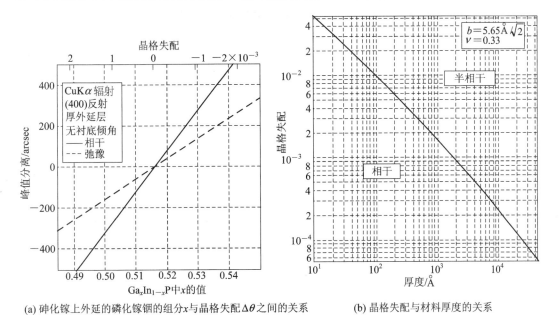

(a) 砷化镓上外延的磷化镓铟的组分x与晶格失配$\Delta\theta$之间的关系　　(b) 晶格失配与材料厚度的关系

图 4.16　砷化镓上外延的磷化镓铟的组分 x、晶格失配、材料厚度之间的关系

　　临界厚度由应变产生的聚合能同失配所导致的自洽能决定。当外延层的厚度低于临界厚度时，系统的最低能量状态即为具有与衬底相同晶格常数的外延层；而当外延层的厚度大于临界厚度时，最低能量状态是外延层应力与缓和外延层应力的位错的组合。Mattews 和 Blakeslee 最先开展这方面的研究[30]。晶格失配与外延层厚度的关系如图 4.16(b)所示。在图 4.15 中当角度变化 $\Delta\theta$ 为 0 时，临界厚度为无穷大且不存在位错，故短路电流密度 J_{SC} 仅与外延材料中少数载流子的迁移率有关。具有负倒数的实线表示了理论上短路电流密度 J_{SC} 同角度变化 $\Delta\theta$ 的关系。对于 $\Delta\theta < 0$，外延层的 In 含量较高($x < x_{LM}$)，其禁带宽度低于晶格匹配的磷化镓铟(Ga$_x$In$_{1-x}$P)，因而短路电流密度 J_{SC} 随着角度变化 $\Delta\theta$ 的减小而增大。对于 $\Delta\theta < 0$，外延层的 In 含量较高($x > x_{LM}$)。在 In 含量较高的曲线部分短路电流密度 J_{SC} 先随着角度变化 $\Delta\theta$ 增加而减小，而后随着角度变化 $\Delta\theta$ 增加而迅速减小。临界角度

变化是包括薄膜厚度、生长温度以及生长速率在内的一系列的动力学因素的函数。In 含量较高的外延层往往会受到压缩应变，同受到伸张应变的材料相比，受到压缩应变的材料更不容易产生滑移位错。

室温下磷化镓铟和砷化镓是晶格匹配的，而在生长温度下两种材料却不是晶格匹配的，这是由磷化镓铟（$Ga_x In_{1-x} P$）和砷化镓（GaAs）的热膨胀系数不同造成的（见表 4.5）。从动力学上看，两种材料在生长温度下的晶格常数匹配更为重要。在生长温度 625℃ 下与衬底晶格匹配的外延层，在室温下会存在 $\Delta\theta = -200°$ 的晶格失配[31]；或在常温下与衬底晶格常数匹配的材料在 625℃ 的生长温度下会存在 $\Delta\theta = 200°$ 的晶格失配。因为在高的温度下更容易引入缺陷和位错，故在生长温度下同衬底晶格常数匹配的材料质量要更好。在生长温度下 $\pm 50°$ 的误差在室温下会变成 $-250° < \Delta\theta < -150°$。

表 4.5　298 K 下 Ge、GaAs、GaInP 的重要参数

材　料	Ge	GaAs	$Ga_x In_{1-x} P$	$Al_x In_{1-x} P$
原子/cm³	4.42×10^{22}	4.44×10^{22}		
晶格常数/Å	5.657 906	5.653 18	当 $x = 0.516$ 时，等于 GaAs 的值	当 $x = 0.532$ 时，等于 GaAs 的值
禁带宽度/eV	间接带隙 0.662	1.424	失配 1.91	间接带隙 2.34
	直接带隙 0.803			直接带隙 2.53
导带状态密度 N_c/cm⁻³	1.04×10^{19}	4.7×10^{17}		
价带状态密度 N_v/cm⁻³	6.0×10^{18}	7.0×10^{18}		
本征载流子浓度 /cm⁻³	2.33×10^{13}	2.1×10^{6}		
热膨胀系数 /K⁻¹	7.0×10^{-6}	6.0×10^{-6}	5.3×10^{-6}	

如前所述，同受到伸张应变的材料相比受到压缩应变的材料更不容易产生位错和滑移位错，故当 $\Delta\theta < 0$ 时允许的误差范围要稍大。

由于动态散射效应的存在，测得的较薄外延层（厚度小于 0.1 μm）的 $\Delta\theta$ 要小于更薄材料的 $\Delta\theta$[32]。

外延层中 $\Delta\theta$ 的取值并不是均匀的，而与衬底的晶向及 X 射线线束有关。有效的 $\Delta\theta$ 一般取两次测量的 $\Delta\theta$ 的平均值，第一次测量采用传统的测量方法，而第二次则使样品旋转 180°[33]。对于晶向接近（100）的衬底，这一效应并不明显，产生的误差约为 10% 或 6°，而对于晶向为（511）的衬底产生的误差高达 50%。

　　1986 年以前，大部分出版物认为磷化镓铟（$Ga_x In_{1-x}P$）同砷化镓（GaAs）晶格常数匹配，并具有相同的禁带宽度（1.9 eV）。然而，1986 年 Gomyo 等人[34]报道通过金属有机物化学气相沉积（MOCVD）获得的磷化镓铟（$Ga_x In_{1-x}P$）的禁带宽度要小于 1.9 eV，同时禁带宽度与生长条件相关。随后的研究[35]表明，禁带宽度的偏移与 Ga 和 In 在亚晶格中的取向有关。该晶体为 $CuPt_B$ 结构（指 CVD 生长晶格结构），同时 {111} 晶面被 $Ga_{0.5+\eta/2} In_{0.5-\eta/2}P$ 和 $Ga_{0.5-\eta/2} In_{0.5+\eta/2}P$ 替换，其中 η 是长程有序参数。完美排列的 GaInP（$\eta=1$）将 {111} 晶面替换成 GaP 和 InP。对于磷化镓铟（$Ga_x In_{1-x}P$）取向的理论计算最先由 Kondow 及其合作者通过紧束缚方法得出[36]，其后 Kurimoto 和 Hamada 利用第一性原理中的线性缀加平面波（LAPW）方法做了类似的计算[37]。磷化镓铟（$Ga_x In_{1-x}P$）的取向同禁带宽度变化 ΔE_g 的数值关系首先由 Capaz 和 Koiller 发表[38]：

$$\Delta E_g = -130\eta^2 + 30\eta^4 \tag{4.26}$$

更进一步的计算[39]如下：

$$\Delta E_g = -484.5\eta^2 + 435.4\eta^4 - 174.4\eta^6 \tag{4.27}$$

　　不同的生长条件对磷化镓铟（$Ga_x In_{1-x}P$）的取向及禁带宽度的影响被广泛地研究。磷化镓铟（$Ga_x In_{1-x}P$）的禁带宽度取决于其生长温度 T_g、生长速率 R_g、磷分压（PH_3）、晶格失配以及掺杂水平。图 4.17 显示了这些效应对禁带宽度的影响，在较高的生长温度范围（700～725℃）内禁带宽度随晶格失配的增加而增加，在中间生长温度范围（600～675℃）内禁带宽度先随晶格失配 $\Delta\theta$ 的增加而减小，到达最小值后随晶格失配的增加而增加。

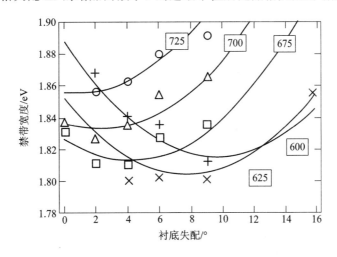

图 4.17　材料的生长温度 T_g 对磷化镓铟（$Ga_x In_{1-x}P$）的禁带宽度和衬底失配的影响

　　尽管这些因素对磷化镓铟（$Ga_x In_{1-x}P$）的禁带宽度的影响非常复杂，但是仅有少部分的因素得到了具体的表征。例如，对于晶格取向接近（100）的衬底，使用常见的生长温度 T_g 和生长速率 R_g 以及磷分压（PH_3）进行计算，得出的禁带宽度为 1.8～1.9 eV。当生长温

度 T_g 和生长速率 R_g 以及磷分压（PH₃）都取极限值时，得出的禁带宽度为 1.9 eV，但材料的性能还与其它因素相关，如少子扩散长度、元素组分以及表面形貌。获得更高禁带宽度的最直接方法是使用偏离（100）晶向朝向｛111｝晶面的衬底。｛111｝晶面在闪锌矿系统中朝向Ⅲ族元素的方向被定义为（111）A 晶向，朝向 V 族元素的方向被定义为（111）B 晶向。偏离（100）晶向朝向（111）B 晶向的衬底，有利于提升元素排列的有序程度。而在 Ge 表面生长磷化镓铟（Ga$_x$In$_{1-x}$P）时（111）A 晶向和（111）B 晶向没有区别，同时对于Ⅲ-V族半导体（GaAs 或 GaInP）来说控制晶向取 A 或 B 是十分困难的。因此，在 Ge 表面生长高禁带宽度的磷化镓铟（Ga$_x$In$_{1-x}$P）最简单的方法是使用晶格取向偏离角度大于 15°的衬底，并伴随着高的生长速率 R_g、中等的生长温度 T_g 以及生长过程中的 PH₃分压。

当然，还有一些其它的因素会影响磷化镓铟（Ga$_x$In$_{1-x}$P）材料的取向，如光学各向异性[40-43]、输运各向异性[44,45]以及表面形貌[46,47]。

为了进一步表征磷化镓铟（Ga$_x$In$_{1-x}$P）材料的性质并评估电池性能，有必要建立精确的磷化镓铟（Ga$_x$In$_{1-x}$P）透光模型。磷化镓铟（Ga$_x$In$_{1-x}$P）的光学常数可通过光学椭偏实验及模型得出[48,49]和透光实验测出[50]。图 4.18 总结了这些结果。大部分情况下，没有一个统一的模型来描述不同晶向衬底上外延的磷化镓铟（Ga$_x$In$_{1-x}$P）的透光率。Kato 的模型[49]成功地描述了短波范围内的透光，但不适用于能量接近磷化镓铟禁带宽度的波长范围。Schubert 和 Kurtz 的模型仅适用于能量接近磷化镓铟禁带宽度的波长范围。Kurtz 等人的模型中给出了磷化镓铟光吸收率的表达式[50]：

$$\alpha = 5.5\ \sqrt{E - E_g} + 1.5\ \sqrt{E - (E_g + \Delta_{so})} \quad (1/\mu m) \qquad (4.28)$$

其中：E 为光子能量；E_g 为禁带宽度；Δ_{so} 为自旋轨道能量，一般取 0.1 eV 并与排列程度 η 无关。当然，吸收率随禁带宽度 E_g 的取值变化而变化[50]。这一模型在 E_g 和 $E_g + \Delta_{so}$ 左右是

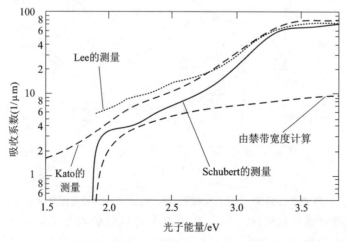

图 4.18　不同方法获得的磷化镓铟光吸收率对比

比较准确的,这非常有利于通过光响应实验来推导少子的扩散长度。但对于更高能量的光子,这一模型则无法适用。

为了形成 PN 结就必须对材料进行掺杂,按掺杂类型来分磷化镓铟($Ga_xIn_{1-x}P$)具有 n型和 p型两种掺杂剂。主要的 n型掺杂剂有硒(Se)和硅(Si)。

硒(Se)元素是常见的Ⅲ-Ⅴ族半导体施主元素,通常的掺杂方法是使 H_2Se 分解。很多课题组对 H_2Se 的掺杂行为进行了研究[52-57]。在大部分生长条件下,电子的浓度随着 H_2Se 流量或分压的增加而增加,并在 $2\times10^{19}/cm^3$ 处达到最大值,和很多半导体一样这一最大浓度还取决于生长温度 T_g。硒(Se)的掺杂也依赖于 PH_3 分压(对于 GaInP)或 AsH_3 分压(对于 GaAs)。下式较好地描述了这一关系:

$$n^{-1} = (1+\alpha P_V)(\beta P_{Se})^{-1} + k^{-1} \tag{4.29}$$

其中,n 是电子浓度,P_V 和 P_{Se} 分别是Ⅴ族元素和 Se 的分压。相关系数 α 和 β 分别取决于温度 T_g 和停留时间(载流量),因而对于不同的反应系统这些相关系数的取值也不尽相同。这一掺杂行为可以通过修正的 Langmuir 模型来描述,硒(Se)和以常数 k 被吸收的Ⅴ族元素存在竞争吸收,这取决于两种元素的浓度梯度。这一模型要远好于常见的 $n \propto P_V P_{Se}$ 模型。

当电子浓度超过 $2\times10^{18}/cm^3$ 以后,磷化镓铟($Ga_xIn_{1-x}P$)的禁带宽度增加,晶体取向性降低,同时表面变得平滑[58]。当 H_2Se 流量足够大的时候,表面又开始变粗糙。同时,电子浓度也开始降低[59],利用透射电子显微镜观察到沉淀的硒原子[60]。硒原子的连接像($Al_xGa_{1-x})In_{0.5}P$ 中的 DX 中心(即化合物半导体中与施主杂质有关的深能级),此时化合物中 Al 的摩尔比要大于 0.4[61]。

硅(Si)元素被广泛地用作Ⅲ-Ⅴ族半导体的 p型掺杂,常见的掺杂剂是 Si_2H_6。Hotta及其合作者最先发现了 Si_2H_6 的掺杂作用[62]。他们发现当生长温度 $T_g<640℃$ 时,随着生长温度的降低 Si_2H_6 的热解率也降低,电子浓度 n 也像预期的一样降低。而对于 $T_g>640℃$,电子浓度在 $n=5\times10^{18}/cm^3$ 处达到饱和,与预计的相符。电子浓度饱和的原因是像 $Si_{\rm III}^+-Si_V^-$ 或 $Si_{\rm III}^+-V_{\rm III}^-$ 这样的非离化复合物的出现。这一结果[61]与硅掺杂的砷化镓定量分析结果接近。Scheffer 及其合作者使用 Si_2H_6 作为掺杂剂,在电子浓度高达 $8\times10^{18}/cm^3$ 时并没有发现明显的电子浓度饱和[63],而 Minagawa 及其合作者发现,电子浓度达到 $1\times10^{19}/cm^3$ 时出现了饱和[64],且这一饱和与衬底晶向及生长温度无关。据报道对于均匀的磷化镓铟($Ga_xIn_{1-x}P$)外延层,相对于均匀掺杂硅(Si)的 δ掺杂(即掺杂仅发生在单层或几层中,而并非整个外延层)不仅提高了电子的浓度还提高了电子的迁移率[65,66]。通过这一研究可以得出结论:硅(Si)的 δ掺杂引入了浅能级受主缺陷。硅(Si)似乎在磷化镓铟($Ga_xIn_{1-x}P$)中并不充当深能级杂质,但在摩尔比 $x>0.3$ 的 $(Al_xGa_{1-x})_{0.5}In_{0.5}P$ 中硅原子作为深能级杂质存在[67]。与硒(Se)类似,当硅(Si)的掺杂浓度超过临界值时磷化镓铟($Ga_xIn_{1-x}P$)开始出现晶格失配,同时其禁带宽度也增加。然而,在硅的掺杂浓度对晶格失配的影响上还存在一些分歧。Gomyo 及其合作者发现使磷化镓铟（$Ga_xIn_{1-x}P$）开始出现晶格失配的掺杂硅（Si）的浓度要低于掺杂硒（Se）的浓度[53]，而 Minagawa 及其合作者发现当掺杂硅（Si）的浓度高达 $1\times10^{19}/cm^3$ 时磷化镓铟（$Ga_xIn_{1-x}P$）才开始出现晶格失配[54]。

锌（Zn）常被用于磷化镓铟（$Ga_xIn_{1-x}P$）的 p 型掺杂，常用的锌源有二甲基锌（DMZ）和二乙基锌（DEZ）。很多学者对锌的掺杂特性进行了研究[58-61]。掺杂率同注入流的关系通常是准线性的，而在低的生长温度 T_g 及高的生长速率 R_g 下线性水平会有所提升。Kurtz 等人提出了这一现象的解析模型[71]。

在对磷化镓铟（$Ga_xIn_{1-x}P$）进行 p 型掺杂时，高的锌（Zn）浓度会造成一些问题。当载流子浓度在 $1\times10^{18}/cm^3$ 时磷化镓铟（$Ga_xIn_{1-x}P$）晶体的有序性被破坏，并且禁带宽度增加[72]。同时高的锌（Zn）浓度或者更准确地说大的二甲基锌（DMZ）的流量导致了磷化镓铟（$Ga_xIn_{1-x}P$）以及磷化铝镓铟（AlGaInP）的晶格失配[73]。这一问题可能源于二乙基锌（DEZ）、三甲基铟（TMIn）以及磷烷（PH_3）之间发生的寄生气相反应。该寄生反应会明显地影响材料的生长速率以及材料中镓和铟的摩尔比。镓和铟的比率失配会使两种材料难以达到晶格匹配，并进一步影响材料的形貌。高的二乙基锌（DEZ）流量也在一定程度上抑制了镓（Ga）的掺杂。

外延层生长过程中锌的扩散可能导致太阳能电池性能的退化[75]。衬底、背表面以及隧道结层都可以储存锌掺杂剂，并扩散至 n 上 p 下结构电池的基区。这一扩散在很大程度上受点缺陷的影响，而点缺陷是在 n 型材料生长的过程中引入的。通过降低 n 型或 p 型材料的掺杂程度，如增加扩散阻挡层或者使用硒（Sn）替代硅（Si）进行 n 型掺杂，可以减少锌扩散[75]。Minagawa 及其合作者研究了覆盖层以及冷却氛围对锌（Zn）掺杂的 $(Ga_{1-x}Al_x)_{0.5}In_{0.5}P(x=0.7)$ 中的空穴浓度的影响[77]。在含有砷烷（AsH_3）和磷烷（PH_3）的氢气（H_2）中降温可降低材料中的空穴浓度。V 族元素的氢化物分解所产生的氢自由基可以扩散至外延层并激活锌受主。覆盖层可以阻碍氢自由基的内扩散，而覆盖层以下的材料则能促进氢自由基的内扩散，这是 p 上 n 下结构电池的一个问题[74]。

同样的，镁（Mg）也可以被用来对磷化镓铟（$Ga_xIn_{1-x}P$）进行 p 型掺杂，常用的镁源是环戊二烯镁，到目前为止已经有了一定的结果[71,77-80]。在 AlGaInP 和 AlInP 材料中保持高的空穴浓度有利于电池性能的提升。然而，镁的掺入率随着温度的降低而降低，因而高的材料生长温度更有利于镁的掺杂，对于 AlGaInP 这是一个优势。然而，材料的生长速度随着温度升高而迅速加快，这一温度需求增加了隧道结制备的难度，同时也无法形成合适的 GaAs/Ge 界面。对于 GaInP 来说，使用镁掺杂并不比使用锌掺杂好多少，同时使用镁掺杂还会产生记忆效应[78]。此外，通过仔细选择锌源和提高系统的洁净度就能获得较好的锌掺杂的磷化铝铟（AlInP）[81]。

发射表面窗口被用于减少发射表面的表面状态，这些表面状态是少子陷阱。一般情况下通过表面复合速度 S 来表征表面状态，对于未活化的磷化镓铟（GaInP）发射层 S 的值高

达 10^7cm/s，而对于高质量的 AlInP/GaInP 界面这一值可低至 10^3cm/s。高的表面复合速度可降低磷化镓铟（GaInP）太阳能电池的光响应，这一响应的降低主要集中在蓝光范围。作为一个有效的 n 上 p 下电池窗口层的材料，应具有以下特征：

(1) 与磷化镓铟具有相近的晶格常数；

(2) 禁带宽度 E_g 要大于发射层材料；

(3) 同发射层材料相比应具有较大的能带偏移以形成阻挡少子势垒；

(4) 相对较高的空穴浓度（空穴浓度的数量级应超过 $10^{18}/\text{cm}^3$）；

(5) 应具有容易制备低界面复合速度的性质。

磷化铝铟（AlInP）具有大部分上述特征。当 $x = 0.532$ 时，$Al_x In_{1-x} P$ 同砷化镓（GaAs）具有相同的晶格常数。非直接禁带宽度为 2.34 eV，比磷化镓铟（GaInP）要高 $0.4 \sim 0.5$ eV。$Al_x In_{1-x} P$/GaInP 合金的能带排列趋向Ⅰ型，同时 $\Delta E_c \approx 0.75 E_g$、$\Delta E_v \approx 0.25 E_g$[82]。这意味着该结构很好地限制了 n 上 p 下电池发射极中的空穴。在光子能量为 3.5 eV 的条件下具有良好 $Al_x In_{1-x} P$ 窗口层的磷化镓铟（GaInP）电池的内量子效率超过 40%。然而，$Al_x In_{1-x} P$ 中的铝（Al）极容易与氧（O）原子结合，而氧（O）原子则会成为 $Al_x In_{1-x} P$ 中的深施主杂质。因此，如果反应腔或者原材料被水蒸气或者其它含氧化合物污染，$Al_x In_{1-x} P$ 材料质量会下降。低质量的 $Al_x In_{1-x} P$ 材料会降低磷化镓铟（GaInP）电池在蓝光波段的光响应，同时还会通过影响接触电阻而降低填充因子 FF[83]。

背表面阻挡层的作用是减少顶电池和互连隧道结界面的表面态密度，同时在一些情况下它也被用来减少互连隧道结中掺杂剂的外扩散[84]。这一界面处高的表面复合速度不仅会影响光响应（尤其是红光范围的光响应），还会影响开路电压 V_{OC}。表面复合速度对开路电压 V_{OC} 的影响如图 4.19 所示。

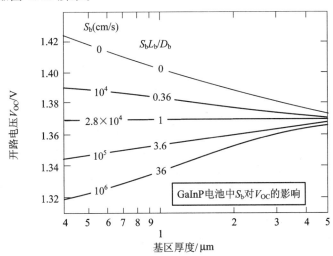

图 4.19 表面复合速度对开路电压 V_{OC} 的影响

值得注意的是，表面复合速度对开路电压 V_{OC} 的影响非常明显，同时基区少子扩散长度和基区厚度也会对开路电压 V_{OC} 产生影响。同前表面窗口层类似，对于 n 上 p 下电池的背表面阻挡层应具有以下特征：

(1) 与磷化镓铟具有相近的晶格常数；

(2) 禁带宽度 E_g 要大于发射层材料；

(3) 相对较高的空穴浓度（空穴浓度的数量级应超过 $10^{18}/cm^3$）；

(4) 较好的少子输运性能；

(5) 对要到达下方砷化镓电池的光子具有良好的透明度。

最早的背表面的计算由 Friedman 等人完成[86]。该计算显示，同磷化铝镓铟（AlGaInP）相比，不规则或者高禁带宽度的磷化镓铟（GaInP）是低禁带宽度磷化镓铟（GaInP）电池的最好背表面。这是因为磷化铝镓铟（AlGaInP）存在氧元素污染的问题。作为深施主，氧元素是 p 型磷化铝镓铟（AlGaInP）应用的一个重要问题。其它研究者发现，作为背表面材料，应变、富镓的磷化镓铟（$Ga_x In_{1-x}P$）比无序的晶格匹配磷化镓铟（$Ga_x In_{1-x}P$）以及砷化铝镓（AlGaAs）要好[87]。然而，近期报道的具有最佳性能的商用叠层电池采用了磷化铝镓铟（AlGaInP）[88]或磷化铝铟（AlInP）[89]。锌（Zn）掺杂磷化铝镓铟（AlGaInP）的生长方法及质量评估也有许多报道[80, 82, 90]。

因为磷化镓铟（$Ga_x In_{1-x}P$）的禁带宽度 E_g 随着生长条件的变化戏剧性地变化，仅仅通过磷化镓铟（$Ga_x In_{1-x}P$）太阳能电池的能量转换效率来表征磷化镓铟（$Ga_x In_{1-x}P$）材料的质量是没有意义的。随着禁带宽度 E_g 的增加，开路电压 V_{OC} 也应该增加，而短路电流密度 J_{SC} 及能量转换效率则应该降低。同时在许多优化的叠层结构中，磷化镓铟（$Ga_x In_{1-x}P$）材料的厚度往往非常薄，几乎达到了光学透明的程度，因而其能量转换效率较低。因此，在比较两个单结太阳能电池的能量转换效率时，材料的厚度以及禁带宽度是两个必须考虑的参数。通常情况下，一般用开路电压 V_{OC} 和禁带宽度 E_g 来描述电池的行为较为有用。

4.4.2　GaAs 太阳能电池

尽管外延的砷化镓（GaAs）的晶格常数同锗（Ge）衬底的晶格常数匹配，但是锗衬底上的砷化镓外延层的质量却不尽相同。衡量异质外延的砷化镓（GaAs）材料好坏的标准是砷化镓（GaAs）及磷化镓铟（GaInP）电池的能量转换效率。一般来说，一个好的外延层表面接近镜面，同时坑、小丘或滑移也相对较少。对于一个镜面外延砷化镓（GaAs）表面，可以观察到淡淡的"十字"图案，这一十字图案是砷化镓和锗界面的位错阵列导致的。有时候，十字图案的缺失意味着螺旋位错缓解了晶格失配，但是较高的螺旋位错密度会影响砷化镓（GaAs）及磷化镓铟（GaInP）电池中少子的输运性质，因此需要避免高螺旋位错密度。

外延的磷化镓铟（$Ga_x In_{1-x}P$）材料形貌对原始的砷化镓（GaAs）材料的质量更为敏感。

砷化镓(GaAs)微小的表面缺陷都会被磷化镓铟($Ga_xIn_{1-x}P$)材料"修饰",这是镓和铟对于不同取向的表面的吸附不同造成的。

通过添加约 1% 的铟(In)可以获得与锗衬底几乎晶格匹配的砷化镓(GaAs),同时添加铟(In)也消除了良好异质外延的砷化镓材料表面的"十字"图案,但是添加铟(In)增加了异质外延的难度。据报道当所有电池均取最佳结果时,$Ga_{0.99}In_{0.01}As$ 太阳能电池的性能要强于锗(Ge)衬底上的砷化镓(GaAs)太阳能电池[91]。

对于详细的砷化镓(GaAs)的光学模型参数可以参考 Aspnes 及其合作者仔细研究砷化镓(GaAs)的各个光学参数[92],同时提出了适用于砷化镓(GaAs)和砷化铝镓($Al_xGa_{1-x}As$)的介光函数模型[93]。

磷化镓铟($Ga_xIn_{1-x}P$)和磷化铝铟($Al_xIn_{1-x}P$)非常适合作为砷化镓(GaAs)太阳能电池的窗口层和背表面电场材料[94, 95]。磷化镓铟($Ga_xIn_{1-x}P$)和磷化铝铟($Al_xIn_{1-x}P$)都具有与砷化镓(GaAs)相同的Ⅰ型能带排列,并具有相对于砷化镓(GaAs)的合适的导带和价带偏移。理想情况下,磷化铝铟($Al_xIn_{1-x}P$)比磷化镓铟($Ga_xIn_{1-x}P$)更适合作为窗口层,因为磷化铝铟($Al_xIn_{1-x}P$)的禁带宽度更大。然而,由于磷化铝铟($Al_xIn_{1-x}P$)对氧污染的敏感性,磷化铝铟($Al_xIn_{1-x}P$)几乎无法像磷化镓铟($Ga_xIn_{1-x}P$)一样同砷化镓(GaAs)形成良好的界面(形成良好的 AlGaAs/GaAs 界面也是目前单结砷化镓(GaAs)太阳能电池的主要问题)[96]。未掺杂的 $Ga_xIn_{1-x}P$/GaAs 界面具有包括 Si/SiO_2 异质结在内的所有已知异质结结构的最低复合速度($S<1.5$ cm/s)[94]。此外,当掺杂空穴浓度 $p>1\times10^{18}/cm^3$ 时,磷化铝铟($Al_xIn_{1-x}P$)的 p 型掺杂将难以实现。因此,在 GaInP/GaAs 叠层电池结构中,磷化镓铟($Ga_xIn_{1-x}P$)常被用作砷化镓(GaAs)电池中的窗口层和背表面电场层。

4.4.3　Ge 太阳能电池

锗(Ge)有着优良的光学及电学性能[97],锗(Ge)具有金刚石结构并具有与砷化镓(GaAs)相近的晶格常数。由于具有比砷化镓(GaAs)更佳的机械性能,因而常被作为生长砷化镓(GaAs)的衬底。锗(Ge)的禁带宽度为 0.67 eV,可与砷化镓(GaAs)顶电池形成电流匹配[98],也是四层堆叠电池中底电池的不二选择[99]。然而,在上述应用中,锗(Ge)的部分性能使得它存在以下缺点:

(1) 开路电压 V_{OC} 受限于锗(Ge)的非直接带隙结构,一般在 300 mV 左右,同时开路电压 V_{OC} 对温度也较为敏感[100]。

(2) 相对来说锗(Ge)的价格较高,除了应用在航天中,难以成为理想的太阳能电池材料。

(3) 对于砷化镓(GaAs)和磷化镓铟(GaInP)来说,锗(Ge)元素是 n 型杂质。当补偿比 $N_A/N_D=0.4$ 时[101],磷化镓铟(GaInP)中的锗(Ge)具有两性行为,这可能与锗(Ge)元素深受主状态有关[102]。

(4) 镓(Ga)、砷(As)、磷(P)以及铟(In)对于锗(Ge)来说均是浅能级杂质,因此同异质外延相结合使对结形成的控制变得复杂。

Ⅲ族及Ⅴ族元素在锗(Ge)子电池中的扩散非常常见。实际上,由于接近Ⅲ-Ⅴ族外延层以及异质外延所需的高温度,Ⅲ族及Ⅴ族元素向锗(Ge)衬底的扩散是不可避免的。通过控制生长过程并获得具有良好光伏特性的锗(Ge)子电池,同时外延出无缺陷并具有要求电导类型及电导水平的砷化镓(GaAs)外延层,一直是制备磷化镓铟/砷化镓/锗(GaInP/GaAs/Ge)叠层电池的一大挑战。

热扩散系数同温度正相关,因而一般情况下,低的生长温度下掺杂元素更为不活泼,异质结更为稳定。

Tobin等人提出[103]700℃下砷(As)在锗(Ge)中的扩散系数要高于镓(Ga),但是镓(Ga)在锗(Ge)中的固溶度要高于砷(As)。

对于三结磷化镓铟/砷化镓/锗(GaInP/GaAs/Ge)叠层电池而言,唯一同电池整体性能相关的锗(Ge)子电池参数是开路电压 V_{OC},因为锗(Ge)子电池的电流密度 J_{SC} 要远高于磷化镓铟(GaInP)或砷化镓(GaAs)子电池。

目前报道的锗(Ge)子电池的开路电压 V_{OC} 是 0.239 V,开路电压 V_{OC} 对工艺条件尤其是Ⅲ-Ⅴ族材料锗(Ge)界面及其形成非常敏感[99]。

砷烷(AsH$_3$)对锗(Ge)具有刻蚀作用,刻蚀速率随着温度的升高和砷烷(AsH$_3$)分压的增加而升高。刻蚀过的锗(Ge)表面在显微镜下十分粗糙[104]。因此,应尽量避免锗(Ge)过长时间暴露在砷烷(AsH$_3$)中。

磷烷(PH$_3$)的刻蚀速率相对较低,锗(Ge)暴露在磷烷(PH$_3$)中对表面粗糙度的影响较小[103]。在 600℃ 下磷(P)的扩散系数比砷(As)的扩散系数要低两个数量级[96]。因此,相对于砷烷(AsH$_3$),磷烷(PH$_3$)是更好的Ⅴ族 n 型掺杂剂。

尽管存在一系列的在(100)晶向的锗(Ge)衬底上生长砷化镓(GaAs)的报道,并已获得镜面形貌及低层错密度,但这些报道却存在一些矛盾。例如,Pelosi 等人[105]发现当Ⅴ族源与Ⅲ族源的比接近 1 时,使用中等的生长速率($R_g \approx 3.5\ \mu m/h$)和低的生长温度($T_g = 600℃$)可以获得较高质量的砷化镓(GaAs)外延层。另一方面,Li 等人发现[106]高的Ⅴ族源与Ⅲ族源的比值、低的生长速率 R 以及高的生长温度 T_g 可以获得较好的砷化镓(GaAs)外延层。Chen 等人发现[107]只有当生长温度 T_g 在 600～630℃ 之间时,才能获得"良好"表面形貌的砷化镓(GaAs)外延层。

产生这一差异的原因目前还不明了,可能是源于不同的反应腔体设计以及原材料的纯度。同时也可能与锗(Ge)衬底的纯度相关。另外,有研究人员[104]则认为这一现象与预成核状态或者砷化镓(GaAs)成核之前锗(Ge)的表面状态有关。

　　(100)晶向锗(Ge)的结构已有一系列的报道[99-104]，但是大部分的表面都是在高真空(UHV)或者分子束外延(MBE)环境下获得的。然而，据报道在大部分的情况下，金属有机物化学气相沉积(MOCVD)反应腔中的砷烷(AsH₃)处理过的锗(Ge)表面状态不尽相同，与(100)晶向的砷化镓(GaAs)表面类似，砷(As)在(100)晶向的锗(Ge)表面露台上发生聚集[104,108,109]。

4.4.4　隧道结

　　磷化镓铟(GaInP)子电池和砷化镓(GaAs)子电池之间的隧道结的作用是在磷化镓铟(GaInP)子电池的p型背表面电场层和砷化镓(GaAs)子电池的n型窗口层之间形成低电阻的互连。如果没有互连隧道结则PN结会存在一个与顶或底电池相反的极性或正向开启电压，在光照下，这一正向开启电压会降低顶电池产生的光电压。隧道结由重掺杂或者简并的 p^{++} 和 n^{++} 材料构成。重掺杂的 p^{++} 和 n^{++} 材料形成的空间电荷区非常窄，一般在10 nm左右。在正向偏压下常见的PN结热电流特性并不明显，隧道结较窄的空间电荷区使得隧道结的电流特性"短路"。因此，在临界峰值电流密度 J_p 以下，隧道结的ⅠⅤ特性类似于电阻。临界峰值电流密度 J_p 呈指数形式：

$$J_p \propto \exp\left(-\frac{E_g^{3/2}}{\sqrt{N^*}}\right) \tag{4.30}$$

其中，E_g 为禁带宽度，$N^* = N_A N_D/(N_A + N_D)$ 为有效掺杂浓度[110]。临界峰值电流密度 J_p 必须大于叠层电池的光生电流。如果 $J_p < J_{sc}$，则隧道电流趋向于热发射电流，隧道结上的压降将增加至普通PN结的压降。

　　用于高能量转换效率太阳能电池的理想的隧道结应该是没有缺陷的。寿命限制、带中缺陷往往会造成额外电流。高的额外电流会掩盖较低的临界峰值电流密度 J_p，但是隧道结的电导率却相当低。另一方面，高密度的点缺陷或扩展缺陷会使空间电荷区展宽从而降低隧穿电流。此外，缺陷还会降低隧道结以及之后外延在隧道结上材料的质量。因此，叠层结构太阳能电池中的隧道结最好是无缺陷的。

　　最早报道的高效双结磷化镓铟/砷化镓(GaInP/GaAs)叠层电池就采用了光学透明的砷化镓(GaAs)隧道结。高质量的隧道结通过在砷化镓(GaAs)中掺杂碳(C)和硒(Se)实现。因此，该隧道结在热环境下较为稳定，不但可以满足生长顶电池的温度要求，还可以在1000个太阳的聚光条件下工作。仅有30 nm厚的隧道结仅遮挡了约3%的预计到达底电池的光。对于光学透明、未退火的隧道结，临界峰值电流密度 J_p 可达14 A/cm²，而额外电流则接近于零[111]。

4.5　高效多结太阳能电池的发展

4.5.1　高效多结太阳能电池存在的问题

为了了解太阳能电池的发展，并进一步对太阳能电池结构进行优化以开发出性能更好的太阳能电池，了解目前多结太阳能电池存在的问题是非常必要的。n 上 p 下太阳能电池常见的问题如表 4.6 所示。

表 4.6　多结太阳能电池中的常见问题[112]

问　题	症　状	验　证
窗口层过薄	差的蓝光响应	QE 模型
高的前表面复合	差的蓝光响应（较低的 V_{OC}）	QE 模型
发射区扩散长度 $L_{emitter}$ 小于发射区厚度 d	差的蓝光响应（较低的 V_{OC}）	QE 模型
发射区掺杂过重	差的蓝光响应（较低的 V_{OC}，低的发射区方块电阻）	测量发射区的掺杂
发射区掺杂过轻	较低的 V_{OC}，高的发射区方块电阻	耗尽发射区
基区掺杂过轻	较低的 V_{OC}	测量基区掺杂
基区掺杂过重	较低的 V_{OC}，降低红光响应	暗 I-V 曲线中 $n=1$
基区扩散长度 L_{base} 小于基区长度	较低的 V_{OC}，降低红光响应	暗 I-V 曲线中 $n=1$
高的背表面复合	较低的 V_{OC}，降低红光响应	暗 I-V 曲线中 $n=1$
线位错	低的 V_{OC}、FF 以及 J_{sc}	较大的暗电流，大部分情况下 $n=2$
金属化过薄	低的 FF—串联电阻	测量栅格线电阻
隧道结较差	低的 FF—串联电阻或低的 V_{OC}	测量隧穿结
额外的结	低的 FF—（欧姆接触难以形成）串联电阻	I-V 曲线对光谱存在依赖
金属化接触不佳	低的 FF—（欧姆接触难以形成）串联电阻	测量前表面的传输线电阻以及背部的两个方块电阻
阻性窗口层	低的 FF—串联电阻	测量发射极传输线电阻
颗粒化	低的 FF—漏电	正向偏置下的发光与表面形貌相关
不完整的台阶隔离	低的 FF—漏电，有时存在较高的 J_{sc}	刻蚀台阶
前金属层与较低的层接触	低的 FF—漏电	显微镜观测
严重色偏	聚光下较低的 FF	I-V 曲线偏离正常曲线

为了进一步分析器件的性能，需要对外延层进行表征。对于磷化镓铟(GaInP)这样的合金来说，可以通过摇摆模式的X射线衍射来确定晶格常数[112]。改进型的 Polaron 分析器，可以测量外延层中的载流子浓度、禁带宽度以及少子扩散长度[113]。双异质结时变光电测量可以获得不同厚度材料中的少子寿命和表面复合速度[114, 115]。除了 C-V 曲线测量和光电流(QE)测量，传输线测量也是用于表征接触的一种手段，它常被用于器件分析[116]。除了上面提到的这几种表征方法，各种电学的及物理的表征方法也广泛应用于Ⅲ-Ⅴ太阳能电池[117-118]，这些方法的应用可帮助我们更加深入地理解材料及器件特性，发现相关问题，为Ⅲ-Ⅴ太阳能电池的发展起到了重要的促进作用。

4.5.2　高效多结太阳能电池的发展

磷化镓铟/砷化镓/锗(GaInP/GaAs/Ge)多结电池在太空上的应用已经趋于成熟，基于该结构的能量转换效率仍然在提高，在 AM0 和 500 个太阳的情况下能量转换效率达到 30%。Spectrolab 制备的地面聚光型磷化镓铟/砷化镓/锗(GaInP/GaAs/Ge)多结电池的能量转换效率不断提高[119, 120]。在 AM1.5 和 500 个太阳的情况下在聚光型磷化镓铟/砷化镓/锗(GaInP/GaAs/Ge)多结电池的理论转换效率为 45%[98]。Ⅲ-Ⅴ族材料组成的多结太阳能电池的理论能量转换效率可高达 80%[98]。

据报道，随着磷化镓铟(GaInP)禁带宽度的增加，磷化镓铟/砷化镓/锗(GaInP/GaAs/Ge)多结电池在 AM0 下的能量转换效率也会有所提升。然而，在磷化镓铟(GaInP)中添加铝(Al)可以提高磷化镓铟(GaInP)的禁带宽度，但是却无法提高顶电池的能量转换效率，因为短路电流 J_{sc} 降低了 10%，而开路电压 V_{oc} 的提升却很微小。这是因为，铝(Al)容易受氧元素污染，会影响少数载流子的特性进而降低器件的性能[111]。

磷化镓铟/砷化镓/锗(GaInP/GaAs/Ge)多结电池中，锗(Ge)子电池收集的电流约是其它两个电池的两倍。理论上，降低砷化镓(GaAs)的禁带宽度、增加锗(Ge)的禁带宽度或者在砷化镓(GaAs)与锗(Ge)电池之间增加第四个电池，都可以提高多结电池的能量转换效率。

最常用的方法是向砷化镓(GaAs)层或者磷化镓铟(GaInP)层中掺入铟(In)，在不使用缓冲层时，添加铟(In)可以提高材料与锗(Ge)的匹配度，并有利于能量转换效率的提升[121]。为了获得更大的能量转换效率的提升，掺入更高比率的铟(In)(例如超过 12%)的方法也已进行了实验，而能量转换效率提高了 2%[122]。高效率的多结太阳能电池要求生长一层质量良好的外延层，这一外延层有利地缓解了界面的应变，减少了螺旋位错及其它位错在太阳能电池有源层中出现的概率。令人兴奋的是，满足了该需求的实验获得了成功，但是太阳能电池的性能依然同具有晶格匹配的电池相似[122-125]。Varian 的研究人员尝试使用先在晶元背部生长晶格失配的材料，而后在"阳光面"生长无晶格失配的材料[126, 127]。而晶格失配对太阳能电池的机械性能及寿命的影响目前还不明朗。

同时在砷化镓（GaAs）与锗（Ge）电池之间增加禁带宽度约为 1 eV 的第四个电池的方法，也受到了广泛的关注。理论上这一四结太阳能电池的能量转换效率可超过 50%[98]，如果选择合适的材料实际应能获得 40% 左右的能量转换效率。但是，目前获得禁带宽度在 1 eV 左右，同时又与砷化镓（GaAs）晶格匹配的材料还非常困难[129]。目前，虽然一些材料已被开发出来，但最为合适的材料还是氮砷化镓铟（GaInAsN）。砷化锗锌（ZnGeAs$_2$）难以生长（尤其是在低压下），同时还会导致交叉污染（例如锌会影响之后的生长）。磷化镓铊（Ga$_{0.5}$Tl$_{0.5}$P）被报道具有与砷化镓（GaAs）相近的晶格常数，同时具有 0.9 eV 的禁带宽度，然而很多实验室报道无法重复原始的实验[130]。砷化硼镓铟（BGaInAs）与砷化镓（GaAs）晶格匹配，而其禁带宽度也被调控至 1.35 eV 以下，但到目前为止其禁带宽度仍高于 1 eV[131]。同时砷化硼镓铟（BGaInAs）的材料质量也不好，会导致太阳能电池光电压和光电流下降[132]。

当 $x = 3y$ 时，可以获得与砷化镓（GaAs）晶格匹配的氮砷化镓铟（Ga$_{1-x}$In$_x$As$_{1-y}$N$_y$），同时可保持该材料的禁带宽度在 1 eV 左右[133]，但该材料的少子扩散长度却很小[134-136]。随着约 3% 的氮（N）的掺入，氮砷化镓铟（GaAsN）的禁带宽度从 1.4 eV 降至 1 eV。在这一合金中散射较传统合金更为严重，这在一定程度上解释了为什么多子的迁移率会下降。然而，更为严重的问题是少子寿命比较短，这一问题到目前为止还没有得到较好的解释。同分子束外延（MBE）获得的氮砷化镓铟（GaInAsN）相比，化学气相沉积（MOCVD）获得的氮砷化镓铟（GaInAsN）受碳（C）和氢（H）元素的污染较为严重[137]。

还有一种获得高效多结太阳能电池的方法，即使用机械堆叠。这一方法的最大好处是可以不用考虑晶格失配的问题。目前最适合机械堆叠的磷化镓铟/砷化镓（GaInP/GaAs）太阳能电池有磷砷化镓铟/砷化镓铟（GaInAsP（1eV）/GaInAs（0.75eV））电池或锑化镓（GaSb）电池[138, 139]。完成这一机械堆叠的难点是，必须是上方的电池对下方电池吸收的光透明（使用透明的砷化镓衬底，采用非传统的背接触，并在上电池的两面加入防反射层），同时还要实现良好的散热和电学隔离，当采用高倍的聚光系统时这一问题变得尤为严重。这一方法的好处是，实现两个结的光电流分离（在采用四端测量时）使得材料的选择更为灵活，当光谱发生变化时也能获得较高的能量转换效率[98]。

由于太阳能电池的性能取决于其工作的环境，因而预测太阳能电池在户外的表现变得困难。在变化的光谱下，串联多结太阳能电池的性能预测更为困难。预测的两端三结、四结电池的能量损失要远高于六端或八端结构的相同电池，但任何温度下这一能量损失都要低于硅太阳能电池的能量损失[57]。对于两端电池来说机械堆叠是最为容易的，只需将两种半导体材料直接键合在一起就行了。因为晶元键合是半导体工业中常见的工艺，键合工艺避免了反射损失和透明衬底的使用，降低了散热和电学隔离的难度。如果重复使用衬底的开销继续降低，则键合工艺还可以降低衬底成本。

还有许多工艺可以提高多结太阳能电池的性能，但是大部分太阳能电池都是基于图

4.4 所示的结构。通过使用键合工艺将Ⅲ-Ⅴ族太阳能电池键合至硅(Si)衬底，可以降低电池的质量(这十分有利于空间应用)；而如果衬底可以重复使用，则太阳能电池的成本也会进一步降低。已经有关于在硅衬底上实现砷化镓(GaAs)和硅(Si)键合并形成欧姆接触的方法的报道[140]。晶元键合尚未被应用到大规模的太阳能电池生产中，目前已经实现了商用8英寸的绝缘层上硅(Si)衬底的晶元键合。虽然目前这一类型的衬底价格还较高，但是随着工艺的完善和发展这一价格有望在未来进一步降低。

　　硅(Si)衬底上生长Ⅲ-Ⅴ族材料也是一种键合的方法。硅(Si)衬底上外延砷化镓(GaAs)最大的问题在于两种材料间的严重晶格失配。然而，在硅(Si)衬底上的生长晶格匹配的砷化镓(GaAs)同在锗(Ge)衬底上的外延砷化镓(GaAs)类似。Tu 及其合作者在硅(Si)衬底上生长出与硅(Si)晶格匹配的磷氮化铝镓(AlGaNP)，但是该材料的禁带宽度为1.4～1.95 eV。使用硅(Si)作为高效率叠层电池间的插入材料可以降低电池的质量，但是硅电池在红光范围的光电流并不理想，尽管没有实现高的能量转换效率，但低成本和较轻的质量仍使硅(Si)成为一个有吸引力的选择。

　　为了进一步提高太阳能电池的能量转换效率，可以在磷化铟(InP)衬底上生长磷化铟/砷化镓铟(InP/GaInAs)双结太阳能电池[142]。基于磷化铟(InP)的三结或四结太阳能电池可以获得更高的能量转换效率。

　　目前磷化镓铟/砷化镓/锗(GaInP/GaAs/Ge)多结电池占据了空间太阳能电池的大部分份额，在应用时只需进行一些改进就能使之适用于地面应用。首先，如前所述，在聚光情况下串联体电阻必须降低。其次，同 AM0 相比，AM1.5 直接光谱包含更少的蓝光成分，因而磷化镓铟(GaInP)电池应该更薄以产生同砷化镓(GaAs)电池相近的光生电流，从而实现两个电池间的电流匹配。

　　一般来说，磷化镓铟/砷化镓/锗(GaInP/GaAs/Ge)多结电池的寿命并不是问题，但在实际应用中封装以及采用复杂结构(隧道结，使用锗衬底并导致更高的缺陷密度)给制备高可靠性设备带来了挑战，这也是今后磷化镓铟/砷化镓/锗(GaInP/GaAs/Ge)多结电池研究的一个重点。

本章参考文献

[1]　戴宝通，郑晃忠. 太阳能电池技术手册. 北京：人民邮电出版社，2012.

[2]　Bett A. W, et al. Appl. Phys. A, 1999, 69：119 - 129.

[3]　Torchynska T V, et al. Semiconductor Physics. Quantum Electronics & Optoelectronics, 5.1, 2002, 63 - 70.

[4]　King, Richard R, et al. IEEE 4th World Conference on Photovoltaic Energy Conversion, 2006, 2.

[5]　　Naser A, et al. ISECS International Colloquium on Computing Communication, Control, and Management, 2009, 1: 373 – 378.

[6]　　Luque A, et al. Handbook of photovoltaic science and engineering. John Wiley & Sons Ltd, 2003.

[7]　　Swanson R. Prog. Photovolt.: Res. Appl., 2000, 8: 93 – 111.

[8]　　Henry C, et al. J. Appl. Phys., 1980, 51: 4494 – 4500.

[9]　　Nelson J. The physics of solar cells (Properties of semiconductor materials). Imperial College, 2003.

[10]　Mart A, et al. Sol. Energy Mater. Sol. Cells, 1996, 43: 203 – 222.

[11]　戴宝通, 郑晃忠. 太阳能电池技术手册. 北京: 人民邮电出版社, 2012.

[12]　Green M. Prog. Photovolt., 2001, 9: 137 – 144.

[13]　Karam N, et al. Sol. Energy Mater. Sol. Cells, 2001, 66: 453 – 466.

[14]　Brown A, et al. Prog. in Photovolt.: Res. Appl., 2002, 10: 299 – 307.

[15]　Toblas I, et al. Prog. in Photovolt.: Res. Appl., 2002, 10: 323 – 329.

[16]　Kurtz S, et al. J. Appl. Phys., 1990, 68, 1890.

[17]　Wanlass M, et al. Proc. 22nd IEEE Photovoltaic Specialists Conference, 1991, 38 – 45.

[18]　Faine P, et al. Sol. Cells, 1991, 31: 259.

[19]　Lockhart L, et al. Opt. Soc. Am., 1947, 37: 689.

[20]　Bader G, et al. Appl. Opt., 1995, 34: 1684 – 1691.

[21]　Friedman D, et al. Proc. 12th NREL Photovoltaic Program Review, 1993, 306, 521.

[22]　Palik E, Addamiano A., in Palik E., Ed, Handbook of Optical Constants of Solids, 1998, I: 597 – 619, Academic Press, 1998.

[23]　Cotter T, Thomas M, Tropf W., in Palik E., Ed, Handbook of Optical Constants of Solids, Vol. II, 899 – 918, Academic Press, 1998.

[24]　Andreev V, Grilikhes V, Rumyantsev V. Photovoltaic Conversion of Concentrated Sunlight. John Wiley & Sons, 1997.

[25]　Gee J. Sol. Cells, 1988, 24: 147 – 155.

[26]　Kurtz S, et al. J. Appl. Phys. 1990, 68: 1890.

[27]　Wanlass M, et al. Proc. 22nd IEEE Photovoltaic Specialists Conference, 1991, 38 – 45.

[28]　Madelung O. Semiconductors: Group IV Elements and III – V Compounds. Springer-Verlag, 1991.

[29]　Olson J, et al. Proc. 19th IEEE Photovoltaic Specialists Conference, 1987, 285.

[30]　Matthews J, et al. J. Cryst. Growth, 1974, 27: 118.

[31] Kudman I, et al. Appl. Phys., 1972, 43: 3760 - 3762.

[32] Wie C. J. Appl. Phys., 1989, 66: 985.

[33] Tanner B, et al. Mater. Lett., 1998, 7: 239.

[34] Gomyo A, et al. J. Cryst. Growth, 1986, 77: 367 - 373.

[35] Gomyo A, et al. Appl. Phys. Lett., 1987, 50: 673.

[36] Kondow M, et al. J. Cryst. Growth, 1988, 93: 412.

[37] Kurimoto T, et al. Phys. Rev. B, 1989, 40: 3889.

[38] Capaz R, et al. Phys. Rev. B, 1993, 47: 4044 - 4047.

[39] Zhang Y, et al. Phys. Rev. Lett., 2000, 63: 201312.

[40] Mascarenhas A, et al. Phys. Rev. B, 1990, 41: 9947.

[41] Mascarenhas A, et al. Phys. Rev. Lett., 1998, 63: 2108.

[42] Luo J, et al. J. Vac. Sci. Technol. B, 1994, 12: 2552 - 2557.

[43] Luo J, et al. Phys. Rev. B, 1995, 51: 7603 - 7612.

[44] Friedman D, et al. Proc. Material Res. Soc. Symp., 1993, 280: 493.

[45] Chernyak L, et al. Appl. Phys. Lett., 1997, 70: 2425 - 2427.

[46] Friedman D, et al. Appl. Phys. Lett., 1993, 63: 1774 - 1776.

[47] Friedman D, et al. Appl. Phys. Lett., 1994, 65: 878 - 880.

[48] Schubert M, et al. J. Appl. Phys., 1995, 77: 3416 - 3419.

[49] Kato H, et al. Jpn. J. Appl. Phys., 1994, 33: 186 - 192.

[50] Kurtz S, et al. Proc. 1st World Conference on PV Energy Conversion, 1994, 2108.

[51] Lee H, et al. Phys. Rev. B, 1996, 53: 4015 - 4022.

[52] Iwamoto T, et al. J. Cryst. Growth, 1984, 68: 27.

[53] Ikeda M, Kaneko K. J. Appl. Phys. 1989, 66: 5285.

[54] Gomyo A, et al. Jpn. J. Appl. Phys., 1989, 28: L1330 - L1333.

[55] Kurtz S, et al. J. Electron. Mater., 1990, 19: 825 - 828.

[56] Goral J, et al. J. Electron. Mater., 1990, 19: 95.

[57] Kurtz S, et al. J. Electron. Mater., 1994, 23: 431 - 435.

[58] Kurtz S, et al. Sol. Cells, 1991, 30: 501.

[59] Iwamoto T, et al. J. Cryst. Growth, 1984, 68: 27.

[60] Olson J, et al. Proc. 18th IEEE Photovoltaic Specialists Conference, 1985, 552 - 555.

[61] Watanabe M, et al. J. Appl. Phys., 1986, 60: 1032.

[62] Hotta H, et al. J. Cryst. Growth, 1988, 93: 618 - 623.

[63] Scheffer F, et al. J. Cryst. Growth, 1992, 124: 475 - 482.

[64] Minagawa S, et al. J. Cryst. Growth, 1995, 152: 251 - 255.

[65] Wang C, et al. Jpn. J. Appl. Phys. , 1995, 34: L1107 - L1109.

[66] Malacky L, et al. Appl. Phys. Lett. , 1996, 69: 1731 - 1733.

[67] Suzuki M, et al. J. Cryst. Growth, 1991, 115: 498 - 503.

[68] Olson J, et al. Proc. 19th IEEE Photovoltaic Specialists Conference, 1987, 285.

[69] Iwamoto T, et al. J. Cryst. Growth, 1984, 68: 27.

[70] Ikeda M, Kaneko K. J. Appl. Phys. 1989, 66: 5285.

[71] Kurtz S, et al. Proc. of the InP and Related Materials Conf. , 1992.

[72] Suzuki T, et al. Jpn. J. Appl. Phys. , 1988, 27: L1549 - L1552.

[73] Olson J, et al. Proc. 19th IEEE Photovoltaic Specialists Conference, 1987, 285.

[74] Nishikawa Y, et al. J. Cryst. Growth, 1990, 100: 63 - 67.

[75] Kurtz S, et al. Proc. 25th IEEE Photovoltaic Specialists Conference, 1996, 37 - 42.

[76] Dabkowski F, et al. Appl. Phys. Lett. , 1988, 52: 2142 - 2144.

[77] Minagawa S, et al. J. Cryst. Growth, 1992, 118: 425 - 429.

[78] Hino I, et al. Inst. Phys. Conf. Ser. , 1985, 7979: 151 - 156.

[79] Kondo M, et al. J. Cryst. Growth, 1994, 141: 1 - 10.

[80] Bauhuis G, et al. J. Cryst. Growth, 1998, 191: 313 - 318.

[81] Stockman S, et al. J. Electron. Mater. , 1999, 28: 916 - 925.

[82] Bertness K, et al. J. Cryst. Growth, 1999, 196: 13 - 22.

[83] Ishitani Y, et al. J. Appl. Phys. , 1996, 80: 4592 - 4598.

[84] Bertness K, et al. Appl. Phys. Lett. , 1994, 65: 989 - 991.

[85] Suguira H, et al. Jpn. J. Appl. Phys. 1988, 27, 269.

[86] Friedman D, et al. Proc. 22nd IEEE Photovoltaic Specialists Conference, 1991, 358 - 360.

[87] Rafat N, et al. Proc. First World Conference on Photovoltaic Energy Conversion, 1994, 1906 - 1909.

[88] Karam N, et al. Sol. Energy Mater. Sol. Cells, 2001, 66: 453 - 466.

[89] Chiang P, et al. Proc. 28th IEEE Photovoltaic Specialists Conference, 2000, 1002.

[90] Kadoiwa K, et al. J. Cryst. Growth, 1994, 145: 147 - 152.

[91] Takamoto T, et al. Proc. 28th IEEE Photovoltaic Specialists Conference, 2000, 976.

[92] Aspnes D, Studna A. Phys. Rev. B, 1983, 27: 985 - 1009.

[93] Kim C, et al. Phys. Rev. B, 1993, 47: 1876 - 1888.

[94] Olson J, et al. Appl. Phys. Lett. , 1989, 55: 1208.

[95] Kurtz S, et al. Proc. 20th First IEEE Photovoltaic Specialists Conference, 1990,

138 - 140.

[96]　Hovel H, Solar Cells, Vol. 11. New York: Academic Press, 1975.

[97]　Madelung O. Semiconductors: Group IV Elements and III-V Compounds, Springer-Verlag, 1991.

[98]　Kurtz S, et al. J. Appl. Phys. , 1990, 68: 1890.

[99]　Kurtz S, et al. Proc. 26th IEEE Photovoltaic Specialists Conference, 1997, 875 - 878.

[100]　Friedman D, et al. Proc. 28th IEEE Photovoltaic Specialists Conference, 2000, 965.

[101]　Lee J, et al. Appl. Phys. Lett. , 1993, 62: 1620 - 1622.

[102]　Yoon I, et al. J. Phys. Chem. Solids, 2001, 62: 607 - 611.

[103]　Tobin S, et al. Proc. 20th IEEE Photovoltaic Specialist Conf. , 1988, 405 - 410.

[104]　Olson J, et al. Proc. 2nd World Conf. on Photovoltaic Energy Conversion, 1998.

[105]　Pelosi C, et al. J. Electron. Mater. , 1995, 24: 1723 - 1730.

[106]　Li Y, et al. J. Cryst. Growth, 1996, 163: 195 - 202.

[107]　Chen J, et al. J. Electron. Mater. , 1992, 21: 347 - 353.

[108]　McMahon W, et al. Phys. Rev. B: Condens. Matter, 1999, 60: 2480 - 2487.

[109]　McMahon W, et al. Phys. Rev. B: Condens. Matter, 1999, 60: 15999 - 16005.

[110]　Sze S. Physics of Semiconductor Devices. John Wiley & Sons, 1981.

[111]　Bertness K, et al. Appl. Phys. Lett. , 1994, 65: 989 - 991.

[112]　Peterson O, et al. Phys. Rev. 1966, 150: 703.

[113]　Kurtz S, et al. Proc. 19th IEEE Photovoltaic Specialists Conference, 1987, 823 - 826.

[114]　Blood P. Semicond. Sci. Technol. , 1986, 1: 7 - 27.

[115]　Ahrenkiel R. Solid State Electron. , 1992, 35: 239 - 250.

[116]　Ahrenkiel R. , in Ahrenkiel R, Lundstrom M, Eds, Minority Carriers in III-V Semiconductors: Physics and Applications, Academic Press, 1993, 39: 39 - 150.

[117]　Berger H. J. Electrochem. Soc. , 1972, 119: 507 - 514.

[118]　Kurtz S, et al. Proc. First World Conference on Photovoltaic Energy Conversion, 1994, 1733 - 1737.

[119]　King R, et al. Proc. 28th IEEE Photovoltaic Specialists Conference, 2000, 998.

[120]　King R, et al. Proc. 29th IEEE Photovoltaic Specialists Conference, 2002, 776 - 779.

[121]　Cotal H, et al. Proc. 28th IEEE Photovoltaic Specialists Conference, 2000, 955.

[122]　Takamoto T, et al. Sol. Energy Mater. Sol. Cells, 2001, 66: 511 - 516.

[123]　King R, et al. Proc. 28th IEEE Photovoltaic Specialists Conference, 2000, 982.

[124]　Bett A, et al. Proc. 28th IEEE Photovoltaic Specialists Conference, 2000, 961.

[125] Dimroth F, et al. J. Electron. Mater. , 2000, 29: 42 - 46.

[126] Sinharoy S, et al. Proc. 28th IEEE Photovoltaic Specialists Conference, 2000, 1285.

[127] Partain L, et al. 21st IEEE Photovoltaic Specialists Conference, 1990, 184 - 189.

[128] Schultz J, et al. J. Electron. Mater. 1993, 22: 755 - 761.

[129] Volz K. J. solar energy Eng. 2007, 129: 269.

[130] Friedman D, et al. Proc. NREL/SNL PV Program Review Meeting, 1998, 401 - 405.

[131] Antonell M, et al. Proc. InP and Related Materials Conf. , 1997, 444 - 447.

[132] Geisz J, et al. Appl. Phys. Lett. , 2000, 76: 1443 - 1445.

[133] Geisz J, et al. Proc. 28th IEEE Photovoltaic Specialists Conference, 2000, 990.

[134] Kondow M, et al. Jpn. J. Appl. Phys. , 1996, 35: 1273 - 1275.

[135] Geisz J, et al. J. Cryst. Growth 1998, 195: 401 - 408.

[136] Kurtz S, et al. Appl. Phys. Lett. 1999, 74: 729 - 731.

[137] Friedman D, et al. J. Cryst. Growth, 1998, 195: 409 - 415.

[138] Miyamoto T, et al. J. Cryst. Growth, 2000, 209: 339 - 344.

[139] Moto A, et al. Sol. Energy Mater. Sol. Cells, 2001, 66: 585 - 592.

[140] Fraas L, et al. Proc. 28th IEEE Photovoltaic Specialists Conference, 2000, 1150.

[141] Arokiaraj J, et al. Sol. Energy Mater. Sol. Cells, 2011, 66: 607 - 614.

[142] Hong Y, et al. Photovoltaic for the 21st Century. Proc. 199th Meeting Electrochemical Soc. 2001, 10: 415 - 422.

第五章　非晶硅基薄膜太阳能电池

5.1　非晶硅基太阳能电池介绍

由于太阳光具有弥散性，为了获得数百瓦的电功率，往往需要数平方米的太阳能电池器件。为了降低成本，有必要发展大面积薄膜太阳能电池。

非晶硅基薄膜太阳能电池是薄膜太阳能电池家族的一个重要组成部分，包括非晶硅（amorphous silicon/a-Si）、微晶硅和纳米硅薄膜太阳能电池。习惯上，将氢化微晶硅（uc-Si：H）或简称微晶硅（uc-Si）划归为非晶硅基薄膜材料一类，这是有其历史渊源的。20世纪80年代初，在辉光放电分解硅烷制备非晶硅的过程中，人们发现通过适当增加硅烷的氢稀释度和等离子体功率，可以制得一种电导率很高的薄膜，其电子衍射谱呈现一些结晶的环状特征，故称之为微晶硅。它是由尺寸在数纳米至数十纳米的硅晶粒自镶嵌于氢化非晶硅基质中形成的。纳米硅（nano crystalline silicon，nc-Si）一词出现在 20 世纪 80 年代中期，原指从氢等离子体化学输运中沉积的多晶硅或微晶硅薄膜，后来，为了与金属和陶瓷领域关于纳米材料的定义相吻合（在那里纳米尺寸涵盖了 1～100 nm 的整个范围），人们便把这种硅薄膜称为纳米硅。随着纳米技术的兴起，"纳米硅"的概念使用越来越广泛，以至于近年来国际上有将微晶硅统称为纳米硅的倾向。事实上，在绝大多数场合纳米硅与微晶硅之间并没有严格的区分，两种名称实际上指的是同一种结构的硅基薄膜材料。只有在某些特定场合，氢化纳米硅或简称纳米硅是特指晶粒尺寸仅为数纳米的硅基薄膜，这时，硅晶粒尺寸可以同电子的德布罗意波长相比拟，从而可以从中观测到明显的量子尺寸限制效应和量子输运现象[1]，但这已不在本书的讨论范围之内。

由于非晶硅基薄膜太阳能电池具有以下优点，因而得到了人们的广泛关注。

（1）材料成本低，硅材料用量少。非晶硅薄膜的衬底材料为玻璃、不锈钢、塑料等，价格低廉。硅的厚度可以很薄，只有 0.5 μm 左右。这和非晶硅材料光吸收系数大有很大关系，单晶硅电池若要充分吸收太阳光，需要的厚度较厚，约为 200 μm。另外，非晶硅电池不需要像单晶硅那样切片，材料浪费极少。

（2）制造工艺简单，可连续、大面积、自动化批量生产。与非晶硅相比，晶硅电池组件的制造需要经过太阳能电池的筛选、焊接等琐碎的工序，人力投入较多，制造过程中质量不容易控制，实现自动化批量生产难度大。

（3）制造过程消耗电力少，能量偿还周期短。常规非晶硅薄膜电池是用气体分解法制备非晶硅，基板温度仅 200～300℃，与单晶硅在 1412℃以上反复多次熔解相比，所消耗的电力少得多。晶体硅太阳能电池能量偿还时间为 2～3 年，而非晶硅太阳能电池只有 1～1.5 年。

（4）温度系数为正，即温度上升非晶硅电池的效率会提高，其原理在后面介绍 S－W 效应的时候会提到。而对晶体硅而言，温度上升会使得载流子迁移率下降，进而使能量转换效率下降。

（5）弱光性能强。由于非晶硅的价带电子能级低，在暗光下非晶硅电池依然具有良好的光电转换效率。

图 5.1 给出了 1998—1999 年间泰国某地基于非晶硅和单晶硅电池的发电厂月平均发电量对比，从图中我们发现 12 个月中有 11 个月都是非晶硅的发电量较高，其原因就是上面（4）和（5）中所说的，雨天的时候阳光不是很强烈，而非晶硅的弱光性能比晶体硅要好，因而发电量较高；而天气晴朗或者炎热的夏季，较高的温度会使得晶体硅电池的效率下降，非晶硅电池的效率上升，总体来看仍是非晶硅电池的发电量较高。

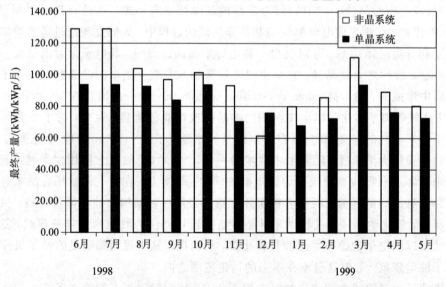

图 5.1　泰国某地基于非晶硅和单晶硅电池发电厂的月平均发电量对比[2]

（6）美观、大方，便于与建筑集成。非晶硅薄膜可以沉积到柔性衬底上，如塑料、铝箔、不锈钢片等。柔性衬底上的电池可以安装在非平整的建筑物表面上，这一点对于可利用空间较小的地区尤为重要。同时，沉积在柔性衬底上的电池重量轻，宜于安装在建筑物上，对建筑物的设计没有特殊的载重要求，这一特点使得柔性硅薄膜电池在光伏建筑一体化设计中得到了广泛的应用。另外，非晶硅薄膜电池组件作屋面和墙面时，电池组件的颜色与建筑物的颜色比较容易匹配，可美化室内外环境，加上精细、整齐的激光切割线，可使建筑物更加美观、大方，更有魅力。

（7）热斑效应不明显。在一定的条件下，串联支路中被遮蔽的太阳能电池组件将被当作负载，消耗其它受光照太阳能电池组件所产生的能量。被遮挡的太阳能电池组件此时就会发热，这个现象就称为"热斑效应"，它会严重破坏太阳能电池的输出功率。正常工作的电池所产生的部分甚至所有的能量，有可能被遮蔽的电池消耗掉。当太阳能电池阵列面积较大时，难免会有部分组件处于阴影之内，而由于非晶硅太阳能电池的电流密度较小，热斑效应不明显，所以使用起来更加方便，可靠性更好[3]。

5.2　非晶硅材料的特性

5.2.1　非晶硅材料的研究和发展现状

作为一种极具潜力的光电能量转换材料，非晶硅的研究历史可以追溯到 20 世纪 60 年代末，英国标准通信实验室用辉光放电法（Glow Discharge）制取了氢化非晶硅薄膜，发现其具有一定的掺杂效应。在此之前，人们采用蒸发或者溅射技术制备的不含氢的非晶硅薄膜，其缺陷态密度高达约 $10^{19}/cm^3$ 以上，没有什么器件应用价值。现在人们所说的非晶硅薄膜也都指的是氢化非晶硅薄膜，不含氢的非晶硅薄膜已经很少有人去研究了。1975 年，W. E. Spear 等在 a-Si:H 材料中实现了替位式掺杂，做出了 PN 结，发现氢有饱和非晶硅内部悬挂键的作用，a-Si:H 材料具有较低的缺陷态密度（约 $10^{16}/cm^3$）和优越的光敏性能[4]。1976 年，美国 RCA（Radio Corporation of America）公司的 D. E. Carlson 等人研制出了 pin 结构非晶硅太阳能电池，其光电转换效率达到 2.4%[5]。在 20 世纪 70 年代能源危机、石油价格上涨的背景下，国际上迅速掀起了一股研究非晶硅薄膜太阳能电池的狂潮，各种新型材料和结构的非晶硅电池如雨后春笋般涌现，效率也不断提高。1980 年，Carlson 将非晶硅电池效率提高到 8%，使其具有产业化的可能。1997 年，Yang、Banerjee 和 Guha[6] 制作了三结非晶硅电池，其效率可达 14.6%，光照后稳定效率为 13.0%，有效面积为 0.25 cm²，如图 5.2 所示。

继氢掺杂可以改善非晶硅特性这一重要发现后，另一项重要进展是发现非晶硅基材料可以通过形成合金来调节其禁带宽度，使得非晶硅太阳能电池的效率进一步提高。例如，发现非晶硅碳（a-SiC:H）合金薄膜具有较宽的带隙，用作 pin 非晶硅电池的 p 型窗口层可以显著提高电池的开路电压和短路电流。而非晶硅锗合金薄膜具有较窄的禁带宽度，可用以与 a-Si:H 材料构成叠层电池，以显著扩展电池的长波吸收光谱范围。在此基础上，发展了 a-Si:H/a-SiGe:H 叠层电池和 a-Si:H/a-SiGe:H/a-SiGe:H 三结电池，不仅显著改善了电池的长波吸收，还降低了各子电池的本征层厚度，从而提高了电池的光照稳定性。

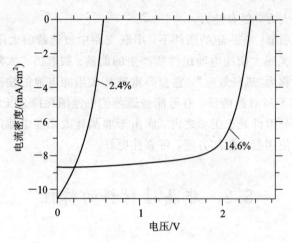

图 5.2 早期两种结构的非晶硅电池的 $I-V$ 曲线[6,7]

另外，在生产制造方面，为了达到降低成本、实现大规模生产的要求，必然要求在保证非晶硅薄膜质量的前提下，提高薄膜的生长速率。几十年来人们发明了各种不同的工艺来达到这一目的，其中超高频等离子体化学气相沉积实现了在较高气压和较大功率激发下，可以高速沉积高质量非晶硅和窄带隙微晶硅薄膜，有望在未来实现大规模工业生产。另一项非常有潜力的制备工艺——热丝化学气相沉积工艺也在不断发展，后面会专门详细介绍这两种生长工艺。在制备非晶硅薄膜的过程中，用氢气稀释硅烷可以显著改善非晶硅材料的稳定性。这种氢稀释技术已广泛应用于改善非晶硅材料和太阳能电池的微结构与稳定性，大量氢稀释甚至可以促进氢化纳米硅和氢化微晶硅的形成。此外，在非晶硅固相晶化以制备微晶硅或多晶硅薄膜材料和电池器件方面也取得了重要进展。

目前，全世界有数十所大学、国家实验室和公司从事硅基薄膜太阳能电池的研究，其产业化技术正日趋成熟。

5.2.2 原子结构

与晶体硅相比，非晶硅材料的原子在空间排列上失去了长程有序性，但其组成原子也不是完全杂乱无章地分布的。由于受到化学键，特别是共价键的束缚，在几个原子的微小范围内，可以看到与晶体非常相似的结构特征。X 射线衍射谱（XRD）表明，非晶硅中的 Si 原子很大程度上保持着其在晶体硅中的结构和排列方式，每个 Si 原子通过共价键和最近邻的 4 个 Si 原子结合形成正四面体结构。所以，一般将非晶态材料的结构描述为"长程无序，短程有序"。

用来描述非晶硅的结构模型很多，图 5.3 给出了其中的一种，即连续无规网络模型（Continuous Random Network Model，CRN 模型）的示意图。可以看出，在任一原子周围，仍有四个原子与其键合，只是键角和键长发生了变化，因此在较大范围内，非晶硅就不存在原子的周期性排列。

图 5.3 非晶硅的 CRN 模型示意图

如果要给 a-Si 制作一个球棍模型，用小木棍代表共价键，上有四个小孔的小木球代表 Si 原子，则会发现很难用这两样东西构造出 a-Si 结构模型。为了避免形成 c-Si 那样的结构，必须将小木棍弯曲才可以做到。很快，你就会发现在某些 Si 原子上已经无法插上第 4 根木棍，一个含有大量"悬挂键"不完美的非晶体结构显现出来，如图 5.4 所示。

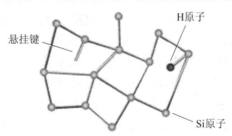

图 5.4 a-Si：H 材料的球棍模型

在非晶硅材料中，包含有大量的悬挂键、空位等缺陷，因而其有很高的缺陷态密度。这些缺陷提供了电子和空穴复合的场所，因此，一般来说非晶硅是不适于做电子器件的。只有在这些悬挂键被氢原子填充后，材料中的缺陷密度才会降低，继而用来制作太阳能电池器件。现在，大家说的非晶硅电池基本上指的都是 a-Si：H 电池，没有氢化的非晶硅电池已经很少有人去研究了。后文中的等离子化学气相沉积、热丝化学气相沉积等常用的非晶硅薄膜制备工艺所生长的都是 a-Si：H 材料。

5.2.3 非晶硅材料的电子态

由于非晶硅的原子排列基本上保持了 sp³ 键结构和短程有序，非晶硅中的电子态保持了晶体硅能带结构的基本特征，同样具有价带和导带，而价带与导带之间为禁带。在介绍非晶硅材料的电子态之前，有必要先介绍一下具有可比性的、较为简单的晶体硅材料的能带结构和电子态的知识。

固体能带理论是把量子力学原理用于固态多体系统推算出来的，即在特定的晶格和相应的电势分布下求解薛定谔方程，获得体系中电子态按能量的分布。在晶体结构中，晶格结构具有空间的周期性，相应的电势也呈周期性分布。在晶格绝热近似和单电子近似条件下，可以求得相当准确的电子能态分布，即电子能带结构。晶体能带的基本特征是，存在导带与价带以及隔开这两者的禁带，或者称为带隙。导带底和价带顶有单一的能量值，在导带底以上的导带态为扩展态，这些态上的电子是迁移率很高的自由电子。价带顶以下的能态为空穴的定域态，这里的自由空穴迁移率也很高。理想半导体禁带中是没有电子能态的。但在半导体中难免有缺陷和杂质，分别具有各自的能态，表面和界面处晶格不连续带来表面态和界面态，这些异常的能态常常落在禁带中，称为缺陷态。其上占据的电子是局域化的，起载流子复合中心的作用。晶体的缺陷态密度很小，通常在 $10^{15}/cm^3$ 左右，且呈离散分布。另一方面，固体中电子按照能量的统计分布遵循费米分布函数规律。被电子占据的概率为 $1/2$ 的能级称为费米能级。费米能级也称为平衡体系的化学势。通常情况下，半导体的费米能级位于禁带。费米能级距导带底较近，则电子为多数载流子，材料为 n 型；费米能级距价带顶近的，空穴为多数载流子，材料为 p 型。费米能级位置可以通过适当掺杂加以调节。也就是说，半导体电导的数量和类型都可以用掺杂的方法调节。

由于非晶硅的原子排列基本上保持了 sp^3 键结构和短程有序，非晶硅中的电子态保持了晶体硅能带结构的基本特征。但它是长程无序，原子间的键长与键角存在随机的微小变化，它的实际结构为硅原子组成的网络结构，并且网络内存在大量的悬挂键。这种无序结构使得非晶硅材料的电子能带结构非常复杂，与晶体能带既有相似之处，也存在巨大的差别。它们对非晶硅材料电子态的影响主要表现在以下几方面：

（1）非晶硅中原子排列的周期性和长程有序的丧失，使电子波矢不再是一个描述电子态的好量子数。能量 E 与波矢 K 的色散关系不确定，所以只能用电子的能态密度分布函数 $N(E)$ 来描述非晶硅能带的特征。因此，非晶硅是间接带隙还是直接带隙材料的问题也就无从谈起。

（2）无序结构的另一影响是使价带和导带的一些尖锐的特征结构变得模糊，使明锐的能带边向带隙延伸出定域化的带尾态，而且在带隙中部形成了由结构缺陷如悬挂键等引起的呈连续分布的缺陷态。与晶体硅的电子能带结构相比，非晶硅价电子能态也可分为导带、价带和禁带，但导带与价带都带有向禁带延伸的带尾态。带尾态与键长、键角的随机变化有关，导带底价带顶分别被相应的模糊的迁移率边取代，扩展态与局域态在迁移率边是连续续变化的，高密度的悬挂键在隙带中引入高密度的缺陷态，其密度高于 $10^{17}/cm^3$，过剩载流子通过缺陷态复合，所以通常非晶材料的光电导很低，掺杂对费米能级的位置的调节作用也很小，这种 a-Si 材料没有有用的电子特性。而氢化非晶硅材料中大部分的悬挂键被氢补偿，形成硅氢键，可以使缺陷态密度降至 $10^{16}/cm^3$ 以下，这样的材料才表现出良好的器件级电子特性。

比较图 5.5 和图 5.6 可以看出，对于非晶硅来说，由于存在着向禁带延伸的带尾态，且带尾态与键长、键角的随机变化有关，其导带底与价带顶的位置难以确定，因而很难精确地确定禁带宽度的大小。然而非晶硅材料的禁带宽度在应用于太阳能电池中是一个非常重要的参数，是影响光吸收的主要因素，毫无疑问建立一套规范的标准来比较各材料的禁带宽度是非常必要的。最常用的方法是分析光的吸收系数 $\alpha(h\nu)$ 的测量结果，从结果中可以得到一个光学意义上的禁带宽度 E_g[9]。

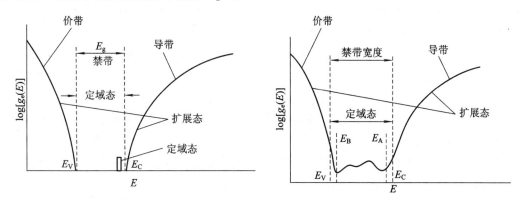

图 5.5　晶体硅电子态密度 $g(E)$ 的原理图示[8]　　图 5.6　非晶硅电子态密度 $g(E)$ 的原理图示[8]

在 a-Si:H 中氢的键入引起的能带结构变化主要使带缺陷态密度降低和使价带顶下移，虽然同时导带底也会上移，然而幅度要小得多，总体效果为禁带宽度的增大。通过实验可发现，a-Si:H 薄膜的光学带隙 E_g 与其氢含量 C_H 之间存在近似线性比例关系，即 $E_g=1.48+0.019C_H$。

5.2.4　非晶硅的掺杂和电学特性

非晶硅中电子的迁移率 [约 1 cm²/(V·s)] 远大于空穴的迁移率 [约 0.01 cm²/(V·s)]，本征非晶硅的直流暗电导率主要由电子的输运特性决定，表现出弱 n 型电导特征。与没有氢化的非晶硅相比，氢化非晶硅具有较低的缺陷态密度，可以进行 n 型和 p 型掺杂以控制电导率，使室温电导率的变化达到约 10 个数量级。像晶体硅一样，加入 V 族元素磷得到 n 型掺杂，加入 Ⅲ 族元素硼就得到 p 型掺杂，掺杂非晶硅材料是非晶硅 pin 太阳能电池不可或缺的一部分。晶体硅的掺杂是通过有意引入其它的原子，如 P、B 等，来改变材料的费米能级的位置，然而掺杂在非晶硅中的效果和在晶体中十分不同。例如，在晶体硅(c-Si)中，掺 P 后 P 原子取代了原来晶格中 Si 原子的位置，在晶体硅的晶格结构中，每个 Si 原子的最外层 4 个电子与最近邻 4 个 Si 原子形成共价键，由于 P 最外层有 5 个电子，多余的第五个"自由"电子占据了导带底下面一点处的能级，使得费米能级升高。

在 a-Si 材料中，大部分 P 原子仅和周围的 3 个最近邻的 Si 原子形成共价键，这个结构实际上如果仅仅从化学角度来看是更稳定的，3 配位状态的能量更低，化学上更有利。所以大部分 P 或 B 原子处于 3 配位态，它的能级位置处于硅的价带之中，起不了掺杂作用。只有小部分 P 或 B 原子处于 4 配位态，它的能级位置处于非晶硅带尾的一定范围内，起浅施主或浅受主作用。为什么这种更有利的结构出现在非晶硅中而没有出现在晶体硅中？原因是非晶硅没有像晶体硅一样的严密的晶格结构。当一片非晶硅薄膜在生长时，杂质原子被引入时材料会自动调节化学键的网格以形成接近理想的化学排列。在晶体硅中，若要使得 P 原子像在非晶硅中那样成键，必须重新分配好几个 Si 原子的位置，并产生大量的悬挂键，所需要的能量比直接替代 Si 原子形成 4 个共价键要大。

由非晶硅中的 P 原子掺杂机制可以推导出两个重要的推论：首先，非晶硅材料中的掺杂效率很低，大部分杂质原子并不贡献自由电子，因而不能改变费米能级的位置；其次，即使对于那些贡献了一个电子的杂质原子来说，其贡献的电子也被非晶硅中的悬挂键所吸收了。缺陷能级位于导带下方，所以非晶硅中的掺杂 P 原子在升高费米能级位置方面不如在 c-Si 中有效。除此以外，由于掺杂引入的带负电荷的悬挂键是非常有效的空穴陷阱，大大降低了空穴的迁移率。而电子和空穴的传输对光伏器件来说是基本条件，掺杂 a-Si 层中吸收的光子实际上对太阳能电池的输出功率几乎没有贡献。

B 在非晶硅中的替位式掺杂和 P 类似，也是大部分处于 3 配位的状态，掺杂效率也不高，并引入缺陷。正是因为 p 型和 n 型非晶硅的缺陷密度高，光生载流子复合速率较高，所以它们只能在非晶硅电池中用来建立内建电势和欧姆接触，而不能用作光吸收层。这就是为什么非晶硅太阳能电池要依靠本征层吸收阳光，必须采用 pin 结构，而不能像晶体硅太阳能电池那样采用 pn 结构。

5.2.5　非晶硅合金的带宽调整

非晶硅的结构和光学性质会随着工艺条件的变化而改变。例如，改变生长过程中衬底的温度，或者改变等离子沉积中硅烷的浓度，会使得 a-Si:H 的禁带宽度变化至少 $1.6 \sim 1.8$ eV，这种改变是由 a-Si:H 中氢的微型结构所导致的，如果掺入其他杂质，如 Ge、C、O 及 N，则对禁带宽度的影响还会更大。当 a-Si 和其它的元素，如 Ge、C 和 N 等形成合金时，可以得到不同的禁带宽度的非晶合金材料，这种掺杂的工艺很简单，只需在等离子沉积的硅烷气体中混入适当比例的 GeH_4、CH_4、O_2、NO_2 或者 NH_3 气体即可。由于这个原因，a-Si:H 的禁带宽度可以在相当大的范围内进行调节以满足器件需要。例如 a-SiGe 合金，其禁带宽度可以通过调节 Ge 组分在 1.1 eV 和 1.7 eV 之间连续可调，可以用来制作多结太阳能电池中的窄禁带宽度吸收层电池。图 5.7 给出了 $a-Si_{1-x}Ge_x:H$ 合金的光学禁带宽度随 Ge 组分和 H 组分的关系。

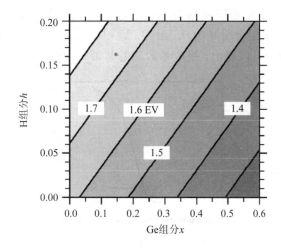

图 5.7　a-Si$_{1-x}$Ge$_x$:H 合金的光学禁带宽度随 Ge 组分和 H 组分的关系[10, 11]

　　另一种重要的 a-Si:H 合金材料是 a-SiC:H，其禁带宽度为 1.7～2.2 eV，主要取决于其中 C 的掺杂量[12]。a-SiC:H 层带隙的展宽主要是因为导带底的上移，因此 a-SiC:H 材料适合用作 pin a-Si:H 太阳能电池的 p 型窗口层，以限制光生电子的反扩散，而不适合用作电池的 n 层，因为它会阻碍光生电子流向 n 层而被收集。然而值得注意的是，p 型 a-SiC:H 层中的 C 原子会通过界面向 a-Si:H 本征层扩散，导致本征层载流子寿命下降和电池性能退化。所以在 a-SiC:H/a-Si:H 异质结界面需要加入界面缓冲层以提高太阳能电池的性能。此外，经过大量的研究之后，绝大多数科学家认为 a-SiC 材料不适合用来做多结太阳能电池中最上层电池的 i 型层结构。在光致退化效应发生后，具有合适禁带宽度的 a-SiC:H 材料与 a-Si:H 材料相比，其缺陷密度更大而且必须制备成很薄的薄膜，从而不能很好地吸收太阳光。目前在三结太阳能电池中所需的宽禁带材料还是 a-Si:H，其中 H 组分较高，必须在较低的温度下进行高氢稀释才能制备得到[13]。

5.2.6　非晶硅基薄膜材料的光学性质

　　前面讲过非晶硅基薄膜太阳能电池的一个重要优势就是具有很高的吸光系数，只需要很薄的一层非晶硅就可以吸收绝大多数的太阳光，因而电池可以做得很薄。图 5.8 给出了 a-Si:H 和 c-Si 材料对不同能量的光子的吸收系数。实验数据表明，一块 500 nm 厚的 a-Si:H薄膜就可以吸收绝大部分的能量大于 1.9 eV 的光子，如图 5.8 中阴影部分所示。

　　不仅如此，a-Si:H 还可以形成合金，并且其合金的禁带宽度可以很容易通过控制组分来进行调节，进一步增强对入射光的吸收。人们通过实验发现，禁带宽度在 1.45 eV 上下的 a-SiGe 合金非常适合用来制作多结 pin 电池中的 i 型吸收层，与 a-Si 相比，a-SiGe 的禁带宽度更窄，因而可以吸收较低能量的光子，从而提高了光的吸收效率。图 5.9 给出了

a-SiGe 合金对不同波长的光的吸收系数和 Ge 组分的关系图，图中曲线上的数字为光学禁带宽度，所对应的 Ge 组分分别为 0.58～1.25 eV，0.48～1.34 eV，0.30～1.50 eV，0.0～1.72 eV[15]。从图中可以看出，吸收系数随着禁带宽度的减小而增加。

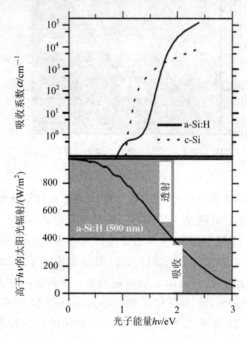

图 5.8   a-Si：H 和 c-Si 材料对不同能量的光子的吸收系数[14]

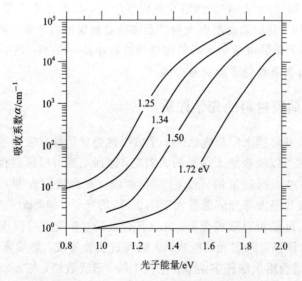

图 5.9   a-SiGe 合金对不同波长的光的吸收系数

非晶硅基薄膜除了吸光系数大以外，其性质在光照条件下会发生许多变化。1977 年，D. L. Staebler 等首先发现，用辉光放电法制备的 a-Si:H 薄膜经光照后（光强为 200 mW/cm²，波长为 600～900 nm），其暗电导和光电导随时间逐渐减小，并趋向于饱和，但经 150℃ 以上温度退火处理 1～3 h 后，光暗电导又可恢复到原来的状态。由于可以用退火进行消除，退化后的状态称为亚稳态，而这种变化就叫做光致亚稳变化，后来称为光致变化效应。由于是 Staebler 和 Wronski 最先发现的，故又称为 Staebler-Wronski 效应（以下简称 S－W 效应）。S－W 效应会对电池的效率产生不利影响。经电子自旋共振和次带吸收谱等技术测定，光照在 a-Si:H 材料中产生了亚稳悬键缺陷态，其饱和缺陷浓度约为 10¹⁷/cm³，这些缺陷态的能量位置靠近带隙中部，主要起复合中心的作用，导致 a-Si:H 薄膜材料光电性质和太阳能电池性能的退化，限制了 a-Si:H 电池可达到的最高稳定效率。事实上，现在限制非晶硅薄膜电池大规模应用的一个非常重要的因素就是如何降低 S－W 效应引起的电池性能的退化。光照除导致 a-Si:H 的光电导和暗电导下降及亚稳悬挂键密度增加外，还会引起 a-Si:H 物理性质的一系列变化，如费米能级向带隙中心移动，载流子寿命缩短、扩散长度减小，带尾态密度增加，光致发光主峰强度下降，缺陷发光峰强度增加，光致发光的疲劳效应等。

S－W 效应和季节有很大关系。瑞士的 Advanced Photovoltaics Systems 公司在一项研究非晶硅三结太阳能电池每日的能量转换效率和环境温度的实验中发现，电池在炎热的夏季中平均性能最好。温度低于 20℃ 时，电池效率随温度的变化关系为 $+5\times10^{-3}$/K。值得注意的是，除了在一开始的 1000 小时以内，以后长达三年的测试过程中电池并没有出现永久的退化，因而该实验人员得出结论：非晶硅电池在光照 1000 小时后达到一个稳定的状态[16]，该状态下的效率称为稳定效率。

这种能量转换效率和温度的正相关性对于其它材料的太阳能电池并不适用，如多晶硅电池的能量转换效率与温度的相关系数为 -4×10^{-3}/K。有趣的是，如果 a-Si 电池的温度相关性测量很迅速——没有时间发生 S－W 效应——其效率的温度系数也是负数，约为 -1×10^{-3}/K [17]。这种现象可以这样来理解，有两种机制影响 a-Si 电池的效率随温度的变化关系：一是电池本身的负的温度相关系数；二是温度上升相当于一个缓慢的退火过程，减轻了 S－W 效应，从而提高了电池效率，使得效率和温度呈现正相关性。其中后者的作用较为明显，因而电池总体还是呈现与温度的正相关性[18, 19]。

S－W 效应导致的一个严重后果就是非晶硅电池的光致退化效应，即在电池使用的最初几百个小时的时间内，其效率会随时间发生显著的下降。美国 United Solar Systems 公司[20, 21]的产品测试表明，单结 a-Si 太阳能电池的效率在光照 1000 小时后损失了 30%，三结电池的情况要好很多，但也损失了 15%。光致退化效应严重制约着非晶硅太阳能电池的发展，也是目前人们研究最多的领域。

前面曾经讲过，电子自旋共振和次带吸收谱等技术表明，S－W 效应主要是由于光照在非晶硅材料中产生了亚稳悬键缺陷态，其饱和缺陷浓度约为 $10^{17}/cm^3$。这些缺陷态的能量位置靠近带隙中部，主要起复合中心的作用，导致非晶硅薄膜材料光电性质和太阳能电池性能的退化，限制了非晶硅电池可达到的最高稳定效率。研究光致亚稳态的机理，寻找克服光致退化的办法，不仅对完善发展非晶硅材料的基础理论是重要的，而且对改善太阳能电池的性能也很紧迫。

世界上凡从事 a-Si 研究和开发应用的实验室，都在研究光致退化的问题，开展了各种实验观察，提出了各种理论模型，但是至今还没有一个令人信服的统一的模型可以解释各种主要的实验事实。比较一致的看法是，光致退化与 a-Si 材料中的氢运动有关。比较重要的模型有：

（1）光生载流子无辐射复合引起弱的 Si-Si 键的断裂，产生悬挂键，附近的氢通过扩散补偿其中的一个悬挂键，同时增加一个亚稳的悬挂键。

（2）非晶硅中悬挂键获得第二个电子比获得第一个电子需要更多的能量，这个能量差就是电子的相关能。D. Adler 认为，由于非晶硅网络的不均匀性和无序性，有些区域可能比较松弛。当悬键捕获第二个电子时，伴随发生的晶格弛豫，会使总能量降低，电子的有效相关能是负值。在这些区域，带有两个电子的悬键态比带有一个电子的悬键态能量要低，因此，稳定存在的将不是带有一个电子的中性悬键，而是带正电的空悬键态和带负电的双占据悬键态。当光照激发载流子时，这些带电的悬键可能捕获电子或空穴而转变为亚稳的中性悬键。

（3）1998 年 H. Branz 提出的新模型认为，光生电子相互碰撞产生两个可动的氢原子，氢原子的扩散形成两个不可动的 Si-H 键复合体，亚稳悬键出现在氢被激发的位置处，此模型可定量说明光生缺陷的产生机理，并可解释一些主要的实验现象。

以上例举的较为可信的模型都说明，光致退化效应与 a-Si 材料中的氢的移动有关，a-Si 材料是在较低的温度下，通过硅烷类气体等离子体增强化学分解，在衬底上沉积获得的。它的硅网络结构不可避免地存在硅的悬挂键，广泛采用的 PECVD 法沉积的 a-Si 膜含有 10％～15％的氢含量，一方面使硅悬键得到了较好的补偿，另一方面，这样高的氢含量远远超过硅悬键的密度。可以肯定地说，氢在 a-Si 材料中占有激活能不同的多种位置，其中一种是补偿悬键的位置，其它则处于激活能更低的位置。理想的非晶硅材料应该既没有微空洞等缺陷，也没有 SiH_2、$(SiH_2)_n$、SiH_3 等的键合体。材料密度应该尽量接近理想的晶体硅的密度，硅悬挂键得到适量氢的完全补偿，使得缺陷态密度低，结构保持最高的稳定性。寻找理想廉价的工艺技术来实现这种理想的结构，应能从根本上消除光致退化，这是一项非常困难的任务。

5.3　非晶硅薄膜的制备技术和非晶硅电池的产业化

5.3.1　常见的 a-Si 薄膜制备技术

在过去几十年中人们开发研制了许多种硅基薄膜材料的制备方法,主要包括化学气相沉积法(Chemical Vapor Deposition,CVD)和物理气相沉积法(Physical Vapor Deposition,PVD)。物理气相沉积法如溅射、电子束蒸发等制备出的非晶硅薄膜中没有氢,缺少氢对非晶硅中悬挂键的钝化作用,生长出的薄膜的缺陷密度非常高,没有什么器件应用价值,因而目前无论是实验室中还是工业生产中,采用的绝大多数都是化学气相沉积。从一般的概念上讲,化学气相沉积是在反应室中将含有硅的气体(如硅烷 SiH_4、乙硅烷 Si_2H_6)分解,然后将分解出的硅原子或含硅的基团沉积在衬底上。在制备 n 型掺杂材料过程中需要加入磷烷(PH_3),而 p 型掺杂材料需要加入乙硼烷(B_2H_6)、三甲基硼烷[$B(CH_3)_3$]或三氟化硼(BF_3)。为了提高材料的质量,人们通常用氢气或惰性气体[如氦气(He)和氩气(Ar)]稀释硅烷。

表 5.1 比较了常见的 a-Si 薄膜的制备技术。

表 5.1　非晶硅薄膜的各种沉积工艺比较[22]

工艺名称	最大生长速度 /(Å/ s)	优　点	缺　点	使用厂商
直流等离子增强化学气相沉积法	3	薄膜质量高,一致性好	生长速率慢	大多数公司
射频等离子增强化学气相沉积法	3	薄膜质量高,一致性好	生长速率慢	BP solar 公司
超高频等离子增强化学气相沉积法	15	生长速率快	一致性较差	无
微波等离子增强化学气相沉积法	50	生长速率特别快	薄膜质量较差	佳能
热丝化学气相沉积法	50	生长速率特别快	一致性较差	无
光诱导化学气相沉积法	1	薄膜质量高	生长速率慢	无
溅射法	3		生长速率慢,薄膜质量差	无

注:最大生长速率的标准是,一旦超过该速率,生长出的薄膜质量会迅速退化。表中所有数据均为经验值,代表的是当时的工艺水平。

世界上第一块 a-Si 电池是 Chittick 等[23]和 Spear、LeComber 等[24]采用基于硅烷的射频辉光放电(Glow Discharge Induced by Radio Frequency Voltages)沉积工艺制造出来的，这种方法现在被称为等离子增强化学气相沉积(Plasma Enhanced Chemical Vapor Deposition，PECVD)。从那以后，为了提高材料生长质量和生长速度，人们不断探索发现新的生长工艺。在这些生长工艺中，还是以 PECVD 技术应用最为广泛，实验室研究和工厂生产大部分都用它来生长 a-Si 材料。新兴的其它薄膜沉积技术由于其很高的生长速度与可以生长高质量的微晶硅，也越来越得到人们的关注。表 5-1 总结了常用的生长 a-Si 的工艺和它们的优缺点，下面重点讨论等离子体化学气相沉积(PECVD)和热丝化学气相沉积(HW CVD)。

5.3.2 非晶硅薄膜生长过程中的反应动力学

本征非晶硅的沉积通常是用硅烷(SiH_4)或乙硅烷（Si_2H_6）。由于等离子体中存在各种离子，气相化学反应过程是一个相当复杂的过程，人们对这一过程的理解还比较有限。就硅烷分解为例，其分解过程是多种多样的。图 5.10 所示是硅烷在等离子体中分解所产生的粒子和离子以及产生各种粒子和离子所需的能量。

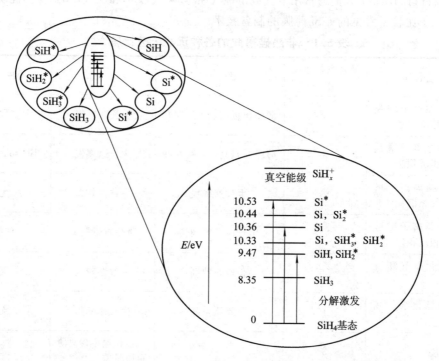

图 5.10 硅烷等离子体中分解所产生的粒子和离子以及产生各种粒子和离子所需的能量[25]

下面列出一些可能的一级化学反应过程以及所需的能量：

$$SiH_4 + e^- (8.75\ eV) \rightarrow SiH_3 + H + e^-$$
$$SiH_4 + e^- (9.47\ eV) \rightarrow SiH^* + H_2 + e^- \ 或\ SiH_2 + H_2 + e^-$$
$$SiH_4 + e^- (\sim 10\ eV) \rightarrow SiH_x^- + (4-x)H$$
$$SiH_4 + e^- (10.33\ eV) \rightarrow SiH^* + H_2 + H + e^- \ 或\ Si + 2H_2 + e^-$$
$$SiH_4 + e^- (10.53\ eV) \rightarrow Si^* + 2H_2 + e^-$$
$$SiH_4 + e^- (>13.6\ eV) \rightarrow SiH_x^+ + (4-x)H + 2e^-$$

其中，SiH_x^+ 是带正电的离子；SiH^* 和 Si^* 是处于激发态的粒子，它们通过释放光子能量回到基态：

$$SiH^* \rightarrow SiH + h\nu (414\ nm)$$
$$Si^* \rightarrow Si + h\nu (288\ nm)$$

通过测量等离子体的发光光谱可以研究等离子体的特性。由于将硅烷分解成不同的粒子和离子需要不同的能量，而且各种粒子和离子的寿命不同，所以等离子体中各种粒子和离子的浓度不同。表5.2中列出了在常规硅烷等离子体中各种粒子和离子的浓度。

表 5.2　常规硅烷等离子体中各种粒子和离子的浓度

基团和离子	SiH_x^+、H^+	SiH^*、Si^*	Si	SiH	SiH_2	SiH_3
浓度/cm^{-3}	$10^8 \sim 10^9$	10^5	$10^8 \sim 10^9$	$10^8 \sim 10^9$	10^9	10^{12}

从表中可以看出等离子体中主要的成分是 SiH_3。在通常情况下中性 SiH_3 粒子被认为是生长高质量非晶硅的前驱物。原子氢在非晶硅的沉积过程中也有很重要的作用。首先，在沉积过程中非晶硅薄膜表面的悬挂键需要氢来饱和。其次，原子氢还有刻蚀的作用。在沉积过程中氢原子刻蚀那些结构松散的部分，使沉积的材料结构密集，降低微空洞的密度，从而得到高质量的非晶硅薄膜。在沉积微晶硅的过程中，原子氢的作用尤为重要。与中性粒子相比，带电离子虽然浓度很低，但是在材料的沉积过程中也有不可忽视的作用。其负面作用是带正电的离子扩散出等离子区，进入暗区，在电场的加速下得到能量。这些具有一定能量的离子一方面对生长表面产生轰击作用，导致生长的材料有高密度的缺陷态；另一方面，带电离子对薄膜表面的轰击也有正面作用：带电离子的轰击一方面可以将能量传递给其它粒子，另一方面可以使生长表面局部温度升高，从而提高粒子和离子的表面扩散系数使粒子容易找到低能量的区域，从而改进材料的质量。这一作用在高速沉积过程中尤为重要。所以适当控制高能量带电离子的轰击是优化高速沉积薄膜硅材料的重要手段。由于等离子体为正电势，带负电的离子被束缚在等离子体内。这些被束缚在等离子体内的负电离子与中性粒子相互结合形成大颗粒，又会对沉积材料的质量造成负面影响。

一般来说，快速生长高质量的非晶硅薄膜要满足以下条件：

（1）SiH$_3$ 原子团的形成位置与薄膜的生长表面要有一定的距离；

（2）原子 H 的浓度和流速要时刻保持在较高的水平上，以用来钝化薄膜生长界面；

（3）降低等离子体的轰击能量，改善薄膜质量；

（4）阻止寿命较短的原子团到达薄膜生长表面，这些原子团往往是引发薄膜内部缺陷、造成薄膜质量下降的原因；

（5）避免复杂原子团和粉末的形成。

一般认为 SiH$_2$ 对材料的稳定性有不利的影响。SiH$_2$ 的产生需要高能量的电子，所以高功率条件下沉积的材料一般稳定性都不好。二级或高级化学反应过程中易于产生高硅烷或大质量颗粒，高硅烷对材料的质量和稳定性也有负面影响。高硅烷导致材料中含有 SiH$_2$ 和多氢集团，使材料在光照条件下容易产生缺陷态。大质量颗粒一方面导致材料中含有微空洞和高缺陷态密度，另一方面导致反应室内粉尘的累积，增加反应系统的维护费用。所以反应腔室内产生的无论是 SiH$_2$ 还是高硅烷，都会对材料的质量产生负面影响。在材料的优化过程中要考虑这两方面的影响。

表面化学反应是非晶硅沉积过程中的一个重要部分。从等离子体中出来的中性粒子和带电离子到达生长表面后，部分与表面的化学键结合形成固体材料，部分从表面返回到气体中。在生长过程中，硅材料表面的硅原子大部分与氢原子成键而饱和，而部分表面硅原子形成悬挂键。到达表面的中性粒子（以 SiH$_3$ 为例）和带电的离子在生长表面做扩散运动。它们可以与表面悬挂键成键，另外它们可以除掉表面的氢原子而与表面的硅成键。影响表面反应的主要因素是衬底的温度。为了增加粒子的表面扩散系数，衬底的温度需要升高。但过高的衬底温度会使生长表面氢的覆盖度降低，同时薄膜中的氢也会扩散出来，所以过高的衬底温度下生长的非晶硅中氢含量相对较低，存在过高的缺陷态。相反在低温下，虽然非晶硅中含有足够高的氢含量，但是由于粒子的表面扩散系数太低，因此材料中的无序度太高，并且缺陷态也会升高。所以优化衬底温度是优化非晶硅材料质量的一个重要环节。一般情况下，根据其它沉积参数，非晶硅的衬底温度在 150～350℃。在低速沉积过程，优化的衬底温度可以相对低一些。例如，在小于 1 Å/s 的沉积速度下，衬底温度可以小于 200℃。在高速沉积条件下，到达衬底表面的粒子需要更快的表面扩散速度，因此优化的衬底温度相对较高。例如，在大于 10 Å/s 的生长速度下，衬底温度需要大于 300℃。另外，生长表面氢覆盖率与反应室中的氢稀释度有关。高氢稀释度条件下，生长表面氢覆盖率相对较高，所以衬底温度可以相对较低。

非晶硅中的氢含量与衬底温度有直接的关系，在一定的条件下，氢含量随着衬底温度的增加而减少。由于氢含量直接影响非晶硅的禁带宽度，所以通过优化衬底温度可以调整材料的禁带宽度。衬底温度对于非晶锗硅合金材料的影响更为明显，由于 GeH$_3$ 比 SiH$_3$ 重，在生长表面的扩散系数小，所以非晶锗硅材料的沉积温度通常要比非晶硅高。另外，Ge-H 的键能比 Si-H 的键能低，所以非晶锗硅中缺陷态密度比较高。降低非晶锗硅合金材料中的缺陷态密度是提高非晶硅基多结太阳能电池效率的重要环节。

5.3.3　等离子增强化学气相沉积

图 5.11 是 RF PECVD 工艺腔室和相关部分的示意图。首先用真空泵将腔室抽成真空，然后将含硅的气体(如硅烷和氢气的混合气体)通入真空腔室。腔室内部有两个电极，通过它们对腔体施加射频电压，在腔室中产生等离子体。产生的等离子体激发并分解气体产生原子团和离子。在电极上预先沉积上需要的衬底材料，随着原子团和离子向电极上扩散，在衬底上就沉积了一层 a-Si 薄膜。由于薄膜表面的吸附原子情况和表面扩散情况都与温度有关，因而可以通过调节衬底的温度来优化 a-Si 薄膜的生长质量。

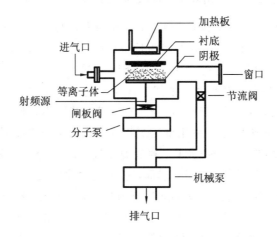

图 5.11　射频等离子体化学气相沉积设备结构图[22]

一个完整的 PECVD 系统通常包含以下几个主要部分：① 气体传输部分(气瓶、调压器、大流量控制器、每种气体对应的气阀)；② 沉积腔室，内部装有电极(电极上预先沉积需要的衬底材料)、衬底加热装置和射频电源装置；③ 真空泵装置，通常包括一个机械泵和一个分子泵；④ 气压控制系统，包括电容压力计、电离真空计、热偶真空计和减压阀，用来控制和监测腔室内的气压；⑤ 排气系统，用来排除废气(典型的方法是采用化学洗涤剂来中和废气或者使用燃烧箱使废气裂解)。在多腔室系统中还需要转移装置将真空系统中的衬底材料在不同腔室间通过闸板阀进行转移。所有这些过程都可以通过仪器控制面板来进行操作实现，并对腔室真空度进行读取和控制。

采用 PECVD 工艺生长薄膜有以下几个流程：源气体扩散，电子碰撞离解，气相化学反应，原子团扩散和沉积。要制备高质量的 a-Si 薄膜，生长过程中的各项工艺参数的最优经验值如表 5.3 所示。表中均为经验数据，与当时结果发表时的实验条件相对应。

表 5.3　最优的 a-Si:H 薄膜生长条件的工艺参数

变化范围	气压 /Torr	射频源密度 /(mW/cm²)	衬底温度 /℃	电极间距 /cm	有效气体流速 /(sccm/cm²)	H₂的 稀释度
最大值	2	100	350	5	0.02	100
中间值	0.5	20	250	3	0.01	10
最小值	0.05	10	150	1	0.002	0

注：① 有效气流(如 SiH_4、GeH_4 或 Si_2H_6 的混合气体)流速定义为单位衬底面积(电极＋衬底＋腔室内壁)上的气体流量；

② H_2 的稀释度定义为 H_2 在有效气流中所占的比例(如 H_2/SiH_4)。

沉积时气压一般为 0.05～2 Torr。较低的气压有利于形成均匀的薄膜，较高的气压则一般用于制备微晶硅薄膜。研究人员更多的是采用 0.5～1 Torr 的气压来沉积 a-Si 薄膜。射频电源的功率密度一般通过一个电容耦合反应器设定为 10～100 mW/cm^2。低于 10 mW/cm^2 的射频电源不足以产生并维持生长所需的等离子体，高于 100 mW/cm^2 的射频电源则会形成硅的聚合氢化物，继而污染 a-Si 薄膜。若因为条件需要不得不使用大功率的射频电源(例如需要快速生长)，采用低压沉积或者降低氢的浓度可以减轻这个问题。

衬底的温度一般设定为 150～350℃。衬底温度较低时，a-Si:H 薄膜中的氢组分较多，这将会轻微地增加 a-Si:H 的禁带宽度。然而，较低的衬底温度(<150℃)会加速硅的聚合氢化物的形成，除非采用高氢掺杂。衬底温度较高时，a-Si:H 薄膜中的氢组分较少，a-Si:H 的禁带宽度略为减小，这是由于生长薄膜表面吸附原子的扩散系数具有热致增强效应所导致的。可以推知在较高的温度下 a-Si:H 的晶格网络更为理想，因为只需少量氢就可以填充其内部的悬挂键。研究人员通过利用衬底温度对禁带宽度的这种影响来制作器件，具有较高禁带宽度的材料适合作为三结结构太阳能电池的顶层[26, 27]，较窄禁带宽度的材料适合用于制作 a-Si/a-SiGe 串联电池中的 i 型吸收层，提高光的吸收效率。然而，若衬底温度过高(>350℃)，薄膜的质量会严重退化，这是由于高温影响了氢对非晶硅中悬挂键的钝化作用。

射频辉光放电反应器中的电极之间的距离一般为 1～5 cm。间距越小，生长的薄膜的均匀性越好；间距越大，等离子的维持越容易。通入气流的流速取决于沉积的速率和反应器面板的面积。气流中的一部分硅原子直接在衬底或腔室壁上沉积下来，剩下的作为废气被真空泵抽出。生产厂家一般更愿意通过控制生长条件(如采用较低的气流流速，增大射频电源的功率)来提高硅的利用率，然而这样做是以牺牲薄膜的质量为代价的。

射频辉光放电反应器的射频电源的标准频率为 $f=13.56$ MHz，这也是美国和国际上规定的标注的工业生产的频率。然而在实际应用过程中所采用的射频源的频率范围非常广，从直流($f=0$)、低频(f 在 kHz 量级)、超高频(Very High Frequency，VHF，$f \approx 20\sim$

150 MHz）到微波频段（Microwave Frequency，MW，$f=2.45$ GHz）。美国的 RCA 实验室早期采用直流辉光放电沉积技术来沉积 a-Si 薄膜，不过由于这种方法制备的电池性能太差，现在一般不采用它来制备 a-Si：H 电池。交流辉光放电沉积技术（包括 RF、VHF 和 MW PECVD 技术）应用日益广泛，这得益于这些技术可以很方便地产生和维持等离子体，并且离化效率高。其中 VHF 和 MW 技术尤其得到了人们的关注，因为它们的生长速率特别高，并且除了 a-Si，它们还可以用来生长微晶硅和多晶硅的薄膜。下面具体介绍这两种 a-Si 的沉积技术。

Universit'e de Neuchatel[28] 大学首次提出 VHF 等离子体可以用来高速率生长 a-Si 薄膜。这种工艺使得快速（大于 10 Å/s）生长 a-Si 薄膜成为可能。这种工艺还有一个优点就是不会产生硅的聚合氢化物的粉末，此前这一直是一个令人头疼的问题，即在低频条件下，为了提高生长速率提高射频源的频率的同时，聚合氢化物的粉末也会增加，进而污染 a-Si 薄膜。研究人员用 VHF 工艺已经制备出了高质量的 a-Si 薄膜和优良性能的器件[29]。表 5.4 对比了四个采用 RF 和 VHF（其它条件均相同）工艺制备 i 型层的单结 a-Si：H 电池，可以发现无论是在效率方面还是稳定性方面，VHF 工艺制作的器件性能都要优于 RF 工艺制作的器件。

表 5.4　采用 RF 和 VHF 工艺以不同的生长速率制备 i 型层所得到的
pin 电池的性能对比

激励频率/MHz	生长速率/(Å/s)	初始效率/(mW/cm²)	退化程度/%
RF(13.56)	0.6	6.6	14
VHF(70)	10	6.5	10
RF(13.56)	16	5.3	36
VHF(70)	25	6.0	22

从表 5.4 中可以看出，在高生长速率方面，VHF 工艺要优于 RF 工艺，在极大地提高了生长速率的同时，电池的初始效率并没有太明显的下降。

尽管 VHF 工艺有以上所述的种种优点，但实际大规模生产应用中还没有得到广泛应用，原因有两个方面：① 实际生产中需要在很大的面积上沉积一层均匀的 a-Si 薄膜，而当电极的尺寸大到足以和射频电磁波的波长相比拟时，衍射和干涉等波动效应会影响电极上的薄膜生长，最终影响 a-Si 薄膜的均匀性；② VHF 耦合困难。将 VHF 电源从发电机耦合到大面积电极上十分困难，不过很多研究人员正在从事这方面的研究并且取得了很大进展[30]。

微波（MW）等离子体沉积工艺采用更高频率的射频源，因而其生长 a-Si 薄膜的速度比 VHF 工艺还要快。如果让微波等离子体沉积工艺产生的等离子体直接和衬底材料接触，生长的 a-Si 薄膜的光学和电学特性都非常差，至少和 VHF 工艺生长的 a-Si 薄膜相比是这样，因而无法应用于制作电池的吸收层。研究人员通过改进工艺，发明了非接触式微波等离子体沉积工艺[31]，采用这种工艺成功地生长出了高质量的 a-Si 薄膜。在非接触式微波等离子体沉积工艺过程中，衬底材料和等离子体分离，微波等离子体先用来激发和分解中间气体如 He、Ar 和 H_2，再让这些高能中间气体通过衬底表面，这些高能中间气体将 SiH_4 或 Si_2H_6 分解，在衬底和腔室壁上形成 a-Si 薄膜。通过这种非接触式的工艺，可以维持 SiH_3 原子团的浓度，同时其它的原子团（SiH_2、SiH 等）的浓度可以降到最低，美中不足的是这种方法降低了 a-Si 薄膜的生长速率。

美国的联合太阳能公司和日本的佳能公司对微波等离子体沉积工艺都有研究。总的来说，MW 工艺制备的 a-Si 薄膜在结构和光电学特性上来看总体要差于 RF 工艺制备的 a-Si 薄膜，然而其超高的生长速率是其它工艺（如 RF、VHF 工艺）望尘莫及的。

5.3.4　热丝化学气相沉积

热丝化学气相沉积（Hot-Wire Chemical Vapor Deposition，HWCVD）的基本原理很简单，金属丝被加热至 1500～2000℃之后即可将硅烷气体进行热分解。最初人们认为该过程中没有离子产生，因而不存在由于离子轰击薄膜表面对非晶硅薄膜质量产生的影响。然而 Sung-Soo Lee 等人[32] 在它们 2008 年发表的一篇文章中指出在该工艺过程中是存在着带电粒子的，并且这些带电粒子在沉积过程中发挥着重要作用。但即使有离子产生，热丝化学气相沉积中的离子的轰击能量也要比其它沉积工艺低得多，相对来说对薄膜的轰击作用很小。为了提高其生长速率，硅烷的流速、热丝的温度、热丝与衬底之间的距离和灯丝的数目等是关键。

HWCVD 首次问世之后的几年，Mahan 等人[33] 改进了沉积工艺，使得其生长的 a-Si 薄膜质量大大提高，掀起了世界范围内对这种可以快速生长高质量的非晶和微晶硅薄膜的工艺技术的研究热潮。

HWCVD 的工艺装置如图 5.12 所示。在 HWCVD 工艺流程中，首先将硅烷气体或和其它气体（如 H_2 或 He）的混合气体通入腔室，反应气体被加热灯丝加热至 1800～2000℃，在高温的作用下源气体在热丝催化作用下分解为原子团和离子。这些含硅的原子团在腔室内部扩散，沉积在腔室内部距加热灯丝几个厘米处的衬底上，衬底温度一般为 150～450℃。Mahan 等发现采用 HWCVD 工艺制备的 a-Si 薄膜与采用 RF PECVD 工艺制备的 a-Si 薄膜比较而言，其氢组分相对较低，光致退化效应也相对较小。据报道，采用 HWCVD 工艺制备的 a-Si 材料充当 i 型层的 pin 电池的初始效率可达 10%左右[34,35]。由于这些优势，HWCVD 非常为人们所看好，尽管还未能大规模应用于工业生产，但其超高的生长 a-Si:H 和 a-SiGe:H 薄膜的速率[36] 仍然为人们所关注。

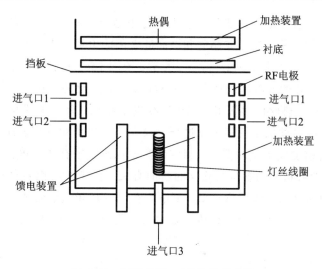

图 5.12 HW CVD 工艺装置示意图

表 5.5 给出了不同工艺条件下 HWCVD 生长 a-Si∶H 薄膜的生长速率和特性参数,从表中可以看出:① 衬底温度对生长速率的影响非常明显,对比 A1、A2、A3、A4 和 B2、B3、B4 均可以看出,衬底温度越高,生长速率越快;② 源气体的流速也会影响生长速率,对比 A1 和 D 可知,SiH₄ 流速越大生长速率越快,而 A2 和 B2 对比可知 H₂ 流速越大生长速率越慢;③ 可以通过控制 SiH₄ 和 H₂ 的流速比来控制生长的非晶硅薄膜中的 H 组分,进而调节禁带宽度。

表 5.5 不同工艺条件下 HW CVD 生长 a-Si∶H 薄膜的生长速率和特性参数

样片编号	SiH_6 流 /sccm	H_2 流 /sccm	衬底温度 /℃	生长速率 /(Å/s)	H 组分含量 /%	禁带宽度 E_g /eV
A1	105	0	100+	700	>10	~1.9
A2	105	0	200+	460	12	1.74
A3	105	0	300+	240	10	1.63
A4	105	0	400+	240	6	1.61
B2	105	100	200+	180	19	1.78
B3	105	100	300+	200	7	1.62
B4	105	100	400+	150	3	1.63
C	70	0	175+	200	8	1.63
D	140	0	100+	800	>8	~1.9

注:所有样品生长过程中热丝的温度均为 2000℃。

用热丝化学气相沉积法制备非晶硅基太阳能电池已经有 20 多年的历史，许多研究机构都用热丝化学气相沉积法制备非晶硅和微晶硅太阳能电池，其中比较有代表性的有美国国家再生能源实验室、德国 Kaiserslautern 大学、德国 Juelich 研究中心和荷兰 Utrecht 大学。虽然它是一种很好的薄膜沉积技术，但还没有得到广泛的应用，特别是没有在生产上得到应用。究其原因，热丝化学气相沉积法存在以下缺点：首先加热丝可能对沉积的材料产生污染。理论上讲热丝化学气相沉积过程中没有高能离子对沉积表面的轰击，所制备非晶硅材料中缺陷态密度应当相对低，但测试确实发现薄膜中有残留钨存在，其含量可高于 10^{18} 原子$/cm^3$。一般残留钨的含量与热丝的新旧有关，新热丝沉积的材料中钨的含量比较高，而旧热丝沉积的材料中钨的含量低。不过现在可以在新热丝安装后将热丝加热到比材料沉积时热丝温度还要高的温度，将热丝表面的氧化钨蒸发掉，从而降低非晶硅中钨的含量。经过这样的处理，非晶硅中钨的含量可以降低到二次粒子谱测量极限以下的水平。这时残留钨对非晶硅的特性没有影响。另一个问题是热丝的寿命。当热丝温度不是特别高时。在热丝表面容易形成金属硅化物，由于金属硅化物容易使热丝断裂，所以钨丝的寿命取决于金属硅化物的形成。一般来讲金属硅化物容易在热丝的两端形成，因为那里的温度低于热丝中间的温度。为了增加热丝的寿命，人们进行了许多不同的工程设计。比如在热丝的两端安装上额外的氢气或惰性气体出口来降低硅烷在热丝两端的浓度，从而降低金属硅化物的形成，延长热丝的寿命。最后，热丝化学气相沉积法生长的薄膜的均匀性比射频等离子体化学气相沉积法要差，制备的非晶硅电池的性能也没有后者高。综上所述，想要在工业生产中争得一席之地，热丝化学气相沉积法在器件设计和界面控制方面还有许多工作要做。

除了 PECVD 和 HWCVD 这两种主流技术外，人们还开发了许多其它的 a-Si 薄膜沉积工艺，由于种种原因这些方法还没有得到广泛的应用。这些方法包括：① 反应溅射沉积，采用氢气和氩气的混合气体轰击靶硅，将硅靶中的材料沉积到衬底上，形成非晶硅或微晶硅；② 电子束蒸发，由于电子束蒸发过程中没有氢气，所以沉积的材料要进行氢化处理来降低材料中的缺陷态密度；③ 自发的化学气相沉积；④ 利用紫外光激发和汞敏化技术的光诱导化学气相沉积法；⑤ 脉冲激光沉积（Pulsed Laser Deposition）。这些沉积工艺中的绝大多数与 PECVD 制备的薄膜和电池相比，都只能得到质量很差的 a-Si 薄膜，电池效率也远低于前者，因而无法应用于大规模的 a-Si 电池的生产制造。

5.3.5　微晶硅沉积技术

如前所述，微晶硅和纳米硅其实本质上指的是同样的材料，是指硅薄膜材料中含有一定的小晶粒。尽管其中晶粒的大小在纳米量级，但在早期的研究中人们还是称其为微晶硅。后来随着纳米科学的蓬勃发展，人们开始称其为纳米硅。也有人将晶粒小的材料称做纳米硅，而将晶粒稍大的材料称做微晶硅。但目前没有统一的规定，在文献资料中微晶硅和纳米硅是混用的。在后文中统一用微晶硅这一称谓。

快速生长高质量的微晶硅薄膜无论是在实验室研究还是公司生产过程中均具有非常重要的意义。实际上，由于微晶硅的吸光系数不是很高，往往需要超过 1 μm 的微晶硅吸收层才能够将太阳光中的红光部分有效吸收，而在工业制造中大规模生产的 a-Si/uc-Si 多结非晶硅太阳能电池中的非晶硅层一般只有 0.3 μm 甚至更薄，因而在流水线作业中，太阳能电池的产量主要受限于微晶硅的产量，高生长速率显得越发重要。生长速率上去了，产量才会提高，成本才会下降，才能进一步产业化。为了解决这个问题，人们提出了很多解决的方法，发明了各种各样的生长工艺，其中主要的两种就是前面提到的 HWCVD 和 PECVD。在 PECVD 工艺中，人们尝试用不同的等离子体源来进行非晶硅薄膜的生长，常见的有高频/超高频电容耦合等离子体、热等离子体、密度高但是气压低的电感耦合等离子体、表面微波等离子体、电子回旋共振等离子体等，采用不同的等离子体源，生长速率和薄膜质量会有显著差异，下面详细介绍这些等离子体源。

射频电容耦合等离子体（Radio-Frequency Capacitively Coupled Plasmas，RF-CCP）是一种最简单的产生等离子体的设备：两块平行板电极组成的一个电容器，上面再加上一射频电压（一般标准值为 13.56 MHz），就可以产生等离子体。然而这种简单的设备在常压（几百 mTorr）下产生的等离子体数目相当有限，用来制备 a-Si 薄膜其生长速度仅为 1~2 Å/s，无法满足大规模生产的需求。

为了提高生长速度，人们需要提高射频源的功率来促进硅烷气体的分解。然而随着射频源功率的提高，电容极板上的电压增大，等离子体的能量也增大，高能量的离子轰击生长薄膜表面，使得薄膜的缺陷增加，质量变差，电池的效率降低，光致退化也更严重。

为了解决这个问题，人们采用增大反应室气压的方法来减小等离子体的轰击能量，气压典型值为 1~10 Torr，等离子体能量经过和源气体分子的碰撞后能量降低，从而避免了等离子体能量过大导致的薄膜质量较差问题。在高气压、高功率密度、喷淋气流和小电极间距下沉积微晶硅膜。在这种模式下沉积，不仅提高了微晶硅薄膜的生长速率，而且提高了微晶硅薄膜的致密度和质量。源气体硅烷或乙硅烷也得到了充分的分解和利用，几近耗尽模式。我们称这样的一个高压区域为高压耗尽区（High Pressure Depletion region，HPD）。

采用高压耗尽区技术进行非晶硅薄膜的沉积已经为人们普遍接受，无论是在实验室中进行少量研究还是工厂中的大批量生产，增大气压均可以显著改善薄膜质量。

表 5.6 给出不同时期的高压耗尽沉积工艺参数与电池效率的关系。从表中可以看出，生长速度越高，薄膜质量越差，制得的电池的效度越低。随着技术的进步，生长速度和电

池效率都越来越高，但生长速度和薄膜质量、电池效率之间的矛盾关系仍然存在，表现为在同一时期及同样的工艺水平条件下，生长速度较高的电池效率相对较低，生长速度较低的电池效率则相对较高。

表 5.6　不同时期的高压耗尽沉积工艺参数与电池效率的关系

时　间	1998	2001	2001	2003	2003	2006	2006	2006
气压/Torr	4	1～8	1～8					
生长速度/(Å/s)	9.3	9	6	12	60	10	20	5
温度/℃	350	<200						
电池效率		6.2%	7.1%	8.1%		9.2%	7.9%	10%
文献	[37]	[38]	[38]	[39]	[39]	[40]	[40]	[40]

超高频电容耦合等离子体(VHF-CCP)的基本结构和射频电容耦合等离子体(RF-CCP)完全相同，只是激励频率更高，一般典型值为 27～300 MHz，更高频率的射频激励使得硅烷气体的分解作用更加剧烈，产生的等离子体密度更高，生长速度随之增加。比 VHF-CCP 生长速度更高的是微波等离子体，其激励频率更高，标准值为 2.45 GHz，生长速率极快。

热膨胀等离子体又称为等离子体喷射流，是荷兰 Einghoven 大学首先开发的，其发生装置的基本结构为一个低压(一般为几百 mTorr)的沉积腔室加一个产生等离子体的高压(几十到上千 Torr)小管道或者喷嘴，等离子体来源于射频辉光放电或者直流串联电弧，产生的高压等离子体注入低压腔室使硅烷反应。该工艺的特点是等离子体产生区和薄膜沉积区是分离的，产生的等离子体在到达衬底表面时基本上是自由离子，因而生长出的非晶硅薄膜质量非常好。

电子回旋共振等离子体(Electron Cyclotron Resonance plasmas，ECR)的发生装置为一个被电磁铁环绕的电子回旋共振腔室，腔室上有一个电介质窗口，微波通过该窗口经由波导传输进来。通过适当调节电磁铁的磁性强弱和入射的微波频率，腔室中就会产生回旋共振的等离子体。其原理就是电子回旋加速器的原理，电子被加速到一定能量后，就可以将回旋共振腔室中的硅烷分解产生等离子体，然后扩散至衬底表面形成非晶硅薄膜。由于不是等离子体直接轰击衬底成膜，因此可以通过调节衬底电压来控制等离子体的能量，进而控制薄膜的生长速率和质量。图 5.13 给出了一个常见的 ECR 发生装置图。

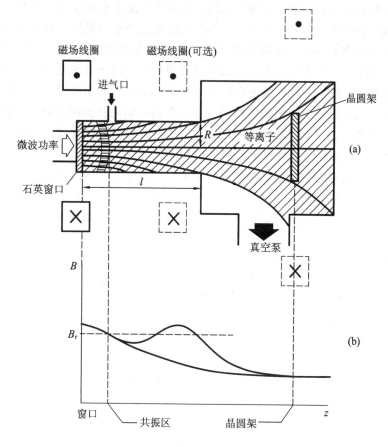

图 5.13　ECR 等离子体发生装置图[41]

5.3.6　硅基薄膜材料的优化

硅基薄膜材料的质量和特性与制备条件密切相关，通过优化工艺条件提高薄膜质量从而提高太阳能电池的效率，同时提高生长速率，增大产量从而降低成本是所有非晶硅电池公司永恒的目标。然而各种气相沉积过程中包含许多参数，如反应室气体压力、辉光功率、衬底温度和气体流量等。这些参数相互影响，而且各个反应系统的结构都不一样，在特定的条件下从特定系统中得到的一组优化参数不一定适用于其他系统。所以硅基薄膜制备条件的优化经过了几十年的研究后仍然还有许多需要改进的地方。

首先讨论衬底温度的优化。在各种沉积方法中衬底温度都是决定非晶硅薄膜质量的重要参数。衬底温度的高低可从两方面来考虑。一方面升高衬底温度有助于增加到达衬底表面的粒子和离子在生长表面的扩散系数，使粒子和离子在生长表面可以扩散足够的距离，从而找到能量较低的位置。从这个角度来讲,升高衬底温度有助于提高材料的质量,即降低缺陷态和微空洞的密度。另一方面,过高的衬底温度会使非晶硅中的氢含量降低,从而使材料中缺陷态的密度升高。这两个相反的效应使得非晶硅的沉积有一个最佳的衬底温度,通常这个最佳温度在 200～300℃。最佳衬底温度还取决于其它参数,首先最佳衬底温度与生长速度有关,高速沉积需要较高的衬底温度。在高速沉积过程中,在生长表面的粒子和离子需要有较大的表面扩散速度使其能在较短的时间内找到能量较低的位置。其次在较高的氢稀释条件下,大量的氢原子覆盖在生长表面,它们可以有效地增加粒子和离子的表面扩散系数。在此条件下最佳衬底温度可以相对较低。

非晶锗及非晶锗硅的最佳衬底温度要比非晶硅高,其原因是锗氢粒子比相应的硅氢粒子重。特别是在高速锗硅合金的沉积过程中衬底温度的优化尤为重要,较重的锗氢粒子和高速沉积都需要较高的衬底温度,而锗氢键又比硅氢键弱,过高的衬底温度会使得材料中存在很高的锗悬挂键。由于这个原因,非晶锗硅合金中缺陷态密度比非晶硅中高,而且随着锗含量的增加而增加。不同的沉积方法中最佳反应室的压力相差很大,如表 5.7 所示。

表 5.7　常见生长工艺中的最佳反应室气压

工艺名称	射频辉光等离子体沉积	微晶硅沉积工艺	热丝化学气相沉积	微波等离子体沉积	电子共振等离子体沉积
最佳反应室气压	1 Torr	5～10 Torr	几 mTorr 到几十 mTorr	几 mTorr 到几十 mTorr	几 mTorr

由于目前在非晶硅基薄膜电池沉积过程中普遍应用的方法是射频和超高频辉光等离子体,而这两种方法本质上是相同的,所以这里主要讨论在辉光等离子体沉积过程中的最佳压力。压力的选择要考虑等离子体的稳定性。能够保持稳定等离子体的最低功率与反应室中的压力和阴极与衬底间距的乘积有关,通常条件下较小的阴极与衬底间距需要较高的压力,而较大的阴极与衬底间距需要较低的压力。另一决定最佳压力的因素是氢稀释的程度。纯硅烷等离子体需要较低的压力,而高氢稀释的硅烷等离子体需要较高的压力。一个简单的指导思想是在增加氢稀释的同时保持反应腔室内硅烷的分压不变。

5.3.7　非晶硅太阳能电池生产流程及产业化

非晶硅太阳能电池的生产工艺流程为:导电玻璃精细处理(Washing of Glass Substrate)→激光切割(Laser Scribing)→超声波清洗(Ultrasonic Cleaning)→PECVD→激光切割(Laser Scribing)→真空溅射(Vacuum Sputtering)→激光切割(Laser Scribing)→超声波焊接(Connection)→初检测(Pre-test)→层压封装(Encapsulation)→接线盒安装(Junction Box Installation)→检测(Test)→后整理(Processing)→包装入库(Packing/Storing)。

非晶硅薄膜太阳能电池片整套生产线由物料搬运系统和合成设备组成。该生产线还应包括分析检验中心和一系列品质监测设备，以确保生产出高品质、低成本的产品。除了主生产线外，还配套有安全、高效的气体供应设施以及完整的气体监控除害系统，以满足安全运营和环保的要求。

非晶硅薄膜太阳能电池所需原料主要有基板玻璃、TCO 导电玻璃以及 SiH_4、PH_3、TMB 等特殊气体，使用的其它气体还有 N_2、O_2、He、H_2、Ar、NH_3、CH_4 以及压缩空气、天然气等。物理气相沉积(PVD)使用的靶材有 ZnO、Al、Ag 等。

组件线又叫封装线，封装是太阳能电池生产中的关键步骤，没有良好的封装工艺就生产不出好的组件板。电池的封装可以使电池的寿命得到保证，同时还增强了电池的抗击强度。产品的高质量和高寿命是使客户满意的关键，所以组件板的封装质量非常重要。电池组件的原材料有背板玻璃、PVB 胶片、接线盒等。

非晶硅薄膜太阳能电池制造设备占一条薄膜太阳能生产线总成本的70％以上，而在整个薄膜太阳能生产线中最关键的设备是非晶硅薄膜沉积设备，占据了设备总成本的主要部分。其中最简单的是单室设备，也就是非晶硅电池的 pin 层都在同一反应室中沉积。设备的优点是成本低，运行稳定；缺点是气体存在交叉污染。由于设备的成本低，所以相应的太阳能电池的成本低，投资方可以在较短的时间内将投资收回。单室设备的最大问题是反应气体的交叉污染。电池的简单结构是 pin，其中 p 层的生长过程中需要含硼的气体，常用的气体是硼烷、三甲基硼或三氟化硼。在沉积完 p 层后，反应室中总是会有一定的含硼的残留气体，这些含硼的残留气体会影响本征层的质量。同样 n 层的沉积过程中需要含磷的气体，如磷烷(PH_3)，在沉积完 n 层后，残留的含磷气体也会对下结电池的 p 层产生一定的影响。为了将交叉污染的影响降低，在每层沉积后要用氢气对反应室进行冲洗。

虽然单室设备存在反应气体交叉污染的问题，但是由于设备造价低、运行稳定等特点，单室设备还是吸引了许多公司的重视。如果在技术上能有效地控制减少掺杂气体的交叉污染，那么利用单室反应系统就是降低生产成本的有效方法。

多室反应系统是生产高效硅基薄膜电池的重要手段。多室系统可以有效地避免反应气体的交叉污染，降低本征层中的杂质含量，提高太阳能电池的效率。同时，电池的不同层可以同时沉积。多室系统的缺点是设备成本高，需要维护的部件多，维护费用也是一笔不菲的开支，不是一般的小公司能够承受得起的。对于生产规模较大的企业，多室分离沉积系统仍然是以玻璃为衬底的硅基薄膜太阳能电池的重要沉积设备。包括美国应用材料公司(Applied Materials)在内的一些主要半导体设备企业已开始研究和开发为薄膜硅太阳能电池生产用的大型等离子体辉光放电沉积设备。

非晶硅薄膜太阳能电池所具有的技术特点使其有着广阔的市场前景。但由于薄膜光伏产业发展所需的大尺寸导电玻璃、主要气体原料以及薄膜电池的生产设备等都依靠进口且价格昂贵，使得项目总投资巨大，融资压力大。特别要指出的是，由于核心技术都被国外垄断，具有我国自主知识产权的技术非常缺乏，导致对外依存度过高，使行业发展面临瓶颈，成本居高不下，大量增值利润被拥有技术优势的国家赚取。因此，必须通过掌握核心工艺技术、核心装备技术和核心管理模式来形成核心竞争力，提高非晶硅薄膜太阳能电池技术的主导权和市场话语权，提高整个产业的长期竞争力，降低中远期风险，占领更大的技术转让、设备制造市场[42]。

5.4 非晶硅太阳能电池常见结构及其工作原理

非晶硅基薄膜太阳能电池从诞生到现在已经发展了近40年了，期间人们设计出各种各样结构的电池来提高能量转换效率，然而无论结构怎么变化，其基本结构仍然是pin的基本结构，这是由非晶硅的基本特性决定的。单结非晶硅pin电池自不必说，多结非晶硅电池也是将两个或以上的pin电池进行连接得到的。下面将分为单结非晶硅基薄膜太阳能电池和多结非晶硅基薄膜太阳能电池两小节来介绍非晶硅太阳能电池的常见结构及其工作原理。

5.4.1 单结非晶硅薄膜太阳能电池的结构及工作原理

1. pin 和 nip 结构及其工作原理

非晶硅材料中载流子的迁移率和寿命都比在相应的晶体材料中低很多。载流子的扩散长度也比较短，选用通常的PN结的电池结构，光生载流子在没有扩散到结区之前就会被复合。如果用很薄的材料，光的吸收率会很低，相应的光生电流也很小。为了解决这一问题，硅基薄膜电池采用pin结构（对于透明衬底）或者nip结构（对于不透明衬底）。

pin电池结构如图5.14(b)所示。首先在玻璃衬底上沉积透明导电膜(TCO)，透明导电膜有两个作用，其一是让光通过衬底进入太阳能电池，其二是提供收集电流的电极（称顶电极）；然后依次沉积p型、i型、n型三层非晶硅薄膜，接着再蒸镀金属电极铝/钛(Al/Ti)。它具有以下优点：① pin结构是利用p层和和i层形成的体结，因而能避免金属和非晶硅之间的界面状态对电池特性的影响，这样制备电池的重复性好，性能稳定；② 电池的各层全部由非晶硅构成，材料便宜，工艺简便且可连续生产；③ 设计的灵活性大。正因为pin结构有这些优点，所以近几年来人们主要集中于pin电池的研究，出现了各种形式的pin结构，电池转换效率大为提高。

与pin结构相对应的是nip结构，如图5.14(c)所示。这种结构通常是沉积在不透明的衬底上，如不锈钢和塑料。由于硅基薄膜中空穴的迁移率比电子的要小近两个数量级，所以硅基薄膜电池的p区应该生长在靠近受光面的一侧。以不透光的不锈钢衬底为例，制备电池结构的最佳方式应该是nip结构。首先在衬底上沉积背反射膜。常用的背反射膜包括

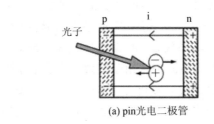

(a) pin光电二极管

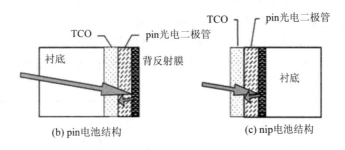

(b) pin电池结构　　　　　　　(c) nip电池结构

图 5.14　透明衬底 pin 结构电池和 nip 不透明衬底电池结构图[22]

银/氧化锌（Ag/ZnO）和铝/氧化锌（Ag/ZnO），考虑到成本因素，银/氧化锌常用在实验室中，而铝/氧化锌多用在大批量太阳能电池的工业生产中。在背反射膜上依次沉积 n 型、i 型和 p 型非晶硅或微晶硅材料，然后在 p 层上沉积透明导电膜 TCO。透明导电膜也可以用氧化铟锡（ITO）材料，不过由于 ITO 膜的表面电导率不是很高，加上为了减小入射光的反射损失，厚度做得很薄，一般仅为 70 nm，导电性进一步降低，所以一般要在 ITO 面上添加金属栅线，以增加光电流的收集率。

　　与 pin 结构相比，nip 结构有以下几个特点。首先是先在背反射膜上沉积 n 层，由于通常的背反射膜是金属/氧化锌，氧化锌相对稳定，不易被等离子体中的氢离子刻蚀，所以 n 层可以是非晶硅或微晶硅。另外，电子的迁移率比空穴的迁移率高得多，所以 n 层的沉积参数范围比较宽。其次，p 层是沉积在本征层上的，所以 p 层可以用微晶硅。使用微晶硅 p 层有许多优点。首先微晶硅对短波吸收系数比非晶硅小，所以电池的短波响应好；其次微晶硅 p 层的掺杂效率比非晶硅高，相应的电导率高，使用微晶硅 p 层可以有效地提高电池的开路电压。

　　nip 结构也有一些缺点。首先，由于要在顶电极 ITO 上加金属栅电极来增加其电流的收集率，所以电池的有效受光面积会减小；其次，由于 ITO 的厚度很薄，而 ITO 本身很难具有粗糙的绒面结构，所以这种电池的光散射效应主要取决于背反射膜的绒面结构，因此对背反射膜的要求比较高。

　　无论是 pin 还是 nip 结构电池，其工作主体还是中间层的 pin 光电二极管，下面就来详细讨论 pin 光电二极管的工作原理。

　　a-Si：H pin 型结构是伴随 a-Si：H 的发展而产生的一种电池结构，它与晶体硅太阳能电池的主要差别是增加了一个本征层——i 层，这也是由非晶硅的特性导致的必然结果。在非晶硅材料中，由于载流子的迁移率较低，扩散长度很短，光生载流子一旦产生，如果该处或邻近没有电场存在，则这些光生载流子由于扩散长度的限制将会很快复合而不能被收集。前面在讲非晶硅的掺杂时也提过，掺杂会在非晶硅中引入缺陷，p 型和 n 型非晶硅的缺陷密度高，光生载流子复合速率较高，它们只能在非晶硅电池中用来建立内建电势和欧姆接触，而不能用作光吸收层。这就是为什么非晶硅太阳能电池要依靠本征层吸收阳光，必须采用 pin 结构的原因。因此要有效地收集光生载流子，就要求：① 必须采用本征 i 层吸收光子；② 在非晶硅太阳能电池中光注入所及的整个范围内尽量布满电场。在 pin 结构的电池中，由 PN 结的理论可知，空间电荷区主要分布在掺杂浓度较低的那一侧，因此无论是 PI 结还是 IN 结其空间电荷区主要都是在 i 区一侧，加上 i 层可以做得很薄，由 PI 结和 IN 结形成的内建电场几乎跨越整个本征层，该层中的光生载流子完全置于该电场之中，一旦产生即可被收集，从而 pin 结构可以明显地提高电池效率。显然，这同时也要求本征层有较高的光生载流子产生率、低缺陷态密度和合适的厚度，制备高质量的 i 层以及寻找合适的 i 层厚度是关键。如果不考虑玻璃衬底，则 pin 结构的电池厚度大约在 1 μm 以内。

　　图 5.15 所示为一个 a-Si：H pin 电池分别在黑暗和光照条件下理想的能带图。图中，E_{Fh} 在 $x=0$ 处的值即为开路电压，内建电势 V_B 亦在图中给出。p 型层的禁带宽度为 2.0 eV，中间的本征 i 型层和 n 型层的禁带宽度均为 1.8 eV，p 型层中的费米能级 E_F 比导带底 E_C 低 1.7 eV，在 n 型层中则是比 E_C 低 0.05 eV。一般我们希望 p 型层的禁带宽度更大一些，这样可增大内建电势，继而增大 i 层内的电场，有利于载流子的收集。一般设计的非晶硅电池结构中光都是通过 p 型层入射的

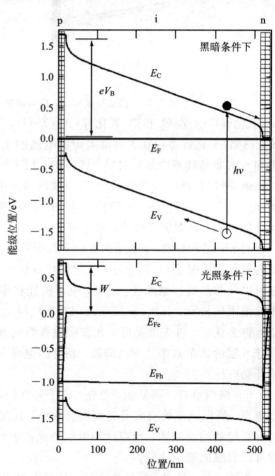

图 5.15　开路条件下 pin 电池的能带图[22]

（一般又称 p 型层为窗口层），由于掺杂引入的带负电荷的悬挂键是非常有效的空穴陷阱，因此大大降低了空穴的迁移率。而电子和空穴的传输对光伏器件来说是基本要素，掺杂 a-Si 层中吸收的光子实际上对太阳能电池的输出功率几乎没有贡献，更大的禁带宽度可以减小 p 型层对光的吸收，使更多的光到达 i 层。pin 结形成时，这些费米能级必须对齐以达到热平衡，n 型层中多余的电子向 p 型层中扩散，产生内建电场。这样 E_C 和 E_V 的位置随器件位置变化而变化，而费米能级却保持不变，内建电势 V_B 的大小即为初始费米能级的差值，器件吸收光子产生的电子和空穴在内建电场的作用下沿图示的方向漂移。

对于 pin 结构，在没有光照的热平衡状态下，pin 三层中具有相同的费米能级，这时本征层中导带和价带从 p 层向 n 层倾斜形成内建电势。在理想情况下，p 层和 n 层费米能级的差值决定电池的这个内建电势，相应的电场叫内建电场。鉴于掺杂层内缺陷态浓度很高，光生载流子主要产生在本征层中。在内建电势的作用下，光生电子流向 n 层，而光生空穴流向 p 层。在开路条件下，光生电子积累在 n 层中，而光生空穴积累在 p 层中。这时在 p 层和 n 层中的光生电荷在本征层中所产生的电场抵消了部分内建场。同时 n 层中积累的光生电子和 p 层中的光生空穴具有向相反的方向扩散的趋向，以抵消光生载流子的收集电流。当扩散电流与内建场作用下的收集电流这两个方向相反的电流之间达到动态平衡时，本征层中没有净电流。此时在 p 层和 n 层中累积的电荷产生的电压即为开路电压 V_{OC}。开路电压是太阳能电池的重要参数之一[43]，其大小与许多材料特性有关。首先它取决于本征层的带隙宽度，宽带隙的本征材料可以产生较大的开路电压，而窄带隙的材料可以产生较小的开路电压，比如非晶锗硅电池的开路电压比非晶硅电池的开路电压小。开路电压的大小还取决于掺杂层的特性，特别是掺杂浓度。n 层和 p 层的费米能级的差值决定开路电压的上限，所以掺杂层的优化也是相当关键的，特别是 p 层。为了增加开路电压，人们通常采用非晶碳化硅合金 a-SiC:H 或微晶硅作为 p 层材料。虽然非晶碳化硅合金通常有较高的缺陷态，但其较宽的带隙，使其费米能级可以较低。另外，其宽带隙可以减少 p 层中的吸收。而微晶硅的带尾态宽度较小，掺杂效率高，费米能级可以接近价带顶，所以微晶硅也可以增加开路电压的幅度。最后，开路电压的幅度还取决于本征层的质量，即带尾态的宽度和缺陷态密度所决定的反向漏电电流的大小。

下面进一步讨论 pin 结中电子和空穴的行为。图 5.16 给出了室温下 a-Si:H 中的光生电子和空穴的漂移长度随时间的变化关系图，内建电场强度为 $E = 3 \times 10^4$ V/cm，约是 500 nm 厚度的 i 型层的 pin 电池在短路情况下的内建电场的典型值[44]。

首先考虑电子的行为。在光生电子产生最开始的 $10^{-10} \sim 10^{-7}$ s 内，电子的漂移距离和时间呈正比（对数坐标下），$L(t) = \mu_e E t$。μ_e 为电子迁移率，其典型值为 1 cm²/(V·s)，比晶体硅中电子的迁移率[室温下约为 1000 cm²/(V·s)]要小得多。10^{-7} s 之后，漂移距离不再随时间变化而变化，达到饱和值 $L_{e,t} = 3 \times 10^{-3}$ cm，这种效应是由深度陷阱和缺陷捕获了电子所导致的。

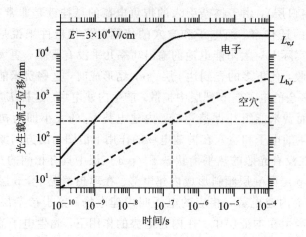

图 5.16 室温下 a-Si：H 中的光生电子和空穴的漂移长度随时间的变化关系图[44]

先来简单地讨论一下电子的行为是如何影响短路条件下的 a-Si：H 电池的工作的。这里主要讨论光照条件下的电池内部的电荷产生情况。不妨考虑一下短路情况下电子在电池中的运动时间，若 i 型吸收层（未掺杂）厚度 $d=500$ nm、内建电势 $V_B=1.5$ V，则内建电场 $E \approx V_B/d=3\times10^4$ V/cm，图 5.16 中的电场强度正是这个值，i 型层中间部位产生的光生电子需要漂移 $d/2=250$ nm 才能到达 n 型层，从图 5.16 中可以看出 i 型吸收层中间的光生电子只需约 $t=1$ ns 即可漂移 250 nm 到达 n 型层。利用这个结果可以粗略估算光照条件下产生的电荷总数。若用 ζ 来表示吸收层中单位面积上产生的电子数，则有 $\zeta=jt/2$（j 为电流密度），之所以要除以 2，是因为电子和空穴对光电流的贡献相同。若短路电流 $J_{SC}=10$ mA/cm^2，则可以算出 $\zeta=5\times10^{-12}$ C/cm^2。而本征非晶硅的空间电荷区的电荷密度的典型值约为 10^{-8} C/cm^2 数量级，比 ζ 的值大了 4 个数量级，因而可以认为漂移电子对内建电场几乎没有影响。

接下来讨论空穴的情况，从图 5.16 中我们可以看出空穴的迁移速度远小于（相差好几个数量级）电子，与电子相比，i 型层中间的光生空穴需要约 180 ns 的时间才能够到达 p 型层，同样的短路电流密度下单位面积的空穴总数约为 9×10^{-10} C/cm^2，与硅的空间电荷区的密度仍有一定差距，影响也不是很大。综上可以认为光生载流子对内建电场的影响非常小。

作为光的吸收层，i 型吸收层的设计优化对光的吸收效率乃至 pin 电池的效率影响非常大。首先看一下吸收层厚度对光的吸收的影响。图 5.17 所示的是用计算机模拟的 a-Si：H pin 电池的效率随吸收层厚度的变化关系图，图中不同的曲线代表的是在相同的光照强度下采用不同波长的单色光进行照射的结果。

图 5.17 中不同的曲线是由不同的单色光吸收系数（5000～100 000 cm^{-1}）导致的结果。对于典型的 a-Si：H 材料来说，与这个范围的吸收系数相对应的光子能量范围为 1.8～2.5 eV。

实心点对应的是透过 p 型层入射的入射光，空心点则是透过 n 型层入射的入射光。

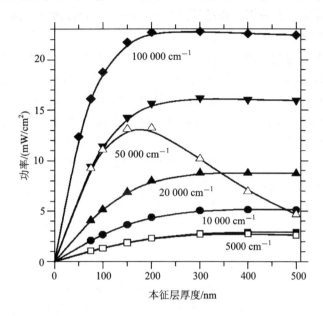

图 5.17　a-Si:H pin 电池对光的吸收随吸收层厚度的变化关系图[22]

　　我们先考虑入射光通过 p 型层（窗口层）（图 5.17 中的实心点）的情况。由于本征吸收层非常薄，吸收的能量一般与吸收光子数（吸收系数 α 和吸收层厚度 d 的乘积）呈正比，随着吸收层厚度的增加，吸收的能量逐渐趋于饱和。观察图中吸收系数最高的情况（$\alpha=$ 100 000 cm^{-1} 对应能量为 2.3 eV 的光子），在吸收层厚度 $d>$100 nm（能够完全吸收入射光的典型厚度值）时，光子吸收已达到饱和。由于再增加厚度已不能吸收更多的光子，电池的效率不再随厚度的变化而变化。

　　图 5.17 中亦给出了入射光从 n 型层入射情况下的电池效率的计算（空心点），对于吸收系数较小的入射光（5000 cm^{-1}）的情况，光生载流子在整个吸收层厚度范围和从 p 型层入射基本相同，电池的效率也基本相同。然后考虑吸收系数较大的入射光（50 000 cm^{-1}）从 n 型层入射的情况。当吸收层的厚度小于饱和厚度（此处为 200 nm）时，光生载流子和从 p 型层入射相同，电池的效率也相同。然而，当吸收层厚度进一步增加时，n 型层入射的电池效率突然显著下降，而 p 型层入射的电池则保持不变。其原因如下：① 当吸收层厚度足够吸收绝大部分入射光后，再增加厚度已经不能增加光的吸收量；② 一般而言，与从 p 型层入射相比，当光从 n 型层入射时，吸收层中产生的空穴需要漂移更长的距离才能到达 p 型层，而我们在前面提到，空穴的迁移率要比电子低好几个数量级，i 型层中产生的空穴漂移到达 p 型层被收集的时间比电子漂移到 n 层被收集要长得多，吸收层越厚意味着空穴漂移时间越长，也意味着复合的概率就越大，大量的空穴在被收集之前已被复合掉了。

除了通过优化 i 型吸收层的厚度，让光从 p 型层入射之外，还有两个常用的技术可以显著增加光的吸收效率，它们分别是背反射镜（Back Reflecter）技术和绒面（Texture）技术，在第三章提到过这些技术。

背反射镜技术就是在电池中增加一个背反射镜，增加光的吸收效率，进而可以提高电池的效率，在本节开始的图 5.14 中展示的 pin 和 nip 电池的结构图中就采用了背反射镜。背反射镜对吸收系数较高的电池没有影响或影响不大，因为入射光在到达反射镜之前就已经被吸收殆尽了。当吸收层厚度、入射光的吸收长度及空穴的收集长度可以相比拟时，背反射镜的效果是相当明显的。

对于吸收系数较小的入射光，一个简单的平面结构的太阳能电池中的背反射镜可以使光的吸收量增加为原来的两倍，从而使输出功率亦增加为原来的两倍，大大提高电池的性能。其基本原理为光的全反射，和光纤的工作原理是一样的，一束光从一端进入光纤可以传播几千米而不会损失掉。对太阳能电池来说，好的背反射镜可以在吸收层的厚度小于某束波长为 α 的吸收长度 $1/\alpha$ 时，也可以完全吸收该光束的能量。

绒面技术则是利用了光的反射和衍射，当绒面粗糙度和光的波长相比拟时，绒面可以引发随机的反射和衍射，从而延长了光程，增加了光的吸收，如图 5.18 所示。Yablonovitch[45] 研究表明同时采用这两种技术，即在一块理想的反射镜上沉积一层绒面薄膜，可以获得的理论最大增益为 $4n^2$，其中 n 是绒面的折射率。对于硅薄膜来说，其折射率 n 约为 3.5，预期增益为 50（对于吸收系数非常小的光而言）。

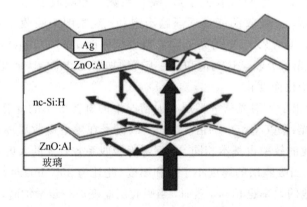

图 5.18　采用了绒面 ZnO：Al 反射镜技术的 pin 电池内光的传播路径[46]

总的来说，背反射镜技术和绒面技术的主要作用是对于较低能量的入射光，它们可以降低电池吸收光子的阈值能量（大约可以降低 0.2 eV，如图 5.17 所示），降低的 0.2 eV 的阈值能量大约可以使一块 0.5 μm 厚的电池的吸收光强度从 420 W/m² 增加至 520 W/m²。图 5.19 分别给出了背反射镜的反射率对 a-Si：H pin 太阳能电池的输出功率的影响及绒面技术对 a-Si：H pin 电池的量子效率的影响。

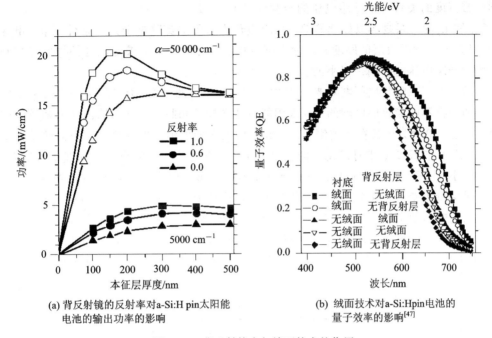

(a) 背反射镜的反射率对a-Si:H pin太阳能　　(b) 绒面技术对a-Si:Hpin电池的
　　电池的输出功率的影响　　　　　　　　　量子效率的影响[47]

图 5.19　背反射技术与绒面技术的作用

　　在 pin 和 nip 这两种电池中，背反射镜技术和绒面技术的实现方式相差很大。对于 nip 结构电池来说，通常是在透明衬底（一般为玻璃）上制备一层绒面 TCO 薄膜。有很多工艺可以采用各种不同的材料（对 a-Si:H 电池来说一般是 SnO_2 和 ZnO）制备具有不同绒面特性的 TCO 层。TCO 层完成后，再在上面沉积一层半导体层。在绒面 TCO 薄膜上用等离子沉积法沉积 p 型层会引起一些问题，由于透明氧化层的存在，比较难生长出具有良好性能的 p 型层薄膜。最后，在顶层的半导体层上沉积的背反射镜层一般为双层结构：一个 TCO 薄层，下面是反射金属层（典型的是反射性好的 Ag 或成本较低的 Al）。在 pin 电池结构中，最先沉积一层绒面银或铝，然后沉积一层 TCO 薄膜，形成双层结构的背反射镜后再在上面沉积一层半导体层[48]。半导体层沉积完成后，再在上面沉积上顶层 TCO 层。

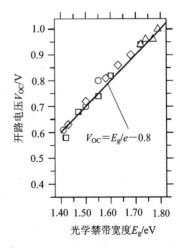

图 5.20　i 型层禁带宽度同电池开路电压之间的关系[50]

　　除了作为吸收层吸收太阳光以外，i 型层材料的禁带宽度还影响着电池的开路电压[49]。图 5.20 给出了 a-Si:H 基太阳能电池的开路电压与本征吸收层的光学禁带宽度的关系[50]。开路电压的经验公式 $V_{OC} = E_g/e - 0.80$。

V_{OC} 和 E_g 的关系之所以如此简单，是因为开路电压主要取决于光照条件下 pin 电池的能带结构，受 i 型吸收层的厚度和入射光强度的影响都很小。结果是电池的详细参数和测量环境对开路电压的影响是很小的。

最后讨论一下吸收层厚度对光致退化效应的影响。图 5.21 给出了美国联合太阳能公司生产的一批不同吸收层厚度的 nip 太阳能电池在标准光照条件下的输出功率随厚度的变化曲线。这些电池为生长在不锈钢上的 nip 结构太阳能电池，两条曲线一条为初始输出功率，一条为工作 25 000 小时退化后的输出功率。从电池的初始输出功率曲线中可以看到，在厚度较小（小于 400 nm）时输出功率随厚度的增加而增加，400 nm 以后达到饱和，输出功率几乎保持不变。在退化后的电池的输出特性曲线中，电池在厚度为 200～300 nm 时已经达到它的输出功率最大值，之后随着厚度的增加，输出功率反而有一定程度的下降，目前还不清楚这一现象的具体原因，它可能和背反射膜有关，也可能和 i 型层本身的特性有关。由图中可见吸收层厚度越大，退化程度越大，这也是在优化吸收层厚度时要考虑的一个因素。

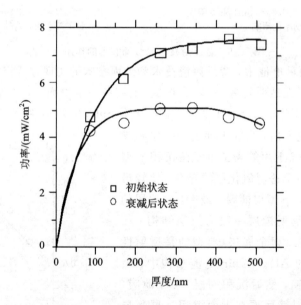

图 5.21　不同本征吸收层厚度的 nip 结构太阳能电池在光照下的初始功率和
光照 25 000 小时后的功率[51]

2. a-SiGe：H 单结太阳能电池

由于非晶硅的禁带宽度为 1.7～1.8 eV，相应的长波吸收比较少。为了提高电池的长波响应，非晶锗硅（a-SiGe：H）合金成为本征窄带隙材料的首选。通过调整材料中的锗硅比，材料的禁带宽度可以得到相应的调整。随着锗含量的增加，材料的禁带宽度相应降低，电池的长波响应随之得到提高，相应的短路电流会增加，这一趋势如图 5.22 所示。然而作为代价，电池的开路电压会降低，同时电池的填充因子也随之降低。随着 Ge 组分的增加，a-SiGe：H 合金的缺陷密度也增加了。随着 i 型本征吸收层中缺陷密度的增加，缺陷复合中心的作用开始超过带尾态，成为影响电池性能的主要因素。

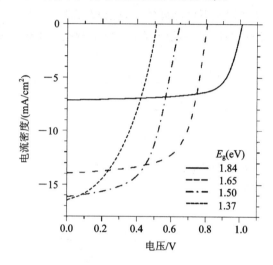

图 5.22 a-Si：H 和不同 Ge 组分 a-SiGe：H i 型层 pin 结太阳能电池的特性曲线[52]

随着 Ge 组分的增加，a-SiGe 合金的禁带宽度降到 1.4 eV 以下时，电池的填充因子会迅速下降。这是由于此时 Ge 组分过大，引入了太多的缺陷，尽管此时确实吸收了更多的光子，但过高的缺陷密度导致载流子的复合占据了更重要的地位，最终复合失去的能量超过了由于禁带宽度减小而多吸收的能量。

采用高氢掺杂的 a-SiGe：H 薄膜和器件有着更好的质量和稳定性[53]，同时采用禁带宽度渐变技术可以提高空穴的收集能力[54,55]，进而提高 a-SiGe 电池的填充因子。通过调节 i 型层中的 Ge 组分形成一个不对称的 V 字形禁带宽度剖面图可提高器件性能。靠近 n 型层和 p 型层附近用较宽禁带宽度的 a-SiGe：H 材料，从两端到中间禁带宽度越来越窄，最窄的部分在中间靠近 p 型层一点的位置，这样一个渐变的结构设计可以让入射光在 p 型层附近被吸收，而且迁移率较小的空穴可以在较短的距离内被收集。同时，价带的倾斜也使得在 i 型层的中间区域或靠近 n 区一边产生的空穴，更容易向 p 型层移动。在生长中进行氢掺杂和运用禁带宽度渐变技术，再运用如背反射镜等光学增强技术，a-SiGe：H 电池的输出电流可以优化到 24.4 mA/cm²[56]。

3. 微晶硅单结太阳能电池

近年来微晶硅电池作为多结电池的底电池或中间电池得到了深入的研究和初步的应

用。虽然与非晶硅相比本征微晶硅中载流子的传输特性有了明显的改善，但材料中载流子的扩散长度仍然较小，如较高质量的微晶硅中空穴的扩散长度仍然小于 1 μm。为了提高电池对光生载流子的有效收集，微晶硅电池仍然采用和非晶硅类似的 pin 或 nip 结构。

　　虽然微晶硅对光的吸收频段比非晶硅高，但吸收系数却比非晶硅小得多。图 5.23 给出了非晶硅和微晶硅的吸收频谱。为了提高电池的短路电流，微晶硅电池的本征层要比非晶硅电池的本征层厚得多。通常情况下微晶硅的本征层厚度为 1～2 μm。由于微晶硅电池能够吸收更宽频带的光，所以在厚度足够的情况下，单结微晶硅电池的短路电流比非晶硅电池的要大。

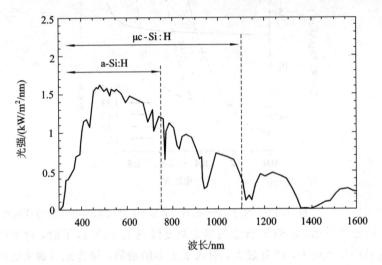

图 5.23　AM1.5 太阳光的频谱分布以及 a-Si：H 和 uc-Si：H 的吸收频谱[57]

　　微晶硅的光学禁带宽度介于非晶硅和单晶硅之间，根据材料中纳米晶粒成分的多少决定电池的长波响应。微晶硅的电学禁带宽度接近于单晶硅的禁带宽度，通过测量微晶硅电池的反向饱和电流的温度依赖关系，B. Yan 等人发现微晶硅的电学禁带宽度为 1.2～1.3 eV。较小的禁带宽度决定了微晶硅电池的开路电压比非晶硅电池小，一般微晶硅电池的开路电压在 0.5 V 左右。

　　与非晶硅电池相比，微晶硅电池对杂质更加敏感。微晶硅电池对杂质的敏感主要源于对氧的敏感性，氧原子在微晶硅中形成弱施主掺杂，使微晶硅电池本征层的费米能级向上移动，这使得本征层中的内建电场集中到 pi 界面，从而本征层中大部分区域与 n 区之间的内建电场强度降低，使电池的长波响应变坏。

　　非优化的微晶硅材料结构具有多孔性。制备好的材料放在通常的室温环境下，其电阻率会随时间的增加而增加，进而导致效率的下降。杂质的扩散对微晶硅太阳能电池的性能存在潜在的影响，但 pin 微晶硅电池的效率一般并不会衰退。这是由于这个电池是沉积在玻璃衬底上的，而电池的背面是金属电极。对于这种结构，首先杂质不能通过玻璃衬底扩散到微晶硅中，其次金属背电极是良好的杂质阻挡层。因此，在这种 pin 电池结构中，即使微晶硅存在一定的多孔性，电池的性能也并不会随时间有明显的衰退。

对于 nip 结构的微晶硅电池，杂质的扩散就是一个较为严重的问题。因为 nip 电池的上电极是 ITO，ITO 不是很好的杂质（主要是水和氧气）隔离层，所以，nip 微晶电池的杂质扩散问题更为突出。实验发现未优化的 nip 微晶硅电池的转换效率随时间的增加而明显降低，其中电流的降低最为明显，这主要是由于长波区量子响应的降低。通过优化微晶硅的沉积条件，微晶硅的致密性可以得到明显的提高，从而降低由于杂质扩散所引起的微晶硅电池效率的衰退。微晶硅电池的另一个主要特征是光诱导稳定性较好。许多研究机构发现微晶硅电池不存在光诱导衰变。然而由于微晶硅结构的多样性，不是所有微晶硅电池在长时间光照后都是稳定的。特别是那些含有较大比例非晶成分的微晶硅电池，在强光照条件下产生衰退也是不足为奇的。

5.4.2　多结非晶硅薄膜太阳能电池的结构及工作原理

1. 多结电池的优势

由于太阳光具有很宽的光谱，对太阳能电池有用的光谱区覆盖紫外光区、可见光区和红外光区，显然用一种禁带宽度的半导体材料不能有效地利用所有太阳光子的能量。一方面，光子能量小于半导体禁带宽度的光在半导体中的吸收系数很小，对太阳能电池的转换效率没有贡献；另一方面，光子能量远大于禁带宽度的光，有效的能量只是禁带宽度附近的部分，大于禁带宽度的部分能量会通过热电子的形式损失掉。基于这种原理，利用多结电池可以有效地利用不同能量的光子，大大提高太阳能电池的效率。图 5.24 是美国国家能源部可再生能源实验室（National Renewable Energy Laboratory，NREL）于 2012 年公布的过去几十年间各种类型的太阳能电池的效率图，代表的均是当时世界上所能达到的最高的效率，并且预测了未来太阳能电池效率的增长趋势。从图中可以看到，多结太阳能电池的效率是最高的，当然图中的多结太阳能电池可能并不是非晶硅多结电池，但它确实表明多结结构可以极大地提高电池的效率并且可以应用于各种类型的太阳能电池。

在以非晶硅、非晶锗硅合金和微晶硅为吸收材料的太阳能电池中，多采用双结或三结的电池结构。利用多结电池，除可以提高对不同光谱区光子的有效利用外，还可以提高太阳能电池的稳定性。如前所述，非晶硅及非晶锗硅在长时间光照条件下会产生光诱导缺陷。相同密度的光诱导缺陷态对具有薄本征层的太阳能电池的影响比对厚本征层电池的影响要小。在多结电池中每结的厚度都可以相对较薄，且有利于提高内建电场（假定各子电池的 p、n 掺杂层与单结电池的相同），因此多结硅基薄膜电池不仅效率比单结电池高，而且稳定性也比单结电池好。

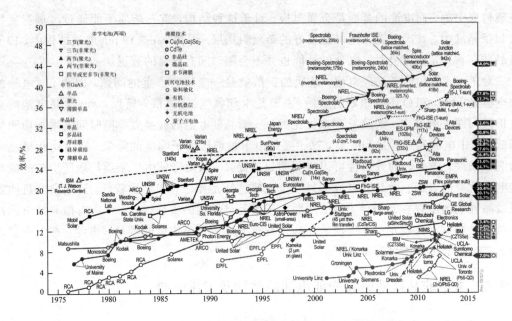

图 5.24　不同时期不同类型的太阳能电池的最高效率[58]

　　非晶硅太阳能电池可以通过控制工艺制备成串联的结构从而形成多结太阳能电池，并且这种多结结构对提高非晶硅太阳能电池效率尤为有效。其原因有两个：首先，非晶硅材料不像晶硅 PN 结需要晶格匹配，因而这种多结结构不会影响其单结性能；其次，非晶硅的光学禁带宽度可以通过形成合金来很好地调节。多结 a-Si：H 太阳能电池的转换效率比单结高，现在市场上的 a-Si：H 电池基本都是这种结构。多结太阳能电池可以提高电池的效率的基本原理是光的分段吸收效应，这在介绍Ⅲ-Ⅴ太阳能电池时已经涉及。图 5.25 展示了一种常见的双结非晶硅电池结构，太阳光从左边入射，图中 500 nm 厚的 a-Si：H 薄膜就足以吸收绝大部分能量大于 2 eV 的光子，能量更低的光子则能够透射过去，被 a-SiGe：H 吸收层所吸收。在实际应用中，通过调节顶层 pin 电池的厚度使得它可以吸收一半左右的光子，剩下的则透过顶层被底层的 pin 结吸收。由于在顶层被吸收的光子相对来说具有较高的能量，因此可以用禁带宽度相对较大的材料作为顶层电池的吸收层，这样可以在顶层 pin 结构上得到较高的开路电压，底层则采用禁带宽度较窄的材料来吸收透过顶层未被吸收的能量较小的光子。理想情况下，整体器件的光电压等于两个子电池光电压之和，光电流等于两个子电池光电流中较小的一个，而整体器件的填充因子由两个子电池的填充因子和两个子电池光电流的差值来决定。另外一个重要的环节是两个子电池的连接。在两个电池的连接处是顶电池的 n 层和底电池的 p 层相连，这是一个反向 PN 结，在此，光电流是以隧道复合的方式流过的，简单地说就是顶电池的 n 层中的电子通过隧道效应进入底电池 p 层中并与其中的空穴复合，或者是底电池 p 层中的空穴通过隧道效应进入顶电池的 n 层中与那里的电子复合。为了提高隧道效应,提高载流子的迁移率是最为有效的方法,因此在实际器件中通常采用微晶硅 p 层或微晶硅 n 层。

考虑一个典型的如图 5.25 所示的 a-Si/a-SiGe 双结串联太阳能电池,底层 pin 结 a-SiGe:H 材料禁带宽度为 1.55 eV,顶层 a-Si:H 为 1.80 eV。在沉积上顶层 1.80 eV 禁带宽度的 a-Si:H pin 结之前,底层的 1.55 eV 禁带宽度的 a-Si:H 电池在标准光照条件下可以获得 20 mA/cm² 的 J_{SC} 和 0.65 V 的 V_{OC},若其填充因子 FF 为 0.7,可计算出输出功率 $P=$ 9.1 W/m²。当将两个 pin 电池串联在一起时,通过每个结的电流密度约为该值的一半,但开路电压比底层的 2 倍还要大($V_{OC}=0.65+0.90=1.55$ V)。输出功率增加为 11.2 W/m²,相对单结电池提高了 19%。

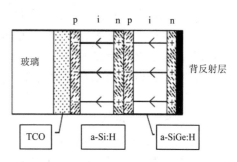

图 5.25　两个 pin 结串联的双结太阳能电池[22]

在理想情况下,通过不同禁带宽度的半导体的合适搭配,从单结到串联双结及三结太阳能电池在太阳光下可取得更大的转换效率[59]。计算机仿真指出,采用禁带宽度为 1.8 eV 的 a-Si:H 作为顶层吸收层,1.2 eV 作为底层吸收层,双结串联太阳能电池的转换效率可以达到 20%。当然实际中还不能做到这么高的转换效率。

多结太阳能电池的转换效率之所以优于单结有三个重要原因:第一个就是前面提到的可以分段吸收太阳光,吸收效率高,能量损失少;第二,在一个优化好的多结电池结构中的 i 型本征吸收层厚度要比单结电池更薄[60],更薄的 i 型层意味着多结电池中的每个单结的填充因子要比单结电池高,电池的稳定效率与初始效率相差不会太大(退化程度较轻);最后一点,多结太阳能电池与单结电池相比其工作电压较高而工作电流较低;较低的工作电流可以降低电流从 pin 结流向负载的过程中的多余损耗。另一方面,与这些优点相对应的,多结 a-Si:H 太阳能电池制造工艺要比单结更为困难。由于需要分段吸收入射光,多结太阳能电池的性能对入射光的频谱更为敏感,这将使得精确控制每层薄膜的禁带宽度和厚度变得十分关键。除此以外,大部分多结 a-Si:H 电池要用到 a-SiGe:H 合金,该合金中的 Ge 源是锗烷(GeH₄)气体,锗烷气体的价格是硅烷的好几倍而且具有很高的毒性,在生产制造中必须制定极为严格的安全措施来处理这些气体。

综上,尽管在生产制备过程中有一些困难,但是多结 a-Si:H 太阳能电池的优点,特别是可以降低电池退化程度及提高电池的稳定输出功率这一优势,仍然是未来 a-Si:H 电池发展的重要方向。

2. 几种常见的多结非晶硅太阳能电池

1)a-Si/a-Si 双结太阳能电池

非晶硅/非晶硅双结电池不仅是最简单的多结电池,而且是目前在大规模生产中被广泛采用的一种器件结构。虽然其顶电池和底电池都是非晶硅,但是通过调整顶电池和底电池中本征层的沉积参数可以使其禁带宽度有所不同。一般顶电池的本征层在较低的衬底温度下沉积。在低温下材料中氢的含量较高,所以禁带较宽。而底电池的本征层可以在相对较高的衬底温度下沉积。高温材料中氢的含量相对较低,材料的禁带宽度较小。但是无论如何非晶硅的禁带宽度的可调范围都很小,因此为了使其底电池有足够的电流,底电池的本征层要比顶电池的本征层厚得多。另外,通过优化隧道复合结可以有效地提高电池的效率。

2) a-Si/a-SiGe 双结太阳能电池

非晶硅/非晶硅双结电池的优点是材料成本低、产品价格便宜,然而只使用非晶硅一种材料导致其禁带宽度单一,对于长波段的光吸收不好,因而短路电流较小,限制了其能量转换效率。为了提高底电池的长波响应,可以采用不同的本征材料,而非晶锗硅合金是理想的选择。如前所述,通过调节等离子体中硅烷(或乙硅烷)和锗烷的比率可以调节材料中的锗硅比来调节材料的禁带宽度。对于非晶硅/非晶锗硅双结电池的底电池,其最佳锗组分为 $15\% \sim 20\%$,相应的禁带宽度在 1.6 eV 左右。利用这种非晶锗硅底电池和非晶硅顶电池组成双结电池可以得到的总电流约为 $22 \sim 23$ mA/cm^2。

3) a-Si/a-SiGe/a-SiGe 三结太阳能电池

表 5.8 给出了不同实验室制备的常见结构的小面积太阳能电池的能量转换效率。

表 5.8　不同实验室制备的小面积太阳能电池的能量转换效率

结　构	初始效率 η/%	稳定效率 η/%	制造公司
a-Si/a-SiGe/a-SiGe	15.2	13.0	United Solar
	11.7	11.0	Fuji
	12.5	10.7	U. Toledo
	—	10.2	Sharp
a-Si/a-SiGe	11.6	10.6	BP Solar
	—	10.6	Sanyo
	—	12.0	United Solar
a-Si/μc-i	—	12.0	U. Neuchatel
	13.0	11.5	Canon
a-Si/poly-Si/poly-Si	12.3	11.5	Kaneka
a-Si/a-SiGe/μc-Si	11.4	10.7	ECD

在表5.8中的这些电池中，a-Si(1.8 eV)/a-SiGe(1.6 eV)/a-SiGe(1.4 eV)结构的三结电池的效率最高[13]，图5.26所示即为一个典型的生长在不锈钢基座上的三结太阳能 nip 电池的结构，前面的图5.25则对应的是一个 pin 型串联电池（玻璃衬底）。在这两种电池结构中，入射光均是从 p 型层入射，从而使得空穴相对电子而言只需要传输较短的距离即可被电极吸收。接下来简要地概述这两种类型电池的设计和当今使用最广泛的沉积工艺。

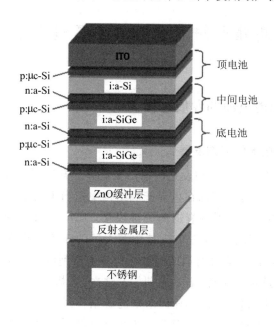

图 5.26　三结 nip 太阳能电池的结构

在不锈钢衬底上生长 nip 电池，首先要在衬底上采用溅射或热蒸发的方法沉积一层反射金属层，然后用溅射法沉积一层 ZnO 缓冲层。通常科研中采用银作为反射层金属，因为银具有非常高的反射率，但是在实际生产中由于成本问题一般采用的是铝。反射金属层的沉积温度为 300～400℃，生长过程中金属薄膜的离析（Self-segregation）形成了可以捕获光子的绒面形貌。然后样品被转移到 RF PECVD 沉积系统继续下一步工艺，即沉积半导体层。先沉积底层的 nip 电池，其本征吸收层为禁带宽度为 1.4～1.5 eV 的 a-SiGe；然后沉积中间的 a-SiGe nip 电池，其本征吸收层禁带宽度为 1.6～1.65 eV；最后加上顶层禁带宽度 1.8～1.85 eV 的 a-Si 作为本征吸收层的 nip 电池，其 i 型层采用的是较低温度下高 H 掺杂工艺制备的。在三结结构生长完成后，在顶部用热蒸发或溅射沉积一层约 70 nm 厚的 ITO 层，既作为顶层电极，又作为防反射薄膜。最后在 ITO 之上继而通过热蒸发或溅射蒸镀上一层金属网格，进一步减小接触电阻。

在 pin 结构的多结电池中，首先在玻璃衬底上旋涂一层透明的导电氧化层，一般为 SnO₂

或 ZnO，通常采用常压化学气相沉积（Atmospheric Pressure Chemical Vapor Deposition，APCVD）工艺[61,62]，然后沉积顶层采用 a-Si：H 作为 i 型层的 pin 电池，继而是中间的 a-SiGe 电池，最后是较窄禁带宽度的 a-SiGe 底层电池。其垂直结构最终以在背面沉积一层 ZnO 缓冲层和金属反射层结束。

5.5 非晶硅太阳能电池的发展过程和未来展望

5.5.1 非晶硅太阳能电池的发展过程

1. 非晶硅太阳能电池的初期发展

a-Si：H 太阳能电池刚问世便在发达国家乃至世界上掀起了一股研究狂潮，这与当时的时代背景是密不可分的。自从石油在世界能源结构中担当主角之后，石油就成了左右经济和决定一个国家生死存亡、发展和衰退的关键因素。1973 年 10 月爆发中东战争，石油输出国组织采取石油减产、提价等办法，支持中东人民的斗争，维护本国的利益。结果使那些依靠从中东地区大量进口廉价石油的国家在经济上遭到沉重打击。于是，西方一些人惊呼：世界发生了"能源危机"（又称"石油危机"）！这次"危机"在客观上使人们提前认识到，现有的能源结构必须彻底改变，应加速向未来能源结构过渡。从而使许多国家，尤其是工业发达国家，重新加强了对太阳能及其它可再生能源技术发展的支持，世界上兴起了开发利用太阳能的热潮。

恰逢此时，1976 年美国 RCA 公司的 D. E. Carlson 等研制出了 pin 结构非晶硅太阳能电池，其光电转换效率达到 2.4%，并很快于 1980 年将效率继续提升到 8%，具有了产业化的能力。非晶硅太阳能电池激发了全世界的科研人员、研究单位纷纷投入到这个研究领域中，也引起了企业界的重视和许多国家政府的关注，从而推动了非晶硅太阳能电池的大发展。非晶硅太阳能电池很快走出了实验室，走进了工厂和较大规模的生产线。从技术上看，非晶硅太阳能电池这一阶段的进步主要表现在：① 从简单的 ITO/p/i/n(a-Si)/Al 发展成为 $SnO_2(F)$/p-a-SiC/i-a-Si/n-a-Si/Al 这样比较复杂实用的结构。SnO_2 透明导电膜比 ITO 更稳定，成本更低，易于实现织构，从而增加太阳能电池对光的吸收。采用 a-SiC：H 作为 p 型的窗口层，带隙更宽，减少了 p 层的光吸收损失，更好地利用入射的太阳光能。② 对 a-Si 层和两个电极薄层分别实现了激光划线分割，实现了集成化组件的生产。③ 出现了单室成批生产和多室的流水生产非晶硅薄膜的两种方式。在生产上还出现了以透明导电玻璃为衬底的组件生产和以柔性材料（如不锈钢）为衬底的两种电池组件的生产方式。世界上出现了许多以 a-Si 太阳能电池为主要产品的企业或企业分支，如美国的 Chronar、Solarex、ECD 等，日本的三洋、富士、夏普等。美、日各公司还用自己的产品分别安装了室外发电的试验电站，最大的有 100 kW 容量。在 20 世纪 80 年代中期，世界上太阳能电池的总销售量中非晶硅占 40％，出现非晶硅、多晶硅和单晶硅三足鼎立之势。

2. 非晶硅太阳能电池发展变缓

非晶硅太阳能电池尽管有诸多的优点，但缺点也是很明显的，主要是初始光电转换效率较低，稳定性较差。初期的太阳能电池产品初始效率为 5％～6％，标准太阳光强照射一年后，稳定转换效率为 3％～4％。这在弱光下应用当然不成问题，但在室外强光下，作为功率发电使用时，稳定性成了比较严重的问题。功率发电的试验电站性能衰退严重，寿命较短，严重影响消费者的信心，造成市场开拓困难，有些生产线倒闭，比如 Chronar 公司。

第一阶段 a-Si 太阳能电池产品性能衰退问题实际上有两个方面，即封装问题和构成电池的 a-Si 材料不稳定性问题。封装问题主要是：封装材料老化和封装存在缺陷，环境中的有害气氛对电池的电极材料和电极接触造成损害，使电池性能大幅度下降甚至失效。解决这一问题主要靠改进封装技术，在采取了玻璃封装（对玻璃衬底的电池）和多保护层的热压封装（对不锈钢衬底电池）后，基本上解决了封装问题。目前太阳能电池的使用寿命已达到 10 年以上。

3. 非晶硅太阳能电池技术的完善与提高

由于发展势头遭到挫折，20 世纪 80 年代末 90 年代初，非晶硅太阳能电池的发展经历了一个调整、完善和提高的时期。人们一方面加强了探索和研究，一方面准备在更高技术水平上做更大规模的产业化开发，中心任务是提高电池的稳定化效率。为此探索了许多新器件结构、新材料、新工艺和新技术，其核心就是完美结技术和叠层电池技术。在成功探索的基础上，20 世纪 90 年代中期出现了更大规模产业化的高潮，先后建立了多条数兆瓦至十兆瓦高水平电池组件生产线，组件面积为平方米量级，生产流程实现全自动。采用新的封装技术，产品组件寿命在 10 年以上。组件生产以完美结技术和叠层电池技术为基础，产品组件效率达到 6％～8％，中试组件（面积 900 cm² 左右）效率达到 9％～11％，小面积电池最高效率达到 14.6％。目前，全世界有数十所大学、国家实验室和公司从事硅基薄膜太阳能电池的研究，其产业化技术正日趋成熟。

非晶硅薄膜电池从发明到真正的产业化生产经过了 30 多年的历史，目前硅薄膜电池已经发展成太阳能电池产业的一个重要分支。随着原油价格的不断攀升和太阳能价格的持续降低，太阳能的市场规模会不断扩大。由于在不同的环境中对太阳能电池的要求不同，因此不同的电池结构都有其独特的发展空间。硅基薄膜电池有许多优点，同时也存在一些技术问题。我们相信经过科学技术领域的不断研究和开发，硅薄膜电池必将成为太阳能产业中的一个重要组成部分。

5.5.2 未来展望与挑战

在所有可再生能源中，光伏产业是发展最快的，它在未来的能源格局中将占有重要地位。由于其清洁无污染等优点，世界各国政府都在积极出台相关政策来帮助光伏产业的发展。据欧洲光伏产业协会(European Photovoltaic Industry Association，EPIA)统计，全球的光伏产业总量从 2000 年的 1.8 GW 到 2011 年的 97.4 GW，在短短 10 年的时间里增加了 37 倍，年平均增长率为 44%[63]。生产规模的扩大意味着成本的下降，据统计，产业规模每增加一倍，光伏组件的成本可以下降 20%～22%。

硅基薄膜电池是薄膜电池家族中的一个重要成员。由于原材料的短缺，常规单晶硅和多晶硅太阳能电池的发展速度受到了限制。在这种条件下，新型薄膜太阳能电池的发展尤为迅速。2007 年，美国薄膜太阳能电池的产量已经超过了多晶和单晶硅太阳能电池的产量。其中主要的薄膜电池是非晶硅和碲化镉电池。

尽管有了长足的发展，但非晶硅太阳能电池要进一步进入市场并得到大规模运用，仍有很长的路要走，具体可以从以下几个方面着手：

(1) 进一步探究光致退化的原理。光致退化效应始终是非晶硅基太阳能电池的一大软肋，就单结电池而言，其衰退率可达 30%，即使是多结电池，其衰退率也在 10%～15%。虽然在过去的几十年里，人们对非晶硅电池光致退化进行了深入的研究，并试图降低光致退化的幅度，但是非晶硅电池的光致退化并没有得到彻底的解决。有时为了限制光学饱和效应，人们不得不牺牲器件的某些方面，如通过使用较薄的 i 型吸收层，尽管这样会降低光的吸收效率。如果能够解决光致退化的问题，那么电池的稳定效率还会进一步提高。

(2) 进一步降低成本。在目前的情况下，非晶硅电池的成本虽远远低于晶体硅，然而与碲化镉薄膜太阳能电池相比，非晶硅基电池的生产成本仍较高。为了实现太阳能电池的电价与电网电价相同的目标，非晶硅电池的成本还需进一步降低。一方面人们还在不断改进工艺，提高材料的生长速度和生长质量，进而提高电池效度和产量，降低非晶硅电池的生产成本；另一方面，优化器件设计，提高电池的寿命和可靠性，也可以降低成本。相信在不久的将来，硅基薄膜太阳能电池的价格可以降到与电网电价相同的水平。

(3) 除了已有的光伏市场，还可以开拓新的 a-Si 的应用领域，如太空能源、大规模光伏发电站等。

本章参考文献

[1] 熊绍珍，朱美芳. 太阳能电池基础与应用. 北京：科学出版社，2009.
[2] Bradford T. Solar Revolution. MIT Press，2006.

[3]　张旭鹏，杨胜文，张金玲. 非晶硅薄膜电池应用及前景分析. 光源与照明，2010(1)：39 - 42.

[4]　Spear W，et al. Solid State Commun. ，1975，17：1193.

[5]　Carlson D E，et al. ，Appl. Phys. Lett. ，1976，28：671.

[6]　Yang J，et al. Appl. Phys. Lett. ，1997，70：2975.

[7]　Wronski C，et al. in Electron Devices Meeting，1976 International. ，1976，22：75 - 78.

[8]　Fonash S. Solar cell device physics. Access Online via Elsevier，1981.

[9]　Tauc J. Optical Properties of Solids. Academic Press，1987.

[10]　Hama T，et al. J. Non-Cryst. Solids. ，1983，59：333.

[11]　Middya A，et al. J. Appl. Phys. ，1995，78：4966.

[12]　Hamakawa Y，et al. Proc. 16th Photovoltaic Specialists Conference，1982，679.

[13]　Yang J，et al. Appl. Phys. Lett. ，1997，70：2977.

[14]　Vanecek M，et al. J，Non Cryst Solids. ，1998，227：967.

[15]　Guha S，et al. Non-Cryst. Solids，1987，97 - 98：1455.

[16]　Staebler D. Proc. 24th Photovoltaic Specialists Conference，1994，670.

[17]　Emery K，et al. Proc. 25th Photovoltaic Specialists Conference，1996，1275.

[18]　Carlson D，et al. Proc. 28th Photovoltaic Specialists Conference，2000，707.

[19]　Del Cueto J，et al. Prog. Photovoltaics，1999，7：101.

[20]　Street R A. Technology and Applications of Amorphous Silicon. Springer，2000.

[21]　Guha S，et al. Technical Digest. International Photovoltaic Science and Engineering Conference (PVSEC - 7)，1993，43.

[22]　Luque A，et al. Handbook of photovoltaic science and engineering. John Wiley & Sons Ltd，2003.

[23]　Chittick R，et al. J. Electrochem. Soc. ，1969，116：77.

[24]　Spear W. J. Non-Cryst. Solids，1972，8 - 10：727.

[25]　Matsuda A，et al. Sol. Energy Mater. Sol. Cells，2003，78：3.

[26]　Deng X，et al. Proc. 1st World Conf. on Photovoltaic Energy Conversion，1994，678.

[27]　Yang J，et al. Proc. 25th Photovoltaic Specialists Conference，1996，1041.

[28]　Shah A，et al. Mater. Res. Soc. Symp. Proc. 1992，258：15.

[29]　Deng X，et al. Proc. 26th Photovoltaic Specialists Conference，1997，591.

[30]　Ito N，et al. Proc. 28th Photovoltaic Specialists Conference，2000，900.

[31]　Watanabe T，et al. Jpn. J. Appl. Phys. 1986，25：1805.

[32] Lee S. -S, et al. J. Crystal Growth, 2008, 310: 3659.

[33] Mahan A. J. Appl. Phys. 1991, 69: 6728.

[34] Wang Q, et al. Phys. Rev. B, 1993, 47: 9435.

[35] Wang Q, et al. J. Non-Cryst. Solids, 2002, 299: 2.

[36] Mahan A, et al. Appl. Phys. Lett. 2001, 78: 3788.

[37] Guo L, et al. Jpn. J. Appl. Phys. , 1998, 37: L1116.

[38] Rech B, et al. Sol. Energy Mater. Sol. Cells, 2001, 66: 267.

[39] Shah A, et al. Sol. Energy Mater. Sol. Cells, 2003, 78: 469.

[40] Rech B, et al. Thin Solid Films, 2006, 511: 548.

[41] Lieberman M A, Lichtenberg A J. Principles of plasma discharges and materials processing. John Wiley & Sons, 2005.

[42] 赵志明. 非晶硅薄膜太阳能电池及生产设备技术发展现状与趋势. 科技情报开发与经济, 2009, 19(34): 136 - 140.

[43] Nelson J. The physics of solar cells (Properties of semiconductor materials). Imperial College, 2003.

[44] Gu Q, et al. J. Appl. Phys. , 1994, 76: 2310.

[45] Yablonovitch E J. Opt. Soc. Am. , 1982, 72, 899.

[46] Liu Y. Very high frequency plasma deposited amorphous/nanocrystalline silicon tandem solar cells on flexible substrates, Ph. D thesis. Utrecht University, 2010.

[47] Hegedus S, et al. Proc. 25th Photovoltaic Specialists Conference, 1996, 1061 - 1064.

[48] Banerjee A. J. Appl. Phys. 1991, 69: 1030.

[49] Jiang L, et al. Mat. Res. Soc. Symp. Proc. , 2000, 609, A18. 3.

[50] Crandall R, et al. in Ullal H, Witt C, Eds, Conf. Proc. 13th NREL Photovoltaics Program Review, 1996, 353: 101.

[51] Guha S, et al. IEEE Tran. Electron Devices, 1999, 46: 2080.

[52] Agarwal P, et al. J. Non-Cryst. Solids, 2002, 299: 1213.

[53] Yang L, et al. Mater. Res. Soc. Symp. Proc. , 1991, 219: 259.

[54] Guha S, et al. Appl. Phys. Lett. , 1989, 54: 2330.

[55] Zimmer J, et al. J. Appl. Phys, 1998, 84: 611.

[56] Yang J, et al. the 26th Photovoltaic Specialists Conference, 1997, 563.

[57] Kabir M, et al. Recent Patents on Electrical Engineering, 2011, 4: 50.

[58] Solar Cell efficiency. http://en. wikipedia. org/wiki/Solar_cell.

[59] Sze S. Physics of Semiconductor Devices. John Wiley & Sons, 1981.

[60] Madan A, et al. The Physics and Applications of Amorphous Semiconductors. Academic Press, 1988.

[61] Gordon R, et al. Sol. Energy Mater. 1989, 18: 263.

[62] Iida H, et al. IEEE Electron Device Lett., 1983, 4: 157.

[63] Masson G, et al. Global market outlook for photovoltaics until 2016. European Photovoltaic Industry Association, 2012.

第六章　Cu(InGa)Se₂太阳能电池

6.1　材料特性

6.1.1　材料结构及组分

CuInSe₂、CuInS₂等是由Ⅰ、Ⅲ、Ⅵ族元素组成的三元化合物，被用于铜铟硒(CIS)薄膜太阳能电池的吸收层，当金属镓元素(Ga)掺入时，替代部分铟(In)元素，形成铜铟镓硒(CIGS)太阳能电池。CuInSe₂(ABC₂)等类似组成比例的晶体结构都近似于黄铜矿结构。黄铜矿结构类似于金刚石结构，是一种Ⅰ族、Ⅲ族元素替代Ⅱ族元素的有序结构。A、B原子属于阳离子，C原子属于阴离子。黄铜矿结构最初起源于CuFeS₂的组成结构，它与闪锌矿结构较为类似，是一种体心四面体结构。闪锌矿结构是一种高温相，属于立方晶系；黄铜矿结构也同属于立方晶系，但是一种低温相，晶格常数略小于前者[1]。在黄铜矿结构中，每个元胞内四个原子协调分布，每个A或B原子的最近邻是四个C型原子，C型原子周围则被两个A原子和两个B原子有序环绕着。由于A-C键和B-C键的长度及离子性质有差异，这样由C原子为中心组成的四面体结构将是不完全对称的，如图6.1所示。C型原子和最近邻的A原子之间键连接较牢固，这是由于A原子中d-电子的存在对成键的贡献。由于不同原子间的成键差异，黄铜矿结构的晶格常数比c/a近似等于2[2]。

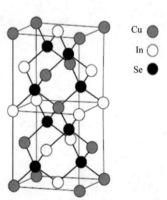

图6.1　CIS黄铜矿结构[2]

热力学分析表明，CuInSe₂固态相变温度分别是665℃和810℃，熔点则是987℃。在低于665℃的情况下，晶体呈现黄铜矿结构；高于810℃，则呈现闪锌矿结构。在CIS材料中加入Ga元素，Ga将部分替代材料中的In形成$CuIn_xGa_{1-x}Se_2$。由于Ga的原子半径小于In，因此随着Ga的含量增加，黄铜矿结构的晶格常数将变小。如果Cu和In原子在子晶格位置上随意排列，则此时对应闪锌矿结构[2,3]。

在对晶体相的分析方面，相图可以作为对多元体系的状态随温度压力及其组分的改变而变化进行直观描述的重要工具。CIS 是三元化合物材料，Cu-In-Se 体系的相图如图 6.2 所示。对于生长的 Cu(InGa)Se₂ 薄膜材料，一般情况下 Se 元素是过量的。Se 过量的 Cu-In-Se 体系组分接近于 Cu₂Se 和 In₂Se₃ 之间的直接连线(图 6.2 中虚线部分)。位于这条线上的黄铜矿结构 CuInSe₂ 以及其余众多的相也被称为规则缺陷化合物(Ordered Defect Compounds, ODC)[2]，这是因为它们的黄铜矿晶体结构中存在着规则排列的本征缺陷。图 6.3 显示了图 6.2 中 Cu₂Se 和 In₂Se₃ 之间的直接连线表示的 CuInSe₂ 的赝二元相图。在相图中，α 相指的是黄铜矿 CuInSe₂ 的形态结构，δ 相指的是高温状态下的闪锌矿结构(HT)，β 相指的是 ODC 结构的相态。用于做太阳能电池的 CIS 材料都是黄铜矿结构(α 相)，属于正方晶系。当生长温度提升至 500℃ 以上时，材料的相会成为纯的 α 相，且 Cu 所占的平均成分比例为 22%～24%，从而形成性质比较优越的贫 Cu/富 In 型 CIS 薄膜，该种薄膜用于电池器件的吸收层，将有利于高性能电池的制作。

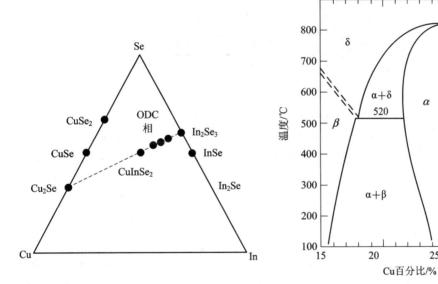

图 6.2　Cu-In-Se 体系的相图[3]　　　　图 6.3　CuInSe₂ 赝二元相图[2]

CuInSe₂ 与任意比例的 CuGaSe₂ 进行合金从而形成 Cu(InGa)Se₂(GICS)。CIGS 材料是一种四元复合晶体结构，其晶体体系除了黄铜矿结构之外，还有 Al 系、S 系等较多种类，能带工程自由度高。目前用于太阳能电池的代表性 CIGS 材料是黄铜矿晶体结构。由于四元化合物 CIGS 的热力学反应较为复杂，对其相图的理解基本基于 Cu₂Se-In₂Se₃-Ga₂Se₃ 在 550～810℃ 下的相图。图 6.3 所示为随着 Cu 含量的变化，CIGS 材料相的变化情况。前面介绍过，应用于光伏的黄铜矿结构(α 相)存在于 Cu 含量在 22%～24% 的范围内，随着 Cu 含量的增大，膜表现为富铜相和 α 相的混合物，而 Cu 含量小于 20% 即贫铜一侧，则是以 β 相为代表的其他相态的存在。在图 6.4 中随着 Ga/In 比例在贫铜膜中的增大，α 相占据的区域出现宽化。可见膜中各元素组分对膜中相态是有相当大的影响的[3,5]。

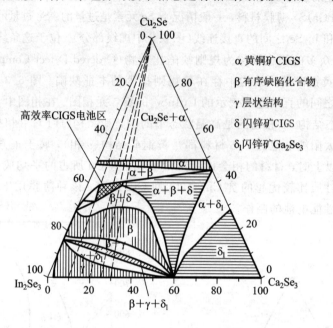

图 6.4　Cu_2Se-In_2Se_3-Ga_2Se_3 体系相图[5]

　　CIGS 材料能在相当大的范围内控制组分变化，其光学特性的变化随成分的变化不是很大。由于不同化学计量组成和本质缺陷的不同分布，能带间会形成不同的能隙，形成电子和空穴输运中的陷阱，使材料的光电性质受到影响，而且还会改变结构。例如，当 $Ga/(Ga+In)=0.6$ 时，CIGS 材料会由黄铜矿结构变为闪锌矿结构。当 $Cu/(Ga+In)$ 的比例在 $0.7\sim1.0$ 之间，且 $Ga/(Ga+In)$ 的比例在 $0.2\sim0.3$ 之间时，CIGS 材料具有较高的光电转换效率，该种材料适合用于高性能元件中。

　　在 CIGS 材料生长过程中，Cu 的含量可以改变材料表面的相态。富铜材料可以使表面达到二次 $Cu_ySe_{(y<2)}$ 的相态。在薄膜生长过程中，富 Cu 环境可以使晶粒尺寸超过 1 mm。设 $x=In/(In+Cu)$，随着 x 的增长，材料由 p 型转向 n 型。Ga 元素在材料中所占的比例会影响禁带带隙的大小[5]。

　　用 Ga 替代 In 和在衬底中添加 Na 元素都会改变 $(In+Ga)/(In+Ga+Cu)$ 的比例。少量来自衬底的 Na 元素添加可以使薄膜在生长过程中实现好的形态和较高的导电率；另外，由于 Na 可能替代 In 或 Ga，它会影响膜内缺陷的分布情况。同时 Na、Ga 的含量也会影响黄铜矿相场，这是因为 Ga 元素代替 Cu 元素形成有序缺陷化合物，Na 元素伴随着补偿施主密度的减少，反位替换 InCu 缺陷的缘故。Ga 元素含量占 Ga、In 总和比例的大小会影响材料的带隙[6-9]。令

$$x = \frac{\mathrm{Ga}}{\mathrm{Ga} + \mathrm{In}} \tag{6.1}$$

效率达到 17.7% 的 CIGS 太阳能电池中，Ga 的含量占 Ga、In 总和的 10%～30%，此时，禁带宽度为 1.1～1.2 eV[10]。该比例还将影响薄膜中缺陷的分布。表 6.1 显示了不同组分的 CIGS 材料的特性。

表 6.1 不同组分的 CIGS 材料能量特性分析[11]

材　料	制备方法	分析手段	E_A/meV	备　注
CuInSe₂	Co-evap	$\sigma(T)$	250 170	初始阶段为（Na-free） 空气中退火处理
Cu(In$_{1-x}$Ga$_x$)Se₂ ($x=0\sim0.22$)	Co-evap	$\sigma(T)$	100 30	$x=0$ $x=0.22$
Cu(In$_{1-x}$Ga$_x$)Se₂	Two-step	$\sigma(T)$	40 350	Na-掺杂 Na-free
Cu(In$_{1-x}$Ga$_x$)Se₂ ($x=0.2$)	Co-evap	$\sigma(T)$	60～120 250	Na-掺杂 Na-free
CuInS₂	Co-evap	霍尔测量	90 50～60	n 型 p 型
CuInGa₂	Co-evap	霍尔测量	60～135	富 Cu
CuInGa₂	Co-evap	霍尔测量	<20	富 Cu
CuInGa₂	Single-epi-GB	霍尔测量	32	富 Cu
Cu(In$_{1-x}$Ga$_x$)Se₂	Two-step	霍尔测量	50	Na 掺杂

6.1.2　光学性质

吸收系数是表征半导体材料光学性能的重要参数之一，光吸收的过程就是电子吸收能量跃迁的过程。实验表明，CIGS 材料是直接带隙半导体，吸收系数可以达到 $10^5\,\mathrm{cm}^{-1}$。这在可薄膜化的半导体材料中属于较高的，只需 1～2 $\mu\mathrm{m}$ 的厚度就可达到 99% 以上的太阳光吸收[2]。图 6.5 表示不同类型半导体材料的光吸收系数。

研究表明，吸收系数 α 是光子能量 $h\nu$ 和光学带隙 E_g 的函数，即

$$\alpha = \frac{A(E - E_g)^2}{E} \tag{6.2}$$

其中 A 为常数，与光吸收的能态密度有关。

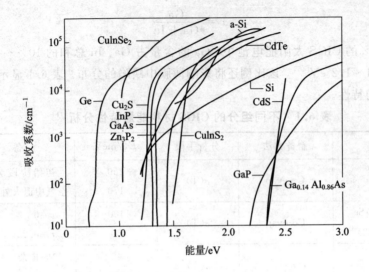

图 6.5　不同类型半导体材料的光吸收系数[6]

半导体薄膜的吸收系数可以通过对不同偏振态下反射率、透过率及厚度的测量获得。不考虑干涉的情况下，吸收系数与透过率 T、反射率 R 满足以下关系[1-3]：

$$T = (1-R)^2 \exp\frac{-\alpha d}{1} - R^2 \exp(-2\alpha d) \tag{6.3}$$

其中 d 是薄膜的厚度。在反射很小而吸收较大时，上式可简化成

$$T = (1-R)^2 \exp(-\alpha d) \tag{6.4}$$

据此，可以得到吸收系数的表达式：

$$\alpha = \frac{\ln\dfrac{(1-R)^2}{T}}{d} \tag{6.5}$$

进而通过计算得到光学带隙 E_g 的大小。

GIGS 材料的光学带隙与温度有关，关系满足下式：

$$E_g(T) = E_g(0) - \frac{aT^2}{T+b} \tag{6.6}$$

其中 a、b 是常数，且在不同的测量环境下会有差距。

CIGS 薄膜的光学带隙还和 Ga/(Ga+In) 的比例、Cu 的含量有关。当 Ga 的含量为零时，光学带隙的大小是 1.02 eV；当 Ga 的含量为 100% 时，带隙为 1.67 eV。若 Ga 在薄膜中的分布是均匀的，$x=$ Ga/(Ga+In)，则 E_g 与 x 的关系如下：

$$E_{gCIGS}(x) = (1-x)E_{gCIS} + xE_{gCGS} - bx(1-x) \tag{6.7}$$

其中 b 是弯曲系数（不同于式 6.6 中的 b），而且经过各种实验得出取值的范围约为 $0.11 < b < 0.26$ eV，通常取经验计算值 0.21[12-14]。

6.1.3 电学性质

CuGaSe₂ 材料常以 p 型导电性存在,通过控制阳离子的原子比例或不同的掺杂形式可以达到改变 CIGS 薄膜导电类型的目的。对于 CuInSe₂ 材料,Cu 过量时材料常为 p 型,而富 In 薄膜可以是 p 型或 n 型。在硒超压退火情形下,n 型可转化成 p 型;在硒低压退火时,p 型可转化成 n 型材料。对于 CIGS 材料,薄膜的导电类型与成分直接相关。当材料中 Se 含量较小时,材料缺 Se 而形成空位,黄铜矿结构中最近邻的 Cu 原子和 In 原子外层电子失去共价电子,此时 Se 空位相当于施主杂质,为导带提供电子。Ga 的掺杂使部分 Ga 原子取代 In 原子,由于电子亲和能的差异,Cu 和 Ga 的外层电子形成电子对,使 Se 空位不能提供自由电子,从而材料 n 型导电性质随 Ga 含量的增加而下降。用于器件的 Cu(InGa)Se₂ 薄膜常为在富 Se 气氛下的 p 型材料,载流子浓度约为 $10^{16}/cm^3$ [15, 16]。

对于黄铜矿结构的 CIGS 材料,存在大量的固有缺陷。根据对 CIS 材料的计算可得,CIS 施主缺陷能级有五种,即 D1~D5,受主缺陷有六种,即 A1~A6,如图 6.6 所示。其中 A1 由铜空位形成,属于在室温下即可形成的浅受主能级。In 空位(A3/A5)和 Cu 替代 In 形成的替位缺陷(A4)都是受主型点缺陷。而 In 替代 Cu 形成的替位缺陷是施主型点缺陷。当作用中的施主型点缺陷总和大于受主点缺陷之和时,材料表现为 n 型,否则为 p 型。因此 CIGS 材料的组成元素比是调控导电类型的重要机理[17]。通过光致发光、光电导、光电压、光学吸收和电学测量等方法可以观察到一系列的电子转移过程。另外,对形成能和转换能的理论计算、比较,可以为区分不同的本征缺陷提供基础,具体数据可见图 6.6。

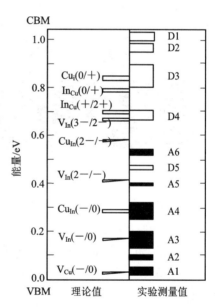

图 6.6 CIS 中的施主/受主点缺陷能级示意图[2]

在迁移率上,CIGS 材料的迁移率有较大的取值范围。Cu(InGa)Se₂ 空穴迁移率在单晶状态下在 $15\sim150\ cm^2/V \cdot s$ 的范围变化,最高可达 $200\ cm^2/V \cdot s$。单晶的电子迁移率是 $90\sim900\ cm^2/V \cdot s$。对 p 型多晶材料进行霍尔测量,迁移率可达到 $5\sim50\ cm^2/V \cdot s$,结果可能受晶粒间的相关性和晶界间输运的限制及影响[18]。

随着 Ga 含量百分比的增加,以 CIGS 为基础的太阳能电池开路电压 V_{OC} 增加,短路电流 J_{sc} 减小。

6.1.4　表面、晶界及衬底

　　根据制造经验，晶粒尺寸约为 1 μm 的晶体薄膜可以被用于制作器件。晶粒形态和晶粒尺寸随着制作方法和环境的影响而变化，在制膜过程中常采用大晶粒结构或者垂直于基板表面的柱状结构，以降低载流子被晶界反射或捕获的概率，从而在一定程度上提高载流子的传输特性。扫描电子型显微镜（SEM）和透射型电子显微镜（TEM）是用来形象表征薄膜表面形貌和晶粒结构的重要方法。图 6.7 所示是 Mo 衬底上电子共蒸发法所得 CIGS 薄膜的 SEM 图像，可看到位移、层错等缺陷的存在[2]。

　　KPFM 测量可测样品表面的高度变化情况，同时采用样品和尖端之间的静电力产生的接触电位，可测量出表面上特定点的功函数。图 6.8 显示 KPFM 表面随机方向上功函数的变化趋势。从曲线走势观察可得，在晶界周围功函数有明显的下降，类似于在未暴露于空气中时的能带弯曲，而在大气中暴露时能带弯曲消失[20]。

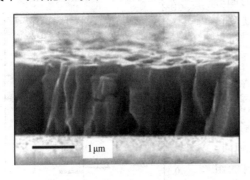

图 6.7　CIGS 薄膜的 SEM 图像

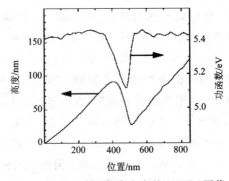

图 6.8　CIGS 表面任意方向的 KPFM 图像

　　CIGS 吸收层近表面的带隙和体内不同。典型的例子是贫铜表面相（如 $Cu(In, Ga)_3Se_5$）价带下移。由于 Cu 由表面向体内的电迁移，使能带弯曲。当 CIGS 的成分为 $CuIn_3Se_5$ 时，因为不能满足新结构的要求，电迁移终止。$CuInSe_2$ 中 Cu 的电迁移也和黄铜矿结构的类型转换有关系。

　　表面贫铜时，表面会出现 $Cu(In, Ga)_3Se_5$ 相位偏移。但是这种偏移并不能被结构检测方法如 TEM 等证明，但是可以通过 X 射线、光电子能谱学（XPS）进行测量。测量结果显示贫铜情况下 $CuInSe_2$ 的自由表面和 $CuIn_3Se_5$ 成分相似。当 $CuIn_3Se_5$ 成分出现时，Cu 电迁移引起的 Cu 损耗会得到缓解。从导电类型上分析，$Cu(In, Ga)_3Se_5$ 本身呈 n 型的导电类型，当它出现在 CIGS 材料中时，整个材料的导电类型可能发生转变[20]。当 CIGS 材料暴露在大气中时，表面的能带弯曲将消失，形成氧化物。当有 Na 存在时，这种氧化会得到加强，表面组成中会出现 In_2O_3、Ga_2O_3、SeO_x 及 Na_2CO_3 等成分。

　　微观上来看，多晶半导体是由晶粒组成的，每个晶粒都是完整的晶体，但是不同晶粒的晶向不同，在晶体中任意排布。CIGS 多晶的晶粒尺寸较大，能带结构和吸收系数与单晶没有多大的差别，但是在载流子输运和复合方面会受到晶粒之间界面即晶界的影响。由于相邻晶粒的晶向不同，在晶界上存在大量的缺陷，如晶格位错、空位及间隙原子、杂质等。晶界的缺陷会在能隙内引入陷阱态，俘获载流子，形成势垒改变能态结构。掺杂半导体中界面缺陷还会形成界面态，俘获多数载流子，阻碍多数载流子的输运。晶界对载流子输运的影响程度取决于晶界方向。若晶界和组成 PN 结的空间电荷区平行，与电流方向垂直，多数载流子受势垒阻挡大，迁移率减小，少数载流子晶界复合，将影响最大[22]。

在晶粒和晶界方面，氧原子将对晶粒表面 Se 空位起到钝化作用，该空位将在晶界处充当复合中心，将减少有效空穴的数目，阻碍载流子的输运。氧原子可对空位起到替代作用，从而消除陷阱影响。Na 元素的作用机理至今仍存在一定的争议。Na 被认为可作为氧化的催化剂，使氧分子尽量转化成氧原子，增强对 Se 空位的钝化作用。有一种看法认为，当少量 Na 掺入材料中时会形成点缺陷，而不是形成类似体材料的二次相。Na 在 CIGS 材料中可能形成 Cu 或 In 的替代缺陷，前者不活泼，一般不会引入替代能级；后者则通常引入浅的受主能级，提高有效的空穴密度。另一种看法是当 Na 大量掺入时，会替代 Cu 形成更为稳定、具有更大能隙的 NaInSe₂，能隙的增大有助于提高开路电压。如图 6.9 所示，图(a)是有 Na 生长的 CIGS 样品，图(b)是无 Na 元素参与生长的样品。通过 TEM 对两者的晶粒和晶界进行检测，对比可以看出图(a)的两个图像几乎同质，晶粒生长尺寸较大；而图(b)有较小的晶粒且在晶界处有较宽的 CL 对比区[1,7-9]。因此，Na 的加入将会使薄膜对组分失配的容忍度大大增加[4]。

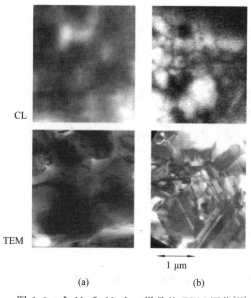

图 6.9　含 Na 和 Na-free 样品的 TEM 图像[23]

在 Cu(InGa)Se$_2$ 生长过程中，常采用玻璃、金属、柔性聚合物等衬底。各种衬底有其不同的特性，在作为 CIGS 材料的生长衬底时有各自独特的优势。衬底要满足以下物理及化学要求[3]：

(1) 真空兼容性。在各种真空沉积过程中不易脱落，且能耐热。

(2) 热稳定性。高性能的 CIGS 材料的生长温度常在 500～600℃，因此衬底至少要耐 350℃ 以上的高温。

(3) 适当的热膨胀性。衬底的热膨胀系数需在 CIGS 材料热膨胀系数的范围内。

(4) 化学惰性。理论上衬底在生长过程中不应被腐蚀，而且应不含任何可能向薄膜内扩散的杂质。

(5) 足够的湿度屏障。衬底应保证薄膜在长期操作中尽量不受环境的影响，即本质上阻挡水蒸气对薄膜的渗透。

(6) 表面的平滑性。表面光滑的衬底有利于薄膜的生长及与其它部分的良好接触。

(7) 成本、能源消耗、可用性、重量等因素。理想的衬底最好满足成本低、消耗少、可用材料丰富和重量轻，这些都与衬底厚度有关，间接影响太阳能电池中的 CIGS 吸收层的效率。

衬底在薄膜制备中发生的效应可以分为三类：热膨胀、化学效应和表面成核影响。当薄膜生长停止时，衬底和薄膜仍停留在生长温度下，Cu(InGa)Se$_2$ 薄膜承担较小的压力。在冷却过程中，如果衬底和薄膜本身的热膨胀不匹配，应力会加在薄膜上。若衬底热膨胀系数低于 $9×10^{-6}$/K，会使薄膜存在微裂隙和空位；若高于该值，会使薄膜上被施加压力，造成黏连故障。

衬底使用碱石灰玻璃时，会发生 Na 离子扩散进入 CIGS 材料黄铜矿结构中的现象。Na 对于 CIGS 材料微观结构的影响不仅表现在晶粒的生长上，而且使材料表现出更高程度的对垂直于衬底的<112>晶向的择优取向性。

影响不同的择优取向性的根本原因是黄铜矿材料的成核性。对以碱石灰玻璃为衬底和以 Mo 为衬底的两种 CIGS 薄膜进行比较，在不考虑 Na 的影响的基础上，后一种对于<112>晶向的择优性更强。

当用金属作为柔性衬底时，Cu、Al 与 Se 等元素的反应将是一个需要考虑的问题。

6.2 器件性质

6.2.1 光电流的产生

下面讨论 Cu(InGa)Se$_2$ 太阳能电池的光电流产生问题[1-4, 26-29, 31]。

Cu(InGa)Se$_2$ 太阳能电池是一种具有较大应用前景的电池，其材料在光学和电学性质上具有极大的优势，特别是 CIGS 中载流子寿命能达到上百纳秒，扩散长度能达到几微米，吸收长度小于 1 μm，这些都为电池效率的提高提供了基础。目前 CIGS 电池的电流密度 J_{sc} 可以达到 35.2 mA/cm²，这大大接近了 AM1.5 光照条件下、1.12 eV 光隙范围下 J_{sc} 能达到的 42.8 mA/cm² 的最大值。量子效率尤其是外量子效率作为表征电流损失机制的重要参数，对分析 CIGS 电池的光电流产生具有较大的指导意义。影响外量子效应的因素有很多，主要是吸收层、窗口层等的能带结构和一系列的损失机制。目前器件光电转换效率已可达 20%。

　　CIGS 电池中以 CIGS 薄膜作为吸收层，吸收光产生光生载流子，提供光电流。光电流产生的大小取决于吸收系数 $\alpha(\lambda)$ 和电子光吸收跃迁的机制。如图 6.10 所示，多种跃迁过程对吸收系数的大小有贡献[18]。

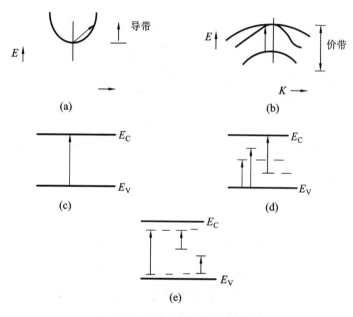

图 6.10　光吸收跃迁机制示意图

　　设 $\Phi(z)$ 为入射光的光通量（单位为 cm⁻²s⁻¹），α 为光吸收系数，$G(z)$ 定义为光生载流子的产生率。光通量随深度指数衰减，其表达式如下：

$$\Phi(z) = \Phi(z_0)\exp[-\alpha(z-z_0)] \tag{6.8}$$

$$G(z) = -\frac{\mathrm{d}\Phi}{\mathrm{d}z} = \alpha\Phi(z_0)\exp[-\alpha(z-z_0)] \tag{6.9}$$

　　若考虑能隙变化，则情况会变得更加复杂，将需要进行特别讨论。我们只考虑独立于波长的吸收层的前表面反射和背表面反射，分别设反射比例为 R_F、R_B，两值都小于 1。假如 CIGS 吸收层的厚度为 W，则被表面反射的光强度为 $\Phi_1 = R_B \cdot \Phi(W)$。在 AM=1.5 的长波长与短波长光照射下，CIGS中电荷产生率随深度增大具有如图6.11所示的变化。在图6.11(a)中通过比较可发现短波长(0.56 μm)下CIGS具有较强的吸收，当深度大于0.5 μm时，无显著吸收；长波长(1.06 μm)下，吸收主要发生在层中较深的区域，而且背反射分数较大，光谱响应较差。图6.11(b)为对完全电荷产生率的表征，说明大部分的吸收主要发生在CIGS材料的第一个微米级的深度。这为在电池的设计中优化吸收层的厚度提供了理论依据。

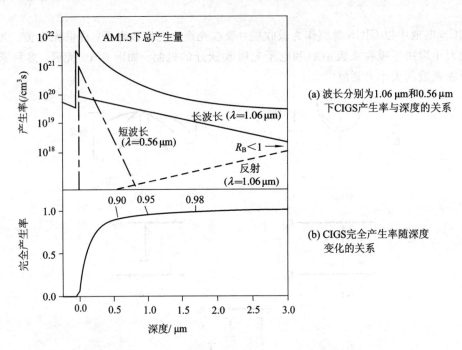

图6.11　CIGS中电荷产生率随深度变化的关系图[28]

在实际的CIGS电池器件中，存在各种对光电流的消耗因素，这些消耗因素可以用量子效率QE表征。前面几章已涉及QE的概念，QE的定义如下：

$$QE(\lambda) = \frac{\Delta J/q}{\Phi} = \frac{收集的空穴电子对数量}{入射光子数}$$

$$QEext(\lambda, V) = [1-R(\lambda)][1-AZnO(\lambda)][1-ACdS(\lambda)]QEint(\lambda, V)$$

$$QEint(\lambda, V) = \frac{1-\exp[-\alpha(\lambda)W(V)]}{\alpha L + 1}$$

量子效率QEint反映了禁带宽度不同的薄膜材料对不同波段太阳光的吸收并产生光电流的能力，与电池各层材料的质量和PN结特性有关[19]。其中，α是Cu(InGa)Se$_2$的光学吸收系数，W是Cu(InGa)Se$_2$空间电荷区的宽度，L是少数载流子的扩散长度。AZnO(λ)及ACdS(λ)是CdS和ZnO窗口层的光吸收率。光电流是外量子效率和光谱的积分，外量子效率受制于组成 CIGS 光电池的 Cu(InGa)Se₂ 吸收层、CdS 和 ZnO 窗口层的能隙大小，各种光电流损耗机制也是外电子效率的重要影响因素。在偏压为 0 V 和 -1 V 下，对 CIGS 薄膜太阳能电池模拟的量子效率曲线如图 6.12 所示（其中实线为偏压 0 V，虚线为偏压 -1 V）。下面对各个区域的光电流损失进行分析[4]。

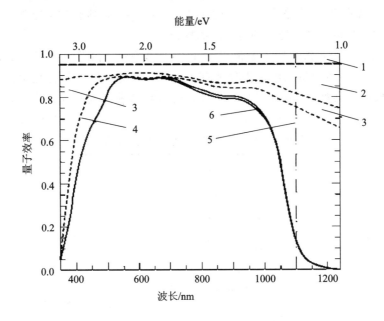

图 6.12 CIGS 薄膜电池的量子效率曲线

1 区：电流收集栅极遮挡电池表面，减少了光照面积引起的光损失，在互连模块中，这一损失将会由互连部分的面积决定；

2 区：空气与 ZnO/CdS/CIGS 界面即正面接触界面间发生的反射损失。可以通过蒸发成分为 MgF₂、厚度约为 100 nm 的抗反射层来减少这种损失，但是这一抗反射层在玻璃覆盖的器件中通常是不切实际的。

3 区：ZnO 窗口层吸收造成的光损失。该损失分为两部分，一部分能量大于禁带宽度的电子被吸收，形成电子—空穴对，但是没能对光电流做出贡献；小能量的红外光被自由电子吸收，产生热能。其吸收光波长的范围从可见光延伸至红外光部分，λ＞900 nm 为易被自由载流子吸收的红外光，λ＜400 nm 的电子能量与 ZnO 禁带宽度相近似，易被吸收。

4 区：CdS 区的吸收造成的光损失。CdS 的能隙大小为 2.42 eV，与波长为 520 nm 的光子能量相对应。因此，λ＜500 nm 的光子易被 CdS 吸收，且吸收的强弱与 CdS 层的厚度成比例。一般认为该层吸收光子产生的电子—空穴对很难被收集。在实际产品制造中，吸收层常较厚，且吸收损失比预期的大。

5 区：Cu(InGa)Se₂ 层的吸收不完全。Cu(InGa)Se₂ 能隙的梯度性影响量子效应曲线的陡峭性，使曲线以一定坡度进行变化。当光子能量在 $Cu(InGa)Se_2$ 禁带宽度附近时，光子不能完全被吸收层吸收。当吸收层厚度小于吸收系数的倒数时，由于材料本身对长波长光子吸收的不完全性。

6 区：$Cu(InGa)Se_2$ 对产生的光生载流子对的收集不完全性。该损失与 $Cu(InGa)Se_2$ 层的厚度有关。经试验证明，零偏压下，厚度在 $0.1 \sim 0.5 \, \mu m$ 范围内时，电池具有较好的性能。该损失还是偏压的函数，是一种电学上的损失。

由表 6.2 分析可得，总的损失电流可达 $11.4 \, mA/cm^2$，占总电流的 26.6%。从对图 6.12 和表 6.2 的分析可以得出电流损失的基本途径，为电池的性能优化提供了可能的方法。当然，与模拟结果对比，在实际情况下损失机制和结果会因器件结构设计不同以及所用材料的光学、电学性质的差异等原因产生相应的变化，具体情况应具体讨论。

表 6.2　CIGS 光电池的光电流损失[2]

图 6.12 中对应区域	光损失机制	$\Delta J/(mA/cm^2)$	$(\Delta J/J_{sc})/\%$
1	栅电极遮挡面积损失	1.7	4
2	ZnO/CdS/CIGS 的反射	3.8	8.9
3	ZnO 的吸收	1.9	4.5
4	CdS 的吸收	1.1	2.5
5	CIGS 的不完全吸收	1.9	4.4
6	CIGS 的不完全收集	1.0	2.3

量子效率的大小还要考虑 PN 结本身的二极管特性。CIGS 中的 PN 结为掩埋结，结区位于 CIGS 表面层下 $30 \sim 80 \, nm$ 处。在长波长的光照射下，PN 结空间电荷区的各种缺陷态是造成光吸收损失的原因之一。二极管特性越好，电池效率越高，量子效率也越高。另外，电阻对光电转换效率也有较大的影响。因此，提高 CIGS 吸收层的质量是提高量子效率、加强吸收的重要途径[33]。

由于 CIGS 薄膜表面带隙较大，导致低能光子不能被吸收。大量实验结果表明，薄膜表面 Ga 的含量太高，会使表面禁带宽度增大，缺陷增加，载流子复合中心较多，引起表面复合，少子寿命和扩散长度减小，光生载流子损失增加。为改善这种状况，人们提出了 Ga 元素梯度分布的掺杂方式，实验证明抛物线形式的梯度分布曲线可以在一定程度上改善 CIGS 对低能光子的吸收问题，提高吸收效率。

6.2.2　复合

在半导体导带中的自由电子和价带中的自由空穴是太阳能电池工作的基础。在电子被激发向导带跃迁时，相应地会在价带中出现一个空穴，也可能是激子分离产生自由电子－空穴对。自由电子在运动过程中，会以各种形式发生复合[1-4, 26-28, 30]。复合机制分为辐射复合和非辐射复合：或者从导带跃迁回价带，此过程中将能量转换成光子的形式发射出来；或者在带间实现复合；或者将能量传递给其它的载流子等。在实际中，CIGS 材料中的缺陷往往在价带和导带中形成能级或者带尾，而不作为离散能量出现，因此与缺陷相关的复合机制是在 CIGS 电池工作过程中所需要考虑的，可用基于对载流子跃迁概率统计的 SRH 模型来阐述。假设缺陷只存两种可能态，施主缺陷能级俘获空穴，受主缺陷能级俘获电子，复合过程如图 6.13 所示。在平衡状态下，产生和复合的概率是相同的，在光注入或电注入时，随着自由载流子浓度的增加，复合速度呈线性增长，同时可能伴随其它复合机制的出现[28]。

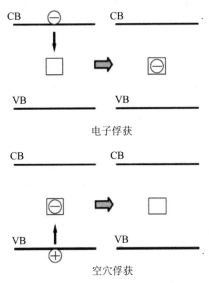

电子俘获

空穴俘获

图 6.13 SRH 模型中的复合机制

复合速度可以用以下公式表示：

$$R = \frac{\sigma_e \sigma_h \nu_{th} N_t (np - n_i^2)}{\sigma_e (n + n_i \exp[(E_t - E_i)/kT]) + \sigma_h (p + n_i \exp[(E_i - E_t)/kT])} \quad (6.10)$$

式中，σ_e、σ_h 分别为电子与空穴俘获截面，ν_{th} 为载流子运动速度，N_t 为复合中心浓度，n、p 分别为电子和空穴浓度，n_i 为平衡时本征载流子浓度，E_i 为本征费米能级，E_t 为复合中心能级。

其中，电子寿命为

$$\tau_e = \frac{1}{N_t \nu_{th} \sigma_e} \quad (6.11)$$

空穴寿命为

$$\tau_{h} = \frac{1}{N_{t}\nu_{th}\sigma_{h}} \tag{6.12}$$

当 $n \gg p$ 或者 $p \gg n$ 时，该式可以被简化如下：

$$R_{n} = \frac{\Delta p}{\tau_{h}}, \quad R_{p} = \frac{\Delta n}{\tau_{e}} \tag{6.13}$$

其中，Δp、Δn 为过剩载流子浓度。

表面复合在 CIGS 工作过程中也很重要，主要发生在电池的正、背接触表面的材料界面或者晶界处，其复合速度可用下式表示：

$$R = \frac{n + n_{1}}{S_{h}} + \frac{p + p_{1}}{S_{e}} \tag{6.14}$$

其中，S_{h} 和 S_{e} 为单位时间、单位长度内的空穴和电子的表面复合速度。

其它的复合机制如带间直接复合、俄歇复合等在 SRH 型材料中并不显著，在适当条件下可不考虑。

复合原理可用于解释在不同温度、波长等不同状况下 $J - V$ 的变化。CIGS 光电池 $J - V$ 的关系可用下式来说明：

$$J = J_{0}\left\{\exp\left[\frac{q(V - R_{s}J)}{nkT}\right] - 1\right\} + \frac{V - R_{s}J}{R_{sh}} - J_{ph} \tag{6.15}$$

这一公式前面章节已经涉及。其中 $J_{0} = J_{00}\exp(-\phi/nkT)$，$\phi$ 是势垒高度，J_{00} 的大小取决于复合机制。界面、空间电荷区和体内的复合都将影响二极管性能及电池的寄生电阻，对电池的 $J - V$ 特性也会产生影响，这可由其对开路电压 V_{OC} 的影响入手进行分析。

不同的复合路径是平行的，而较大电流下开路电压往往受某一种单一的复合机制的影响。如图 6.14 所示其对 $x = Ga/(Ga + In)$ 分别取值 0、0.24、0.61 情况下的 $J - V$ 曲线

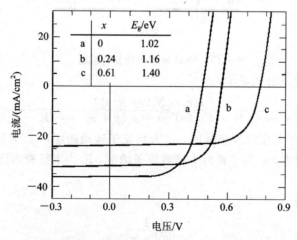

图 6.14　不同 Ga 掺杂下的 Cu(InGa)Se₂ 光电池的 $J - V$ 曲线[22]

进行测量，光学带隙宽度分别为 1.02 eV、1.16 eV 和 1.40 eV。曲线走势符合式(6.15)，且其 n 的值为 1.5 ± 0.3。对一般的 CIGS 电池来说，n 可取值的范围是 1~2。这说明，Cu(InGa)Se₂/CdS 光电池的复合机制主要为 SRH 机制，是通过 Cu(InGa)Se₂ 中空间电荷区的深陷阱态实现的，该能级既能提供电子，又能提供空穴。n 在 1~2 范围内变化时，缺陷扮演深陷阱能级的角色；当 n 的变化趋近于 1 时，复合机制开始逐渐向带间复合靠拢，主要发生于中性区；表面复合使 n 值的变化向大于 2 的方向发展。在晶界处的复合也应被考虑，它造成载流子收集的损失，减小了电压的值。当掺杂类型是 p 型时，可有效减小晶界复合效应。

在实际的 Cu(InGa)Se₂ 材料中，陷阱缺陷往往不是以离散能量存在的，而是以能带形式或者价带、导带的带尾出现。此时缺陷的能级范围将是决定复合电流大小的重要因素，带尾参与的复合将引起 n 随温度的变化而变化从而导致隧道复合电流的产生。导纳光谱学是表征太阳能电池电子缺陷分布的重要工具。少数载流子的寿命也是一个影响 V_{OC} 的重要因素，经测量在高速器件中少数载流子的寿命为 10~100 ns。在当载流子的扩散长度和 Cu(InGa)Se₂ 吸收层的厚度相近时，背接触中的复合将不可忽略，且背接触是肖特基接触时，肖特基势垒会引起电阻损失的问题。CIGS 吸收层与缓冲层的正面接触界面的复合使开路电压在一定光强下随温度的升高而下降。对 Ga/(Ga+In)=0.24 的样品分别在光强为 1、10、100 mW/cm² 下进行开路电压的测量，其曲线如图 6.15 所示。

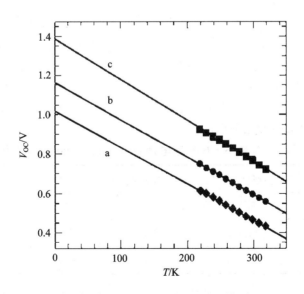

图 6.15　V_{OC} 与温度的变化关系(由 a 到 c 光强依次减小)[2]

目前对 CIGS 电池载流子输运和复合机制的各种讨论都建立在不考虑晶界效应的基础上，即假设晶粒是柱状的，所有的输运过程都无需穿越晶界，但是这种假设在实际过程中很难实现。晶界效应会影响载流子的扩散长度，导致微观晶界复合变小。如果晶界边界是较重的 p 型掺杂，电子被阻止到达，晶界处的缺陷复合将受到影响。

在光电转换效率方面，串联电阻和并联电阻也起到了重要的作用。图 6.16 表示一个玻璃衬底 CIGS 薄膜太阳能电池光转换效率与入射光强的关系图。它在标准光强下的光电转换效率为 14%～15%。当光强降到 50 mW/cm² 时，效率仍为 10%。但当光强降到 10 mW/cm² 时，效率只有3%。研究表明：低光强下，电池转换效率下降的根本原困是在低光强下电池的串联电阻和并联电阻上升，而短路电流却线性下降。上升的串联电阻使电池填充因子下降，而上升的并联电阻却阻止不了由于短

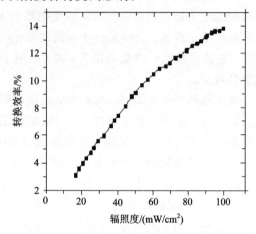

图 6.16　CIGS 光电池转换效率和辐照度的关系[4]

路电流下降造成的电池开路电压的下降，结果是填充因子、开路电压的下降使电池在低光强下的效率严重降低。对 CIGS 薄膜太阳能电池来说，可以通过控制铜含量改善这一状况。表 6.3 给出了不同铜含量的 CIGS 太阳能电池在 0.1 mW/cm² 光强下电池的参数，可以看出，对于含铜为 18% 的 CIGS 太阳能电池，其低光强下并联电阻高达 142 kΩ·cm⁻²。它在 0.1 mW/cm² 光强下光电转换效率达到 5.45%，而在 5 mW/cm² 光强下光电转换效率为 10%，在标准光强下效率为 12%。CIGS 薄膜太阳能电池优良的弱光性能取决于吸收材料中对铜含量具有较大的容忍度，它允许使用偏离化学计量比的较低的铜含量来提高其电阻率并能制备出性能优良的太阳能电池[4]。

表 6.3　不同 Cu 含量下 CIGS 光电池在 0.1 mW/cm² 光强下的电池参数

Cu 含量/%	R_{sh}/(kΩ·cm⁻²)	填充因子 FF/%	V_{OC}/mV	J_{OC}/μA·cm²	η/%
23.3(富 Cu)	3.5	25.4	93.9	27.8	0.66
21.5(标准)	11.8	31.6	256.0	25.4	2.05
18(标准)	142.0	57.1	405.0	23.6	5.45

温度也是影响太阳能电池性能极其重要的因素。因为温度对载流子浓度、载流子迁移率及禁带宽度等参数有影响，所以不同温度下电阻率、带隙是不同的。再者，各个界面上的缺陷激发态也是温度的函数，从而形成温度对太阳能电池参数的影响。通过对效率为

16.4%的 CIGS 电池在 350～200 K 进行 J-V 曲线和温度关系的模拟，与实测曲线相比大致符合。由图 6.17 所示的模拟曲线的结果来看，短路电流的温度系数在 0.0046 mA/cm²/K，如果忽略 dE_g/dT，则短路电流变化为 $-0.007\%/$K，这个值可以被忽略，因此，通常认为短路电流不随温度的变化而变化。但是开路电压的温度系数为负值，填充因子随着温度的降低而缓慢增加。

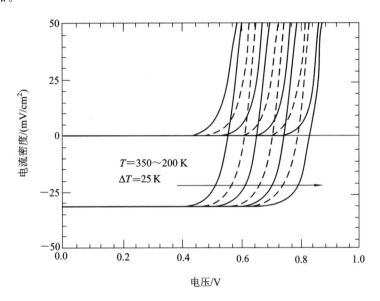

图 6.17　AM 1.5 光照下 ZnO/CdS/CIGs/Mo 电池的光暗 J-V 曲线与温度的关系[4]

6.2.3　Cu(InGa)Se₂/CdS 界面特性

在大多数异质结器件中，PN 结界面的特性将对太阳能电池的性能有显著的作用[32-38]。在 CIGS 太阳能电池中，通过沉积 CdS 在 CIGS 吸收层上，可降低不良分流路径产生的可能，避免沉积在 CdS 上的 ZnO 对吸收层造成的溅射损伤[31]。CIGS 吸收层和 CdS 缓冲层晶格相匹配，组成了异质结，其中 CIGS 为 p 型，CdS 为 n 型，其接触面的特性对器件的电学特性有较大的影响。

Cu(InGa)Se₂/CdS 能带图如图 6.18 所示。Cu(InGa)Se₂ 和 CdS 之间存在导带不连续的突变 ΔE_c，为 Cu(InGa)Se₂ 的反型提供了条件。也有人认为，Cd 元素掺杂作为一种众所周知的施主杂质，使吸收层表面实现 n 型掺杂，也是使 Cu(InGa)Se₂ 形成反型层的原因之一，但是目前还没有具体模型证明。由于 p 型的 Cu(InGa)Se₂ 中有 Ga 元素的掺杂，禁带宽度 E_g 的大小由掺杂的比例决定。n 型 CdS 的禁带宽度为 2.4 eV，在窗口层上还存在着 n⁺型的 ZnO 透明层，其禁带宽度是 3.2 eV。若 ZnO 使用本征层，会使界面复合增加。ΔE_c 是

CdS 的导带最小值与 Cu(InGa)Se$_2$ 的导带最小值相差的部分,是影响载流子输运和复合的重要影响因素,这种影响将体现在器件的短路电流 J_{SC}、开路电压 V_{OC}、填充因子 FF 和转换效率等器件参数上,如图 6.19 所示。当 ΔE_C 在 $-0.7\sim0.4$ eV 变化时,J_{SC} 变化缓慢;当 $\Delta E_C>0.4$ eV 时,在界面处会产生较大的势垒,阻止光生载流子的输运,从而使 J_{SC} 表现出骤降的趋势。

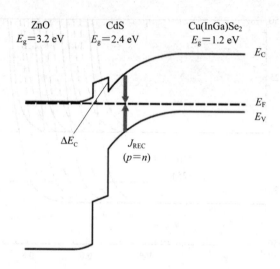

图 6.18　ZnO/CdS/Cu(InGa)Se$_2$ 器件在零偏压零光照下的能带图[29]

当 Cu(InGa)Se$_2$ 禁带宽度较小、$\Delta E_C>0$ 时,可以增加开路电压,提高器件性能;当 $\Delta E_C>0.4$ eV 时,CdS 的导带低于 CIGS,形成尖峰势垒,光生载流子在 Cu(InGa)Se$_2$ 中的收集过程将受阻,短路电流和填充因子将急剧下降。由于电子可以通过热电子发射穿过接触面,在这种原理下,开路电压 V_{OC} 最大能提高到 0.8 V。当 Cu(InGa)Se$_2$ 掺杂 Ga 的比例较大时,$\Delta E_C<0$ 即在 $-0.7\sim0$ eV 变化。随着绝对值增大,接触面附近的 Cu(InGa)Se$_2$ 反型消失,表面态复合起作用,界面处的载流子寿命减小,对开路电压起降低作用,填充因子 FF 也随着导带边失调值的绝对值增大而减小,与开路电压 V_{OC} 的趋势相同。此时开路电压取决于接触面的质量,而不再受吸收层能隙大小的制约。当 $\Delta E_C>0$,且取值范围为 $0\sim0.4$ eV 时,FF 基本为一个常数,当超过 0.4 eV 时,FF 会骤减,与短路电流 J_{SC} 的变化趋势相同。以上理论推导,可以确定 ΔE_C 的最优取值范围是 $0\sim0.4$ eV。

在两种材料的接触面上,可能会发生复合现象,这种接触面复合并不影响开路电压 V_{OC}。在接触面上的费米能级接近导带,因此接近 Cu(InGa)Se$_2$ 表面的电子是多数载流子。对接触面总的复合电流的计算可以依靠 SRH 模型。为简化计算,可认为电子与空穴的表面复合速度为 $S_n=S_p=S$,这是评价接触面质量的重要参数。接触面处参与复合的载流子可以发生在 Cu(InGa)Se$_2$ 和 CdS 自身的电子与空穴之间,也可以在两种材料的电子与空穴之间发生。通常把 CIGS 表面设置为缺 Cu 层，可以使吸收层附近价带下降形成较宽的空穴传输势垒，降低界面的空穴浓度，降低界面复合。

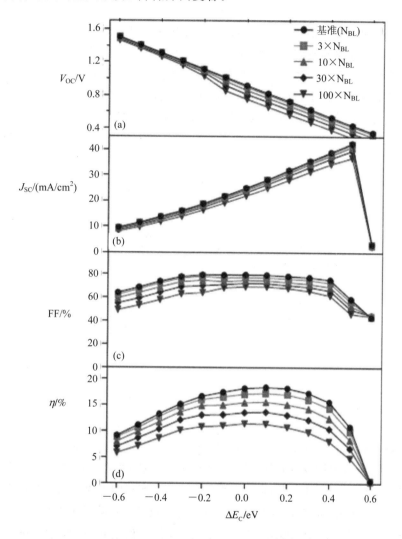

图 6.19　CIGS 光电池的各个参数与 ΔE_C 的关系示意图[38]

接触面质量与材料沉积时两种材料的晶格特点有关系。从微观晶向上分析，在电子透射显微镜下观察可见，CdS 与[112]晶向上的黄铜矿结构 Cu(InGa)Se₂ 的接触面存在外延关系，该接触面平行于立方结构 CdS 的[111]晶向或六方结构 CdS 的[002]晶向，晶格失配尺度很小。CdS 与[112]晶向上的黄铜矿结构 Cu(InGa)Se₂ 的间距约为 0.334 nm，若 Cu(InGa)Se₂ 中 Ga 的含量增加，失配度将发生相应改变。如当 Ga/(Ga+In)=0.3 时，间距为 0.331 nm，当比例增长到 0.5 时，间距为 0.328 nm[45]。

6.2.4　渐变带宽器件

在对太阳能电池工作原理的研究中，可以通过改善调节吸收层半导体的禁带宽度提高吸收性能，从而使电池的效率有所提高[1-8, 39-41]。根据固体物理学知识，同一晶体结构类型的晶体，其晶格常数和半导体禁带宽度有一定的关系，而且在坐标图上会显示出近似平行四边形的形状。这一特性也近似适用于黄铜矿结构晶体，其禁带宽度和晶格常数关系如图6.20所示。通过对两者关系图的观察，曲线围成的面积部分是有可能进行禁带宽度控制的范围。

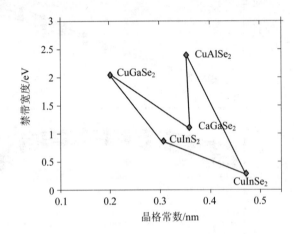

图 6.20　黄铜矿晶体晶格常数(x 轴)与禁带宽度(y 轴)的关系

在 Cu(InGa)Se$_2$ 吸收层的制备中，通过掺入适当的 Ga 形成 CIGS 来调节带隙，是实现太阳光谱的匹配优化、提高电池性能的途径之一。随着 Ga 掺杂比例的变化，CIGS 的能隙在 $1.04 \sim 1.67$ eV 的范围改变，且一般是价带持平，导带抬高。在厚度范围内通过设置非均匀变化的 Ga/(Ga＋In)比例从而实现具有能隙梯度变化的 p 型的 Cu(InGa)Se$_2$。当禁带宽度 $E_g < 1.3$ eV 或者 Ga/(Ga＋In)< 0.5 时，电池效率和带隙基本是相互独立的。随着禁带宽度的增大，开路电压 V_{OC} 会增至 0.8 eV 甚至以上，但是效率会降低。渐变带宽的器件能实现较高的效率，也为实现较小厚度的器件提供了可能的方向。

实现渐变带宽器件的掺 Ga 手段主要有三种：在吸收层正表面掺杂(前梯度)；在吸收层后表面掺杂(背梯度)；在正背两面都掺杂(双梯度)。其能带变化如图 6.21 所示，其中图(a)为背梯度，图(b)为双梯度，图(c)为前梯度，ΔE_{Fr} 为前梯度势垒能量，ΔE_{Ba} 为背梯度势垒能差。背梯度对效率的改善较小，约为 1%。前梯度对效率的改善约为 2% 甚至以上，而双梯度对效率的改善较显著，为 3% 甚至更多。

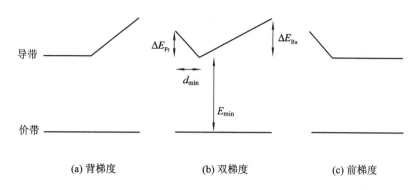

(a) 背梯度　　　　　　(b) 双梯度　　　　　　(c) 前梯度

图 6.21　不同能隙梯度实现方式对应的能带变化示意图[2]

　　背梯度为少数载流子建立了一个附加电场，能够促进载流子的收集，同时减少背场复合。同最小能隙(1.04 eV)的 CIGS 光电池相比，背梯度下的太阳能电池开路电压得到增加，短路电流增加，最大值达到 39.5 mA/cm²，总体的效率增加了 1% 左右。影响各项参数的因素是最小厚度 d_{min} 和能差 ΔE_{Ba}。随着能差增大，效率涨幅增大，填充因子会有微小减少。最有效的背梯度发生在高光生载流子密度和非理想的收集效率的区域。

　　前梯度方式在高效器件中并不常用，它主要用来实现双梯度方式。前梯度方式对开路电压的提升力度大于背梯度方式，但短路电流下降，在最小厚度约为 0.3 μm 时，填充因子会显著减小。因为此时会出现一个势垒，阻碍载流子的收集，从而造成 FF 下降。

　　双梯度方式在理论上通过最小的能隙使短路电流增加，同时局部的宽带隙使开路电压增加，从而具有极大的提高器件性能的可能性。当最小厚度小于 0.3 μm 时，器件表现出的性能基本与背梯度方式等同，但是对于较大的厚度，短路电流会出现下降趋势，因此会采用表面硫化作为后续工艺实现双梯度的带隙结构。双梯度可以增强最小能隙和 CdS 能隙之间能量的光子的吸收和光生载流子的吸收，而且还可以对 ΔE_C 进行调整，使 PN 结的界面复合最小化，从而得到最佳的短路电流和开路电压，优化性能。

　　渐变能带器件的光生电流密度随厚度的变化如图 6.22 所示。光生电流密度的大小随能隙大小的变化而变化，因为能隙关系到吸收系数的大小。若考虑复合，复合电流会减小光生电流，但是并不是随厚度均匀地减小。不同区域的复合电流也会不同[56-59,61]。

　　可见光的光谱能量主要集中于 400~700 nm，能量最高处在 500 nm。当 CIGS 薄膜按整体 Ga 含量计算带隙超过 1.3 eV 后，由于梯度分布，表面带隙会达到 2.5 eV 以上，可吸收光子已近紫外光，会使电池量子效率明显下降，因此 Ga 含量不能过多。实验证明，Ga 含量为 0.2~0.3 时，量子效率较佳。

　　现在最有效的实现表面能隙梯度的最有可能的方法是在正表面附近掺杂 S。掺杂 S 的主要作用是降低价带的能级，而不像 Ga 掺入的作用机理主要是抬高导带的能量值。这样可以把对光生电子收集的影响降到最低，从而实现了更优化的渐变带宽器件。

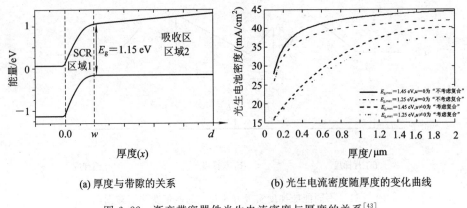

(a) 厚度与带隙的关系　　　　　(b) 光生电流密度随厚度的变化曲线

图 6.22　渐变带宽器件光生电流密度与厚度的关系[43]

6.3　Cu(InGa)Se₂ 太阳能电池器件的制造

6.3.1　材料的沉积技术

Cu(InGa)Se₂ 在器件中至少需要具有 $1\ \mu m$ 的厚度，成分相对维持在一定的比例，通常 Cu(InGa)Se₂ 层被沉积在玻璃、金属等材料构成的衬底上。Cu(InGa)Se₂ 的沉积技术有多种[1-5, 42-56]，选择某种技术作为最佳的商业应用不仅要关注高的沉积速度和好的沉积质量，还要考虑成本等经济因素。

1. Cu(InGa)Se₂ 衬底

Cu(InGa)Se₂ 的衬底有多种，各自具有不同的特点，对应不同的性能参数。

碱石灰玻璃(SLG)是最为常用的衬底，较为适合工业化大规模生产对衬底的要求。SLG 具有成本低廉、表面光滑度高及耐高温性等优点，且热膨胀系数和 Cu(InGa)Se₂ 的热膨胀系数相匹配。SLG 中含有 Na、Ca 等碱性元素，在热处理过程中扩散到 Cu(InGa)Se₂ 层中，实现电学特性的优化。但是，SLG 也有不足之处，玻璃的高脆性和非柔性是限制 SLG 使用范围的一个重要因素；其次，SLG 存在大量缺陷，对成膜质量有一定影响。

金属具有较大的柔性、较好的机械稳定性和热稳定性，在满足 Cu(InGa)Se₂ 生长对衬底的一系列要求下，金属中 Cr-钢和 Ti 成为较理想的衬底，前者具有成本优势，而重量轻是后者的突出特点。

聚合物中的聚酰亚胺(PI)是目前唯一商用的聚合物衬底。PI 层可承受 400℃ 以上的高温，重量轻、绝缘性好、表面光滑，但是较之其它衬底，热稳定性稍差，热膨胀系数较高。

金属和聚合物做衬底时，都需要外部加 Na，以实现好的吸收层性能，可以在生长时加,也可以在生长后加入。

2. 薄膜生长模式[37]

薄膜的生长过程直接影响薄膜最终的结构和性能。在薄膜沉积过程中,到达基底的粒子一方面与其它粒子相互作用,一方面和基底作用,形成有序或者无序排列的膜。薄膜形成主要有以下三种模式:

(1)岛状生长模式。成膜初期,衬底上不存在任何有利成核的位置,只是随着沉积原子的不断增加,在衬底上出现多个三维核心,先生长成为一个个独立小岛,再由岛扩展成膜。岛状生长模式时沉积物与衬底间浸润性差,极少与衬底原子发生键合作用,而是趋向于材料原子间的彼此键合。多数金属在非金属衬底上的生长遵循这种模式。

(2)层状生长模式。若材料原子和基底间浸润性好,材料原子和基底原子易发生键合,薄膜从成核阶段开始就采用二维扩展的层状生长模式。沉积物原子间的键合仍大于形成外表面的倾向,层状生长模式就可以维持。

(3)复合生长模式。在层状生长的二维模式进行过程中,膜内出现了应力,生长模式会转向岛状模式。

3. Cu(InGa)Se₂ 的成膜方法

1)共蒸发法

共蒸发法是沉积 Cu(InGa)Se₂的最广泛和最成功的方法,目前效率大于 15% 的 CIGS/CdS 太阳能电池都采用这种方法。共蒸发法是在 Se 过剩的环境下,将 Cu、In、Ga 和 Se 四种元素传递到热衬底上的多元蒸发过程。不同的金属具有的蒸发温度不同,一般 1300~1400℃为 Cu 的蒸发,In 是 1000~1100℃,Ga 是 1150~1250℃,Se 是 300~350℃。在蒸发过程中,蒸发速度取决于各个源的通量分配和气体流速。Ga/(Ga+In)的比例对薄膜生长影响较小,Cu 是较为重要的影响因素。共蒸发法的设备如图 6.23 所示,Cu、In、Ga 和 Se 蒸发源提供成膜所需的元素,通过原子吸收谱(AAS)和电子碰撞散射谱(EEIS)等仪器来检测所成膜的成分和蒸发速度等参数。

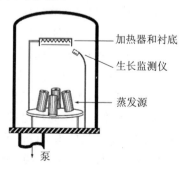

图 6.23　共蒸发法设备示意图[2]

根据 Cu 的蒸发方式不同，共蒸发法可分为一步法、两步法和三步法等，如图 6.24 所示。由于扩散速度的优势，Cu 可以实现在薄膜厚度内的均匀分布。而 In、Ga 的扩散较慢，流量的变化会导致元素在薄膜厚度内呈梯度分布。共蒸发法在 Se 过量的气氛中进行，以保障薄膜中 Se 的含量足够，但是过量的 Se 并不能被化合在吸收层中，而是会再次从表面蒸发。

一步法是在沉积过程中保持 Cu、In、Ga 和 Se 四种蒸发源的流量不变，沉积时沉底温度和蒸发源的流量变化如图 6.24 所示。一步法工艺控制简单，适合大面积生产，但是制备所得的薄膜晶粒比较小，不能形成梯度带隙。

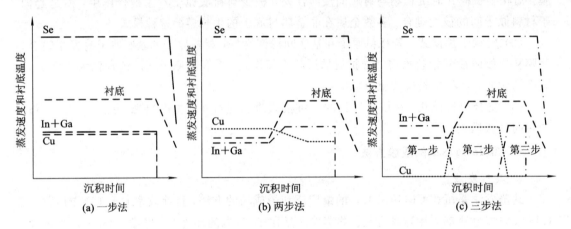

图 6.24　共蒸发法中沉积时间与衬底温度和元素流量的关系[4]

两步法工艺又称为 Boeing 双层工艺。两步法工艺的具体工序如下，首先加热衬底，使衬底温度达到 400～450℃，沉积第一层富 Cu 的 CIGS 薄膜。所谓富 Cu，即 Cu/(In＋Ga) 的比例大于 1，这样的薄膜具有小的晶粒尺寸和较低的电阻率。第二层薄膜是在衬底温度达到 500～550℃ 的高温时沉积贫 Cu 膜，其具有较大的晶粒尺寸和较高的电阻率。经过两次薄膜的沉积，得到贫 Cu 的 CIGS 膜。与一步法工艺相比，双层工艺能达到较大的晶粒尺寸。有研究说明，当薄膜的成分富 Cu 时，薄膜表面会出现 Cu_xSe。在高衬底温度下，Cu_xSe 会液化，增大原子迁移率，使晶粒尺寸比无液时相对增大。

三步法的主要工序为：第一步，在衬底温度 300～400℃ 时共蒸发 90% 的 In、Ga 和 Se 元素，形成 $(In_{0.7}Ga_{0.3})_2Se_3$ 预置层。第二步，在衬底温度为 550～580℃ 时蒸发 Cu、Se，此时恒定衬底的加热功率，直到薄膜稍微富 Cu 时结束第二步。由于液相 Cu-Se 化合物的产生导致衬底温度下降，衬底温度由接触在衬底背面的热电偶检测。第三步，保持第二步衬底加热功率，在稍微富 Cu 的薄膜上共蒸发少量的 In、Ga、Se，在薄膜表面形成富 In 的薄层，并最终得到接近化学计量比的 $Cu(In_{0.7}Ga_{0.3})Se_2$ 薄膜，此时衬底温度恢复到第二步下降前的温度。第三步结束后，在降温过程中继续保持 Se 的流量，以防止降温过程中 Se 在薄膜表面的再蒸发。三步法所得的薄膜表面光滑、晶粒尺寸大、结构完整,可以实现 Ga 掺杂的双梯度带隙[4]。

目前,三步法是制备高效器件的最有效方法,在三步共蒸发工艺中,存在着一系列相变。在第一步结束后形成预制层,该预制层与第二步中的 Cu、Se 发生反应,形成四元化合物,膜厚度增加。在第二步的起始阶段,由于蒸发的 Cu 较少,因此形成贫 Cu 的有序空位化合物(OVC),存在 Cu 空位缺陷和三族元素替代 Cu 的替位缺陷。随着 Cu 的增多,Cu 向缺陷晶格扩散,In/Ga 向外扩散,在薄膜表面与蒸发到达的 Cu、Se 反应,形成新的晶胞,有更多新相产生,如 Cu(In, Ga)₅Se₈、Cu(In, Ga)₃Se₅、Cu(In, Ga)Se₂ 等,膜厚增加,同时膜将由贫 Cu 转变为富 Cu,此时,膜以[112]择优取向。在富 Cu 样品中,有立方晶相和四方晶相与 CIGS 黄铜矿结构相并存,前者在 Cu(InGa)Se₂ 晶粒之上存在,后者主要存在于晶界处,前者先于后者形成。薄膜呈层状结构,晶粒尺寸可达 $1\sim2~\mu m$。富 Cu CIGS 的 TEM 图像如图 6.25 所示。

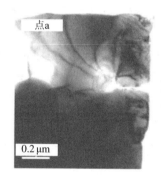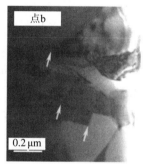

图 6.25　富 Cu CIGS 的 TEM 图像[6]

在第三步中,蒸发到 Cu(InGa)Se₂ 和 CuₓSe 表面的 In、Ga、Se 与 CuₓSe 反应,Cu 向外扩散,In、Ga、Se 进入晶格,形成 Cu(InGa)Se₂ 相。CuₓSe 被反应后,晶粒仍然很大,出现大量畴界。随着 In、Ga 的大量加入,使薄膜变成贫 Cu 相,Cu 空位和替代 Cu 的替位缺陷增多,使畴界处产生晶格失配,应力使得大晶粒分解,晶格收缩,从而晶粒变小。第三步所得到的膜表面层 Cu 耗尽,存在富 In(Ga)晶相。三步法工艺可制备晶粒尺寸为 $3\sim5~\mu m$ 的薄膜,且晶粒柱状生长,密集度高[6, 46]。

在聚合物网络上用三步法实现真空沉积时,若速度过快,会出现源吐现象,尤其是 Cu 元素,造成器件短路。可适当降低沉积时的衬底温度[43]。低温沉积可以在 300℃ 时采用 PVD 方式进行。低温共蒸发沉积可以降低组成原子的迁移率,晶粒尺寸更小,薄膜均匀性更好。

2) 金属预制层后硒化法

后硒化工艺有很多类型的沉积和 Se 反应的方法,具有易于精确控制薄膜内各元素化学计量比，成膜厚度均匀，成分分布均匀的优点，而且对设备要求不高，适用于大面积薄膜生长，是目前产业化生产的首选工艺。目前采用后硒化工艺实现的 CIGS 太阳能电池可达 16% 以上的效率。

后硒化工艺是先在覆有背电极的衬底上沉积一层金属的预制层，其组成成分主要是 Cu、In、Ga，然后在 Se 气氛下对预制层进行处理，以得到预期化学计量比的 CIGS 薄膜。与共蒸发工艺相比，后硒化工艺很难控制 Ga 的含量和分布，实现双梯度能隙很困难，常在硒化工艺完成后，进行硫化处理，掺入部分 S 原子代替 Se 原子，在膜表面形成 $Cu(InGa)S_2$ 层，该材料具有较宽的带隙，可以减少界面复合，提升开路电压。

金属预制层可以通过真空或者非真空的工艺进行沉积。真空条件下，可以采用蒸发工艺和溅射工艺；非真空下，可以采用电沉积、喷洒热解和化学喷涂等方法。溅射工艺因为其设备经济性、沉积速度高、均匀性好以及对大面积薄膜的适用性而成为主要的工艺方法。一般采用在常温下的直流磁控溅射法制备 Cu-In-Ga 预制层。由于溅射顺序对薄膜的成分影响较大，因此在常温下，三种元素的溅射需按一定顺序。溅射过程中，元素的溅射顺序、溅射厚度和元素配比对薄膜的合金程度表面形态等具有显著的影响，并直接影响薄膜和背电极之间的附着度。硒化过程是后硒化工艺的难点。在硒化过程中，工作温度约为 450～600℃，运用的硒源主要有三种：气态 H_2Se、固态颗粒 Se 和有机金属硒源($(C_2H_5)Se_2$：DESe)。

硒源为 H_2Se 的硒化过程：气态 H_2Se 一般用氮气或氩气进行稀释，并严格控制流量。硒化过程中，H_2Se 气体分解成 Se 原子，与预制层反应，同时对预制层加热退火，制成高质量的 $Cu(InGa)Se_2$ 薄膜。其反应装置如图 6.26 所示。加热退火的控制是影响薄膜质量的重要因素。为达到较高的质量，往往采用快速热退火工艺(RTP)。RTP 工艺是在硒化过程中，对提前覆有 Se 薄层的预制层，在 1～2 分钟内通过加热源直接面对衬底的方式快速提温到 500℃，然后进行退火处理。快速升温和退火处理可以在大大缩短加热时间、降低成本、避免有害气体扩散的基础上，节省材料且不影响成膜均匀性。但是，由于 H_2Se 气体有剧毒性且易挥发，需要高压存储[4]。

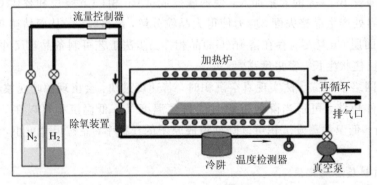

图 6.26　H_2Se 硒化装置示意图[2]

　　固态硒源是将 Se 颗粒放在蒸发舟上，蒸发产生硒蒸气，实现硒化。固态硒源的硒化常采用密闭式工艺，在密闭的石墨盒或其它密闭容器中操作，以获得较强的硒气压强。该工艺可以将大批已配比好的预制层一次性硒化，具有较高的生产效率。固态硒源工艺安全性高，成本低，但是硒蒸气较难控制，易造成预制层中Ⅲ族元素的损失，影响化学计量比、薄膜质量和均匀性。

　　有机金属硒源的利用是基于对 H₂Se 气体剧毒性的改善提出的。DESe 常温下为液态，可在常压下储存，硒化时较之其它两种方法，用量少、成本较低。目前用有机金属硒实现的 CIGS 薄膜具有良好的结构特性和光学性能，衬底和膜间附着性好，具有巨大的发展潜力[4]。

　　在预制层硒化法操作中，往往采用低温阶段高浓度 Se 反应，这样可以使预制层得到彻底的硒化，而且不会出现有害的二元相；高温阶段采用纯惰性退火，这样就不会对背电极造成损害，而且可以有效地消除晶格缺陷，得到均一化的 CIGS 薄膜[48,50,51]。

　　3）其它沉积方法[4]

　　（1）电沉积法。电沉积的环境为酸性溶液，主要是氯化物或者硫酸盐，溶液是由导电盐和酸性络合剂按一定比例配比而成的，其中氯化物溶液下制备出的太阳能电池效率较高。反应温度为室温，沉积所得薄膜厚度约为 2 μm，组成范围是 $CuIn_{0.32}Ga_{0.01}Se_{0.93}$ ～ $CuIn_{0.35}Ga_{0.01}Se_{0.99}$。为改善化学计量偏离较大的问题，需要真空气相法另沉积一些 In、Ga 和 Se 进行调节。目前用电沉积方法制备的器件可达到 15.5% 的效率[45,63,64]。

　　（2）微粒沉积法。微粒沉积法是一种非真空工艺。其主要过程是将高纯度的 Cu、In 金属粉末在高温下按一定比例在氢气氛围中制成液体合金，然后在氩气下转化成粉末状。将尺寸小于 20 μm 的粉末和润湿剂、分散剂混合，研磨成"墨水"。将墨水喷在覆有 Mo 的衬底上，烘干制成预制层。对预制层在氮气和氢气的氛围中进行 440℃硒化退火，制成所需化学计量比的 CIGS 薄膜。

　　（3）喷雾高温分解法。喷雾高温分解法是将含有 Ga、In 的金属盐或者有机金属按一定比例溶解成溶液，然后喷射在高温衬底上，通过分解反应制备成 CIGS 薄膜。其成膜质量取决于溶液配比、衬底温度和喷射速度。采用喷雾高温分解法制成的薄膜可以实现 2 μm 的厚度，抑制二次相生成。但是这种沉积方法存在结构不致密、有针孔存在的缺点。

　　（4）液相法。液相法制备 CIGS 薄膜是在一定温度下，提前将四种元素按计划好的化学计量比配置成前驱体溶液，然后均匀地涂在衬底上，最后在氮气保护下，放入管式炉加热至 500℃一定时间后，自然冷却获得 CIGS 多晶薄膜的方法[46]。元素的配比、升温速度和 Se 含量的多少，是影响最后成膜质量的重要因素。该方法具有操作简单、安全性高等特点，可用于大面积成膜，且不受衬底形态的制约，成本低。

　　（5）纳米颗粒油墨印刷及旋涂法。该工艺的特点是首先制备 CIGS 的纳米颗粒，然后选择合适的分散剂制成均一的 CIGS 纳米油墨，在衬底上可选择喷涂、滴涂、旋涂和刮刀涂膜,然后经过热处理等方法,在衬底上形成 CIGS 薄膜。该工艺具备多种优点:成本低廉、原材料利用率高、衬底的选择不受限制、可制备大面积薄膜、薄膜厚度易控制等。但是,由于使用的是纳米颗粒或量子点,要控制其表面形貌、粒径大小与粒径的分布、化学计量比等多种参数,增加了工艺的困难及复杂程度。同时合成大量高质量的 CIGS 纳米颗粒是此法的关键点之一。

(6) 丝网印刷法。丝网印刷是非真空低成本的 CIGS 薄膜制备工艺,按期望的元素化学计量比,配制出混有液体黏结剂的前驱体溶液,沉积后的前驱体在气氛的控制下烧结成 CIGS 薄膜。丝网印刷法容易控制生长情况和薄膜组分,能较好控制薄膜均匀性和厚度,并且丝网印刷对材料的利用率比较高,降低了生产成本。但是要生长出均匀性和结晶性好的薄膜,就要设法阻止杂相形成。

(7) 混合法工艺。混合法工艺是对共蒸发法的改进,它成功地混合了蒸发和溅射工艺的优点,可实现高成膜质量和大成膜面积的协调。混合法的具体步骤是:第一步采用线性蒸发源蒸发预制层,增强膜的附着力且易于调整 Ga 的分布;第二步溅射 Cu,可以对 Cu 的含量精确控制,降低热损耗;第三步共蒸发 In-Ga-Se 层,制成具有一定化学计量比的薄膜。采用混合法制成的薄膜结晶质量很大程度上取决于衬底和退火温度。退火温度过低,原子迁移率差,不利于晶体生长;退火温度过高,会由于表面张力使薄膜出现龟裂。

此外,制备 CIGS 薄膜的方法还有电泳沉积法、气相输运法、机械化学法和激光诱导合成法等[4, 45]。

6.3.2 结与器件的形成

1. CIGS 薄膜太阳能电池中异质结的形成

一般来说,太阳能电池都是由两个相互间存在薄势垒的导电类型相反的材料组成的 PN 结结构的器件,CIGS 薄膜太阳能电池也不例外[44, 57-66]。世界上第一个 CIS 电池的实现就是通过 n 型的单晶 CuInSe$_2$ 和 p 型的 CdS 组成的 PN 异质结。随后,器件发展为用真空蒸发将本征的 CdS 附在吸收层之上,再沉积一层掺杂的 CdS 层做为窗口层。随着材料科学的发展,掺杂的 ZnO 逐渐替代掺杂的 CdS 层,以增大能隙,获得光生电流的增益。本征 CdS 层是通过化学浴(CBD)工艺方法沉积在 Cu(InGa)Se$_2$ 吸收层上的。CBD 法类似于化学气相沉积 CVD,只是被沉积物由液相替代了气相。CBD 法生长 CdS 是通过离子和离子之间的反应或者是通过胶体粒子的集合来实现的,生成的 CdS 的晶格结构是立方体、六方体或者是两者的混合。应用于 CIGS 薄膜太阳能电池的 CdS 是采用离子间反应生成的,晶格结构是六方体结构。沉积过程中氧气、氢气、氮气和碳原子化学计量比的偏差都会影响 CdS 的质量[6]。目前 CIGS 太阳能电池采用的反型异质结如图 6.27 所示,p 型区由 CIGS 薄膜组成,而 n 型区比较复杂,不仅有 n$^+$-ZnO、i-ZnO 和 CdS,而且有反型的 CIGS 层。实践表明，能达到高效率的 CIGS 太阳能电池普遍采用贫铜表面的 CIGS 吸收层。有研究表明，由于化学配比的差异，会形成有序空位化合物(OVC)。由于该种 n 型 OVC 层的存在，使得 CIS 或者 CIGS 同质结深入吸收层，从而使界面复合降低，且具有较高的电阻率。但是该推论尚存在一些争议。

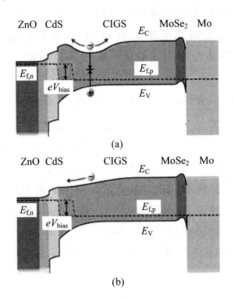

图 6.27　CIGS 太阳能电池异质结能带图[46]

在早期的研究工作中，通过在 200~450℃ 下 Cd 或者 Zn 渗透到 p 型的 CuInSe₂ 中形成 PN 异质结。在高于 150℃ 下，S 和 Se 在 CuInSe₂/CdS 接触面上会出现相互渗透的现象，在高于 350℃ 环境下就会促进 Cd 向 CuInSe₂ 扩散。由于 Cd 的扩散作用，使得 Cu(InGa)Se₂/CdS/ZnO 异质结中可观察到混合成分的存在，即异质结深入至 Cu(InGa)Se₂ 中形成。该混合成分很可能是 Cd 元素与 Cu(InGa)Se₂ 中的 Se 反应所得的 CdSe。Cu(InGa)Se₂ 表面的 Cd 积累是从生长初期就开始的，有 TEM 图像显示，在 Cu(InGa)Se₂ 贫铜表面有超过 10 nm 的 Cd 积累层。由于 Cd²⁺ 与 Cu⁺ 的离子半径相近，会出现 Cu(InGa)Se₂ 中的 Cu⁺ 被 Cd²⁺ 替代的现象，称其为 Cd 的电迁移。CdS 缓冲层的存在有利于器件电学性质的提高。在 Cu(InGa)Se₂ 之上形成电学异质结，其界面处除了柱状晶界几乎没有任何宏观缺陷，这一现象是 NREL 实验室对效率为 19.3% 的 Cu(InGa)Se₂ 太阳能电池进行 SEM 检测所得图像分析得到的。CdS/Cu(InGa)Se₂ 接触面关于能带及对电池特性参数的影响在前面已经有所阐述。

本征高阻态的 ZnO 的存在，会对能带结构产生一定影响，造成界面处导带底与平衡费米能级间能量差的增大，界面复合增加，但是实验参数显示，本征 ZnO 的存在有利于开路电压的提高。实验证明，如果去除本征 ZnO，开路电压将至少下降 20～40 mV，效率也会下降。

对于 Cu(InGa)Se₂/CdS/ZnO 三层，通常在 CdS 中存在一个单独的施主陷阱，CIGS 层中有一深受主陷阱。CdS 层中的高缺陷密度相当于浅能级施主密度，对于光电导产生具有重要的作用。在 CdS 层中的电子迁移率比在晶体中的正常值低 50% 以上。对于形成的 PN 结的二极管性能，ZnO 的参数对其基本无影响，CdS 参数的变化也只有很小的作用，而 Cu(InGa)Se₂ 吸收层的特性才是影响二极管性能的重要因素。

2. 器件结构

CIGS 电池具有经典的结构，从底层到顶层分别是衬底、背接触、吸收层、缓冲层、窗口层和电极。其经典结构及各部分的材料特性如图 6.28 所示。CIGS 太阳电池的衬底通常使用碱石灰玻璃、不锈钢金属或者聚酰亚胺，背接触常使用金属 Mo 覆于衬底之上，与吸收层形成非阻塞接触。吸收层 Cu(In，Ga)Se₂ 一般厚度设置为 2～3 μm，可以采用多种沉积方式实现，一定条件下可实现双梯度能隙，且在器件中常采用贫 Cu 表面结构，有助于器件良好性能的实现。CdS 缓冲层和 ZnO 窗口层一般采用化学浴工艺(CBD)或者电子溅射工艺沉积在吸收层上，与吸收层形成异质结结构，是太阳能电池工作的关键部分。电极常采用 Al 或 Ti 等导电性能优良的金属，以减少寄生电阻，提高电池的电学特性[4]。

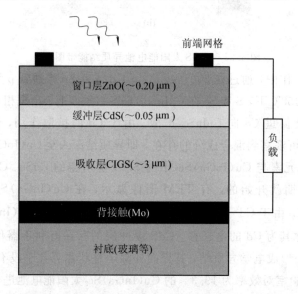

图 6.28　太阳能电池的经典结构

按照进光路径的不同，CIGS 太阳能电池有两种结构。当光由衬底射入时，电池结构与传统结构相同；当光由电池的前部分射入时，电池中还要增加由 TCO 制成的正面接触层。具体区别如图 6.29 所示。

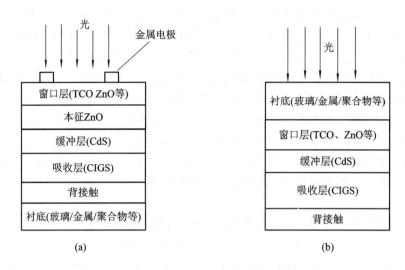

图 6.29　CIGS 太阳能电池的两种结构

衬底是电池的基础部分，具有一定的热膨胀性、透明性等多种特性，具体分析可详见 6.1.4 节。

1）背接触

CIGS 太阳能电池中，Mo 是最常见的用于做背接触的材料，起到光学反射器的作用。在整个 CIS 或 CIGS 太阳能电池的发展过程中，Pt、Au、Cu 及 Mo 都做过背接触材料，但是由于 Mo 本身所具有的加工温度下的相对稳定性、对含 Cu 与 In 材料的抗合金化以及与 CIGS 材料间的低接触电阻和良好衬底附着性等良好特性，被广泛应用于 GIGS 太阳能电池中。

Mo 的电阻值通常为 5×10^{-5} Ω·cm 或者更小，接触电阻小于 0.3 Ω。其沉积方式通常是在 $500 \sim 600$℃ 以下进行电子束蒸发或者电子溅射工艺。在溅射过程中，Mo 的电学特性和附着力与溅射 Ar 气压有关。目前采用的工艺是先在较高气压下沉积一层附着力强、电阻率高的 Mo 层，通常该步骤采用 10 mTorr 的气压，沉积层厚约为 0.1 μm；第二步是在 1 mTorr 下沉积 0.9 μm 的 Mo 层，该层具有较低的电阻率，可达 1×10^{-5} Ω·cm。

Mo 的机械性能和电学特性对于光伏器件的性能有一定的影响[66]。Mo 层具有的内应力会造成结构和电学性能的改变，在张应力下，Mo 层表现出多孔疏松的结构特性。CIGS 吸收层在覆有 Mo 的衬底上生长时，CIGS 先在表面形成孤立的随机分布的小岛，随着沉积时间的增加，岛与岛之间相互连通，实现外延生长，同时薄膜晶向开始确定。对厚度为 1 μm 的 GIGS 薄膜的生长研究显示，薄膜在 Mo 上的生长过程是一个由无固定晶向生长到大多朝〈112〉方向生长的过程。当薄膜生长遇到 Mo〈110〉晶界时，方向会变为〈220/204〉。在 Mo 与 CIGS 接触面上，存在扩散效应。Se 原子与 Mo 原子会形成 MoSe₂，有 MoSe₂ 存在的 CIGS/Mo 异质结将不是肖特基型的结，而是一个良好的欧姆接触。当有氧原子存在时，在沉积温度为 600℃时，会产生 Mo-O 或者 MO-O-Se 的成分，则 CIGS-Mo/MoO$_2$ 界面会形成肖特基型势垒。在 CIGS/Mo 接触面上 MoSe$_2$ 层的产生时段是在三步法沉积中的第二步形成的，而且 Na 元素存在会对 MoSe$_2$ 层产生起促进作用，Na 原子向吸收层扩散的好坏取决于背接触层沉积的状态，因此为实现符合器件要求的接触电阻，Mo 的厚度和填充因子之间有折中关系。对于 Mo 层的厚度，有一个最佳的厚度是 0.2 μm，其希望的形态则是柱状层结构，这将有助于 Na 的扩散和 CIGS 薄膜的生长。

为了提高太阳能电池对光的吸收率，TCO 被用于背接触层，它可以使光透过整个电池，但是该材料会在吸收层较高的沉积温度下发生变质。

2）缓冲层

能用作缓冲层的半导体符合以下特点：n 型半导体；禁带宽度在 2.0～3.6 eV。虽然符合要求的材料很多，但是 CdS 仍是应用最广泛的缓冲层材料。CdS 是一种直接带隙半导体材料，禁带宽度为 2.4 eV，具有立方晶系的闪锌矿结构和六角晶系的纤锌矿结构，与 CIGS 晶格失配系数小。在高效率的 CIGS 电池中生长 CdS 广泛使用大面积、低成本的化学浴工艺（CBD），但是该方式存在与直列式真空工艺不兼容的问题。也可以采用电子溅射 PVD 工艺，但是这种工艺往往存在薄膜均匀性差等问题。目前缓冲层的改善呈现两种方向，一是寻找无 Cd 且宽禁带的替代材料，二是改善沉积工艺。

缓冲层的作用是对形成的异质结电学性能起到有利影响，同时保护异质结不受化学腐蚀和机械损伤。在电学性能的影响上，缓冲层的存在使得能带校正得到优化；建立了较宽的耗尽层，减少隧道电流；建立较高的接触势能可使开路电压达到更高值。在保护功能上，缓冲层能阻挡氧沉积引起的机械和电学损伤，本征 ZnO 在缓冲层中的存在还可以阻止 CIGS 薄膜中的缺陷对整个器件的开路电压起支配作用。

对于器件性能来说，缓冲层的厚度是重要的影响因素。在早期的 CIS 太阳能电池的研究中，CdS 的厚度约为 1～3 μm，采用衬底温度下的蒸发工艺或者一定条件下的溅射工艺[11]。目前，CBD 成为主流工艺，CBD 工艺会为缓冲层带入大量氧原子，比例甚至可以高达 10%～15%，Cd(S, O, OH) 成分在缓冲层中存在，C 原子也随沉积液被引入，其比例可以影响器件的转换效率。有数据表明，CBD 法的使用，使转换效率从 17.6% 提高到 18.5%。在 CBD 工艺的基础上，实现 CIGS 表面完整的保型覆盖的 CdS 缓冲层厚度可到 10 nm。这一覆盖范围取决于沉积条件，特别是高的 S/Cd 比例的前积液。加之 CdS 明显的绿光吸收特性以及 Cd 在制造过程中的不安全性和对环境的污染，使无 Cd 的缓冲层材料的研究被逐渐提出成为一种必然。

在替代 CdS 做缓冲层的材料研究中，有两种实现无 Cd 器件的方式：一是寻找可替代 CdS 的缓冲层材料，实验中有许多材料表现出具有应用前景的实验结果；二是省略 CdS 直接沉积 ZnO。实际上，现在这两种方式出现了融合的趋势。在众多的实验中，一系列的方法和材料逐渐被尝试，带来了一些相当可观的结果，具体可见表6.4。

表6.4　不同缓冲层的沉积方式和材料下 Cu(InGa)Se₂ 太阳能电池的性能参数[2]

缓冲层材料	沉积工艺	效率/%	V_{OC}/mV	J_{SC}/(mA/cm²)	FF/%
无		10.5	398	39.0	68
无		15.0	604	36.2	69
ZnO	MOCVD	13.9	581	34.5	69
ZnO	ALCVD	11.7	512	32.6	70
Zn 处理	ZnCl₂ 溶液法	14.2	558	36.3	70
Zn(O, S, OH)$_x$	化学浴法	14.2	567	36.6	68
ZnS	化学浴法	16.9	647	35.2	74
ZnS+Zn 处理	化学浴法	14.2	559	35.9	71
Zn(Se, OH)	化学浴法	13.7	535	36.1	71
ZnSe	ALCVD	11.6	502	35.2	65
ZnSe	MOCVD	11.6	469	35.8	69
In$_x$Se$_y$	共蒸法	13.0	595	30.4	72
ZnIn$_x$Se$_y$	共蒸法	15.1	652	30.4	76
In$_x$(OH，S)$_y$	化学浴法	15.7	594	35.5	75
In₂S₃	ALCVD	13.5	604	30.6	73

　　在众多选择中，已有的数据说明 CBD-ZnS、MOCVD-ZnSe、ALD-ZnSe、CBD-ZnSe、PVD-ZnIn2Se4 和 ALD In₂S₃ 等这些材料做成的器件可以达到高于11%的转换效率，带隙为 3.8 eV 的 CBD-ZnS 可以达到更高。日本青木大学采用锌盐、氨水和硫脲配成的溶液分三次连续 CBD 沉积 ZnS，所制备的 CIGS 电池效率达到 18.6%。用略改进的工艺进行 ZnS(O，OH)制备的电池效率可以达到 18.5%。在对表 6.4 的分析比较过程中必须说明的是，每个实验中所用的 Cu(InGa)Se₂材料质量是不同的，而且不同的工艺方法下，所成的异质结的质量也有差别。对于一些不适宜成结的工艺，其过程中所引入的缺陷将是影响效率的主要因素。

　　但是基于 Zn 的化合物由于能带对齐的原因，与 Cu(InGa)Se₂ 之间可能形成阻塞势垒。当化合物的层厚小于 50 nm 时，该势垒容易被载流子隧穿，产生隧道电流。这种情况的实现依赖于 Cu(InGa)Se₂ 的质量和表面均匀性，若质量较好，接触面覆盖均匀，则这种隧穿发生的概率会相对较大。在引入氢氧化物的情形下，这种势垒在一定条件下会被抵消，而化学浴工艺常会引入这种氢氧化物成分[62]。

对于 ZnSe 和 ZnIn$_2$Se$_4$ 做缓冲层，采用干法工艺制备，效率在 15% 左右。ZnSe 采用 MOCVD 方法制备，带隙为 2.67 eV，会产生高于参考结构的 CIGS 太阳能电池的光电流，但开路电压会变低。ZnIn$_2$Se$_4$ 带隙较低，为 2.0 eV，但是它与 CIGS 材料晶格匹配良好，同时材料的制备工艺与共蒸发工艺兼容，适合大规模生产。

采用 CBD 方法沉积的 Zn 化合物缓冲层，如 ZnO，由于工艺本身的特点和氨气的气氛，多种 Zn 的化合物将会存在其中。通常使用 CBD-ZnO 做缓冲层时会经历 200℃ 下的退火过程，时长为 15 分钟，这样可以使缓冲层中的 Zn-O-Zn 键牢固建立。由于 ZnO 较之 CdS 的宽禁带特性，使用 CBD-ZnO 缓冲层的器件可吸收较短波长，收集效率提高。吸收波长及量子效率的比较可见图 6.30。还有一种较有应用前景的材料是 (Zn，Mg)O，通过调整 Mg 的含量使薄膜带隙在 3.3～7.7 eV 之间进行调整。较之 ZnO 该材料具有生长环境完全干燥、提高能带对齐以减少异质结的界面复合等优点。但是目前由于溅射损耗，效率还没有达到较高的程度，而且多是通过与 CdS 一起用于缓冲层。

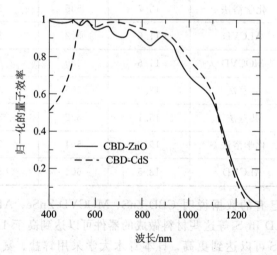

图 6.30　CBD-ZnO 和 CBD-CdS 收集效率与吸收波长比较[61]

3）窗口层

对于 CIGS 太阳能电池的窗口层，需要满足两点：一是足够的透明度，能够使光透射到器件的底层部分；二是足够高的电导率，光生电流被输运到外电路的过程中寄生电阻最小。透明金属氧化物 TCO 是正面接触常用的材料，狭窄的内衬金属网格（Ni-Al）被沉积在 TCO 之上，这样可以减小串联电阻。正面接触的质量评价取决于 TCO 的表面电阻、吸收率和反射率以及金属网格的间距等几个因素。

早期的 CIS 或 CIGS 太阳能电池的制造中，会采用掺杂的 CdS 做窗口层。掺杂的 CdS 通过掺杂 Al 或者 In 产生的施主缺陷密度的大小来实现高的电导率，光谱吸收损失则通过与 ZnO 形成合金拓宽禁带宽度来实现。随着禁带宽度约为 3 eV 的 TCO 材料的应用，渐渐取代了掺杂的 CdS。如今，窗口层要么采用对 In_2O_3(In_2O_3:Sn, ITO) 进行锡掺杂，要么采用 ZnO 中掺 Al。后者使用射频溅射实现，且更为常用。窗口层既是太阳能电池异质结中形成内建电场的核心，也是电池的上表面，与电极一起构成电源输出的通道。另外，它和缓冲层形成的串联电阻可以使器件免受因吸收层表面的不均匀导致的电学损失的影响。

为使电池达到高效率，TCO 需要在 150℃ 以下的低温状态进行沉积，以防止与 CdS/CIGS 接触面之间的有害扩散。常用的沉积工艺是溅射工艺，工业化生产上常采用直流溅射，溅射的气体环境常采用 Ar:O_2 的混合气体氛围，溅射速率往往控制在 0.1~10 nm/s 之间。

本征 ZnO 是一种直接带隙的金属氧化物半导体，室温下禁带宽度为 3.4 eV。自然生长情况下，ZnO 呈 n 型，为六方晶系纤锌矿结构，与 CdS 之间具有良好的晶格匹配度。根据 ZnO 掺杂的元素不同，有 ZnO:Al (AZO)、ZnO:Ga (GZO) 和 ZnO:B(BZO) 等。其沉积方法有 CVD 工艺、溅射工艺等。对于 BZO，通常采用 MOCVD 沉积方法，因为 B 元素掺杂后的材料具有高的载流子迁移率和对长波长光谱高的吸收率，在目前的 CIGS 太阳能电池中应用广泛，并取得了较高的效率。对 GZO 和 AZO，可以采用直流射频溅射的方法，可采用 Zn/Al 合金的靶材，溅射速率可达 4~5 nm/s。但是由于滞后效应，最佳光伏效应只能在一个狭窄的窗口范围内实现。GZO 与 AZO 相比，具有较低的电阻率，有更好的应用优势[57]。直流射频溅射工艺较之 MOCVD，对结的轰击损伤更强，因此，目前 GZO 的 CIGS 太阳能电池的填充因子(FF)和短路电流都不如 BZO 的太阳能电池。但是其具有设备要求低、生产成本低的特点，符合大规模生产的要求，因此理论上有进一步优化的价值。ZnO 的 LPCVD 淀积工艺也在研究中，原子层具有较低的沉积速度，但对气流的控制使均匀性增加，高的吞吐量为大批量的生产提供了前提条件。

4）器件的金属接触电极

器件各层沉积完成后，在窗口层上沉积一层厚度约为 1~2 μm 的由 Al-Ni 组成的金属接触。为了使光尽可能地透射入器件，金属接触常做成网格型。金属 Al 沉积前可以先沉积几十纳米的 Ni，以防止高阻氧化层的形成，改善欧姆接触，同时 Ni 的存在也可以防止 Al 向 ZnO 扩散，提高电池的稳定性。目前对金属电极的制备可以采用透过孔径掩膜蒸发的沉积方式来实现金属电极的沉积。

5）小面积的 CIGS 太阳能电池的封装与串联[57]

对于基于小面积的柔性衬底 CIGS 太阳能电池，实现互连和封装使其成为模块组件的方式有很多。其中单片电路集成对玻璃衬底的电池来说是一种较成功、较理想的方法，目前已经发展成为一个工业生产过程。对不同成分薄层的连续划线允许对电池的直接分离，因此可以实现一个 CIGS 太阳能电池的背面接触层直接沉积在下一个电池的正面接触层上，这一过程可以通过机械或者激光划线技术来实现。

拉丝跨线是另外一种基于硅片技术的互连方式，这种方式可以用于不锈钢衬底的 CIGS 太阳能电池；覆盖方法则是针对导电衬底或者导体与绝缘体混合的衬底，一个电池的正面接触与下一个电池的衬底发生物理接触的情况下形成的。连接成一个模块的电池允许效率上存在差异，使整个单元具有较好的效率。

适当的封装有利于 CIGS 太阳能电池的保存和效率的持久性。实践证明，封装可以使性能稳定期超过 20 年。封装需满足以下要求：第一要具有足够的透明性；第二是能十分有效地防止水蒸气渗入，为保证 CIGS 太阳能电池模块的 20 年寿命，每天的水蒸气运输速度应当不超过 $10^{-4} \sim 10^{-5} \mathrm{g/(m^2 \cdot \text{天})}$；第三是在紫外光下具有良好的耐性和稳定性；第四是最好能达到低成本性。透明的聚合物如醋酸乙烯(EVA)可以视为一个合适的选择。玻璃板可以有效地对 CIGS 太阳能电池模块进行保护，但是会出现重量增加和柔性丧失的缺点。

6.4　Cu(InGa)Se$_2$ 太阳能电池的发展

6.4.1　CIGS 太阳能电池的发展过程

CIGS 太阳能电池已经经历了半个世纪的发展[1-10, 67-70]。20 世纪 60 年代，Ⅰ-Ⅲ-Ⅵ族三元黄铜矿半导体材料开始被人们研究。1974 年，美国贝尔实验室通过将 n 型的 CdS 蒸发到 p 型 CuInSe$_2$ 上的方法研制出第一个具有 CIS/CdS 结构的 PN 异质结光电探测器，并首次报道了具有 5％光电转换效率的单晶 CuInSe$_2$ 太阳能电池。

1976 年，Maine 大学首次研制出多晶的 CIS/CdS 异质结薄膜太阳能电池。构成该电池的 CIS 薄膜材料是由单晶 CuInSe$_2$ 和 Se 二源共蒸发制备而成的，厚度为 $5 \sim 6~\mu m$，呈 p 型沉积在覆有金膜的玻璃衬底上，然后在其上沉积了 $6~\mu m$ 厚的 CdS 作为窗口层形成异质结，效率达到 4％～5％，开创了 CIS 薄膜太阳能电池的研究先例。

20 世纪 80 年代，波音公司和 ARCO 致力于从 CIS 电池产量、吞吐量等方面入手解决制造方面的一系列难题。1981 年，波音公司制备出效率为 9.4％的 CIS 薄膜太阳能电池，使人们充分认识到 CIS 薄膜太阳能电池在光伏领域的发展潜质。这一时期的 CIGS 薄膜电池以普通玻璃或氧化铝做衬底，背电极采用溅射的 Mo 层。吸收层 CuInSe$_2$ 采用"两步工艺"制备，先沉积富 Cu 薄膜，再生长高阻的贫 Cu 薄膜。蒸发本征的 CdS 和掺杂了 In 的低阻 CdS 薄膜做 n 型窗口层，最后选择 Al 做电极。该结构奠定了 CIGS 薄膜电池的器件结构基础，具体结构如图 6.31 所示。此后很长时间内，波音公司都在这一领域占据领先地位。

1982 年，利用 $Cd_{1-x}Zn_xS$ 来代替 CdS 做缓冲层的新结构实现，使太阳能电池的效率达到 11.9%。在此之后，CIS 太阳能电池的效率得到了较为快速的提升，在工艺上也得到了较大的改进。

1988 年，ARCO 公司采用了溅射 Cu、In 预制层后，用 H_2Se 后硒化的工艺使 CIS 薄膜电池的短路电流达到 41 mA/cm^2，实现了 CIS 薄膜太阳能电池研究的重大突破。该电池采用的是玻璃衬底/Mo 层/CIS/CdS/ZnO/电极的结构，其中 CdS 的厚度小于 50 nm，透光性大大增加，同时拓宽了吸收层的光谱吸收，ZnO 的存在起到了抑制光学反射的作用。ARCO 公司的成功使溅射预制层后硒化法和共蒸发法共同成为制备高效率 CIGS 薄膜太阳能电池的主流技术。

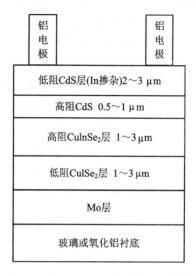

图 6.31　波音公司 CIS 电池典型结构

在研究中，人们发现 $CuGaSe_2$ 比 $CuInSe_2$ 的带隙宽度宽，元素 Ga 和 S 的掺入既可以实现带隙的拓宽，又可以提高太阳光谱匹配度。由于对改善 CIS 薄膜电池的吸收层材料带隙的要求，CIGS 电池应运而生。1989 年，波音公司通过掺入 Ga 制备了 $Cu(In_{0.7}Ga_{0.3})Se_2/CdZnS$ 太阳能电池，开路电压达到 555 mA，转换效率达到 12.9%，是不掺 Ga 的 CIS 电池所不能比拟的。1994 年，三步共蒸发工艺提出，小面积 CIGS 电池研究得到了突破，效率达到了 15.9%。其典型结构如图 6.32 所示。2008 年，效率更是达到了 19.9%[2, 4]。

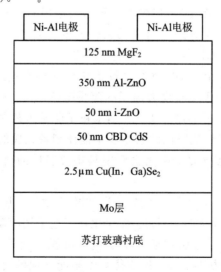

图 6.32　三步共蒸发法实现的 CIGS 薄膜太阳能电池的经典结构

在近些年的研究中，柔性衬底成为新的关注点。针对不同衬底的研究结果更是鼓舞人心。瑞士科学家在聚酰亚胺衬底上通过改进后的共蒸发三步法工艺实现了效率 18.7% 的 CIGS 薄膜太阳能电池。在具体工艺程序中，将 In/Ga 通量梯度配置取代全程中通量一直不变的工艺条件，且在第二步的温度降到了 500℃ 下，有助于器件效率的提高。来自日本的研究小组运用共蒸发三步工艺，在 Ti 衬底上实现了 17.4% 的效率，在 ZrO 材料做的衬底上实现了 17.7% 的效率，这一效率直到 2009 年才被日本的另一实验小组的实验成果所打破。2009 年，青山大学报道出基于 Ti 衬底的效率为 17.9% 的 CIGS 薄膜太阳能电池。该小组采用 CBD-Zn(S, O, OH) 代替传统的 CdS 缓冲层。同时还证明了适当的衬底温度对理想的双梯度带隙结构的形成和良好的器件性能具有重要的作用。对 Ti 衬底的 CIGS 薄膜太阳能电池的最终性能表现来说，衬底的粗糙度是至关重要的。2011 年，ZSW 创造了 20.3% 的效率，这一新效率可以比拟多晶硅太阳能电池。这一系列的高效率 CIGS 薄膜太阳能电池的制造，为确定 Cu 元素和 Ga 元素在吸收层中的比例提供了丰富的实践经验，为 CIGS 实现产业化提供了可能[70]。

随着 CIGS 薄膜太阳能电池的研究逐渐深入，效率不断提高，加之其在户外测试方面所显示出的较强稳定性和高辐射电阻，为未来的诸多领域的广泛应用提供了条件，很多公司开始将目光投向这一领域，致力于 CIGS 薄膜太阳能电池的产业化发展，并在组件的研制方面取得相当大的进展。2007 年，被印刷在铝箔上的第一块基于 CIGS 的太阳能电池板由 Nanosolar 公司实现[33]。

在工业生产中，主要采用玻璃、不锈钢、PI、Ti 做衬底。对玻璃衬底来说，通常使用三步划线工艺来实现单片集成的 CIGS 薄膜太阳能电池。对于金属箔做衬底的 CIGS 薄膜太阳能电池，要求事先铺一层绝缘层，以使对玻璃衬底适用的技术可以对金属箔衬底同样适用。但是机械划线工艺因为没有刚性衬底的支持而变得较难控制，容易对绝缘层造成损伤。在寻找取代单独集成 CIGS 薄膜太阳能电池的方法的过程中 GSE 方法被提出，GSE 方法是采用串联的方法实现单个 CIGS 薄膜太阳能电池的连接。在吸收层制造的过程中，金属预制层后硒化法较为适用于大规模大面积的薄膜制备过程。实际工业生产中，共蒸法工艺与后硒化工艺都是比较常用的制备工艺。纳米粒子印刷工艺是具有低成本、适用于大规模生产的有效生产工艺，但是现阶段的技术还不能使制备完成的薄膜具有良好的性能。目前，在 CIGS 薄膜太阳能电池的工业化生产中具备代表性的公司主要位于美国、日本和德国。

美国的 Global Solar Energy 是一家成立于 1996 年生产 CIGS 太阳能电池及光伏系统的公司。其公司产品采用不锈钢箔为衬底，整个生产工艺采用滚动条式流程，共蒸发工艺作为 CIGS 吸收层沉积工艺，其它层均通过电子溅射沉积。2009 年，该公司实现了 20 MW 的产量。Miasolë 是一家致力于柔性 CIGS 薄膜太阳能电池的美国公司，成立于 2001 年，该公司的产品特色是应用 CBD-Zn(S, O, OH) 作为缓冲层，并在金属预制层后硒化工艺沉积吸收层后会进行硫化处理。2010 年，该公司的产量突破了 43MW。而 1999 年成立于德国的 Wrath Solar 公司以玻璃衬底的 CIGS 薄膜太阳能电池为主要产品，使用共蒸发法沉积吸收层。2009 年产量达到了 30 MW。

6.4.2　发展中的挑战

从当前的发展趋势来看，CIGS 薄膜太阳能电池的效率在不断提高，非常具有发展潜力。但是在发展过程中，还存在着一些技术上的挑战[1,4,5,70]。

首先是器件对越来越薄的吸收层的要求。虽然有计算表明吸收层变薄与器件效率之间没有直接的关系，但是吸收层变薄将为材料制备和生长带来一系列问题。其次是缓冲区和窗口区的替代问题。新的材料需要被发现并应用于器件的缓冲区和窗口区，减小吸收，以达到能使电流损失最小化。新材料需要满足能够和 CIGS 材料建立较优良的能带偏移量，而且在电池与电池之间的串联中，该材料可以做透明的正面接触连接。再次是 Cu(In, Ga)Se₂ 中 Ga 的含量问题。在目前的研究中，C 具有高含量 Ga 吸收层的器件具有高电压低电流的特点，能减少模块集成中电流的损失；有利于串联配置，但是 Ga 的含量过高，会造成吸收层内缺陷增多，不利于效率提高。最后是串联薄膜电池的实现。这一配置的实现需要单个 CIGS 达到稳定、高效的目标。另外，在 Na 掺杂的作用上，仍然没有一个完整全面的模型及理论说明其作用的机理。

在生产成本上，如何通过选择适当的生产模式、优化生产流程来降低成本，是 CIGS 薄膜太阳能电池产业化大发展需要考虑的重要问题。生产过程中的成本节约主要有两个方面，一是能源消耗，二是机械损伤率。

在环境上，由于 Cu(InGa)Se₂ 中含有稀有元素，其存储量将可能是影响 CIGS 太阳能电池大规模应用的限制条件。在生产过程中，所用的试剂和产物有些具有毒性，可能对环境和人的健康产生一定危害，需要有一些后续处理过程的设置。

在稳定性方面，在湿热条件下，电池填充因子将会降低 20%～50%，开路电压也有一定程度的减小，效率会受影响，稳定性将会降低。其原因在于湿热条件增加了 CIGS 薄膜的缺陷态密度，使 ZnO 层电阻率降低，从而增大光生载流子的收集势垒，复合增强，降低了电池性能。因此需要更好地改进封装工艺和材料，优化设计电池的内部连接结构，从而使电池的稳定性增强。

6.4.3　发展前景预测

在众多研究机构和组织的努力下，Cu(InGa)Se₂ 太阳能电池在效率上得到了巨大的进步，而且随着材料科学和工程经验的增加，材料的沉积范围和设备选择也有了较大的突破。我们可以乐观地预测出在效率达到 20% 的现状下，CIGS 太阳能电池的效率还会继续增长。但是我们也不得不正视目前在半导体知识上的欠缺，需要投入时间和精力解决设备与制造规模等方面的问题。

在 CIS 和 CIGS 太阳能电池发展初期，人们预测其未来的经济性将会远高于 Si 太阳能电池，但是从目前的发展来看，该类薄膜太阳能电池仍没有显示出任何成本上的优势。在未来相当长一段时间内，如何使 CIGS 薄膜太阳能电池显示出其独特的优势，还需要做大量的工作[28]。

一方面，需要基于现在已有的成熟工程模型，从改善制造工艺和改进沉积仪器入手，发展新的制造技术。电池制造的过程中，确定更多的可测量属性，开发和改进指标的测量与诊断方式，优化对整个生产过程的控制能力，提高制成器件的可靠性，为性能提高提供工艺支持。当然，这一目标的实现需要对材料和设备的知识具有全面而深入的了解。

另一方面，需要材料和器件方面的基础知识不断地丰富和进步。对效率有效提高只能依靠不断增加开路电压 V_{oc}，而化学和电学性质上的缺陷都是影响 V_{oc} 的因素，因此，关于缺陷的起源的知识应当进行更好的研究，这对 Cu(InGa)Se$_2$ 的生长完整模型的建立具有重大作用，可以帮助确定在缺陷形成、PN 结形成时的过程参数。基础理论方面，Na 元素的作用机理、晶粒边界和自由表面的性质都将成为值得研究的方向。在制造过程中，化学浴沉积的缓冲层 CdS 可以被某些其它材料取代，这些材料将不含 Cd 且具有较宽的带隙。这些材料的寻找和应用也将成为提高电池效率的一个热点。

未来的 CIGS 薄膜太阳能电池的发展需要突破以下几点[2]：

(1) E_g > 1.5 eV 的宽禁带合金在电池中的应用，这种合金不会对效率带来负面影响，而且对电池制造有益。带隙约为 1.7 eV 的多晶薄膜串联电池形成叠层电池具有较大的发展潜力，预计转换效率能达到 25% 甚至更高。这种串联结构需要在顶部电池与底部电池间实现透明连接，分别吸收蓝光和红光光子，这样可以做到在不影响顶层结构的前提下对底层结构进行修改。

(2) Cu(InGa)Se$_2$ 沉积过程中实现低温工艺。低温工艺对衬底温度的要求比常规工艺的要求更低，这样可以使衬底的可选择范围增宽，如可以应用柔性聚合物网络。低的衬底温度可以降低衬底上的热学应力，加热及退火速率可以加快，从而减少损耗，得到厚度小于 1 μm 的较薄的 Cu(InGa)Se$_2$ 膜。

其它方面，在 Cu(InGa)Se$_2$ 薄膜太阳能电池的发展中，衬底材料将会趋于多样化和柔性化，制造步骤将会趋于精简化，随着效率的提升，应用也将趋于多元化和广泛化[68,71]。

综上所述，Cu(InGa)Se$_2$ 薄膜太阳能电池有很大的效率提升空间和成本缩减的可能性，在未来的一段时间里，需要更多的努力来实现其性能优化和工业产业化。

本章参考文献

［1］　Nakada T. Electron. Mater. Lett. , 2012, 8: 179 - 185.

［2］　Luque A，Hegedus S. Handbook of photovoltaic science and engineering. Wiley. Com, 2011.

［3］　钟文阳. 表面硫化铜铟镓二硒薄膜应用于太阳能电池之研究. 台湾成功大学硕士论文，2009 年.

［4］　熊绍珍，朱美芳. 太阳能电池基础与应用. 北京：科学出版社，2009 年.

［5］　Kodigala S. Cu(In1-xGax)Se2 Based Thin Film Solar Cells. Academic Press, 2010.

［6］　薛玉明，杨保和. CIGS 薄膜(InGa)2Se3-富 Cu-富 In(Ga)的演变. 光电子·激光，2008，19(3)：348 - 351.

［7］　Chopra K. Prog. in Photovolt. : Res. Appl. , 2004, 12: 69 - 92.

［8］　Wei S H. Appl. Phys. Let. , 1998, 72: 3199.

［9］　Li W. J. Synth. Crys. , 2006, 35: 131 - 134.

［10］　Stanberya B. Crit. Rev. Solid State & Mater. Sci. , 2002, 27: 73 - 117.

［11］　Rau U. Appl. Phys. A, 2009, 96: 221 - 234.

［12］　Reinhard P, et al. IEEE J. Phothovoltaics, 2013, 3: 572 - 580.

［13］　Hultqvist A, et al. Sol. Energy Mater. Sol. Cells, 2011, 95: 497 - 503.

［14］　Neumann H, et al. Solar Cells, 1986, 16: 317 - 333.

［15］　Gütay L, et al. Thin Solid Films, 2009, 517: 2222 - 2225.

［16］　Gutay L, et al. 34ᵗʰ IEEE Photovoltaic Specialists Conference (PVSC), 2009, 874 - 877.

［17］　Shimizu A. Jan. J. Appl. Phys. , 2000, 39: 109.

［18］　Rau U. Appl. Phys. A, 1999, 69: 131 - 147.

［19］　Igalson M. Optpelectronics Rev. , 2003, 4: 261 - 268.

［20］　Repins I L, et al. 34ᵗʰ IEEE Photovoltaic Specialists Conference (PVSC), 2009, 978 - 983.

［21］　Delahoy A E, et al. 25ᵗʰ IEEE Photovoltaic Specialists Conference, 1996, 841 - 844.

［22］　Lim W C, et al. Surf. Interface Anal. , 2012, 44: 724 - 728.

［23］　Singh U P, et al. Int. J. Photoenergy, 2010, 468174.

［24］　Noufi R, et al. the 29ᵗʰ Photovoltaic Specialists Conference, 2002, 508 - 510.

[25] Hanna G, et al. Appl. Phys. A, 2006, 82: 1 - 7.

[26] Schlenker T, et al. Thin Solid Films, 2005, 480: 29 - 32.

[27] 纳尔逊. 太阳能电池物理. 上海: 上海交通大学出版社, 2011.

[28] Fonash S. Solar cell device physics. Elsevier, 1981.

[29] Gloeckler M. Device physics of Cu (In, Ga) Se2 thin-film solar cells. Colorado State University, 2005.

[30] Niemegeers A, et al. Prog. in Photovolt. : Res. Appl. , 1998, 6: 407 - 421.

[31] Rockett A, et al. Thin Solid Films, 1994, 237: 1 - 11.

[32] 滨川圭弘. 太阳能光伏电池及其应用. 张红梅, 崔晓华, 译. 北京: 科学出版社, 2008.

[33] 刘芳芳, 孙云, 张力, 等. Cu(In,Ga)Se2 薄膜太阳电池二极管特性的研究. 人工晶体学, 2009, 38(2): 455 - 459.

[34] Bhattacharya R N. et al. , Sol. Energy, 2004, 77: 679 - 683.

[35] Nakada T, et al. the 24th Photovoltaic Energy Conversion, 1994, 1: 95 - 98.

[36] Yamada A, et al. Thin solid films, 2005, 480: 503 - 508.

[37] Nakada T, et al. Appl. Phys. Let, 1999, 74: 2444 - 2446.

[38] Topic M, et al. 14th EU-PVSEC, Barcelona, 1997, 2139 - 2142.

[39] Pudov A O, et al. J. Appl. Phys. , 2005, 97: 064901.

[40] Contreras M, et al. Appl. Phys. Lett. , 1993, 63: 1824 - 1826.

[41] Gremenok V, et al. Phys. Stat. Sol. (c), 2009, 6: 1237 - 1240.

[42] Gorji N E, et al. Sol. Energy, 2012, 86: 920 - 925.

[43] 于胜军, 钟建. 太阳能光伏器件技术. 成都: 电子科技大学出版社, 2011.

[44] 戴宝通, 郑晃忠. 太阳能电池技术手册. 北京: 人民邮电出版社, 2012.

[45] 杨文继. CIGS 薄膜太阳电池的制备及性能研究. 上海交通大学硕士论文, 2007.

[46] Li Pengwei. Preparation and characterization of CIGS thin film solar cell materials. Henan University, 2012.

[47] Sastré Hernández J. Rev. Mex. Fis. 2011, 57: 441 - 445.

[48] Johnson P K, et al. Prog. in Photovolt. : Res. Appl. , 2005, 13: 579 - 586.

[49] 吴世彪, 徐玲. 电沉积法制备 CIGS 薄膜的工艺研究. 安徽化工, 2007, 33(6): 32 - 33.

[50] 廖成, 韩俊峰, 江涛, 等. 硒蒸气浓度对制备 CIGS 薄膜的影响. 物理化学学报, 2011, 27(2): 432 - 436.

[51] Venkatachalam M. Journal of the Instrument Society of India 2008, 38.

[52] Eser E, et al. the 23th Photovoltaic Specialists Conference, 2005, 515 - 518.

［53］ Mukati K，et al. IEEE 4th World Conference on Photovoltaic Energy Conversion，2006，2：1842 - 1845.

［54］ 李超. 磁控溅射制备CIGS薄膜太阳能电池的研究. 河南师范大学硕士论文，2011.

［55］ Eser E，et al. the 35th Photovoltaic Specialists Conference (PVSC)，2010，661 - 666.

［56］ Wuerz R，et al. Thin Solid Films，2009，517：2415 - 2418.

［57］ Kessler F，et al. Solar Energy，2004，77：685 - 695.

［58］ Sugiyama T，et al. Jan. J. Appl. Phys.，2000，39：4816.

［59］ Yamada A，et al. the 28th Photovoltaic Specialists Conference，2000，462 - 465.

［60］ Chaisitsak S，et al. Jan. J. Appl. Phys.，1999，38：4989.

［61］ Sang B，et al. Sol. Energy Mater. Sol. Cells，2001，67：237 - 245.

［62］ Bhattacharya R N，et al. J. Phys. Chem. Sol.，2005，66：1862 - 1864.

［63］ Grimm A，et al. Thin solid films，2007，515：6073 - 6075.

［64］ Bhattacharya R N，et al. Appl. Phys. Lett.，2006，89：253503.

［65］ Sang B，et al. Sol. Energy Mater. Sol. Cells，2001，67：237 - 245.

［66］ Kessler F，et al. Thin Solid Films，2005，480：491 - 498.

［67］ Pagliaro M，et al. ChemSusChem，2008，1：880 - 891.

［68］ Batchelor W K，et al. the 29th Photovoltaic Specialists Conference，2002，716 - 719.

［69］ Zhang X，et al. International Society for Optics and Photonics，83120H - 83120H - 10(2011).

［70］ 李长健，乔在祥，张力. Cu(In,Ga)Se₂薄膜太阳电池研究进展. 电源技术，2009，33(3)：159 - 164.

［71］ Kapur V K，et al. Lab to large scale transition for non-vacuum thin film CIGS solar cells：Phase I Anneal Technical Report1，2003.

［72］ Schock H W，et al. Prog. in Photovolt.：Res. Appl.，2000，8：151 - 160.

第七章　CdTe 太阳能电池

7.1　引　言

　　CdTe 是 1947 年 Frerichs[1]利用 Cd 蒸气和 Te 蒸气在氢气环境中直接进行反应制备出来的。而 CdS/CdTe 薄膜太阳能电池是由 Bonnet 和 Rabenhorst 首先试制的[2]，他们采用气体携带法和真空蒸镀法制得的薄膜 n-CdS/p-CdTe 异质结电池的转换效率达到 5.4%。1956 年 RCA 实验室的 Loferski 首先提出 CdTe 材料在太阳能光伏领域的应用前景[3]。1959 年同样是 RCA 实验室的 Rappaport 通过在 p 型 CdTe 单晶上扩散 In 元素获得了 CdTe 单晶同质结太阳能电池[4]，该电池获得了 2% 的转换效率（该结构并不是在 AM1.5 条件下获得的，当时标准的光伏计量还未被使用，所采用的是 73 mW/cm^2 的光源），这也标志着第一块 CdTe 太阳能电池的诞生。1979 年法国 CNRS 课题组制备出了转换效率为 7% 的 CdTe 太阳能电池[5]，他们利用近空间气相输运法在 n 型 CdTe 单晶上沉积 As 掺杂的 p 型 CdTe 薄膜，首次将 CdTe 薄膜应用到太阳能光伏领域。不久他们又将电池效率提升到了可观的 10.5%，获得了高达 820 mV 的开路电压和 21 mA/cm^2 的短路电流[6]。但是后续有关 CdTe 同质结太阳能电池的研究报道逐渐减少，与此同时，从 20 世纪 60 年代开始也展开了有关 CdTe 异质结太阳能电池的研究。在 20 世纪 60 年代早期，开展了由 n 型 CdTe 和 p 型 Cu$_2$Te 构成的异质结太阳能电池的研究[7]。当时研究人员利用 n 型 CdTe 单晶或者多晶薄膜，通过在含有 Cu 盐的酸性溶液中进行表面反应，在 CdTe 表面获得了 p 型的 Cu$_2$Te 层，从而制备出 CdTe/Cu$_2$Te 异质结太阳能电池。10 年后，CdTe/Cu$_2$Te 异质结太阳能电池获得了大于 7% 的转换效率（测试光源强度为 60 mW/cm^2）[8]。随后，研究人员对更稳定有效的窗口层材料（In$_2$O$_3$: Sn、ZnO、SnO$_2$ 和 CdS 等）和 CdTe 单晶异质结太阳能电池开展了广泛的研究。对于这些窗口层材料，电池的短波段响应受到了材料本身透过率的限制。1977 年，斯坦福的一个课题组利用电子束蒸发制备的 ITO 与 p 型 CdTe 单晶材料成功制备出转换效率为 10.5% 的异质结太阳能电池[9]。1987 年，在 p 型 CdTe 单晶上利用反应沉积 In$_2$O$_3$ 所制备的太阳能电池获得了高达 13.4% 的转换效率[10]。20 世纪 60 年代中期，Mulle 等[11, 12]首次将 n 型 CdS 薄膜引入到 CdTe 太阳能电池中，他们利用蒸发法在 CdTe 单晶上制备 n 型 CdS 薄膜制备 CdS/CdTe 异质结太阳能电池，获得了接近 5% 的转换效率。CdS 薄膜的引入对于 CdTe 太阳能电池的发展具有里程碑的意义。

　　Adrivich 等人[13]于 1969 年研制出第一块 CdS/CdTe 薄膜异质结太阳能电池。他们通过依次在玻璃衬底上沉积 TCO 薄膜、CdS 薄膜和 CdTe 薄膜所制备的称为"superstrate"结构的太阳能电池，获得了超过 2% 的转换效率。随后，在 1972 年的第九届欧洲光伏专项会议上 Bonnet 和 Rabenhorst 报道了另一种结构的 CdS/CdTe 薄膜太阳能电池（称为"substrate"结构）[2]，他们通过首先在 Mo 衬底上化学气相沉积（CVD）CdTe 薄膜，然后再真空蒸发 CdS 薄膜制备的 CdS/CdTe 薄膜太阳能电池获得了 5%～6% 的转换效率。与此同时，他们还提出了影响 CdS/CdTe 薄膜太阳能电池获得高转换效率的关键因素：

　　（1）Cu 在 CdTe 中的 p 型掺杂；

　　（2）CdTe 掺杂效率的有效控制；

　　（3）CdTe-CdS 界面处的元素分布；

　　（4）晶界的激活与钝化；

　　（5）p 型 CdTe 势垒背接触的获得。

　　在 20 世纪 80～90 年代，关于 CdS/CdTe 薄膜太阳能电池的研究主要集中在器件设计、后处理工艺和低电阻接触上。由于 CdTe 材料的稳定性和可制备适应性，多种薄膜制备方法都被应用到 CdTe 薄膜太阳能电池制备中。令人惊奇的是，这些不同方法制备的 CdTe 薄膜太阳能电池均获得了较高的转换效率。经分析表明，这是因为制约 CdTe 薄膜太阳能电池效率的主要因素是空间电荷区的"Shochley-Read-Hall"复合[14]，而这与材料的具体制备方法没有直接关系。在接下来的数年里，有多个研究小组试图进一步提高 CdTe 薄膜太阳能电池的性能，并取得了可观的成就。Tyan 和 Aluerne 在 80 年代将电池的转换效率提升到了 10%[15]，随后，Ferekides 等人成功制备出 15.8% 的 CdTe 太阳能电池[16]。2001 年，美国可再生能源国家实验室（NREL）的华人科学家吴选之教授，通过改进 CdTe 薄膜电池的前电极和完善背电极工艺，成功制备出转换效率为 16.5% 的 CdTe 薄膜太阳能电池[17]。

　　尽管采用不同方法所制备的 CdTe 薄膜太阳能电池均获得了较高的转换效率，但是 CdS/CdTe 太阳能电池的结构一般只有前面提到的两种结构，如"superstrate"结构是将 CdTe 沉积在 CdS 上，在后期工艺中需要将 CdTe 和 CdS 分别进行 Cl 和 O 后期热处理。20 世纪 80 年代，太阳能电池性能的提高主要得益于器件工艺参数的调整和优化，例如 CdTe 的沉积温度、后期退火处理、生长以及处理气氛的化学组成以及 CdTe 欧姆接触的制备。例如，松下电池公司报道了用于制备 CdTe 太阳能电池的丝网印刷技术，通过调整烧结过程中的浆料、温度和时间来精确控制 $CdCl_2$、O 和 Cu 的组分[18]。在采用电沉积工艺制备 CdTe 的过程中，将 Cl 加入电镀槽和后处理工艺中将器件的性能提高了 10%[19]。Kodak

的研究人员通过优化近空间升华法中 CdTe 的沉积温度以及周围气氛中的氧含量也将电池的性能提高了 10%[20]。CdTe 太阳能电池性能提高的一个转折点就是在 CdS/CdTe 结构上覆盖一层 CdCl$_2$ 并在空气中进行热退火处理[21, 22, 23]。将 CdCl$_2$ 后退火处理和低电阻欧姆接触制备方法相结合使得采用近空间升华法制备的 CdTe 太阳能电池效率大于 15%[27]，对窗口层工艺的优化[24]以及采用 CdCl$_2$ 蒸气处理[25]再次使电池的性能得以提高。截至目前，CdTe 太阳能电池的最高转换效率为 17.3%，$V_{OC} = 845$ mV，$J_{SC} = 25.9$ mA/cm^2，FF＝75.5%，其商用模块的效率也达到了 10% 左右。

人们认为 CdTe 多晶薄膜太阳能电池是在以 CdTe、CuInSe$_2$ 和多晶硅薄膜为代表的薄膜太阳能电池中最容易制造、最能实现低价长寿这两种目标，因而它的商品化进展最快。太阳能电池研究的主要目标是提高转换效率、降低成本和增加稳定性。要提高效率就要对电池结构及各层材料工艺进行优化，对于 CdTe 薄膜太阳能电池而言，适当减薄窗口层CdS 层的厚度，可减少入射光的损失，从而增加电池短波响应以及提高短路电流密度。吸收层与背电极金属的界面状态也对电池特性起着重要的作用。对 CdTe 表面进行处理，在与金属电极间增加一个过渡层，改善欧姆接触是提高电池效率的必要措施。要降低成本，就必须将 CdTe 的沉积温度降到 550℃ 以下，以适于廉价的玻璃作衬底。目前，CdTe 薄膜太阳能电池的深入研究和产业化都在积极进行，欲达到真正的商品化，首先就要优化CdTe 薄膜的制备工艺，这就需要进行综合对比，找出适于产业化的工艺方案。其次是解决组件的稳定性问题。可以预计，在未来 20 年内，CdS/CdTe 太阳能电池将在太阳能电池市场占据重要地位。

7.2　材　料　属　性

CdTe 是一种 Ⅱ-Ⅵ 族化合物半导体，其晶体为闪锌矿结构。图 7.1 所示为闪锌矿结构的 CdTe 晶体(111)和(100)取向的晶格结构示意图。从图中可以看到不同方向的原子排布，清晰地分辨出原子的面心立方排布。CdTe 的空间群为 F - 43 m，晶格常数为6.48 Å[26]。作为一种具有应用前景的薄膜太阳能电池半导体材料，近年来 CdTe 受到了广泛关注，这是由于 CdTe 材料的三大特性，这三大特性对于薄膜太阳能电池来说是至关重要的：

首先，其禁带宽度为 1.45 eV，吸收边长约为 855 nm。对太阳能光谱的响应处在最理想的太阳能光谱波段，以 CdTe 为吸收层的单结薄膜太阳能电池就能获得较高的转换效率，其理论转换效率高达 30%。

其次，CdTe 是一种直接带隙半导体，吸收系数在可见光范围高达 10^5 cm^{-1}，太阳光中99% 能量高于 CdTe 禁带宽度的光子可在 2 μm 厚的吸收层内被吸收，CdTe 作为吸收层的太阳能电池，理论上吸收层所需厚度在几微米左右，材料消耗极少，电池成本低。

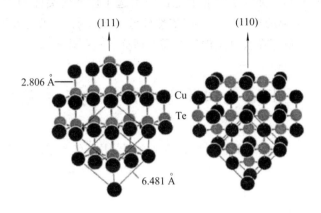

图 7.1　闪锌矿结构的 CdTe 晶格结构示意图

另外，CdTe 具有一个重要的化学性质——升华，在高温（通常大于 460℃）下 CdTe 会发生升华反应，具体反应式如下：

$$CdTe \rightarrow Cd + \frac{1}{2} Te_2$$

而在低温下该升华过程可以反向进行，即升华的蒸汽重新凝结成 CdTe，这就使得 CdTe 薄膜材料在制备上有了其它材料所不具备的优点。因为升华温度远低于 CdTe 材料的熔点（1092℃），CdTe 不需要加热到熔化温度就能够升华出来沉积在衬底表面，制备成高质量的薄膜。同时相比其它半导体材料，如 $CuIn_xGa_{1-x}Se_2$（CIGS）薄膜，CdTe 多晶薄膜的制备方法容忍度高，可以利用多种制备方法获得高质量的 CdTe 多晶薄膜。目前实验室制备 CdTe 的方法有近空间升华法、电化学沉积法、气相输运沉积法、丝网印刷法和磁控溅射法等。用这些方法制备的 CdTe 电池均获得了较高的转换效率。

然而，作为太阳能电池材料，CdTe 也存在物理特性的不足：

首先，CdTe 具有强烈的自补偿效应，所谓自补偿效应即大量的本征缺陷对于施主杂质或者对于受主杂质的自发补偿作用。对于 CdTe 来说其主要本征缺陷为 Cd 空位，Cd 空位对于其它掺杂带来的缺陷起到了重要的补偿作用，因此 CdTe 很难像硅等半导体一样通过掺入杂质元素，改善电学性能。CdTe 薄膜载流子浓度低（通常为 $10^{14}/cm^3$），电子和空穴的迁移率分别为 1100 $cm^2/V \cdot s$ 和 80 $cm^2/V \cdot s$[30]，因此薄膜电阻率大，会影响电池的电流输出特性。

其次，CdTe 的功函数高达 5.7 eV，需要极高功函数的背电极材料才能与之形成良好的欧姆接触。然而这些材料并不多见，寻常金属电极材料均不能与之实现良好的欧姆接触。

现阶段 CdTe 薄膜太阳能电池的制备和研究仍然存在许多关键的材料与制备工艺方面的问题。因此，尽管 CdTe 薄膜太阳能电池已经引起了广泛的关注和实现了规模化生产，但实验室电池和商业电池的模板转换效率依然较低，17.3%的最高效率与30%的理论效率相距甚远。因此 CdTe 还存在大量关键问题需要研究者进一步探索。

7.3　CdTe 太阳能电池的结构及工艺实现

如前文所述，CdTe 薄膜太阳能电池有两种主要结构，但为了获得更高转换效率，近年来多采用"superstrate"结构，如图 7.2 所示。该结构除了制备工艺简单外，另外一个重要的优点就是有利于电池背电极的制备，可以采用刻蚀、掺杂、外延等方法对 CdTe 薄膜表面进行处理，从而获得有效的欧姆接触。此时基本的 PN 结出现在 p 型 CdTe 吸收层和 n 型 CdS 窗口层之间。除此之外，还有一些因素会影响器件的性能，例如：因为 CdS 的厚度很薄，所以需要一层高阻的氧化层；需要对 CdCl$_2$ 进行热处理来提高 CdTe 的质量；还存在 CdS 和 CdTe 之间的相互扩散以及在制备背接触电极时存在的势垒。下面就对这些影响因素一一进行分析。

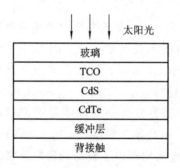

图 7.2　CdTe 太阳能电池"superstrate"结构示意图

7.3.1　衬底

当太阳光入射到太阳能电池中时最先穿透衬底，同时衬底还是电池的支撑结构，这就要求衬底具有两个特点：光透过率高和具有一定强度。通常选用钠钙玻璃作为电池的玻璃衬底。这里值得一提的是，为了减少光在太阳能电池表面的反射，可以在玻璃衬底表面沉积一层减反膜，该膜的光学厚度为太阳辐射强度峰值波长的 1/4，这样可以使入射光和反射光在玻璃表面由于相位差而产生干涉，减少表面处的光反射，有效提高太阳光的利用效率。

7.3.2　前电极

CdTe 薄膜太阳能电池结构中,前电极是光通过的窗口,同时也是光生电子的收集层。这就使得前电极材料必须具备下面几个条件:

(1) 要在可见光和近红外波段具有高透过率,接近或者超过 90% 为佳;

(2) 材料要具备高的 n 型电导率;

(3) 作为太阳能电池的一个关键组成部分,需要该材料具有很好的稳定性,能保证太阳能电池在后续制备及工作寿命内材料性质的稳定。

目前人们选用的前电极材料主要是透明导电氧化物(简称 TCO),这些氧化物包括 $SnO_2:F(FTO)$、$ZnO:Al(AZO)$、$In_2O_3:Sn(ITO)$ 和 $Cd_2SnO_4(CTO)$ 等。在制备工艺优化的情况下这些氧化物的透过率都大于 90%,且载流子浓度高达 $10^{18} \sim 10^{21}$ cm^{-3},性能优良稳定,完全满足 CdTe 薄膜太阳能电池的需求,是最常用的前电极材料。近些年来,为了进一步提高 CdTe 薄膜太阳能电池的转换效率,有效避免减薄 CdS 层所带来的短路现象,开发了一种新的前电极体系——Cd_2SnO_4/Zn_2SnO_4 复合层结构。其中,Cd_2SnO_4 是低阻的前电极层,Zn_2SnO_4 则是高阻的缓冲层。与传统单层氧化物体系相比,Cd_2SnO_4/Zn_2SnO_4 复合层电阻率更低,透光率更好,并且易于大面积制备。

7.3.3　窗口层

对于高转换效率的 CdTe 太阳能电池而言,高质量的窗口层薄膜 CdS 的获得也是很重要的一个环节[28, 31-33]。CdS 同样是一种 Ⅱ-Ⅵ族化合物直接带隙半导体,其禁带宽度为 2.2 eV,吸收边波长为 512 nm,能允许太阳光中绝大部分光子穿过其中而不被吸收。因此,CdS 在铜铟镓硒和碲化镉薄膜太阳能电池中作为窗口层被广泛应用。CdS 的主要点缺陷为硫空位,这是一种施主缺陷,所以 CdS 呈现 n 型特性,其载流子浓度高达 $10^{16} \sim 10^{17}$ cm^{-3},因此在 CdTe 薄膜中 CdS 作为与 CdTe 形成 PN 结中的 n 型薄膜。CdS 存在两种不同的晶体结构:六方相的纤锌矿结构和立方相的闪锌矿结构。其中六方相的纤锌矿结构与 CdTe 之间的晶格失配较小,对于 CdTe 薄膜太阳能电池最为合适。目前制备 CdS 薄膜的主要方法有磁控溅射、近空间升华、真空热蒸发和化学水浴沉积等[31-34]。制备高质量的 CdS 薄膜是 CdTe 薄膜太阳能电池获得高转换效率的一个关键。从 CdTe 的禁带宽度进行理论分析,CdTe 薄膜太阳能电池的短路电流理论上可以达到 30.5 mA/cm^2[35],其中大约有 7 mA 的电流是由能量高于 CdS 禁带宽度的光子(波长小于 510 nm)贡献的,如果这部分光子被 CdS 层吸收掉,那么对于 CdTe 薄膜太阳能电池电流是没有任何贡献的,必须使该部分光子穿过 CdS 层,顺利到达 CdTe 吸收层才能进一步提高电池性能。因此,降低 CdS 层厚度,减少有效光子损失,提高电池短波长响应至关重要。目前一般控制 CdS 厚度在 100 nm 左右，但是如果过度降低 CdS 多晶薄膜的厚度，则容易在薄膜中产生微型针孔，这些针孔的存在使得电池的漏电流大大提高，电池的开路电压和填充因子将会受到影响[28]。同时，在电池制备的热处理过程中，CdS 与 CdTe 间的互扩散也将导致 CdS 针孔的产生，针孔的出现导致 CdTe 与 TCO 接触，形成电池短路和电流分流，这对于大面积电池制备是不利的。为了避免减薄 CdS 带来的这些负面影响，在 TCO 与 CdS 之间加入一层超薄的高阻氧化物薄膜，厚度通常控制在几十纳米左右，该层薄膜在电池中起缓冲层的作用，由于隧穿效应，电子几乎能无阻地穿越该超薄层，同时能有效避免 CdTe 与 TCO 直接接触造成的短路现象，有效提高电池性能[35]。

制备 CdS 多晶薄膜的方法很多，如电沉积法（ED）、近空间升华法（CSS）、丝网印刷法（SP）、分子束外延法（MBE）、物理气相沉积法（PVD）、真空蒸发法、化学喷雾法、溅射法、高温喷涂法和化学水浴法（CBD）等。其中，化学水浴法工艺简单、成本低廉且易于实现大规模生产而受到人们的广泛重视，它具有以下优点：

（1）不需要真空系统，设备简单；

（2）反应原料纯度要求较低（分析纯），反应原料的可选择性大且容易购买，价格便宜；

（3）反应温度低，衬底的可选择性大。

因此，化学水浴法是一种低生产成本和低温沉积薄膜的工艺技术，采用此方法沉积的薄膜均匀、致密，薄膜的性能良好。选用化学水浴法制备 CdS 多晶薄膜作为窗口层可以提高电池的少子寿命，优化电池的禁带宽度。

化学水浴沉积法生长 CdS 过程中有两种主要的竞争反应，即溶液中的同类粒子排列和衬底上异类表面反应。异类表面反应又包括两种过程：

一种是在衬底上吸附 CdS 颗粒的过程——称为簇簇机制，它导致薄膜形貌粗糙、疏松。反应的详细过程是自由的镉离子同自由的硫离子反应形成 CdS 粒子，通过颗粒间较弱的作用力沉积在衬底表面上，使得薄膜的表面粗糙、松散，致密性差。

另一种称为离子离子机制，即首先在衬底上吸附 Cd^{2+} 的络合物，接着吸附硫源形成中间相，最后中间相分解得到 CdS。详细过程是由氢氧化铵组成的碱性溶液提供氨，镉盐（如 $CdCl_2$）通过离解反应产生自由的镉粒子（Cd^{2+}），镉粒子就和氨分子复合形成占主导地位的配合粒子 $Cd(NH_3)_4^{2+}$。在衬底表面处，$Cd(NH_3)_4^{2+}$ 配合粒子与 OH^- 发生反应产生吸附在衬底表面上的 $Cd(OH)_2(NH_3)_2$ 配合粒子。随后这种配合粒子按照 Rideal-Eley 机制与硫脲发生反应形成吸附在表面上的亚稳态配合物 $Cd(OH)_2(NH_3)_2SC(NH_2)_2$，并且随着吸附在表面上的亚稳态配合物分解生出一层新的表面，最终形成 CdS[36]。由这种机制得到的 CdS 薄膜致密、平整。

在沉积 CdS 薄膜的过程中，上述两种反应是共存的。在反应的初始阶段，由于溶液中离子的浓度较高，所以离子离子机制成为主要过程。随着反应的进行，由同类粒子排列导致 CdS 颗粒增加，簇簇机制成为主要过程。此时 CdS 颗粒就吸附在衬底表面上，致使 CdS

薄膜松散，所以各种机制支配的沉积过程是相互竞争的。

化学反应方程式如下：

$$NH_3 + H_2O \rightarrow NH_4^+ + OH^-$$

$$Cd^{2+} + 4NH_3 \rightarrow Cd(NH_3)_4^{2+}$$

$$(NH_2)_2CS + OH^- \rightarrow CH_2N_2 + H_2O + HS^-$$

$$HS^- + OH^- \rightarrow S^{2-} + H_2O$$

$$Cd(NH_3)_4^{2+} + S^{2-} \rightarrow CdS\downarrow + 4NH_3\uparrow$$

总的化学反应方程式为

$$Cd(NH_3)_4^{2+} + SC(NH_2)_2 + 2OH^- \rightarrow CdS + CH_2N_2 + 2H_2O + 4NH_3$$

由上述方程式也可以看出，CdS 的生长过程如下：

（1）溶液中自由的镉离子同氨结合成 $Cd(NH_3)_4{}^{2+}$ 配合离子，聚集在衬底附近；

（2）在衬底表面上发生 $Cd(OH)_2$ 的可逆吸附过程；

（3）硫脲同 $Cd(OH)_2$ 再次发生吸附，形成亚稳态 $Cd(OH)_2SC(NH_2)_2$ 络合物；

（4）$Cd(OH)_2SC(NH_2)_2$ 进一步分解产生 CdS，形成薄膜的同时在外表面重新产生一个吸附空位。

由于 CdS 的溶度积（$K_{sp} = 1.4 \times 10^{-29}$）很小，极易生成 CdS 沉淀。因此，只有控制好 Cd^{2+}、S^{2-} 的分解速度，才能生成均匀、致密的 CdS 薄膜。

作为太阳能电池的窗口层，CdS 薄膜有其独特的重要作用：一方面要求有很高的透过率，以保证 CdTe 能有尽量多的光子供吸收；另一方面还要有较大的光电导率，减小电池的内阻，其费米能级也需要在合适的位置。新沉积的 CdS 薄膜在这些参数指标上往往不太理想，而后退火和掺杂对薄膜的结构、晶粒尺寸和光能隙都有重要的影响，从而影响整个电池的性能[37-39]。

7.3.4　吸收层

CdS/CdTe 薄膜太阳能电池的吸收层是 CdTe 薄膜，它的厚度通常控制在 $4 \sim 7\ \mu m$。对于吸收层的制备，通常有以下几种方式。

1. 物理气相沉积法（PVD）

气相沉积法制备 CdTe 薄膜的基础是 Cd、Te_2 蒸气和形成 CdTe 固相之间的平衡，$Cd + \frac{1}{2}Te_2 \langle = \rangle CdTe$，所以 CdTe 可以通过同时蒸发 Cd 和 Te 源或者利用 CdTe 源的升华制备，也可以通过载气携带和输运 Cd 和 Te_2 或者 CdTe 蒸气在衬底上进行沉积而得到。采用 CdTe 升华的方法沉积 CdTe 薄膜不仅使化合物的组分恒定，而且所需要的蒸气压低于元素 Cd 和 Te 的蒸气压，这就使得在较宽的衬底温度范围内可获得单相薄膜。类似地，也可以通过同时蒸发多组 II-VI 二元化合物源而得到 CdZn$_{1-x}$Te$_x$ 和 CdTe$_{1-x}$S$_x$ 等多元化合物薄膜。

2. 近空间升华法（CSS）

近空间升华法是利用 CdTe 材料的升华特性而开发的一种制备 CdTe 薄膜的方法。1982 年，Tyan Y. S 等[15]首先将近空间升华法引入到 CdTe 薄膜的制备中，而且利用该方法制备出了转换效率达到 10% 的 CdTe 薄膜太阳能电池。CSS 结构如图 7.3 所示。CSS 采用高纯 CdTe 薄片或粉料作源，两石墨块的间距约 1~30 mm，分别作为衬底和源的加热器。在卤钨灯的照射下，上下两片石墨吸收光能

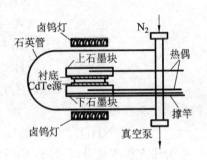

图 7.3　CSS 结构示意图

迅速升温，加热源和衬底，衬底的温度约 550~650℃，源温度比衬底高 80~100℃，反应室中充入 N$_2$，真空度为 $7.5 \times 10^2 \sim 7.5 \times 10^3$ Pa。CdTe 粉末在石墨加热器的加热下进行升华分解为 Cd 原子和 Te$_2$ 分子。升华出来的 Cd 和 Te 遇到生长室内的 Ar 分子，与其发生碰撞，经过一个扩散输运过程到达温度较低的衬底上，发生升华反应的逆反应，冷凝沉积在衬底表面。沉积速度主要取决于源温度和反应室气压，一般沉积速度为 1.6~160 nm/s，最高可以达到 750 nm/s。材料的微结构取决于衬底温度、源与衬底的温度梯度、衬底晶化状况等。晶粒大小为 $(2\sim5) \times 10^3$ nm，一般随衬底温度、膜厚的增加而增加。沉积过程中通常使用 Ar 和 He 等惰性气体，它们不与 CdTe、Cd 和 Te$_2$ 反应，只是作为一个过渡环境而存在。Cd 和 Te$_2$ 分子与这些惰性气体发生碰撞，避免 Cd 和 Te$_2$ 分子升华出来直接飞溅到衬底表面，加大 Cd 和 Te$_2$ 分子在生长过程中输运的行程，有效提高薄膜的均匀性。为了提高近空间升华法制备 CdTe 薄膜的成核能力和电学性能，很多研究者将氧气引入到生长气体当中。Tyan[15]首先采用在工作气体中掺氧，制备得到效率超过 10%（AM2）、面积为 0.1 cm^2 的电池。Ferekides 等[16]采用同样的技术在化学池沉积法（CBD）生长的 CdS 膜上沉积 CdTe 薄膜，制作的电池效率达到 15.8%。如果在环境气体中掺入氧，能够增加 CdTe 吸收层中的受主浓度，防止形成深埋同质结。众多研究表明，在惰性气体中掺入少量的氧气对于 CdTe 薄膜的性能具有重要的影响，能够提高 CdTe 薄膜的电导率，增加生长初期的成核数量，降低 CdTe 薄膜的晶粒尺寸，使 CdTe 薄膜更加致密，有效减少薄膜孔洞。当衬底的温度高于 600℃，在 CdS/CdTe 界面处就会出现 S 和 Te 的相互扩散，形成 CdTe$_{1-y}$S$_y$ 三元相，使 PN 结偏离 CdS/CdTe 界面，增加少子寿命，改善结电学性能。氧的存在有利于 CdS/CdTe 之间过渡层化合物的形成，降低晶格失配；同时也使 CdTe 源不均匀氧化，在 CdTe 源表面形成 $5 \times 10^2 \sim 5 \times 10^3$ nm 的薄氧化层，降低源的升华效果，使电池效率降低，影响工艺的可重复性，不利于规模化生产。Rose 等[40]不掺氧气制作的电池效率可达到 13%。有研究表明，由于 CdTe 的自补偿效应，不进行 CdTe 吸收层的有意掺杂，也可以制

备出高效率电池。

CSS方法也同样可以适用于制备 CdS 薄膜。在沉积室中掺氧，使用高温成核、低温生长工艺、氧制备的 CdS 膜促使 $CdS_{1-y}Te_y$ 三元相的形成，能够增加开路电压和填充因子，降低反向饱和电流。

3. 溅射法

磁控溅射技术是在被溅射的靶极（阳极）与阴极之间加一个正交的磁场和电场，电场和磁场方向相互垂直。当镀膜室真空抽到设定值时，充入适量的氩气，在阴极（柱状靶或平面靶）和阳极（镀膜室壁）之间施加几百伏电压，在镀膜室内产生磁控型异常辉光放电，氩气被电离，在正交电磁场的作用下，电子以摆线的方式沿着靶表面前进，电子的运动被限制在一定空间内，增加了同工作气体分子的碰撞概率，提高了电子的电离效率。电子经过多次碰撞后，丧失了能量（称为"最终电子"）并进入弱电场区，最后到达阳极时已经是低能电子，不再会使基片过热，同时高密度的等离子体被束缚在靶面附近，又不与基片接触，将靶材表面原子溅射出来沉积在工件表面上形成薄膜。对于 CdTe 薄膜，就是高能离子 Ar^+ 在磁力线的作用下，加速撞击 CdTe 靶材表面，借着动量转换，将 CdTe 表面物质溅出，而后在基板上沉积形成薄膜。通常沉积反应发生在低于 300℃ 的基板上，反应室压力约为 10 mtorr。

4. 气相输运沉积法

用适当的气体将气相 Cd、Te_2 输运至热衬底上直接化合沉积生长 CdTe，常用的输运气体是 H_2 和 He。该技术能够实现精确控制膜的组分和控制掺杂剂的浓度与分布。膜的沉积速度取决于 Cd、Te_2 的分压和衬底温度。Te/Cd 摩尔比值略高于化学配比值时，薄膜为 p 型电导[41]；略低于化学配比值时，薄膜为 n 型电导。接近化学配比的 n、p 型薄膜室温电阻率很高，约为 $1×10^4$ $\Omega \cdot cm$。在反应气体中掺入 PH_3 或者 AsH_3，可以降低 p-CdTe 薄膜的电阻率至 200 $\Omega \cdot cm$。

5. 丝网印刷法

通过丝网在衬底上涂敷 CdS、$CdCl_2$ 助熔剂、丙二醇阻碍剂混合而成的结烧膏后，在 700℃ 下氮气氛中烧结，CdS 膜通过再晶化方式生长[42]。涂敷等摩尔比的 Cd、Te 混合物（或者 CdTe）、$CdCl_2$ 助熔剂、丙二醇阻碍剂组成的混合物，在 590～620℃ 下烧结，Cd、Te 反应（或者 CdTe 的再晶化）形成 CdTe 薄膜。

升高烧结温度，并使用 $CdCl_2$ 助熔剂可促使 S、Te 跨界面相互扩散，在 CdS/CdTe 界面形成 $CdTe_{1-y}S_y$、$CdS_{1-y}Te_y$，降低窗口层的短波辐射透过率，扩展光谱响应的长波截止波长至 850 nm 以上。

6. 喷涂热分解法

在热衬底上喷涂 Cd 盐和 Te 盐的水溶液，反应生成 CdTe 膜，其成本最低。用 CdTe

喷浆代替 Cd 盐、Te 盐水溶液，可显著提高电池效率。用 $CdCl_2$ 水溶液和硫脲作反应物，在 375～400℃ 下依次喷涂沉积 8 nm×10 nm 的 CdS 膜和约 6 nm×10 nm 的 CdTe 膜，电池效率可达到 12.7%[43]。

7. 金属－有机物化学气相沉积法（MOCVD）

用二甲基镉（DMCD）、异丙基碲醚（DIPTE）在氢气氛中反应生长 CdTe 膜[44]，沉积速度约为 0.1 nm/s，膜由柱状晶粒密实堆积而成。电导类型可由 DMCD/DIPTE 摩尔比控制，比值低于 0.5 时，薄膜为 p 型电导，比值高于 0.5 时，薄膜为 n 型电导。

用三乙基镓（TEG）和 AsH_3 分别作 n 型、p 型掺杂剂，可以降低薄膜的电阻率。在溶液法生长的 CdS 膜上用 MOCVD 技术生长 CdTe 膜制作的电池效率可达到 9.87%。

8. 电化学沉积法

电化学沉积法可制备具有最佳组分配比的 CdTe 膜[34]。在含有 Cd 盐、TeO_2（溶液中的主要成分是 $HTeO^{2+}$）的酸溶液中，用 CdS/TCO/玻璃作阴极，阴极电位是 −0.2～−0.65 V（与标准甘汞电极相比），在阴极上有反应：

$$HTeO^{2+} + 3H^+ + 4e^- \rightarrow Te^+ + H_2O$$
$$Cd^{2+} + Te + 2e^- \rightarrow CdTe$$

受 TeO_2 溶解度的限制，CdTe 的沉积速度相当低，约为 0.27～0.55 nm/s。切换使用 Te 阳极可以补充 $HTeO^{2+}$，沉积得到的薄膜为 n 型电导，经过适当热处理可得到 p-CdTe[45]，通过电化学共沉积或电迁移可以实现掺杂。Panicker 等人[46] 在 1978 年首先利用 $CdSO_4$ 和 TeO_2 组成的水溶液体系，用阴极直流沉积法制备出了晶粒尺寸为 50～100 nm 的 CdTe 非晶薄膜；澳大利亚的 Morris[47] 和美国克罗拉多矿业学院的 Trefny[48] 对利用电化学沉积法制备的 CdTe 薄膜太阳能电池的转换效率分别达到了 13.1% 和 13.4%；英国的 PB Solar 公司制备的太阳能电池组件，效率超过了 10%。

对 CdTe 薄膜进行热处理是制备高效率 CdTe 多晶太阳能电池的重要环节。一般情况下，所得到的 CdTe 薄膜都是 n 型半导体。而在 CdTe 薄膜太阳能电池中，要求 CdTe 必须是 p 型才能与 n 型 CdS 窗口层构成 PN 结，所以需要对 CdTe 进行 $CdCl_2$ 热处理，使其从 n 型材料转变为 p 型半导体材料。对 CdTe 薄膜进行热处理也有多种方式，例如将 CdTe 薄膜浸入 $CdCl_2$:CH_3OH 或 $CdCl_2$:H_2O 溶液中，然后在 $CdCl_2$ 气氛、HCl 气氛以及 Cl_2 气氛中进行烘干形成一层 $CdCl_2$ 薄膜；也可以在 CdTe 薄膜的沉积过程中，在反应室（电化学沉积）中以 Cl^- 的形式或者作为一种成分（丝网印刷）引入 Cl 元素。

$CdCl_2$ 热处理 CdTe 和 CdS 薄膜在电池制备中是最常用的，它直接影响到薄膜和器件的性能，如促进晶粒长大、钝化晶界缺陷等。这种热处理提高效率的主要原因是：① 促进 CdTe 晶粒生长和重结晶，增大 CdTe 薄膜中的晶粒尺寸[49]；② 使晶粒界面钝化，降低缺陷态密度，减少载流子的复合[50]；③ 促进 CdTe 和 CdS 界面的互扩散，有效降低 CdTe 与

CdS 之间的晶格失配[51, 52]；④ 由于 CdTe 的自补偿效应，使其很难得到高浓度的掺杂，而 CdCl₂ 中的 Cl 离子参与 Cd 空位的形成，可以对 CdTe 晶体进行掺杂，减少晶粒内和晶粒间的载流子复合，从而得到很好的输运性质，使 p 型掺杂得以改善，延长少子寿命[45]。对 CdTe 薄膜的热处理通常在空气、真空中直接进行，或者也可以在氮气等非氧化性气氛中进行。

在 CdCl₂ 热处理过程中 CdTe 薄膜中的小晶粒开始重结晶，并呈现一个更加有序的晶格结构，这个反应原理如下式所示[53]：

$$CdTe(s)+CdCl_2(s) \rightarrow 2Cd(g)+\frac{1}{2}Te_2(g)+Cl_2(g) \rightarrow CdCl_2(s)+CdTe(s)$$

如上面反应式所示，固态的 CdTe 薄膜与 CdCl₂ 在热处理条件下首先分解为气态的 Cd、Te₂ 和 Cl₂，然后开始发生重结晶，气态物质经过重结晶生成 CdTe 和 CdCl₂ 固体，该反应表明 Cl₂ 气氛通过一个局部气相输运反应促进了 CdTe 薄膜晶粒的再生长。在该过程中，CdTe 薄膜中的小晶粒逐渐消失，CdS 和 CdTe 之间的界面开始一定程度的重组。该反应对于温度有着相当的敏感性，通常情况下热处理的温度控制在 400℃ 左右，同时对 CdCl₂ 量的需求和反应时间也有一定程度的依赖，充足的 CdCl₂ 能使反应更有效地进行，但是如果 CdCl₂ 用量过度或者处理时间过长对薄膜的附着力以及 CdS 和 CdTe 界面都有着负面的影响。如果热处理过程是在空气中进行的，则空气中氧气对样品的影响不可忽略。在热处理过程中空气中的氧气与 CdTe 薄膜表面以及 CdCl₂ 会发生一些氧化反应，这些氧化反应产生的氧化物大多需要在背电极制备之前被清除。通常采用的清除方法是利用化学溶液对热处理后的 CdTe 薄膜表面进行刻蚀，去除热处理过程中产生的氧化物。

CdCl₂ 热处理和后续退火对材料成分分布的影响非常显著，可使整个薄膜变成富 Cd，并且越接近表面，Cd 和 Cl 的浓度越高。另外，CdS 中的 S 会扩散到 CdTe 中引起杂质的重新分布，较高浓度的氧作为替代杂质分布在 CdTe/CdS 的界面处[51, 54]。CdCl₂ 热处理后的另一种效应是 CdTe 晶体中各晶粒取向的随机性，原生 CdTe 呈(111)方向择优生长，若沉积温度越低，CdTe 越呈(111)方向生长。Kim[55] 用 XRD 计算出再结晶的热激活能为 2.5 ± 0.3 eV，这与 Cd 的扩散激活能 $2.44\sim2.57$ eV 相当。当热处理的时间延长时，CdTe 薄膜的晶粒会出现一定的取向。Moutinho[51] 采用 AFM 研究了不同温度下的再结晶过程，认为热处理初期晶粒间会出现细小的晶粒，而后随着这些晶粒的长大将导致晶粒随机的取向性。在 500℃ 时，CdTe 和 CdCl₂ 的二元相图中存在一个共晶线，共晶点在 77% CdCl₂ 处。当在 CdTe 晶面覆盖满 CdCl₂ 时，将严重偏离平衡态，有研究发现，在 CdTe 晶界上富集了 CdCl₂，这可能是 CdCl₂ 在 CdTe 中的溶解度很小，导致 CdCl₂ 分凝于 CdTe 的晶界处，从而在晶界处形成电学活性区域。在 CdCl₂ 处理后，CdTe 的表面变得更加光滑，同时在晶界处出现大的裂缝，这些裂缝会影响与金属的接触。随温度变化的 $I-V$ 曲线显示，原生膜与热处理后膜的电流输运机制发生了改变，在原生或者空气气氛退火状态下，电流输运是由隧道或者界面复合机制控制的，而在 CdCl$_2$ 处理后，电流输运机制变为结复合机制控制。界面态的密度显著下降，界面复合速度下降。近来的研究表明，在耗尽区位错和层错的密度大大降低，显著提高了耗尽区晶体的质量。

7.3.5 背接触

要制备出高效、稳定的 CdTe 多晶薄膜太阳能电池，CdTe 太阳能电池的背电极与 p-CdTe 之间稳定的低阻欧姆接触至关重要。这就需要在 CdTe 吸收层与背接触之间不存在空穴输运的阻挡势垒和低于 0.1 Ω·cm^2 的接触电阻。但是要与 p-CdTe 形成欧姆接触有以下难点：

（1）根据 Schottky 理论，要想在 p 型半导体和金属间形成欧姆接触，半导体的功函数必须低于金属的功函数，否则界面势垒会产生高的接触电阻。由于 CdTe 的功函数约为 5.5 eV，很难找到一种高功函数的金属或合金与它形成欧姆接触。

（2）由于表面态的影响，CdTe 表面费米能级的钉扎效应使其偏离 Mott-Schottky 理论。

（3）很难获得低电阻的 CdTe 是获得欧姆接触的另外一个限制。

CdTe 是一种缺陷半导体，它的载流子浓度很大程度上取决于其本征缺陷。这些本征缺陷是作为施主的 Te 空位、Cd 间隙以及作为受主的 Cd 空位、Te 间隙。如果外部掺杂单独离化或与本征缺陷一起构成复合缺陷，则对 CdTe 的电学性能有影响。最典型的例子就是被认为起受主作用的 V$_{Cd}$-Cl$_{Te}$ 复合缺陷。在单晶 CdTe 中，通过杂质扩散到晶体内已经获得了 $10^{17} \sim 10^{18}$ cm^{-3} 的掺杂浓度。在 CdTe 单晶生长过程中，加入 Ⅲ 族元素 Al、Ga、In 已经获得了 2×10^{18} cm^{-3} 的施主浓度[56]，加入 Ⅴ 族元素也得到了 6×10^{17} cm^{-3} 的受主浓度，Ⅰ 主族元素在单晶 CdTe 中引入浅受主能级，如加入 Na 和 Li 能获得 10^{15} cm^{-3} 的载流子浓度；此外，Ⅰ 副族元素 Au、Ag、Cu 也被成功地用来掺杂 CdTe。对于单晶 CdTe 太阳能电池而言，载流子浓度在 10^{17} cm^{-3} 以上就可以获得很低的串联电阻得到欧姆接触，但是对于多晶材料，情况就复杂多了。因为在多晶材料中，额外的串联电阻不仅有背接触势垒的贡献，还有晶粒间界势垒的贡献。这些势垒的高度不但由杂质、悬挂键的状态决定，还由相邻晶界内部的载流子浓度决定。此外，由于 CdTe 存在 Ⅱ-Ⅵ 族化合物半导体中的自补偿效应，常规技术难以实现重掺杂，载流子浓度一般最高至 10^{15} cm^{-3} 量级，达不到实现欧姆接触需要的量级，不能通过量子隧道效应实现欧姆接触。

要实现 CdTe 较好的背欧姆接触性能，一种方式是在 CdTe 表面沉积一层高掺杂的 p$^+$ 层以减少背接触势垒的影响，p$^+$ 层的掺杂水平越高，势垒区就越薄，这就使得原来的热电子发射输运方式转变为隧道或热辅助隧道输运方式。另外一种方法是在 p-CdTe 和金属背电极之间沉积一层以实现重掺杂的背接触层，从而使 CdTe 费米能级与金属背电极相匹配，由该背接触层与金属之间的量子隧道输运机制实现低电阻接触，这就要求背接触层材料的价带顶相对于真空能级比 CdTe 的低或者基本在同一位置，使界面区不存在阻碍空穴向背电极输运的价带尖峰。

目前常用的背接触材料有以下几种：

1）金

金是研究最多的背接触材料，可以单独用作背接触材料或作为背接触的最后一层。有研究表明，当 Au 单独用作背接触材料时，Cd 扩散出 CdTe 的同时，Au 扩散到 CdTe 的 Cd 空位处，形成了额外的 p 型层；另外一种可能是形成了 $AuTe_x$ 薄层，有助于降低接触势垒。目前最常用的方法是先用化学方法腐蚀 CdTe 薄膜，再蒸发 Au 或 Au-Cu 合金，化学腐蚀形成的富 Te 表面大大降低了接触电阻，Cu/Au 背接触层虽然获得了较低的接触电阻，但它对电池的效率会产生影响并且不稳定。

2）HgTe

HgTe 是一种窄带隙半导体，其功函数为 5.9 eV[57]，该材料的优点是与 CdTe 的晶格失配小（约 0.3%）[58]，并能在整个成分范围内与 CdTe 形成固熔体 $Hg_{1-x}Cd_xTe$。因此，通过互扩散能够消除 CdTe 和 HgTe 价带之间的势垒，这种材料十分适合 CdTe 的背接触材料。这种材料一般应用于单晶 CdTe 的接触，而 Chu 等人[59]将它应用于 CdTe 太阳能电池中获得了 0.4～0.8 Ω·cm 的串联电阻，但重复性较差，在制备过程中容易造成器件短路。

3）掺杂石墨浆

目前，CdTe 太阳能电池转换效率的最高值是用掺杂石墨浆作为背接触来获得的[60]。它是以 HgTe:Cu 掺杂石墨浆涂敷在 CdTe 表面，干燥后在 He 气氛下退火，来实现背接触。在制备过程中 CdTe 与掺杂石墨浆界面会形成 Cu_2Te 和 $Hg_{1-x}Cd_xTe$ 的 p 型高掺杂区，有利于载流子的隧穿。这种背接触材料的优点是可以稳定地获得 70% 以上的填充因子。背接触的性能与 CdTe 的腐蚀过程和背接触的退火温度、时间有十分密切的关系[61]。背接触的退火会影响接触材料在 CdTe 中的扩散程度。这种背接触材料的缺点是制备过程较为复杂，不适合规模化生产。

4）铜

铜背接触是在 CdTe 和 Cu 界面形成重掺杂层来实现背接触。其制备过程为[62]，首先对沉积在 CdTe 表面的 Cu 进行退火处理（使铜扩散），然后用腐蚀液去除表面的单质铜，最后蒸镀电极。这种背接触材料的优点是接触电阻较低，表面电导率较高，对功函数的大小不敏感，因此可以选择便宜的金属作为电极。这种背接触材料的缺点是大量 Cu 的引入会影响电池性能的稳定性。

5）Cu_2Te

用单质 Cu 作背接触的实质是在 CdTe 和金属之间形成了一层 Cu_2Te，美国南弗罗里达大学针对该层进行了研究，他们在 CdTe 表面用溅射沉积了一层 Cu_2Te 薄膜，用来对比

通过热处理形成的 Cu_2Te 层。此方法可以控制元素 Cu 的量，降低结特性随时间的衰减。EDS 成分分析也表明，250℃ 沉积的 Cu_2Te 薄膜化学组分符合分子式，更高温度沉积的薄膜含铜多。背接触特性与 Cu_2Te 的沉积温度、厚度、退火条件有关[63]。Cu_2Te 作为背接触起到两个作用，即背接触和 Cu 扩散源。用 Cu_2Te 薄膜作为背接触层的同时，由于互扩散，Cu 会进入 p-CdTe 成为受主杂质，增加了 CdTe 的掺杂浓度，适度的 Cu 扩散进入 CdTe 有利于提升器件性能，但是过量的 Cu 会导致器件性能的衰退。Ferekidss 等人用 Cu_2Te 作为背接触层制备了 CdTe 多晶薄膜太阳能电池，填充因子达到 69.5%。

6）ZnTe

ZnTe 是一种性能优异的 Ⅱ-Ⅵ 化合物半导体，室温下的直接带隙为 2.26 eV，并且通常因为结构中缺 Zn 而呈现 p 型电导特性，Zn 空位的浓度依赖于 Zn 和 Te 的分压，Te 分压越高则 Zn 空位浓度越高。在采用真空蒸发法制备 ZnTe 薄膜的结构中，Zn 空位的数量强烈依赖于衬底温度，在较低温度下沉积的薄膜有较高的 Te/Zn 比。未掺杂的 ZnTe 薄膜的电阻率高达 $10^5 \sim 10^6 \ \Omega \cdot cm$[64]。为了实现 p 型 ZnTe，Cu、Ag、Au、Li、P、N、Sb 以及 Al 都曾经作为掺杂剂进行研究。其中，Cu 是 ZnTe 最有效的掺杂剂，它能够进入 Zn 空位形成受主中心，代替原来的 V_{Zn}^{++}。Cu^+ 的离子半径（0.96 Å）与 Cd^{2+} 的离子半径（0.95 Å）非常接近，很容易替代 Cd。Cu 的离化能约为 0.15 eV，ZnTe:Cu 薄膜的电阻率与 Cu 的掺杂浓度有关，掺 Cu 越多则薄膜的电导越高。要获得大于 $10^{18} \ cm^{-3}$ 的载流子浓度，掺 Cu 的浓度约为 2% ~ 6%[65]。

理论与实验都表明 ZnTe 与 CdTe 的价带差只有 0.05 eV[66]，这么小的价带偏移导致了在 ZnTe 与 CdTe 界面间存在很低的或者零势垒，载流子很容易穿过，这就是 p-ZnTe 适合于 CdTe 太阳能电池背接触层的主要原因。

Meyers[66, 67] 首先在高阻 CdTe 和金属背接触间使用重掺杂的 ZnTe 作为中间过渡层，利用热蒸发 ZnTe:Cu 实现了 11.2% 的薄膜电池转换效率。Gessert 等人[68] 利用溅射法制备 ZnTe:Cu 薄膜，研究了电导率与衬底温度的关系，发现当衬底温度高于 260℃ 时，电导率大幅度降低。Tang 等人[69] 研究了共蒸发法制备的 ZnTe:Cu 多晶薄膜，发现随着后处理温度的增加，存在反常电导温度现象。

CdTe 和 ZnTe:Cu 的导带之间存在 1.1 eV 的势垒，它能反射向背电极漂移的电子，从而有效增加收集效率，特别是长波收集效率。但是 ZnTe:Cu 与金属之间可能形成反向结，所以 ZnTe:Cu 层必须相对较薄。另外，ZnTe:Cu 中的 Cu 扩散进入 CdTe 会带来不利的影响，因此，在 ZnTe:Cu 和 CdTe 层之间必须引入一层本征的 ZnTe，ZnTe 层能够改进晶格失配，阻止背接触层中掺杂原子或者背电极的金属原子向 CdTe 扩散，堵塞 CdTe 的漏电通道，从而提高 CdTe 太阳能电池的光电转换效率和电池的稳定性。

7）Ni-P

由于 Cu 背接触对 CdTe 电池的稳定性有影响，因此人们开始寻找无 Cu 背接触的材料和方法。无电极沉积方法被普遍用来蒸发 Ni 到金属表面，Ghosh 等人采用此法制备 CdTe 的 Ni-P 背接触层[70]，他们发现 Ni-P 层在 CdTe 上的生长依赖于溶液浓度、pH 值和溶液温度。用 XRD 分析接触界面的微结构，表明存在 NiP、NiTe$_2$、NiP$_2$ 和 P。退火温度对接触特性也有显著影响。最佳退火温度是 250℃，此时 NiP$_2$ 的 XRD 衍射峰最强，因为 NiP$_2$ 的功函数很高，与 Au 相当，因此被认为有利于改善接触特性。而且，退火有助于接触界面的 P 扩散至 CdTe 内，将其掺杂成 p 型，同时辅助形成隧道结。然而退火温度过高，由于生成了 Ni$_3$P 层而会增加串联电阻。P 在其中的作用尚不很清楚，需进一步系统研究，目前用 Ni-P 接触的 CdTe 电池的开路电压和填充因子都还比较小[71]。

7.4　CdS/CdTe 结特性

CdTe 薄膜太阳能电池存在三个主要界面：TCO/CdS 界面、CdS/CdTe 界面和 CdTe/背电极界面。作为 CdTe 薄膜太阳能电池的主要 PN 结，CdS/CdTe 界面耗尽区是 CdTe 薄膜电池光电转换的场所，是整个电池的核心部位。在界面处，立方结构的 CdS 与立方结构的 CdTe 存在 9.7% 的晶格失配，如此高的晶格失配，使得在 CdS/CdTe 界面处存在大量的界面缺陷，与这些界面缺陷相伴而生的是大量的缺陷能级，这些缺陷能级的存在使得光生载流子在界面传输时被俘获，严重降低电池性能。为了减少这些缺陷能级带来的影响，人们利用 CdS 和 CdTe 之间的互扩散特性，使 CdS/CdTe 器件在热处理过程中形成一中间产物 CdS$_x$Te$_{1-x}$[49, 72]，该中间产物能有效降低界面处由于晶格失配带来的大量缺陷能级，同时该中间产物对于器件还有如下影响：

（1）可使 CdTe 表面钝化；

（2）可以作为界面缓冲层，使得 CdTe 与 CdS 的电学界面与合金界面分离，减少了界面缺陷能级的负面影响；

（3）能有效提高载流子的传输特性和电池的转换效率。

适度的 CdS/CdTe 界面扩散是获得高效率 CdS/CdTe 太阳能电池的关键。互扩散是双向过程，Te 向 CdS 中扩散形成了 CdS$_{1-x}$Te$_x$ 三元相，S 向 CdTe 中扩散形成了 CdS$_y$Te$_{1-y}$ 三元相，互扩散程度大小以及扩散深度取决于 CdTe 薄膜的沉积温度和退火温度。除此以外，CdS 层的厚度将由于互扩散而变薄，虽然窗口层变薄可以增加透过率，有利于提高电池效率，但是 CdS 薄膜在 CdTe 沉积及其后处理中的扩散消耗不总是均匀一致，有可能在局部区域出现针孔，使 CdTe 和 TCO 直接接触形成结，其反向饱和电流比 Cds/CdTe 的高，因此将减小电池的并联电阻，影响器件的性能。

7.5 CdTe 太阳能电池器件特性

太阳能电池是一个大面积的 PN 结，因此，太阳能电池的电流—电压方程就是光照下 PN 结的电流—电压方程：

$$J = J_0 \exp \frac{V - JR}{AkT} - J_{sc} + \frac{V}{r}$$

式中，A 为二极管品质因子，J_0 为二极管反向饱和电流，R 为串联电阻，r 为分流电阻[73]。

图 7.4 给出了 CdTe 和 GaAs 太阳能电池[74]的正向特性曲线。由于 CdTe 和 GaAs 的禁带宽度几乎相同，如果它们又都受到了直接复合限制，那么它们就应该有完全相同的开路电压 V_{OC} 和电流—电压特性曲线。但是从图中可以看出两者之间的开路电压相差接近于 200 mV，而在最大功率处的电压差接近 300 mV，这是因为 CdTe 的品质因子为 1.9，而 GaAs 的品质因子仅为 1.0，物理层面的差异在于 CdTe 太阳能电池还有其它电流复合机制存在。在正常工作条件下，这种机制导致 CdTe 太阳能电池的正向电流几乎比 GaAs 大两个数量级，这种情况也就说明通过减小 CdTe 中的复合可以进一步提高器件的开路电压。对应能带图，可以清楚地看到由于大量禁带陷阱的存在，对 CdTe 的低浓度掺杂都会引起复合电流的很大增长。另一方面，低浓度掺杂以及由此引发的电场分布将引起少子输运的减弱，从而引起更为严重的与电压相关的收集效率的改变，引起 J_{mp} 的减小。

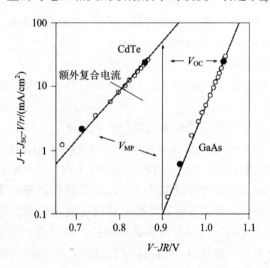

图 7.4 GaAs 与 CdTe 太阳能电池的电流—电压特性比较[74]

图 7.5 给出了背电极接触势垒对能带以及太阳能电池 $J-V$ 曲线的影响。假设两个耗尽区域没有发生重叠，那么这两个二极管可以看做两个独立的电路元件。当把背势垒二极

管的势垒高度设为 0.3 eV 时得到的理论曲线与实验曲线吻合得很好，随着温度的降低，背势垒的影响越来越严重，这种影响在第一象限最为严重，此时 J - V 曲线的形状被称做"翻转"[75-77]。"翻转"程度的大小与制备背接触电极时 Cu 的掺杂量有关，如果 Cu 的掺杂量较少，仅在高温情况下才观察到"翻转"现象，这也就说明背接触势垒较大对器件性能的影响也最为严重[29,78]。

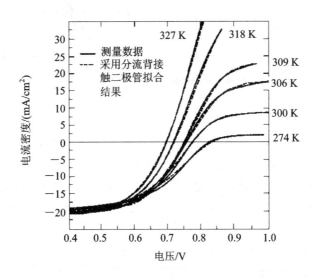

图 7.5　背电极接触势垒对 CdTe 特性的影响[75]

为减小背接触势垒而掺入大量的 Cu 能够抑制"翻转"现象，但是也会引起高温状态下 CdTe 太阳能电池稳定性的减弱。截至目前已经有报道指出当 CdTe 太阳能电池在高温长时间运转时，可观察到明显的性能改变。这些研究通常被称为"应力"实验，首先观察到填充因子的减小，其次是开路电压的减小[75-79]。只有在极端情况下才会引起短路电流的变化。图 7.6 给出了 NREL 制备的 CdTe 太阳能电池在应力前以及在 100℃ 开路状态下不同时间间隔的性能测试结果。器件的暗电流曲线显示出随着温度应力的增加，"翻转"现象越来越严重。随着温度的降低或者随着开路状态下应力时间的延长，"翻转"现象均呈现增长的趋势。这是因为当测试温度降低时，受主浓度有所减小，背势垒的影响更为严重。如图 7.6 所示，应力状态下器件性能的改变类似于 CdTe 吸收层中载流子浓度的减少。但是器件在短路状态或者最大功率状态下的应力研究却表明器件性能的退化要比开路状态小得多。这是因为当器件处于正向偏置时，电池内部电场的减小引起 Cu 原子从背接触区域溢出，从而对器件性能产生两个方面的影响：一方面引起背势垒高度的增加，类似于无 Cu 的情况；另一方面由于 Cu 向 PN 结方向的移动引起器件性能的退化。然而，对于 Cu 是否会增加 CdTe 中的复合中心尚无定论。

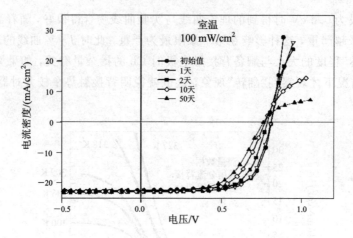

图 7.6　CdTe 太阳能电池 100℃高温下的特性变化[79]

在光子到达 CdTe 太阳能电池的吸收层之前就会有大量损耗存在，而对光子的不完全吸收致使光子穿过吸收层又会再次引起光子的损耗，通过对太阳能电池各层反射和吸收的分别测量就能够计算出量子效率。图 7.7 表示出了 CdTe 太阳能电池中引起 J_{sc} 减小的几种影响较大的机制。

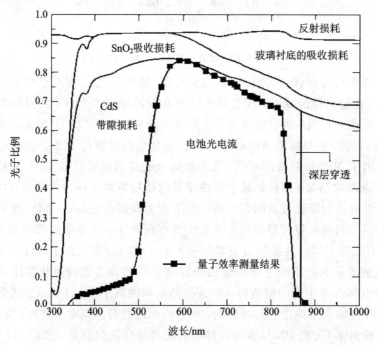

图 7.7　CdTe 太阳能电池光子损耗和量子效率随波长的变化[79]

我们知道，根据测量得到的外量子效率乘以光谱（单位为光子$/cm^2/nm$），并在整个波长范围内进行积分，最后再乘以电子电量就得到了 J_{SC}。当禁带宽度 $E_g = 1.5$ eV 时，最大电流密度约为 30.5 mA/cm^2。图 7.7 中所示的光学区域是由于太阳能电池对光线的反射、玻璃衬底的吸收、SnO_2 前电极的吸收以及由于 CdS 窗口层对 500 nm 以下光线的吸收所造成的损耗。而接近禁带宽度区域的损耗则是由于光子穿过整个太阳能电池所引起。对这些损耗曲线进行积分就得到了每种机制所造成损耗的电流密度。这些损耗都在图中空白区域标注了出来，所有损耗部分之和就等于电流密度实际测量值与最大值之间的差异[80]。依据这些计算结果，也可以看出通过减小 CdS 窗口层的厚度可以使电流密度有较大的增加，而通过改换玻璃衬底类型或者优化 SnO_2 工艺流程都会使电流密度有所改善，仅通过增加抗反射膜或者更好地收集深层穿透的光子对电流密度的作用微乎其微。

通过对太阳能电池电容的测试可以获得有关禁带中陷阱态的信息，也表示出吸收层中载流子密度的分布情况[81]。图 7.8(a) 给出了 CdTe 太阳能电池在 0 V、−1 V 和 −3 V 偏

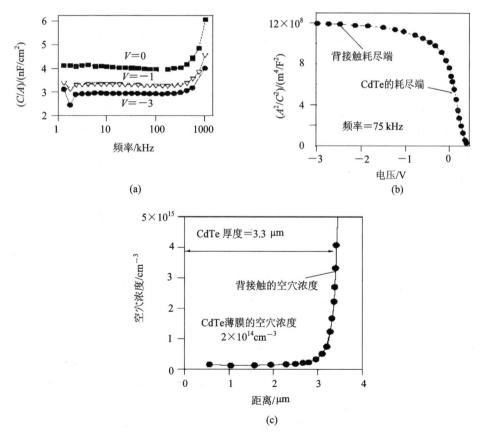

图 7.8 CdTe 太阳能电池的 C-V 测试结果

置下的电容测试结果。电容相对较小，这是因为载流子浓度较低而耗尽宽度较大的原因。较大的耗尽宽度说明大部分光子都会在这个区域内被吸收，因此光电流并不会随电压改变而发生明显的变化[82]。当频率在三个数量级范围内变化时电容几乎保持不变，说明陷阱对器件的影响并不大，在高频情况下曲线的上翘是因为电路自感应现象。

图 7.8(b)是在 75 Hz 频率下得到的电容—电压测试结果。其中纵轴(C^{-2})正比于耗尽宽度 w 的平方(在给定电压下，$C/A = \varepsilon/w$)。曲线斜率反比于耗尽区边界处的载流子密度。在这种情况下就存在两个不同的区域：反偏时，C^{-2} 和耗尽区的宽度随电压变化改变不大；当电压接近零偏或者正偏时，耗尽区宽度明显减小。

图 7.8(c)给出了空穴密度随耗尽宽度(距离结的长度)的变化趋势。此时两个区域的变化就更为清楚。位于 CdTe 3 μm 处，空穴浓度很低(约为 10^{14} 量级)，继而迅速增加，这是因为 CdTe 层的厚度恰好为 3 μm，当耗尽区进入背接触区域时就引起该处空穴浓度的快速增加。

7.6　CdTe 太阳能电池的发展前景

与其它太阳能电池相比较，CdTe 薄膜太阳能电池具有较低的制造成本，这是由结构、原材料及制造工艺等方面决定的。首先，CdTe 薄膜电池是在玻璃或其它柔性衬底上依次沉积多层薄膜而形成的光伏器件。与其它太阳能电池相比，CdTe 太阳能电池结构比较简单，简单的结构大大缩短了生产时间，使制造成本明显下降。据美国 First Solar 公司数据显示，碲化镉薄膜太阳能电池组件的全流程生产时间小于 2.5 小时。其次，碲化镉的吸收系数在可见光范围高达 10^5 cm^{-1}(高于硅材料 100 倍)，太阳光中有 99% 的能量高于碲化镉禁带宽度的光子可在 2 μm 厚的吸收层内被吸收，因此碲化镉薄膜太阳能电池理论上吸收层厚度在几微米左右，原材料消耗极少，故碲化镉电池制造成本较低。最后，碲化镉属于简单的二元化合物系统，易于生产单相材料，制备方法容易实施，有效降低了制造成本。目前已有 10 种以上的技术可制备转换效率 10% 以上的碲化镉小面积电池，其中已有 5 种技术用于产业化生产，特别是近距离升华和气相输运沉积技术，具备沉积速度高(3～10 nm/min)、膜质好、晶粒大、原材料利用率高(高于 85%)等优点，特别适合大规模生产。

与晶硅、砷化镓等其它类型的太阳能电池相比，碲化镉薄膜太阳能电池具有最高的理论光电转换效率即 30%。从实验室的研究结果来看，碲化镉薄膜电池的实验室转换效率已经不断接近晶体硅太阳能电池。2013 年 9 月，经美国能源部下属国家可再生能源实验室(NREL)验证，美国 First Solar 公司碲化镉薄膜太阳能电池转换效率达到 18.7%，总面积组件效率达到 16.1%，均创下新的世界纪录。从商业化产品的转换效率来看，在各类薄膜太阳能电池中，量产碲化镉薄膜电池的最高转换效率仅次于铜铟镓硒薄膜电池。目前，全球量产薄膜太阳能电池的平均转换效率约为 10%，其中，量产 CIGS、CdTe 及非晶硅/微晶硅薄膜太阳能电池组件的最高转换效率分别为 15.5%、13.1% 和 9.8%。

有实验表明，当组件温度上升时，所有太阳能电池均会出现性能退化。这主要是由于太阳能电池开路电压的下降，可用温度系数来衡量太阳能电池性能退化的大小。温度系数是指太阳能电池组件输出功率随工作温度升高而变化的速率。一般而言，晶体硅太阳能电池组件的温度系数为 $-0.45\%/℃ \sim -0.5\%/℃$，即组件温度每升高 1℃，太阳能电池组件的输出功率降低 $0.45\% \sim 0.5\%$。而碲化镉薄膜太阳能电池组件的温度系数约为 $-0.25\%/℃$，比晶体硅太阳能电池低一半左右，较低的温度系数意味着碲化镉薄膜电池组件的输出功率更不易受气温影响，也就代表着碲化镉薄膜电池在更高温度下能提供更多的能量，所以更适合于高温、沙漠以及潮湿地区等严苛的应用环境。美国 First Solar 公司实验数据显示，当电池组件温度低于 25℃ 时，多晶硅太阳能电池组件的性能表现（用直流电源输出功率与在标准测试条件下的额定功率之比来表示）要优于碲化镉太阳能电池组件；当电池组件温度高于 25℃ 时，碲化镉太阳能电池组件的性能表现要优于多晶硅电池。例如，在电池组件温度达到 65℃（比标准温度高 40℃）时，传统晶硅太阳能电池组件的输出功率减少了 20%，而 First Solar 公司碲化镉薄膜太阳能电池组件仅减少约 10%，这就意味着在炎热的夏天或者高温地区，碲化镉太阳能电池的实际发电量比晶硅太阳能电池要高。

碲化镉薄膜电池的弱光效应是其较晶硅电池的另一大显著优势。由于碲化镉薄膜电池的光谱响应范围较宽，因此对弱光的敏感度高，具有较好的弱光效应，使其无论在清晨、傍晚还是阴云雨天等弱光环境下都能发电。因此，碲化镉薄膜电池每天具有比晶硅长得多的发电时间，其实际发电量要高于晶硅电池，这就补足了其发光效率相对较低的不足。

大量的研究表明，碲化镉薄膜电池组件是环境友好产品。CdTe 不同于有毒元素镉，是稳定的化合物，能被安全使用。CdTe 薄膜组件中 CdTe 用量很小，1 MW 碲化镉组件仅需约 250 kg 的碲化镉。CdTe 被密封在两块玻璃之间，常温下没有镉的释放。即使在 1100℃ 的高温下，根据美国 Brookhaven 国家实验室（BNL）报告，99.96% 的 CdTe 都被熔化的两块玻璃封住而没有泄漏。与其它几种太阳能电池及其它能源相比较，在碲化镉太阳能电池组件制备和使用全寿命周期内，总的镉排放量最低。欧洲 PV Accept Project 报告显示，碲化镉薄膜电池的能量回收期仅为 10.8 个月，美国 First Solar 公司的实践也证明其为 10 个月，而晶体硅电池的能量回收期则为 2.5～3 年。碲化镉薄膜电池组件生产厂商回收废旧碲化镉组件，并应用已开发的废旧组件再利用技术，可重新利用其中的主要原材料，这样既可加强环保又可逐步实现循环经济的发展模式。2011 年，欧盟已经豁免了 RoHS（《关于限制在电子电器设备中使用某些有害成分的指令》）的要求，大量碲化镉电池组件已经广泛应用于德国、西班牙、意大利等一些欧盟国家。

虽然碲化镉薄膜太阳能电池具有工艺简单、易规模化生产、性能稳定、成本低、效率高等优势，但也面临着以下几个方面的突出问题：

首先是改进电池的背电极。如何选择合适的材料或结构来制备稳定、低串联电阻的背结是 CdTe 太阳能电池的一个主要研究方向。由于 CdTe 的电子亲和势为 4.3 eV，室温下禁带宽度为 1.5 eV，通常使用的高功函数导电材料，如 Au、Ni、C 等，仍难以和 p-CdTe 形成良好的欧姆接触，这成为目前制备的 CdTe 太阳能电池的主要性能参数如短路电流、开路电压、填充因子和转换效率与理论预期值相比有较大差距的主要原因之一。由于 Cu 能够替代 CdTe 中的 Cd 原子形成 CuCd 的替位缺陷，使其作为受主杂质增加 p-CdTe 的掺杂浓度，并且它能够有效改善 CdTe 层与背电极间的接触以形成准欧姆接触。因此被广泛用于制备高效的 CdTe 太阳能电池中。目前 CdTe 电池的背接触材料中，大部分是含有 Cu 或者 Cu 的化合物，如 Cu、Cu_2Te、ZnTe:Cu 等。但研究发现在背接触层中 Cu 含量过多将导致整个电池性能的退化，因而有效控制 Cu 含量是制备这类背接触材料的关键。

其次是 CdS/CdTe 界面作用机理问题，能否充分掌握该机理问题对提高效率起着关键作用。CdS/CdTe 界面的质量直接影响电池的性能参数。CdS/CdTe 界面的扩散与衬底的温度和 $CdCl_2$ 处理有关系。NREL 的 Moutinho 等人发现，用 $CdCl_2$ 在合适的温度、时间下处理使用 PVD 方法沉积的 CdTe 可以很好地实现重结晶，在优化处理后，多晶薄膜很好地实现重结晶和晶粒的生长，而且进一步降低了材料的应力。同时，$CdCl_2$ 的处理还进一步减少了禁带中杂质能级的数量，对提高太阳能电池的性能也起到了重要作用。此外，$CdCl_2$ 热处理除了可以提高 CdS 的结晶性，还可以防止界面的氧化，并促进 CdS/CdTe 界面扩散和 CdS_xTe_{1-x} 的形成。关于 $CdCl_2$ 热处理中 CdS/CdTe 界面扩散过程以及对电池效率的影响有待深入研究。

最后，从原材料的稀缺性角度考虑，碲(Te)的天然蕴藏量有限将会制约碲化镉薄膜太阳能电池的长期发展。碲是一种银白色稀有金属元素，主要伴生于铜、铅、锌等金属矿产中，广泛应用于冶金、电子、化学、玻璃等产业领域。工业上，碲主要是从电解铜或冶炼锌的废料中回收得到的。目前，国内外对全球碲的地质储量估计不一。据美国地质调查局(USGS)数据显示，全球碲的储量仅为 2.4 万吨左右，主要分布在美国、秘鲁、加拿大等国家和地区。我国国内相关报道认为，全球碲的地质储量为 14.9 万吨，如果按照制造 1 MW 薄膜太阳能电池组件约需 130~140 kg 碲来测算，那么根据碲的储量(2.4~14.9 万吨)，地球上的碲资源可以供 100 个年生产能力为 100 MW 的生产线用 17~115 年。因此，乐观看来，全球碲资源储量是可以满足生产需求的。但如果从经济层面考虑，碲原料价格的不断上涨却成为碲化镉电池产业发展的一大桎梏。2000 年，碲原料价格每千克仅为 34.4 美元，但随着碲化镉薄膜电池产业的快速发展，碲原料的价格不断攀升，2011 年全球碲原料平均市场价格为每千克 349 美元。随着碲化镉电池的产能不断扩大，这种稀缺性原材料碲的市场价格必然会迅速上涨，继而导致碲化镉薄膜电池的生产成本不断增加，电池的经济性也将随之降低。

本章参考文献

[1] Frerichs R. Rev. , 1947, 72: 594 – 601.

[2] Bonnet D, et al. Conf. Rec. 9th IEEE photovoltaic specialist conf. , 1972, 129 – 132.

[3] Loferski J. J. Appl. Phys. , 1956, 27: 777 – 784.

[4] Rappaport P. RCA Rev. , 1959, 20: 373 – 397.

[5] Mimilya-Arroyo J, et al. Sol. Energy Mater. , 1979, 1: 171.

[6] Cohen-Solal G, et al. Conf. Rec. 4th ECPVSC, 1982, 621 – 626.

[7] Fahrenbruch A. Fundamentals of Sol. Cells. Academic Press, 1983.

[8] Ponpon J, et al. Rev. Phys. Appl. , 1997, 12: 427 – 431.

[9] Mitchell K, et al. J. Appl. Phys. , 1977, 48: 829 – 830.

[10] Nakazawa T, et al. Appl. Phys. Lett. , 1987, 50: 279 – 280.

[11] Muller R, et al. J. Appl. Phys. , 1964, 35: 1550 – 1556.

[12] Dutton R, Phys. Rev. 1958, 112: 785 – 792.

[13] Adirovich E, et al. Sov. Phys. Semicond. , 1969, 3: 61 – 65.

[14] Phillips J, et al. Phys. Status Solidi B, 1996, 194: 31 – 39.

[15] Tyan Y S, et al. 16th IEEE Photovoltaic Specialist Conf. , 1982, 794 – 798.

[16] Ferekides C, et al. 23rd IEEE Photovoltaic Specialist Conf. , 1993, 389 – 392.

[17] Wu X, et al. 17th European Photovoltaic Sol. Energy Conf, II, 2001, 995 – 999.

[18] Suyama N, et al. Conf Rec. 21st IEEE photovoltaic Specialist Conf. , 1990, 498 – 503.

[19] Basol B. Conf Rec. 21st IEEE photovoltaic Specialist Conf. , 1990, 588 – 594.

[20] Tyan Y, et al. Pro. 16th IEEE photovoltaic Specialist Conf. , 1982, 794 – 800.

[21] Meyers P, et al. U. S. Patent, 4, 710, 589 (1987).

[22] Birkmire R. Proceeding polycrystalline thin film program meeting, 1989, 77 – 80.

[23] Wu X J, et al. Appl. Phys. 2001, 89: 4564 – 4569.

[24] Mccandless B, et al. Conf Rec. 25th IEEE photovoltaic Specialist Conf. , 1996, 781 – 785.

[25] Wu X, et al. Conf Rec. 17th European Photovoltaic Solar Energy Conversion, 2001, 995 – 1000.

[26] Mitchell K, et al. J. Appl. Phys. , 1977, 48: 829 – 830.

[27] Ferekides C S, et al. Sol. Energy Mater. Sol. Cells, 1994, 35: 255 – 260.

[28] McCandless B E, et al. Proceedings of 22nd IEEE PVSC, 1991, 967 – 971.

[29] Zhou J, et al. Mater Res. Soc. Symposium Proc. , 2007, 1012: Y13 – 03.

[30] Dugan K M. Masters Thesis. University of South Florida, 1995.

[31] Romeo N, et al. Proceedings of Third World Conf. on Photovoltaic Energy Conversion, 2003, 1: 469–472.

[32] Ferekids C, et al. Proceedings of AIP Conf. , 1995, 353: 39–44.

[33] Romeo A, et al. Sol. Energy Mater. Sol. Cells, 2001, 67: 311–316.

[34] Barker J, et al. Int J. Sol. Energy, 1992, 12: 79–94.

[35] Ferekides C S, et al. Sol. Energy, 2004, 77: 823–827.

[36] Chang Y J, et al. Surf. Interface Anal, 2005, 37: 398–405.

[37] George P J, et al. Appl. Phys. Lett. , 1995, 66: 3624–3626.

[38] Santos Cruz J, et al. Thin solid films, 2010, 518: 1791–1795.

[39] Matsumoto H, et al. Jan. J. Appl. Phys. , 1983, 22: 1832–1836.

[40] Rose D H. the 25th Photovoltaic Specialists Conference, 1996, 777–780.

[41] Chu T L, et al. Appl. Phys, 1985, 58: 1349–1355.

[42] Jun Y K, et al. J. Electrochem. Soc. , 1988, 135: 1658–1661.

[43] Albright S P, et al. IEEE Trans. Electron Devices, 1990, 37: 434–437.

[44] Chu T L, et al. J. Appl. Phys. , 1992, 71: 3870–3876.

[45] Basol B M, et al. J. Appl. Phys. , 1985, 58: 3809–3813.

[46] Panicker M, et al. J. Electrochem. Soc. 1978, 125: 566–572.

[47] Morris G C, et al. 23rd IEEE Photovoltaic Specialist Conf. , 1993, 469–472.

[48] Song W, et al. 26th Photovoltaic Specialists Conference, 1996, 873–876.

[49] Mccandless B E, et al. Progress in photovoltaics: Research and Applications, 1997, 5: 249–260.

[50] Paulson P D, et al. Thin Solid Films, 2000, 37: 299–303.

[51] Moutinho H, et al. J. Vac. Sci. Technol. , 1998, 16: 1251–1255.

[52] Jahn U, et al. J. Appl. Phys. , 2001, 90: 2553–2558.

[53] Bosio A. Prog. Cryst. Growth Charact. Mater. , 2006, 52: 247–279.

[54] Romeo N, et al. Proceedings of 3rd World Conference on Photovoltaic Energy Conversion 2003, 469–470.

[55] Kim H, et al. J. Appl. Phys. , 1993, 25: 2673–2679.

[56] Fahrenbruch A L. Solar Cells, 1987, 21: 399–412.

[57] Janik E, et al. J. Phys. D: Appl. Phys, 1983, 16: 2333–2337.

[58] Asa G, et al. J. Appl. Phys. , 1995, 77: 4417–4424.

[59] Chu T L, et al. 20th IEEE Photovoltaic Spec. Conf. , 1988, 1422.

[60] Wu X, et al. Solar Energy, 2004, 77: 803–814.

[61] Britt J, et al. Appl. Phy. Lett. , 1983, 62: 285.

[62] McCandless B E, et al. IEEE First World Conf. Photovoltaic Energy, Conf. , 1994, 107.

[63] Viswanathan V. RF sputtered back contacts for CdTe/CdS thin film solar cells. Master thesis. Univ. of South Florida, 1997.

[64] Tang Jian. Study of back contact formation on CdTe/CdS thin film solar cells. Ph. D. thesis. Colorado School of Mines, 2000.

[65] Gessert T A, et al. J. Vac. Sci. Technol. , 1996, 14: 806 – 812.

[66] Mayers P V. Polycrystalline Cadmium Telluride n-i-p Solar Cell, Final Report to SERI under Subcontract No. ZL-7-06031-2, 1990.

[67] Meyers P V. Polycrystalline thin-film, Cadmium Telluride solar cells fabricated by electrodeposition cells, Final Report to SERI under Subcontract No. ZL-7-06031-2, 1988.

[68] Gessert T A, et al. 26th IEEE Photovoltaic Spec. Conf. , 1997, 419.

[69] Tang J, et al. 25th IEEE Photovoltaic Spec. Conf. , 1996, 925.

[70] Ghosh B, et al. Semicond. Sci. Tech. , 1995, 10: 71 – 76.

[71] Miles R W, et al. J. Cry. Growth, 1996, 161: 148.

[72] Herndon M, et al. Appl. Phys. Lett, 1999, 75: 3503.

[73] Sites J, et al. Sol. Cells, 1989, 27: 411 – 417.

[74] Kurtz S, et al. 23rd IEEE Photovoltaic specialist Conf. , 1990, 138 – 140.

[75] Stollwerck G, et al. Con. Rec. 13th European Photovoltaic Solar Energy Conversion, 1995, 2020 – 2022.

[76] Niemegeers A, et al. J. Appl. Phys. , 1997, 81: 2881 – 1886.

[77] McCandless B, et al. Conf. Rec. 2nd WCPVSEC, 1998, 448 – 452.

[78] Fahrenbruch A. Sol. Cells, 1987, 21: 399 – 412.

[79] Hegedus S. Conf. Rec. 28th IEEE Photovoltaic specialist Conf. , 2000, 535 – 538.

[80] Hulstrom R, et al. Sol. Cell, 1985, 15: 365.

[81] Mauk P, et al. IEEE Trans. Electron Dev. , 1990, 37: 1065 – 1068.

[82] Liu X, et al. J. Appl. Phys. , 1995, 75: 577 – 581.

第八章 染料敏化太阳能电池

8.1 引 言

染料敏化太阳能电池(DSSC)的主要组成部分包含染料、半导体电极、电解质层与对电极层。和之前介绍的基于半导体 PN 结的太阳能光伏电池不同，染料敏化太阳能电池中的染料分子吸附在制备有纳米结构的阳极上作为感光层，感光层就如同植物叶绿素一样能够充分吸收太阳光进行反应。染料分子吸收光能后产生的电子能够迅速被纳米结构的电极收集并传输至外电路，电解质层在感光层与对电极层之间帮助电子传导，使反应能够顺利进行。

由于 DSSC 技术采用了和半导体 PN 结太阳能光伏电池完全不同的结构和光电转化原理，其原料成本和制备工艺成本大大下降，仅为硅电池的 1/10 或更低，而且该技术采用的制作工艺相对简单，能耗低，污染小，对环境友好。此外，染料敏化电池还有其它方面的优势，如对光照条件要求不高，即便在阳光不太充足的室内也可以使用。DSSC 的另一个优点是性能相对温度变化极度不敏感，如在自然的太阳光照射环境下，电池的温度很容易达到 60℃，而温度从 20℃上升到 60℃，DSSC 的光电转换效率基本没有变化，但传统的硅电池则会下降 20％。此外，如果用塑料、金属板等柔性基板替代玻璃，即可制成可弯曲的柔性电池。近年来报道的柔性纤维态染料敏化太阳能光伏电池，由于采用纤维态基底，电池柔性空间进一步提高，同时，由于此类电池成本较低，无毒，绿色环保，向实用化又迈进了一步。另外，将电池做成显示器，则可一边发电，一边发光，实现能源自给自足。以上这些特点使得染料敏化太阳能电池表现出强大的商业应用价值和潜在的竞争力，成为太阳能电池技术领域研究的热点之一。

染料的光伏效应可以追溯到 19 世纪，也就是在 Bequerel 发现溶液中电极的光伏现象半个世纪后的 1839 年[1]。维也纳大学物理化学实验室的 Movser 博士首次报道了染料敏化的光电效应[2]，这个结果很快被研究照相的科学家应用，并最终实现了彩色照相。直到 100 年后，人们才开始研究染料敏化的光电效应在太阳能转化中的应用。20 世纪 60 年代，人们开始研究单晶半导体在染料溶液中的光电效应。研究表明，只有直接吸附在半导体表面的染料分子能够产生光伏效应，因为厚膜会阻碍电子从激发态染料转移到半导体，紧密堆积在表面的单层分子最有利于光电产生，但是由于单晶半导体表面的单层分子染料的光吸收效率非常低，所以这种光电装置的转换效率非常低（不到 0.5%），而且光稳定性差。染料敏化单晶半导体的低光电转换效率一直困扰着人们，也限制了染料敏化半导体在太阳能转换中的应用。该领域里出现的第一次突破是在 1976 年，当时 Tshubomura 等用多孔的多晶 ZnO 代替单晶半导体，染料敏化剂是 Rose Bengal[3]。与单晶结构相比，多晶 ZnO 膜的表面积大大增加了，使表面吸附的单分子层染料对光的吸收显著增大，因此光电转换效率达到了 1.5%，比基于单晶 ZnO 的电极高一个数量级。Tshubomura 等还发现在染料敏化太阳能电池中使用 I^-/I_3^- 优于其它氧化还原电解质。到了 20 世纪 80 年代中期，Gralzel 研究组已经成为染料敏化太阳能电池研究领域的一支主要力量，他们在导电玻璃上制备了价廉安全的 TiO_2 纳米晶膜电极，这种电极的比表面积非常大，粗糙度可以达到 1000，如果染料吸附在这种膜的表面，可以非常有效地吸收入射光线。1991 年，Graetzel 教授利用 TiO_2 材料制成的新型染料敏化太阳能电池的转换效率为 8%[4]；1997 年，Graetzel 团队利用改良的 Ru 染料，使转换效率提高到 10%[5]。自从染料敏化太阳能光伏电池 DSSC 在瑞士联邦理工大学的研究取得突破以来，DSSC 的研究引起了极大关注，专利公布生效开始即有澳大利亚、瑞士和德国等 7 家公司购买了专利使用权，并投入人力、物力进行实用化和产业化研究。1992—1999 年，以德国光伏研究所（INAP）和澳大利亚 STA 公司为代表的研究机构进行了产业化前期的探索性研究。其中澳大利亚 STA 公司在 2002 年 10 月完成并建立了迄今为止独一无二的面积为 200 m^2 的 DSSC 展示屋顶，体现了未来工业化的前景；瑞士 EPFL、欧盟 ECN 研究所、日本夏普公司和东京科学大学 Arakawa 等在面积大于 1 cm^2 条状电池上取得了与小电池相当的效率，日本夏普公司报道了光电转换效率达到 6.13% 的 DSSC 组件。

日本岐阜大学（Gifu University）开发的基于二氢吲哚类有机染料敏化电沉积纳米氧化锌薄膜的塑性彩色电池效率达到了 5.16%[6]，日本桐荫横滨大学等开发的基于低温 TiO_2 电极制备技术的全柔性 DSSC 效率超过了 6%[7]。日本 Peccell Technologies 公司开发成功了约 12 cm×12 cm，输出电压 4 V 以上，输出电流 0.11 A 以上的基于聚合物柔性衬底的 DSSC，据称其效率达到了 4.13%～5.12%。瑞士 Leclanche S1A（Swiss）、Solaronix（Swiss）和 Greatcell 公司都在开发实用化的室内外产品。美国 Konarka 高技术公司在 2002 年投资数百万美元，对以透明导电高分子等柔性薄膜为衬底和电极的染料电池进行了实用化和产业化的研究，该项研究是基于美国军队对柔性和移动性较好的能源转换的应用要求，得到了美国军方的大力支持。美国 GE 公司也在 2000 年组织和实施 DSSC 电池项目，并建立了具备一定规模的研究队伍。对国内外的授权专利查询结果显示，目前在国际上获得授权的有关 DSSC 的发明专利已达 1659 项，主要分布在日本的夏普、富士、日立，韩国的三星以及欧美的一些公司里，涵盖工程、化学等领域，但由于电池内阻、材料间界面等问题，目前实际生产的 DSSC 效率仅为 5%～6%。

8.2　DSSC 器件结构

染料敏化太阳能光伏电池主要是由导电基底材料(透明导电电极)、纳米多孔半导体薄膜、染料光敏化剂、电解质和对电极构成的。在透明导电基底上制备一层纳米多孔半导体薄膜，然后再将染料分子吸附在多孔膜的表面，这样就构成了工作电极，通常称为光阳极。由于光阳极输出的是电子，从电源的角度看，光阳极其实是电源的负极，对电极才是电源的正极。对电极一般是镀有一层铂的导电薄膜，当然也可以用碳或其它金属代替铂，不过电池转换效果最好的还是铂。

8.2.1　导电基底材料

目前一般采用透明导电玻璃作为导电电极。TCO 就是在普通的玻璃上镀一层掺 F(或 Sb)的 SnO_2 透明导电薄膜，也可以是氧化铟锡(ITO)。一般要求 TCO 的方块电阻为 5 $\Omega/\square$，透光率一般要在 85% 以上。其作用是用于制备光阳极和光阴极的衬底，收集和传输从光阳极传输过来的电子，再通过回路传输到光阴极并将电子提供给电解质中的电子受体。

8.2.2　纳米多孔半导体薄膜

由纳米晶粒薄膜、纳米介孔薄膜、纳米复合膜层以及纳米线结构形成的光阳极部分是 DSSC 的主要部分。除了 TiO_2 以外，适用于光阳极的半导体材料还有 ZnO、Nb_2O_5、WO_3、Ta_2O_5、CdS、Fe_2O_3 和 SnO_2 等。其中由于 ZnO 具有来源比较丰富、成本较低、制备简便等优点，因此在染料敏化太阳能电池中也有应用，特别是近年来在柔性染料敏化太阳能电池中的应用取得了较大进展。

制备半导体薄膜的方法主要有化学气相沉积、粉末烧结、水热反应、RF 射频溅射、等离子体喷涂、丝网印刷和胶体涂膜等。目前，制备纳米 TiO_2 多孔薄膜的主要方法是溶胶—凝胶法。制备染料敏化太阳能电池的纳米半导体薄膜一般应具有以下显著特征：

(1) 具有大的比表面积，使其能够有效地吸附单分子层染料，更好地利用太阳光；

(2) 纳米颗粒和导电基底以及纳米半导体颗粒之间应有很好的电学接触，使载流子在其中能有效地传输，保证大面积薄膜的导电性；

(3) 电解质中的氧化还原电对(一般为 I_3^-/I^-)能够渗透到纳米半导体薄膜内部，使氧化态染料能有效地再生。

8.2.3　染料光敏化剂

染料分子是染料敏化太阳能电池光吸收的关键，应用于染料敏化太阳能电池的染料光敏化剂一般应具备以下条件：

(1) 对可见光具有很好的吸收特性，即能吸收大部分或者全部的入射光，其吸收光谱尽量与发射光谱相匹配。

(2) 能紧密吸附在 TiO_2 表面，即能快速达到吸附平衡，且不易脱落。染料分子中一般应含有易于纳米半导体表面结合的基因。如 $-COOH$、$-SO_3H$、$-PO_3H$。研究表明（以羧酸联吡啶钌染料为例），染料上的羧基与 TiO_2 膜上的羟基结合生成了酯，从而增强了 TiO_2 导带 3d 轨道和染料 n 轨道电子的耦合，使电子转移更为容易。

(3) 其氧化态和激发态要有较高的稳定性和活性，激发态寿命足够长，且具有很高的电荷传输效率。

(4) 具有足够负的激发态氧化还原电势，保证染料激发态电子能够注入二氧化钛导带，在氧化还原过程（包括基态和激发态）中要有相对低的势垒，以便在初级和次级电子转移过程中的自由能损失最小。

经过 20 多年的研究，人们发现卟啉和第Ⅷ族的 Os 与 Ru 等多吡啶配合物能很好地满足以上要求，后者尤其以多吡啶配合物的光敏化性能最好。

8.2.4 电解质

电解质体系的主要功能是复原染料和传输电荷，通过改变 TiO_2 光阳极、敏化染料以及氧化还原对的能级，由此改善在 DSSC 中的载流子输运动力学行为，从而实现最大的光生电压。目前，液体电解质中广泛使用的氧化还原对是 I^-/I_3^-，选择合适的电解质使得 I^-/I_3^- 能够高效地输运电荷对改善电池的性能有着重大的意义。

8.2.5 对电极

对电极又称光阴极或反电极，一般是由镀铂催化剂的导电玻璃构成的，其作用是收集从光阳极经外回路传输过来的电子并将电子传递给电解质中的电子受体使其还原再生完成闭合回路。对电极除了收集电子外，铂催化剂还能使电极/电解液界面上的电荷迁移快速高效地进行，减小 I_3^- 与 TiO_2 导带中电子发生复合的概率，抑制暗电流，提高电池的开路电压。除了铂以外，金、镍、碳、某些导电的聚合物以及无机氧化物也可作为 DSSC 的催化剂使用。由于催化剂的材料、表面状况、制备方法以及基底材料都会对对电极的催化性能产生很大的影响，因此制备高催化活性的对电极成为未来 DSSC 研究的重要内容。

8.3 DSSC 器件的工作原理

染料敏化太阳能电池主要是由光阳极、液态电解质和光阴极组成的三明治结构（如图

8.1 所示）。它的工作原理与叶绿体中光合膜的光合作用极其类似，图 8.2 为光合膜发生光合作用的原理图。光子对光合膜作用的结果实质是光合膜内外造一个电场，电子由光合膜内传送到光合膜外，在膜内留下了空穴，在光子作用下电子运动构成了内外电流。

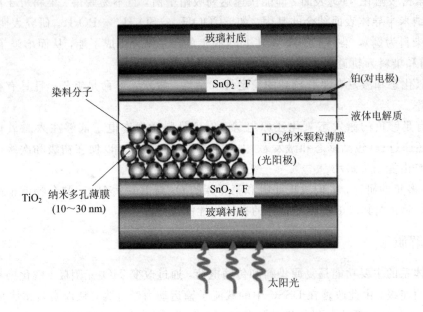

图 8.1　染料敏化太阳能电池结构示意图

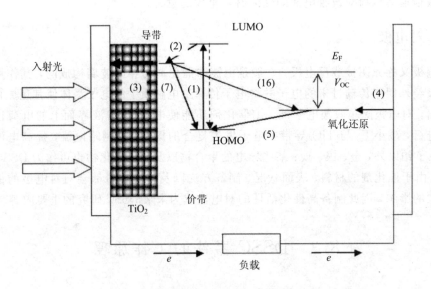

图 8.2　染料敏化太阳能电池工作原理示意图

DSSC 产生光电流的过程如下：

（1）染料分子吸收太阳光后从基态（D）跃迁到激发态（D*），电子从最高已占据分子轨道（HOMO）跃迁到最低未占据分子轨道（LUMO）：

$$D + h \rightarrow D^*$$

（2）处于激发态的染料分子将电子注入到纳米氧化钛半导体的导带中（电子注入速率常数为 k_{inj}）

$$D^* \rightarrow D^+ + e^-(CB)$$

（3）导带（Conduction Band，CB）中的电子在纳米晶网络中传输到后接触面（Back Contact，BC），然后流入到外电路中：

$$e^-(CB) \rightarrow e^-(BC)$$

（4）电子和 I_3^- 离子结合生成 I^- 离子，相当于电子进入电解液：

$$I_3^- + 2e^-(CE) \rightarrow 3I^-$$

（5）I^- 离子还原氧化态染料使染料得到再生：

$$3I^- + 2D^+ \rightarrow I_3^- + D$$

（6）在纳米晶膜中传输的电子在表面上与进入二氧化钛薄膜孔洞中的 I_3^- 离子复合（主要的暗电流通道，速率常数用 k_{et} 表示）：

$$I_3^- + 2e^-(CB) \rightarrow 3I^-$$

（7）半导体导带中的电子与处于氧化态的染料之间的复合（次要的暗电流通道，电子回传速率常数为 k_b）：

$$D^+ + e^-(CB) \rightarrow D$$

染料激发态的寿命越长，越有利于电子的注入，当激发态的电子寿命太短时，处于激发态的分子有可能来不及将电子注入到半导体的导带中就已经通过非辐射衰减而跃迁到基态。（2）、（7）两步是决定电子注入效率的关键步骤。电子注入速率常数（k_{inj}）与逆反应速率常数（k_b）之比越大（一般大于 3 个数量级），电荷复合的机会越小，电子注入的效率就越高。I^- 离子还原氧化态染料可以使染料得到再生，从而使染料能够不断地将电子注入到二氧化钛的导带中。I^- 离子还原氧化态的速率越大，电子回传被抑制的程度越大，这样相当于 I^- 离子对电子的回传进行了拦截。步骤（6）是造成电流损失的主要原因，电子在纳米晶网络中的传输速度（步骤（3））越大，电子与 I_3^- 离子复合的速率常数 k_{et} 越小，电流损失就会越小，光生电流就会越大。步骤（5）生成的 I_3^- 离子扩散到对电极上得到电子后变成 I^- 离子（步骤（4）），从而使 I^- 离子得到再生并完成电流的循环。

在常规半导体太阳能电池中，半导体同时起到两种作用：其一为捕获入射光；其二为传输光生载流子。光的捕获由光的敏化剂（即染料）完成，受光激发后，染料分子从基态跃迁到激发态,实现电子与空穴的分离。若染料分子的激发态能级高于半导体的导带底能级,且二者能级匹配,那么处于激发态的染料分子就会将电子注入到半导体的导带中。注入到导带中的电子在半导体薄膜中的传输非常迅速,可以瞬间(<1 ms)到达薄膜与导电玻璃的后接触面而进入外电路中。除了负载敏化剂外,半导体的另一项主要功能就是电子的收集和输运。

电荷转移原理如下:

图 8.3 表示出了 DSSC 中载流子输运的动力学过程。这是一个涉及载流子的激发、输运和复合的动力学平衡过程。它主要由太阳能电池中电子的损失反应(a)、(b)、(c)和人们所希望的反应(1)、(2)、(3)之间的竞争过程组成,具体分析如下:

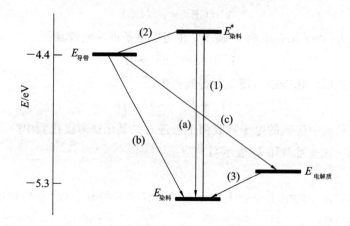

图 8.3 染料敏化电池中载流子输运动力学过程

(1) 激发染料分子可以直接弛豫到它的基态,这一过程就形成了损失反应(a)。它与电子注入反应(2)相反,损失可以忽略不计,主要原因是相应的反应速率常数 k_2 和 k_a 相差太大($k_2/k_a=1000$)。在这一过程中,染料分子与 TiO_2 纳米晶粒表面的直接键合是满足 $k_2/k_a=1000$ 的关键因素。

(2) 导带中的电子可能被氧化的染料分子捕获(反应速率常数是 k_b),这一过程就形成损失反应(b)。由于该过程和电解质中 I^- 还原染料分子竞争,而后者的反应速率常数是前者的 100 倍左右,即 $k_3/k_b=100$,因而这一损失也是很小的。在这一过程中,I^- 和 I_3^- 在纳米晶多孔膜中的高效传输是保证有充足的 I^- 参与竞争的关键因素,所以优化纳米晶多孔膜的微观结构是非常重要的。在一些准固体电解质体系中,I^- 和 I_3^- 的扩散系数小于液体,因此复合损失较大。

(3) 导带中的电子可能被电解质中的氧化成分(如 I_3^-)捕获,这一过程就形成了损失反应(c),它是 DSSC 中电子损失的主要途径。为了减少电子复合损失,要在纳米晶和电解液之间加入绝缘覆盖层。染料分子层本身即是绝缘隔离层，实现单层染料分子完全覆盖纳米晶多孔膜表面是减小导带中的电子被电解质中的氧化成分（如 I_3^-）捕获概率的有效途径。用 Al_2O_3 等绝缘材料修饰 TiO_2 纳米晶也是减小复合的重要方法。另外，染料分子的光谱响应范围和高的量子产率是影响 DSSC 中光子俘获量的关键因素。

为了进一步澄清 DSSC 中的载流子输运过程，Ni 等采用肖特基势垒模型、电子扩散微分模型和热电离发射原理，理论分析了 TiO_2/TCO 界面对于 DSSC 的 I-V 特性的影响，图 8.4 示出了该 DSSC 的能带形式。其中，图 8.4(a) 是在暗电导条件下的 TiO_2、TCO 以及对电极的电势，该电势与电解质的氧化还原电势是相等的。图 8.4(b) 则给出了光照条件下 TiO_2 和 TCO 的准费米能级，由该图可以看出，V_1 是 TiO_2/TCO 界面的电压损耗，V_2 是对电极/电解质界面的电压损耗，V_0 是 TiO_2 费米能级（E_f）和电解质的氧化还原电势（$E_{氧化还原剂}$）的差。易于看出，参考电压 V 可以由下式给出：

$$V = V_0 - V_1 \tag{8.1}$$

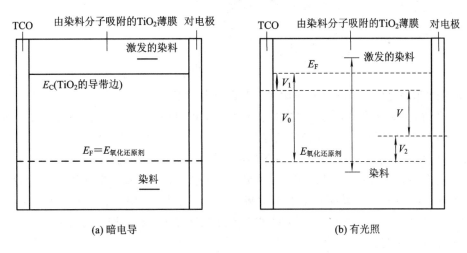

图 8.4　在暗电导和有光照条件下染料敏化电池的能带

由于 TiO_2/电解质接触与 TiO_2/TCO 接触是串联的，所以流过多孔 TiO_2 薄膜外部的电流密度 J 等于流过 TiO_2/TCO 接触的电流密度，因此 V 与 J 的关系可以通过求解 V_0 和 V_1 而得到，电势差 V_0 可以通过求解由 Sodergren 等给出的简单动力学模型得到。在稳态条件下，DSSC 中的电子产生、输运和复合过程可以利用电子扩散微分方程进行描述：

$$D\frac{\partial^2 n(x)}{\partial x^2} - \frac{n(x) - n_0}{\tau} + \phi\alpha e^{-\alpha x} = 0 \tag{8.2}$$

式中，x 是从 TiO_2/TCO 界面测量到电极薄膜内部的坐标，$n(x)$ 是在 x 处的过剩电子浓度，n_0 是在暗电导时的电子浓度，τ 是导带的自由电子寿命，ϕ 是入射光照通量，α 是纳米多孔电极的光吸收系数，D 是扩散系数。

在短路条件下，电子很容易作为光电流被抽取，而不会有电子直接输运到对电极中，因此有如下边界条件：

$$n(0) = n_0 \tag{8.3}$$

$$\left(\frac{\mathrm{d}n}{\mathrm{d}x}\right)_{x=d} = 0 \tag{8.4}$$

因此，短路电流密度可以写成

$$J_{\mathrm{sc}} = \frac{q\phi L\alpha\left[-L\alpha\cosh\dfrac{d}{L} + \sinh\dfrac{d}{L} + L\alpha\exp(-d\alpha)\right]}{(1 - L^2\alpha^2)\cosh\dfrac{d}{L}} \tag{8.5}$$

式中，q 是电子电荷，L 是电子扩散长度，d 是薄膜厚度。

在光照条件下，$x=0$ 处的电子密度将由 n_0 增加到 n，即有

$$n(0) = n \tag{8.6}$$

这样，通过求解微分方程可以得到 V_0 与 J 的关系：

$$V_0 = \frac{kTm}{q}\ln\left[\frac{(J_{\mathrm{sc}} - J)L\cosh\dfrac{d}{L}}{qDn_0\sinh\dfrac{d}{L}} + 1\right] \tag{8.7}$$

式中，k 是玻尔兹曼常数，m 是理想因子，T 是热力学温度。

由于 TCO 是高掺杂的，因而具有高的电导率，可以被看成是金属，TiO_2/TCO 接触可以由肖特基势垒进行模拟。在有光照的条件下，电子通过 TiO_2/TCO 界面的流动将引起电压损耗 V_1。当过剩电子从 TiO_2 价带内部的激发染料被注入时，在 TiO_2 和 TCO 中将不会发生电子复合，这样仅有电子从 TiO_2 转移到 TCO 中。按照金属—半导体接触理论，热电子发射和电子隧穿将是在界面发生电子转移的两种输运机理。由于在 DSSC 中的 TiO_2 是轻掺杂的和电池在高温（300 K）下工作，因此电子隧穿过程可以被忽略，此时电子转移将由热电子发射过程所支配。

在 TCO/电解质界面的电流密度 J 可由下式给出：

$$J = A^* T^2 \exp\left(-\frac{q\phi_b}{kT}\right)\left[\exp\left(\frac{qV_1}{kT}\right) - 1\right] \tag{8.8}$$

$$A^* = \frac{4\pi m^* qK^2}{h^3} \tag{8.9}$$

式中，ϕ_b 是肖特基势垒高度，h 是普朗克常数，m^* 是电子的有效质量，A^* 是 TiO_2 的理查森常数。由式(8.8)可得出 V_1 的表达式为

$$V_1 = \frac{kT}{q}\ln\left[\frac{J}{A^* T^2 \exp\left(-\dfrac{q\phi_b}{kT}\right)}\right] \tag{8.10}$$

将式(8.7)和式(8.10)代入式(8.1)中，则有

$$V = \frac{kTm}{q}\ln\left[\frac{(J_{\mathrm{SC}}-J)L\cosh(d/L)}{qDn_0\sinh(d/L)}+1\right]-\frac{kT}{q}\ln\left[1+\frac{J}{A^*T^2\exp\left(-\frac{q\phi_{\mathrm{b}}}{kT}\right)}\right] \quad (8.11)$$

从式(8.11)可以看出，TiO_2/TCO 界面对 DSSC 光伏性能的影响主要体现在肖特基势垒高度 ϕ_{b}、温度 T 和 TCO/电解质界面的复合电流 J 上。更进一步讲，TiO_2/TCO 界面的肖特基势垒高度 ϕ_{b} 将影响 V_1，V_1 随 ϕ_{b} 而增加，而 V_1 又将直接影响开路电压 V_{OC}。此外，ϕ_{b} 的值还影响 J 的大小，即 ϕ_{b} 的减少将会导致 J 的增加。图 8.5 示出了 TiO_2/TCO 肖特基势垒高度 ϕ_{b} 对 DSSC 的最大输出功率 $P_{\max}$ 的影响。可以看出，当 $\phi_{\mathrm{b}}<0.6$ eV 时，其 $P_{\max}$ 的值保持为一常数；而当 $\phi_{\mathrm{b}}>0.6$ eV 时，$P_{\max}$ 的值随 ϕ_{b} 呈线性减小。

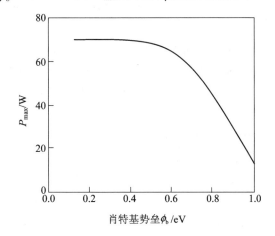

图 8.5　TiO_2/TCO 肖特基势垒对 DSSC 的最大输出功率的影响的数值模拟曲线[7]

8.4　器件的制造工艺

8.4.1　二氧化钛纳米晶薄膜电极的制备

传统制备纳米 TiO_2 薄膜的方法是采用溶胶－凝胶法：以钛酸酯类化合物为前驱体水解制备出 TiO_2 溶胶，经高压热处理、蒸发去除溶剂、加表面活性剂研磨制备 TiO_2 浆料，或者将商业级的纳米 TiO_2 粉体(P25，Degussa)加表面活性剂和适量溶剂研磨制备 TiO_2 浆料，然后经丝网印刷、直接涂膜或旋涂等方法在导电基底上沉积 TiO_2，经高温烧结制备出纳米 TiO_2 多孔电极。除上述方法外，纳米 TiO_2 薄膜可以通过多种方法制备如化学气相沉积、电沉积、磁控溅射和等离子体喷涂等方法在导电玻璃或其它导电基底材料上制备，然

后经 $450\sim500$℃ 的高温烧结除去表面活性剂即可[8~11]。

溶胶—凝胶法是用水解钛酸丁酯（或无机盐钛源，如 $TiCl_4$）制得 TiO_2 超细胶体溶液，后经浸渍提拉、丝网印刷、直接涂膜、旋涂等方法在导电基底上沉积 TiO_2，但此时的 TiO_2 薄膜几乎为绝缘体，需经 450℃ 高温烧结活化制备出纳米 TiO_2 电极，在粒子之间形成良好的电接触。此种方法的优点是溶胶稳定、均匀、粒子小、易掺杂，可制作成分分布均匀且可调的多种复合物，使二氧化钛的性能得到改善。但要达到适宜的二氧化钛薄膜厚度，需多次烧结，费时费力。此外，工艺参数如溶胶的组成、酸碱度、溶剂、添加剂、溶胶陈化时间、成膜方式及薄膜热处理温度、时间等不易控制，灵活多变。

水热合成法是溶胶—凝胶法的改进方法，主要在于加入了一个水热熟化过程，由此控制产物的结晶和长大，控制半导体氧化物的颗粒尺寸和分布以及薄膜的空隙率。水热处理温度决定 TiO_2 的晶型，对颗粒尺寸也有决定性的影响。随着水热处理的温度增加，粒径会增大，且有部分金红石产生。

粉末涂敷法是将纳米 TiO_2 粉体加入合适的表面活性剂和适量溶剂，超声分散，充分研磨制备 TiO_2 浆料，然后经丝网印刷、直接涂膜、旋涂等方法在导电基底上沉积 TiO_2，再经高温烧结活化制备出纳米 TiO_2 电极。表面活性剂的种类、用量、研磨时间和热处理过程均对 TiO_2 膜的性能有很大的影响。

电化学沉积法包括阳极沉积法和阴极沉积法，这两种方法得到的纳米 TiO_2 多孔膜附着力很强。阳极沉积法是将导电玻璃用丙酮、无水乙醇、两次去离子水清洗，制成空白的导电玻璃电极，用新鲜配制的 $TiCl_3$ 为电解液进行恒电位电解，在导电玻璃电极上得到 4 价钛的水化薄膜，将膜在红外灯或室温下干燥，然后放入马弗炉，控制温度进行热处理后得到 TiO_2 多孔膜，反应过程如下：

$$Ti^{3+}(aq) + H_2O \leftrightarrow TiOH^{2+} + H^+ \qquad 快反应$$

$$TiOH^{2+} - e \rightarrow Ti(IV)_{聚合物} \qquad 慢反应$$

$$Ti(IV)_{聚合物} - H_2O \rightarrow TiO_2 \qquad 450℃焙烧 1 小时$$

阴极沉积法是直接以 $TiOSO_4$ 为原料，阴极电沉积制备纳米 TiO_2 多孔膜。

8.4.2 染料在 TiO_2 纳米薄膜中的填充

TiO_2 纳米多孔薄膜制备完成后，N3 染料光敏剂就被吸附到 TiO_2 薄膜的表面。将 TiO_2 薄膜浸入到染料溶液中并在室温下放置 $12\sim18$ 小时保证 TiO_2 薄膜对染料的充分吸附。在使用之前，薄膜还需要用酒精或者乙腈进行冲洗去除 TiO_2 薄膜孔洞中未完全吸附的染料。

8.4.3 电解液的制备

DSSC 中选用的电解液通常是包含碘类氧化还原离子的有机溶液，最具代表性的是具有较低黏性的腈类有机溶液，例如乙腈溶液、丙腈溶液、甲氧基乙腈溶液和甲氧基丙腈溶液，它们的离子电导率都比较高。已经有研究表明酰亚胺衍生物，例如 1，2－二甲基－3－己基咪唑碘(DMHImI)和 1，2－二甲基－3－丙基咪唑碘(DMPImI)能够降低电解质溶液的电阻，提高器件光伏性能。1997 年 Graetzel 团队将 0.5 M 的 DMHImI、0.04 M 的 LiI 以及 0.02 M 的 I_2 和 0.5 M 的叔丁基吡啶(TBP)溶解在乙腈溶液中所制备的复合光敏剂用于 DSSC 器件的制备，大大提高了器件的性能，转换效率达到了 10%[5]。此时，TBP 能够将 TiO_2 电极的导带降低，从而减小了器件的暗电流，提高了开路电压。

8.4.4 对电极的制备

通常采用溅射的方法将 200 nm 厚的金属铂沉积到 TCO 衬底上形成对电极。当铂溅射到衬底上时会产生镜面效应，该效应会对光线进行多次反射从而使光电流有所增加。此外，铂溅射到 TCO 上时会以铂胶质形式在表面沉积继而进一步加强了降低 I_3^- 粒子的电催化作用。若在溅射铂后的 TCO 衬底上吸附少量的 H_2PtCl_6 酒精溶液，在 385℃下热处理 10 分钟将继续促成铂胶质的形成。铂对电极的性能将直接影响太阳能电池的填充因子。

8.5 DSSC 器件的进展

8.5.1 工作电极

工作电极作为染料分子吸附载体、电子接受体及电子输运层，对染料敏化太阳能电池的性能起着决定性的影响，因而得到众多研究者的关注。由于单层半导体表面能够吸附的染料分子很少，人们无法同时提高量子效率和光捕获效率，从而制约了染料敏化太阳能电池研究的发展。1991 年，随着瑞士科学家 Gratzel 首次使用高表面积半导体电极(如二氧化钛纳米晶电极)进行敏化作用研究，这个问题得到了解决[4]。TiO_2 纳米多孔膜一方面可吸收更多的染料分子，另一方面薄膜内部晶粒间的互相多次反射使太阳光的吸收加强。因此，染料敏化 TiO_2 纳米多孔半导体电极既可以保证高的光电转换量子效率，也可以保证高的光捕获效率。从这一点来说，纳米多孔 TiO_2 的应用使太阳能电池的研究进入了一个全新的时代，极大地推动了光电化学电池的发展。正如有人把染料敏化太阳能电池比作植物的叶子，纳米 TiO_2 电极是太阳光驱动的分子电子泵，它将太阳能转变为电能。而植物的叶子是将太阳能转变为化学能。从这一点来说，染料敏化太阳能电池具有仿生研究的意义。

纳米 TiO_2 电极是染料敏化太阳能电池的关键，其性能优劣直接影响到电池的效率。纳米 TiO_2 的微观结构，如粒径和气孔率等参数对太阳能电池的光电转换效率有很大的影响。

粒径太大，染料的吸附量少，不利于光电转换。但粒径过小，界面过多，晶界势垒阻碍载流子的传输，载流子迁移率低，同样也不利于光电转换。近几年来，有关染料敏化太阳能电池中纳米半导体薄膜方面的研究主要集中在三个方面：薄膜的制备方法、薄膜的物理－化学处理以及其他半导体。

1. 纳米 TiO_2 半导体薄膜的制备技术

传统制备纳米 TiO_2 薄膜采用的是溶胶－凝胶法，但是这种制备方法在基于柔性基底的 DSC 中应用时受到了挑战，柔性材料特别是塑料基底不适宜采用高温烧结的方法来制备电极。作为替代方法，在 130℃ 左右的低温条件下烧结[12, 13]或冷压等[14, 15]技术常被用于低温纳米半导体薄膜的制备。Pichot[12]等采用不含表面活性剂的纳米 TiO_2 制备技术，在100℃处理后，电池的光电转换效率达到了 1.2%。Hagfildt 等采用机械冷压的方法[15]在柔性基底上制备 TiO_2 膜，得到了 3% 的光电转换效率。Yum[11]等采用电泳沉积的方法制备多孔网络纳米 TiO_2 膜并冷压活化应用于柔性 DSC，在 ITO/PET 导电基底上获得了光电转换效率为 1.66% 的柔性太阳能电池。Miyasaka 等[16, 17]用电泳沉积继之以化学气相沉积钛酸酯和 150℃ 下微波热处理，得到了填充因子为 61%、效率为 4.1% 的柔性太阳能电池。Durr 等[18]采用经高温烧结过的多孔 TiO_2 层从镀金的玻璃上转移到涂有胶粘剂的 ITO/PET 柔性导电基底上，然后在一定温度和高压下制备 TiO_2 光阳极，获得了 5.8%（AM1.5）的高光电转换效率。但该方法制备工艺复杂，很难大规模应用。Miyasaka 等[19]采用 TiO_2溶胶酸性水溶液作为连接剂，将 TiO_2 浆料涂敷在 ITO/PET 导电膜（方块电阻为 13Ω/□）上，经 150℃ 烧结，得到纳米多孔 TiO_2 膜，用其作为光阳极的太阳能电池效率超过了 6%。2006 年，Gratzel 小组[20]开发出一种基于钛箔柔性基底的镀铂对电极柔性太阳能电池，效率达到了 7.2%，这是目前柔性电池转换效率的最高值。这些成果使人们看到了柔性太阳能电池应用的希望。

目前应用于 DSC 的纳米 TiO_2 的另一个重要发展方向是利用规整有序的纳米结构 TiO_2膜制备纳米 TiO_2 电极。研究发现，有序排列的晶粒有助于提高电池的光电转换效率和光电流。Meng 等[21, 22]利用不同粒径纳米粒子的纳米晶三维周期孔组装的 DSC 电池，开路电压达到 0.9V。Kim 等[23]采用 $TiCl_4$ 水解在阳极 Al_2O_3 薄膜模板上制备 TiO_2 纳米棒和纳米管，将 10wt% 的 TiO_2 纳米棒掺入基于 P25 的纳米 TiO_2 膜，效率提高了 42%。Adachi 等[24]尝试合成了 TiO_2 纳米管，将其用作 DSC 电极材料，得到了 5% 的转换效率，最近该小组又在80℃ 的低温下制作了由 TiO_2 纳米线构成的纳米网络电极，得到了高达 9.33% 的光电转换效率[25]。Zukalova 等[26]用层层堆积技术（layer－by－layer deposition）在 pluromic P123 模板上制备具有规整结构的纳米 TiO_2 膜，在基于 1 μm 厚三层超位（superposition）膜的太阳能电池效率比基于同等膜厚的普通随机取向的锐钛矿纳米 TiO_2 膜的太阳能电池高 50%。

2. TiO_2 膜的物理化学修饰

纳米结构的半导体在太阳能电池中通过其巨大的表面积，吸附大量的单分子层染料，提高了太阳光的收集效率，同时，纳米半导体将激发态染料分子注入的电子传输到电极。半导体电极的巨大表面积也增加了电极表面的电荷复合，从而降低了太阳能电池的光电转换效率。为了改善电池的光电性能，人们采用了多种物理化学修饰技术来改善纳米 TiO_2 电极的特性，这些技术包括表面处理、表面包覆和掺杂等。

1）表面处理

用含有 HCl、$TiCl_4$、H_2O_2 和异丙氧醇钛等溶液进行处理，可显著提高电池的光电性能，这是因为：

（1）化学处理改变了电极表面结构，改善了纳米多孔网络微结构的电子扩散与传输性能；

（2）化学处理改善了半导体薄膜表面状态，使表面能带更适合于电子的注入和传输；

（3）化学处理提高了表面态密度，使得纳米 TiO_2 表面与染料分子之间结合力增大，提高了电子的注入效率；

（4）化学处理使 TiO_2 的表面得以活化，使表面粗糙度增大，吸附的染料分子量明显增多；

（5）化学处理改变了 TiO_2 表面钛离子的浓度和状态，能与染料更好地结合，有利于电子的注入。

Gratezel[8] 采用 $TiCl_4$ 水溶液处理纳米 TiO_2 光阳极，可以在纯度不高的 TiO_2 核外面包覆一层高纯的 TiO_2，增加电子注入效率，在半导体－电解质界面形成阻挡层，同时和电沉积一样，在纳米 TiO_2 薄膜之间形成新的纳米 TiO_2 颗粒，增强了纳米 TiO_2 颗粒间的电接触。蔡生民等[27, 28] 经过试验证实了 $TiCl_4$ 处理减小了 TiO_2 膜的 BET 比表面积和平均孔径，改善了纳米 TiO_2 颗粒之间的接触，增大了电池的光电流。纳米 TiO_2 薄膜经过适当浓度的 $TiCl_4$ 溶液处理后，电池的开路电压和短路电流上升，改善了电池的光伏性能。Graetzel 研究发现[29]，经过 $TiCl_4$ 处理后，尽管纳米 TiO_2 薄膜的比表面积下降，但单位体积内 TiO_2 的量增加，因此增大了 TiO_2 薄膜的表面积和电池的光电流。Sommeling[30] 对 $TiCl_4$ 处理纳米 TiO_2 光阳极提高光电流的可能机理进行了研究，认为 $TiCl_4$ 处理降低了 TiO_2 的导带边位置，增大了光电子的注入效率。与 $TiCl_4$ 表面处理作用类似的方法有酸处理、表面电沉积等。黄春辉等[31] 用盐酸处理有机染料敏化的 TiO_2 薄膜，电池的光电流和光电压及效率均有大幅提高，吴季怀等采用不同酸处理 TiO_2 膜[32]，发现盐酸处理效果要较其它无机酸好。

2）表面包覆

表面包覆是纳米 TiO_2 电极表面修饰的又一个重要方法。由于 TiO_2 具有高的比表面积，而粒径小，因此多孔薄膜内表面态数量相对单晶材料来说比较多，导致 TiO_2 导带电子与氧化态染料或电解质中的电子受体复合严重。为此人们将具有较高导带位置的半导体或绝缘层包覆在纳米 TiO_2 表面，形成了所谓核－壳结构的阻挡层来减小复合概率。TiO_2 表面包覆 ZnO、Nb_2O_5、SrO、$SrTiO_3$ 等金属氧化物后电池效率均有明显提高[33~39]。表面包覆

Nb_2O_5 后，不仅提高了光电流，而且由于核—壳之间的势垒减小了电荷复合，增大了 TiO_2 导带的电子密度，从而提高了开路电压，电池效率也有较大提高。Diamant 等[36]认为包覆 $SrTiO_3$ 后，TiO_2 表面偶极化，提高了 TiO_2 的费米能级，从而提高了电池的光电压。$Wang$[40]采用 1 wt% 的 $CaCO_3$ 包覆 TiO_2 电极，电池的光电转换效率达到了 10.2%。另有研究表明采用金属氢氧化物包覆 TiO_2，能够提高染料的吸附，提高电池的短路电流、开路电压、填充因子和光电转换效率。而采用 ZnO、TiO_2、Al_2O_3、MgO、Y_2O_3 等绝缘材料进行包覆也能够起到同样的效果[41]。在此研究基础之上，Gratezel 等[29, 42]提出了在导电玻璃和纳米 TiO_2 界面引入一层 TiO_2 致密层以抑制导电玻璃到电解质的复合。Yanagida[43]在 FTO/TiO_2 界面引入 Nb_2O_5 绝缘层，电池的开路电压、填充因子和光电转换效率均有较大提高。

3）掺杂

对 TiO_2 进行离子掺杂[44, 45]，掺杂离子能在一定程度上影响 TiO_2 电极材料的能带结构，使其朝着有利于电荷分离和转移、提高光电转换效率的方向移动。目前掺杂离子主要是过渡金属离子或者稀土元素。

复合膜也是当前半导体电极研究的一个重要方向。将 TiO_2 与其它半导体化合物复合制成复合半导体膜，可改变 TiO_2 膜的能级结构[46, 47]，使之更有利于电子转移，并抑制电子—空穴复合，以此来改善电池的性能。常用的半导体化合物有 ZnO、CdS 和 PbS 等，复合方式有原位复合和层状复合等。原位复合是将半导体化合物与 TiO_2 混合后，同时制成薄膜；层状复合则是将化合物半导体单独制成薄膜，然后在其上再沉积 TiO_2 膜或在 TiO_2 膜上再沉积半导体薄膜，形成半导体膜的多结结构[48]。复合膜的形成能改变 TiO_2 膜中电子的分布，抑制载流子在传导过程中的复合，从而提高电子传输效率。复合膜可能成为今后研究的一个重点。

8.5.2 电解质

根据目前染料敏化薄膜太阳能电池的研究发展情况和结构的不同，可以将其分为四类：有机溶剂电解质电池、离子液体电解质电池、溶胶—凝胶（准固态）电解质电池和固态电解质电池，这四种电池的阳极都采用纳米多孔 TiO_2 半导体薄膜。染料光敏化剂主要是以钌为中心粒子的配合物，对电极主要是采用铂电极或具有单分子层的铂电极。这四种电池的主要区别在于电池中电解质的不同。电解质体系的主要功能除了复原染料和传输电荷外，还可以改变二氧化钛、染料及氧化还原对的能级，改变体系的热力学和动力学特性，对光电压影响很大。

1. 有机溶剂电解质系统

有机溶剂是液体电解质最基本的组成部分，为活性离子提供了溶解和扩散的环境，其物理性质包括亲核性（DN 值）、介电常数和黏度等方面。DN 值会对 DSSC 的开路电压和短路电流产生很大影响。在有机溶剂和碘化物之间发生供体—受体反应产生 I_3^-，根据溶剂的 DN 大小，从碘化物到 I_3^- 的转变需要特定的溶剂，研究发现溶剂 DN 值的增加可导致电池开路电压的提高和短路电流的下降。

用作液体电解质中的有机溶剂常见的有：1，2-二氯乙烷（1，2-dichloroethane，DCE）、丙酮（acetone，AC）、乙腈（acetonitrile，ACN）、乙醇（ethanol，EtOH）、甲醇（methanol，Meoh）、叔丁醇（tertiary-butanol，t-BuOH）、二甲基酰胺（dimethylformamide，DMF）、碳酸丙酯（propylenecarbonate，PC）、3-甲氧基丙腈（3-methoxypropionitrile，MePN）、二甲基亚砜（dimethylsulfoxide，DMSO）、二恶烷（dioxane，DIO）和吡啶（pyridine，PY）等。这些有机溶剂必须具有以下特性：不参与电极反应，凝固点较低，温度范围宽，黏度低，浸润性和渗透性良好，能够溶解很多氧化还原电对、添加剂等有机物和无机物。

总的来说，有机溶剂液态电解质具有的优点是离子扩散系数大，组成成分易于设计和改变，对 TiO_2 多孔膜的渗透性好。因此使用有机溶剂液态电解质的 DSSC 具有很高的光电转换效率。但是，有机溶剂液态电解质也存在着一些不可避免的缺点：液态电解质的存在易导致敏化染料的脱附；溶剂会挥发，可能与敏化染料作用导致染料降解；密封工艺复杂，密封剂也可能与电解质反应；由扩散控制的载流子迁移率很慢，在高强度光照时光电流变得不稳定；离子迁移的不可逆性也不能完全排除，因为除了氧化还原循环之外的其它反应也不可能完全避免[49]。

液态电解质中的氧化还原对主要是 I^-/I_3^-，$I^-/_3^-$ 氧化还原对电极电势与纳米半导体电极的能级和染料的 LUMO 能级匹配性明显优于其它氧化还原电对（Br^-/Br_2、$SCN^-/(SCN)_2$ 和 $SeCN^-/(SeCN)_2$）。I^-/I_3^- 氧化还原对抗衡阳离子最常用的是烷基咪唑鎓阳离子和 Li^+。烷基咪唑阳离子吸附在纳米 TiO_2 表面形成 Helmholz 层，阻碍了 I_3^- 与纳米 TiO_2 膜的接触，有效地抑制了导带电子与电解质溶液中 I_3^- 离子在纳米 TiO_2 薄膜表面的复合，从而大大提高了 DSSC 的填充因子、输出功率和光电转换效率。另一方面，烷基咪唑阳离子属于离子半径较大的阳离子，对 I^- 离子束缚较弱。这样，烷基咪唑碘盐在有机溶剂中有较大的溶解度，碘离子也有较高的活性，使氧化态染料再生为基态染料的速率提高，增大了光利用效率和光电流，同时染料稳定性也得以提高。

DSSC 电解质溶液中的常用添加剂是 4-叔丁基吡啶（TBP）或 N-甲基苯并咪唑（NMBI）。这些添加剂的加入可以抑制暗电流，提高电流的光电转换效率。由于有机溶剂电解质对纳米多孔膜的渗透性好，氧化还原电对扩散快，DSSC 光电转换效率的最高记录都是在基于有机溶剂电解质特别是高挥发性有机溶剂电解质的太阳能电池中获得的。但有机电解质存在着有机溶剂易挥发、电解质易泄露、电池不易密封和电池在长期工作过程中性能下降等问题，缩短了太阳能电池的使用寿命。

2. 离子液体基电解质

室温离子液体（RTIL）与传统的有机溶剂相比，具有一系列突出的优点：离子液体几乎不挥发；具有较好的化学稳定性及较宽的电化学窗口；不易燃；由于离子液体的离子本性，它具有较高的电导率；毒性小；当阴离子为 I^- 时，该离子液体既可以作为溶剂，也可以作为 I^- 的来源[50]。因此，RTIL 近年来成为 DSSC 电解质的新宠。DSSC 中的 RTIL 虽然是液态，但是它摒弃了传统溶剂液态电解质的诸多缺点。构成离子液体的阴离子有 I^-、$N(CN)_2^-$、$B(CN)_4^-$、$(CF_3COO)_2N^-$、BF_4^-、PF_6^-、NCS^- 等。离子液体在室温下呈液态，其黏度远高于有机溶剂电解质，因而 I_3^- 扩散到对电极上的速率慢，质量传输过程占据主导地位。在太阳能电池中应用的离子液体，常用的氧化还原电对是 I^-/I_3^-，通过在 I^- 中加入 I_2 形成 I_3^-，阴离子的体积增大，离子液体的黏度下降，因此，以离子液体介质为基础的太阳能电池中 I_3^- 的浓度要比液态电解质中高。构成离子液体的有机阳离子常用的是烷基咪唑阳离子，如碘化 1-甲基-3-丙基咪唑和碘化 1-甲基-3-己基咪唑（HMII）。这两种离子液体相比较，MPII 的黏度低，对许多有机物和无机物的溶解性好，工作物质在其中的扩散速率较大，但 HMII 中的长脂肪链可有效抑制导带电子在 TiO_2 膜表面与溶液中 I_3^- 的复合，这在以离子液体介质为基础的凝胶电解质中也十分重要。Wataru 等[167]考察了不同长度烷基链的 1-甲基-3-丙基咪唑碘离子液体的物理性能，将其作为溶剂制备离子液体电解质，结果发现基于 HMII 的离子液体电解质要比基于 MPII 的离子液体电解质好。Mazille 等[168]在 MPII 的 3-丙基链的末端引入氰基功能基团，电池的光伏性能并未发生明显变化。

1996 年，Papageorgiou[51]发现 RTIL 对电化学器件寿命的延长有重要作用。但是 RTIL 的黏度高，电池电流比传统液态电解质的电池小一个数量级，因此合成和应用低黏度 RTIL 是提高该类电池效率的主要手段。1999 年，Hagiwara 等[52]将氧化 1-乙基-3-甲基咪唑和氟化氢反应制得的一种低黏度的 RTIL，其在 25℃ 的电导率达到 1.2×10^{-4} S/cm。Matsumoto 等[53]将这种离子液体应用到了 DSSC 上，获得了 2.1% 的电池效率。最近，多碘三烷基锍盐显示出了很好的电导特性，其电导率为 $10^{-3} \sim 10^{-4}$ S/cm，并且随着碘含量的增大而增大。其中使用（Bu_2MeS）I 为电解液的 DSSC 在 AM1.5 模拟太阳光下获得了 3.7% 的效率，与使用咪唑盐类 RTIL 的 DSSC 效率相当。

3. 溶胶—凝胶（准固态）电解质系统

从实用的角度考虑，用固体电解质替代液体电解质将是染料敏化太阳能电池发展的趋势。固体电解质不加任何溶剂，而以有机固体、染料、无机材料（TiO_2）组成固态电池。然而，直到目前，全固态染料敏化太阳能电池的转换效率仍然不高。而准固态电解质一直是该领域研究的热点。所谓准固态电解质，是指其机械性能介于液态和固态电解质之间，外观呈凝胶状，导电机理跟液态电解质一样依靠离子导电。准固态电解质相对液态和全固态电解质有许多优点：一是它相对液态电解质来说比较稳定，基本上可以克服液态电解质的很多问题，如不易封装、漏液、容易使染料降解等；二是把有些液态电解质变成准固态电解质后并不影响电池的效率，制作的太阳能电池仍具有很高的效率。制备准固态电解质的重要手段是在液态电解质中加入一些其它物质，如小分子凝胶剂、高分子聚合物以及纳米颗粒等。这些物质能够在电解质体系中产生交联，将液态电解质变成准固态电解质、聚合物凝胶电解质和添加纳米粒子的凝胶电解质。

1）有机小分子凝胶电解质

应用于染料敏化太阳能的有机小分子凝胶剂主要包括糖类衍生物、氨基酸类化合物、酰氨类化合物、联（并）苯类化合物等。

2001 年，Yanagida[54] 小组报道了四种有机凝胶小分子化合物用作凝胶液态电解质。他们所用液态电解质的组成成分是 $0.6\ mol/dm^3$ 的 1，2-二甲基-3-丙基咪唑碘（DMPII）、$0.1\ mol/dm^3$ 的 I_2、$0.1\ mol/dm^3$ 的 LiI、$1\ mol/dm^3$ 的 4-叔丁基吡啶（TBP）和 3-甲氧基丙腈（MePN）。通过改变脂肪链的长度和凝胶剂的加入量等方法，得到了凝胶温度分别为 $47\sim49℃$、$58\sim60℃$、$61\sim63℃$ 和 $85\sim87℃$ 的溶胶—凝胶准固态电解质，并详细比较了四种不同凝胶分子的存在对电池光电转换性能及寿命的影响。

2004 年，德国和瑞士的研究者们用山梨醇固化液态电解质，也取得了很好的成果。他们使用的凝胶剂是双（3，4-二甲基-二苯亚甲基山梨醇），被固化的液态电解质组成为 $0.6\ mol/L$ 的 1，2-二甲基-3-丙基咪唑碘、$0.1\ mol/L$ 的 I_2 和 $0.5\ mol/L$ 的 N-甲基苯并咪唑，溶剂为甲氧基丙腈。加入 1.5％凝胶剂即可使液体电解质固化，制备出来的 DSSC 具有良好的光电性能，固化后电池的性能没有下降，还具有良好的热稳定性[55]。

小分子凝胶剂的分子之间只是依靠比较弱的分子间力形成不稳定的物理交联，所以这种电解质往往机械性能很差，而且这种准固态电解质是热可逆性的，在比较高的温度下还会变成液态电解质。这样一来，电池的稳定性会下降，寿命就会降低。

2）聚合物凝胶电解质

Gratzel 组选用 PVDF-HFP(poly-vinylidenefluoride-co-hexafluoropropylene) 作为凝胶剂，成功地将以有机溶剂和离子液体为介质的液体电解质胶化。虽然宏观上凝胶态电解质的黏度要远大于液态电解质，但体系中存在有液体传输的通道，并不影响 I^-/I_3^- 的扩散，因此光电转换性质与液态电解质在同一量级。聚氧乙烯醚、聚丙烯腈、环氧氯丙烷和环氧乙烷的共聚物等有机高分子化合物在液体电解质中也可以形成凝胶网络结构而得到准固态的聚合物电解质。Cao 等[56]采用聚丙烯腈（PAN）使液体电解质（组成成分为 I_2、NaI 和乙腈、碳酸乙烯酯（EC）和碳酸丙烯酯（PC））成为凝胶态，获得了 4.4％的光电转换效率。

在国内，2004 年，中科院戴松元等[57]采用偏氟乙烯和六氟丙烯共聚物凝胶 1-甲基-3-并基咪唑碘电解质，获得的准固态 DSSC 具有 6.61％的光电转换效率。而林原等利用长链高分子材料同含有季胺盐侧链的聚硅氧烷反应来制备准固态电解质。2003 年，他们用这种准固态电解质制备的太阳能电池在 $60\ mW/cm^2$ 的光强下光电转换效率为 1.39％。凝胶化以后的电解质既有稳定的化学交联结构，又有较高的电导率，是一类很有发展潜力的电解质。

4. 固态电解质系统

虽然准固态的溶胶—凝胶电解质在一定程度上能防止电解质的泄露，降低有机溶剂的蒸气压，减缓有机溶剂的挥发，但长期稳定性还是存在问题，所以开发全固态太阳能电池仍然是最终的目标。在 DSSC 应用中，对空穴导电材料有如下要求：当染料分子向 TiO_2 注入电子后，p 型半导体材料可转移氧化染料产生的空穴，也就是说，p 型半导体材料的价带顶要处于染料基态能级之上，p 型半导体材料能够沉积在多孔纳米颗粒层内，采用合适的方法沉积 p 型半导体材料的过程中，不会对吸附在 TiO_2 纳米颗粒上的单层染料产生溶解或者降解过程，要求这种 p 型半导体材料在可见光谱范围透光，即使产生吸光，它也必须具有染料的有效电子注入能力。

1) p 型无机半导体

目前，许多无机 p 型半导体材料能够满足上述条件，然而我们熟悉的宽带隙的 p 型半导体材料，例如 SiC 和 GaN 等不适合用于 DSSC，这是因为它们需要高温沉积势必会对染料产生降解。经过广泛研究，基于铜化合物如 CuI、CuBr 及 CuSCN 等[58-61]典型无机 p 型半导体材料能够满足这些要求。

这些铜基无机半导体材料可通过溶液或者真空沉积技术形成较完整的空穴传输层，CuI 及 CuSN 的导电能力超过 10^{-2} S/cm，使其具备空穴导电能力。

1995 年，Tennakone 等[62]首次报道了 CuI 的固态 DSSC，在太阳光强度为 800 W/m² 时，器件短路电流可达到 $1.5 \sim 2.0$ mA/cm²。他们通过华菁染料代替钌吡啶络合染料[63,64]，得到了转换效率为 2.4% 的 CuI 固态太阳能电池。然而，采用 CuI 的电池性能不是很稳定。2003 年，Sirimanne 等[65]发现 CuI 的固态器件性能退化很快，甚至比液态 DSSC 的退化速度还快，其中一个主要原因是 CuI 膜中过剩的 I_2 严重降低了 DSSC 的光电流。经过连续照射的 CuI 也容易产生氧化。Taguchi[66]和 Kumara[67]分别报道了采用 MgO 覆盖的 TiO_2 核壳结构多孔薄膜的 DSSC，并配合使用 CuI 空穴导电材料，得到了较高的光电转换效率和稳定性，这是因为壳层阻挡了 CuI 层的光生空穴的传输，抑制了 TiO_2 的光氧化能力。

选用 CuI 制备的太阳能电池性能不稳定的另一重要因素是 CuI 晶粒与 TiO_2 表面间的松散接触，采用乙腈作为溶剂容易沉积得到较大的尺寸晶粒，不能有效地渗透到纳米颗粒内部的空隙中，因此只能形成较弱的接触。Tennakone 等[68]发现在 CuI 的乙腈溶液中添加微量的 1-甲基-3-乙基咪唑硫氰酸盐(MEISCN)，能提高器件的稳定性。MEISCN 不仅能够抑制 CuI 的晶体生长，而且也存在于敏化的 TiO_2 颗粒与 CuI 晶粒间的界面处，有可能起到空穴传输的作用。Meng 等[69]同样采用 MEISCN 制备的太阳能电池，转换效率达到了 3.8%，并且具有很好的稳定性。然而，MEISCN 的纯化需要采用层析分离技术，因此价格昂贵不适用于大规模生产。在随后的研究中，Tennakone 等[169]发现简单结构的硫氰酸三乙胺(THT)具有相同的作用甚至可以更有效地抑制 CuI 晶体的生长，有可能替代 MEISCN

用于固态太阳能电池的制备。

选用 CuSCN 替代 CuI 的主要问题在于选择合适的沉积方法。2001 年 Kumara 等[70] 利用二丙硫醚的溶液在钌染料敏化的 TiO_2 多孔薄膜中成功镀膜，使电池的转换效率提高了 1.25％。O'Regan[71] 在 2002 年报道的采用 CuSCN 制备的固态 DSSC 器件转换效率达到了 2％，值得注意的是在膜厚为 $2\ \mu m$ 时孔隙的填充率几乎达到 100％。但是采用 CuSCN 制备的电池效率仍低于 CuI，这可能是由于 CuSCN 的空穴导电率较低的原因。

2）p 型有机小分子固体

对比 p 型无机半导体材料，p 型有机空穴导电材料由于来源广泛、容易成膜以及成本低等优点被广泛应用于有机太阳能电池中[72-74]。目前应用于 DSSC 中的有机小分子主要是 2，2′，7，7-四（N，N-二对甲氧基苯苯氨基)-9、9′-螺环二芴（OMeTAD）和三苯胺类（TPD）。1998 年，Gratzel[75] 首次报道了采用无定型有机空穴传输材料（OMeTAD）的高效固态 DSSC。2001 年，Kruger 等[76] 利用 OMeTAD 控制异质界面电荷的复合过程使得 DSSC 的转换效率明显提高。在这种有机导电材料中添加少量的 tBP 与 $Li(CF3SO2)_2N$ 得到的电池的转换效率达到 2.56％。Kruger 等[77] 进一步研究了利用银离子存在的染料制备 OMeTAD 的固态 DSSC，电池的转换效率提高至 3.2％。2007 年，Gratzel[78] 通过合成含二嵌段烷氧基及链烷基的吡啶钌络合物作为敏化剂，采用 OMeTAD 和银对电极配合制备的 DSSC 器件转换效率达到 5％。2006 年，Jessica[79] 等合成六种三苯胺类空穴导电有机小分子，研究了取代官能团对分子导电性和电化学物理性质的影响。

3）p 型有机导电聚合物

导电聚合物材料通常是合成材料，具有类似金属或半导体材料的电学、电子学、磁学和光学性能并保持传统聚合物的力学性能。此外，它们可以通过化学或者电化学的方法制备，工艺技术要求相对较低。此类材料往往具有金属和半导体性能的可逆转变，常应用在包括光伏电池和光电化学电池的各种电子器件上。

凝胶聚合物电解质能够提高固态电解质与氧化钛纳米多孔薄膜的接触特性，实际上已报道的准固态 DSSC 凝胶几乎与其液态前躯体溶胶的性质相同。凝胶电解质必须具备的条件是在 I_2 存在的情况下，聚合作用能够进行，聚合作用必须在低于染料分解的温度下进行，在氧气、水、离子等一些杂质存在情况下，聚合作用可引发并完成，聚合过程不产生有损于电池性能的副产物；聚合作用在没有引发剂的条件下也可进行。

8.5.3 染料敏化剂

根据光敏染料是否含有金属，可分为纯有机光敏染料和金属配合物光敏染料。纯有机光敏染料由于不使用贵金属，成本低、结构多样、摩尔吸光系数高等优点，近年来成为光敏染料研究领域的热点。金属配合物光敏染料包括金属钌（Ru）、锇（Os）、铂（Pt）、铼

(Re)、铜(Cu)和染料铁(Fe)，配体通常为各种取代的联吡啶或多联吡啶。使用最广泛的是金属钌配合物染料。此外，对酞菁、卟啉系列金属配合物光敏染料在 DSC 上的应用研究也比较多。下面分别介绍这两类化合物中性能较好的代表化合物。

1. 纯有机光敏染料

有机染料具有种类多、成本低、吸光系数高和便于进行结构设计等优点。近年来，基于有机染料的染料敏化太阳能电池发展较快。目前应用到 DSC 中的光敏染料包括香豆素类染料、聚甲川、类胡萝卜素、花菁素类染料、半花菁类染料、紫檀色素染料、叶绿素及其衍生物等。其中应用到 DSC 中敏化效率较高的有机染料有以下几种。

1）香豆素类染料

C343 是经常使用的香豆素化合物（见图 8.6），是很好的光敏染料。但是采用这种染料制备的 DSC 总能量转换效率很低（小于 1％）。为了提高该染料敏化电池的效率，2001 年日本的 Arakawa 研究组通过对 C343 的结构修饰，合成了一系列性能优异的、敏化效率较高的敏化染料[80-85]。他们设计的重点是如何使染料的吸收光谱变宽和抑制染料分子的聚集。其中 NKX - 231 性能最优，在 400～600 nm 波长范围内 IPCE 的值均大于 70％。在乙醇中的吸收光谱较 C343 红移了 70 nm，获得了 6％的光电转换效率[81]。2003 年他们通过将噻吩环引入到 π 共轭体系中合成了化合物 NKX - 2593 和 NKX - 2677，不仅使得 NKX - 2677 的吸收光谱得以拓宽，还使染料的 LUMO 轨道能级负移，增大了激发态染料向 TiO_2 导带注入电子的动力，使电池性能得到进一步的提高，获得了 7.7％的光电转换效率[82]。2007 年，Wang 等[83]人合成了具有高摩尔消光系数和稳定性好的香豆素染料 NKX - 2883，其敏化的 DSC 持续光照 1000 小时光电转换效率仍能保持在 6％左右[84]。

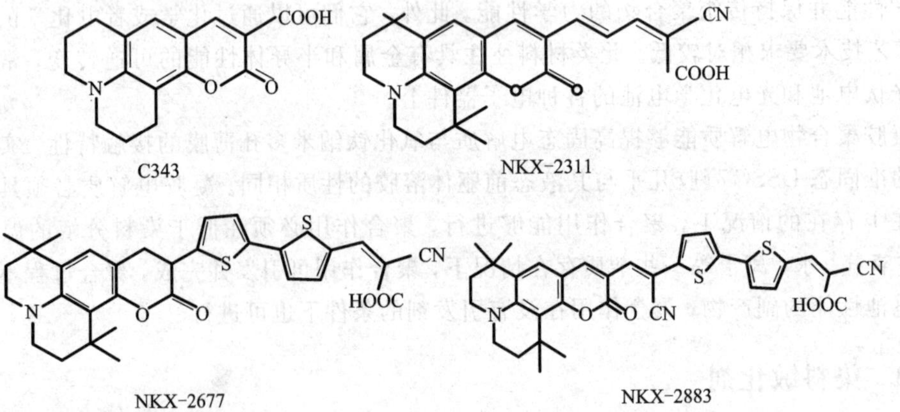

图 8.6 香豆素染料结构图

2）半菁类染料

北大黄春辉小组对半菁类染料敏化太阳能电池进行了较为系统的研究[86]，在 500 nm

波长下，半菁光敏染料 BTS 和 IDS[87] 最高 IPCE 都可达 100％，在模拟太阳光下，光电转换效率分别可达 5.1％和 4.2％。理化所王雪松小组[88]将黄春辉他们合成的半菁染料结构进一步优化：① 采用吸附能力更强的羧基替代磺酸基，加强染料与半导体之间的耦合；② 缩短吸附基团与染料骨架之间的碳链长度，使染料和半导体之间的距离更为接近，设计并合成了一系列新型苯并噻吩半菁染料。吸附基团为羧基加羟基的 HC-1 在 DSC 中表现的光电化学行为最好，其 IPCE 最大值达到 73％，总能量转换效率提高到 5.2％。

　　3）多烯类染料

　　2003 年，Arakawa 研究小组[89]先后报道了一类多烯 NKX－2569（见图 8.7）。以 N，N-二烷基苯胺作为给电子基团，以羧基和氰基作为吸附基团和吸电子基团，以次甲基单元为共轭桥连接给、受体，通过增强烯烃的共轭程度红移这一类化合物的吸收光谱，增强化合物的分子内电荷转移和电荷分离作用。NKX－2569 敏化的太阳能电池总能量转换效率高达 6.8％，表明多烯染料在 DSC 领域也有很好的应用前景。

　　（1）吲哚类染料。2003 年，Horiuchi 等人[90]报道了一类吲哚类光敏染料 D102（见图8.8），其光电转换效率达 6.1％，在相同条件下，N3 染料的光电转换效率可达 6.3％，NKX－2311 敏化电池的效率只有 3.3％。2004 年，Horiuchi 等人[91]通过增加罗丹宁基团，使得 D102 的吸收光谱红移，得到了另一种吲哚染料 D149，将 DSSC 的光电转换效率提高到 8.0％。2006 年，Gratzel 研究组[92]通过优化 TiO₂ 电极结构，将 D149 染料敏化太阳能电池的效率提高到 9.0％。2008 年，他们又在 D149 染料的基础上，用正辛基代替电子受体部分的乙基，得到吲哚染料 D205，由于引入了长碳链，有效地防止了电子与电解质在 TiO₂中的复合，并通过将脱氧鹅胆酸加入染料溶液中，防止了染料聚集，使 D205 染料敏化电池的效率达到 9.5％[93]。

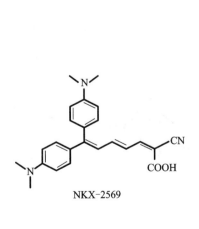

图 8.7　多烯类染料结构图　　　　　　图 8.8　吲哚类染料结构图

（2）其它染料。2006 年，Hagberg 等人[94]报道了一类简单的三苯胺类染料 D5，此类染料将氰氧丙烯酸作为电子受体，将三苯胺作为电子给体，噻吩乙烯为桥基，制备的电池总效率达到 5.0%，相同条件下 N719 敏化电池的总效率为 6.0%。2007 年，Hwang 等[95]利用苯环替代染料 D5 的噻吩环，得到了染料 TA-St-CA，效率达到 9.1%，相同测试条件下，N719 染料的效率为 10.1%。2008 年，Hagberg 等[96]又在三苯胺上引入甲氧基以及引入多个三苯胺基团的方法，合成了三苯胺类染料 D7、D9 和 D11（见图 8.9），并且通过研究发现引入甲氧基可有效提高染料的效率，其中 D11 染料效率最高，达到 7.0%，其中将 D9 染料用于全固态太阳能电池时效率最高，达到 3.3%。

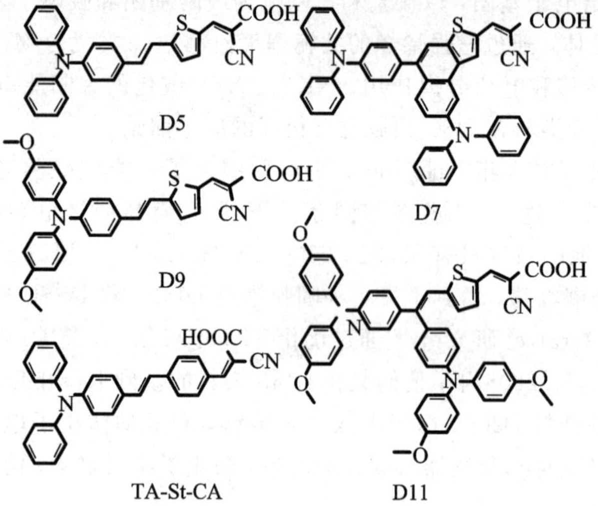

图 8.9　三苯胺类染料结构图

2007 年，一系列吩噻嗪有机光敏染料见诸报道[97]（见图 8.10），其中以氰基乙酸为电子受体的吩噻嗪染料 T2-1 光电转换效率达到 5.5%。而如果将罗丹宁乙酸作为电子受体的吩噻嗪染料 T2-3，DSSC 的光电转换效率仅为 1.9%，在同样的测试条件下，以 N3 染料作为光敏染料的太阳能电池光电转换效率为 6.2%。

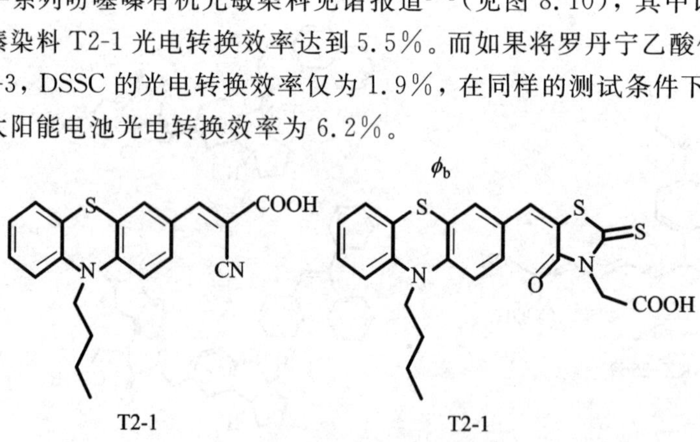

图 8.10　吩噻嗪类染料结构图

2008 年，中科院长春应化所王鹏研究小组[98]开发的 C101 在国际标准实验室测试转换效率达到 11.9%。同年，采用高吸收系数的钌染料 C103 结合低挥发性电解质和离子液体电解质(见图 8.11)，制备出了转换效率为 9.7% 的染料敏化太阳能电池，并且具有长期光热稳定性[99]。而采用染料 C203 研制的 DSSC 的光电转换效率达到 8.0%。若将共熔离子液体电解质与 C203[100]染料相结合，可制备出长期光热稳定、转换效率达到 7% 的实用化染料敏化太阳能电池。

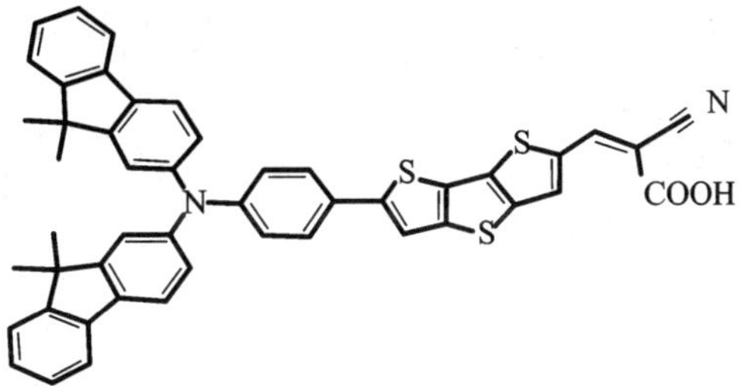

图 8.11　C203 染料结构图

2. 金属配合物光敏染料

金属有机配合物染料是用得最多的一类染料，具有特殊的化学稳定性、突出的氧化还原性质和良好的激发态反应活性。另外，它们的激发态寿命长，发光性能好，因而对能量传输和电子传输都具有很强的光敏化作用。目前，有机金属配合物染料使用最多的是钌的配合物，此外还有铱、钴、铁、铂等配合物，配体大多使用联吡啶、酞菁和卟啉。

1) 联吡啶钌染料

联吡啶钌在光化学、电化学、光电化学的应用受到了广泛的关注，这是因为它们具有较高的热稳定性和化学稳定性。联吡啶钌染料在吸收可见光后能够产生金属到配体的电子跃迁，并将电子注入到半导体导带中。因此联吡啶钌配合物作为 DSC 光敏剂越来越引起人们的重视。关于它的研究主要集中在四个方面：① 提高染料分子激发态能级的电荷分离程度；② 优化染料与 TiO_2 膜的键合方式，使电子向 TiO_2 薄膜的注入更有效；③ 使染料有尽可能宽的吸收带和较大的摩尔消光系数；④ 增加染料的稳定性。而金属配合物敏化剂通常含有吸附配体和辅助配体，吸附配体同时作为发射基团使染料吸附在半导体表面；辅助配体的作用是调节配合物的总体性能，它并不直接吸附在纳米半导体表面。

1979 年，Wolfgang 小组[101]最早开发了这类染料，他们将羧基引入联吡啶的母体，使染料敏化剂在光解水系统中更有效。1985 年，Gratzel 等[102]把此类染料应用到 DSC 电池中，后来又将电子给体如 Cl^-、H_2O、Br^-、I^-、CN^-、NCS^- 等引入该染料，合成并系统研究了形如 cis-Ru(L^1=2,2-联吡啶-4,4′-二羧酸，X=Cl、Br、I、CN、NCS 等)的系列羧酸多吡啶钌染料敏化剂[103-107]。在这一系列染料中，以 N3 和 N719 染料为代表的"红染料"性能(见图 8.12)最优，也是目前在 DSC 电池中应用最多的染料敏化剂。2005 年，Gratzel 等人[108]将 N719 作为敏化剂所制备 DSSC 电池的光电转换效率提高到 11.18%。但是这种染料在可见光的长波区域缺乏吸收,因此为了进一步扩展染料的光效应范围,他们又改进了配体,将烯键加入羧基和联吡啶之间以增大共轭体系,使吸收光谱发生红移,提高了光响应范围。

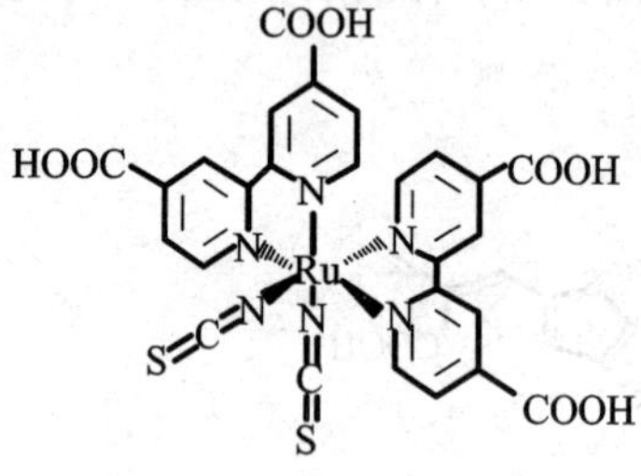

图 8.12 N3(a)、N719(b)和 N749(c)的染料结构图

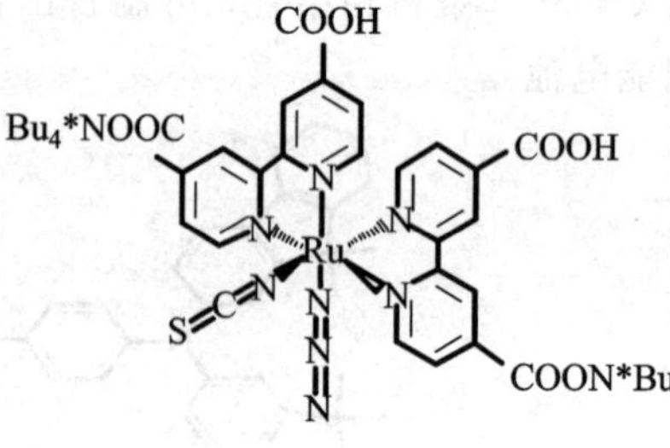

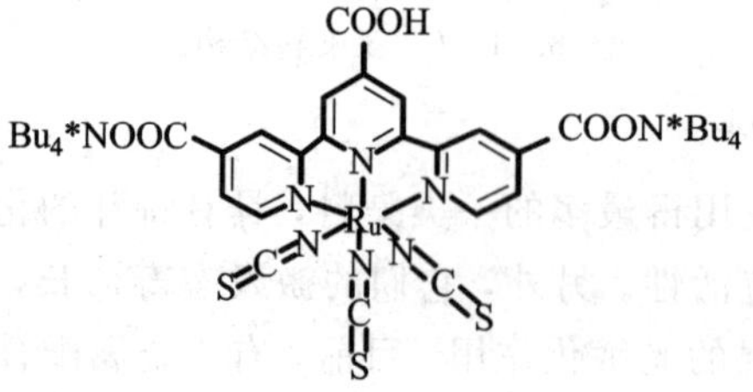

2001 年,报道的黑色染料(N719)[109]也是基于同样的考虑:增大共轭体系,扩大联吡啶环将羧基合并到一个配体中,增加硫氰根数量,使光电流产生的起始激发波长变为 920 nm。随着波长的减小,IPCE 值逐渐升高,到 700 nm 以后,IPCE 达到 80%。若忽略导电玻璃对光的反射和折射,那么在整个可见光区域,黑染料敏化的 DSC 几乎呈现了近 100% 的 IPCE 值,从而使染料在整个可见光范围都有良好的吸收。在 AM1.5 白光照射下,用黑染料敏化的 DSC 产生的开路电压为 721 mV,短路电流为 20.53 mA/cm²,填充因子为 0.704,光电转换效率达到 10.4%。

DSC 的关键部分就是染料,因此要求其对太阳光具有良好的宽带吸收,还需要有高的摩尔消光系数和长时间耐光、耐水、耐高温的稳定性[110]。Gratzel 小组首先将大 π 共轭链引入到联吡啶配体上,合成了 K8[111]、Z907[112]、Z910[113]、K-19[114](见图 8.13)等化合物。与 N3 相比,染料 K8 的摩尔消光系数增加了 30%,Z907 可以在 80℃ 条件下稳定工作 1000 h,热稳定性良好;利用 Z907 和 DPA 形成的混合单分子染料层,不仅提高了电压输出的稳定性,而且将光电转换效率提高到 7.3%,Z910 通过用非羧基取代染料 Z907 联吡

啶上的 π 共轭体系，使金属到配体的电荷转移（MLCT）发生红移，提高了摩尔消光系数和对可见光的捕获能力，总的光电转换效率为 10.2%，光照 1000 h 后电池的各个参数也都很稳定。摩尔消光系数的提高，降低了染料敏化半导体氧化物膜的厚度，提高了电子的注入效率。

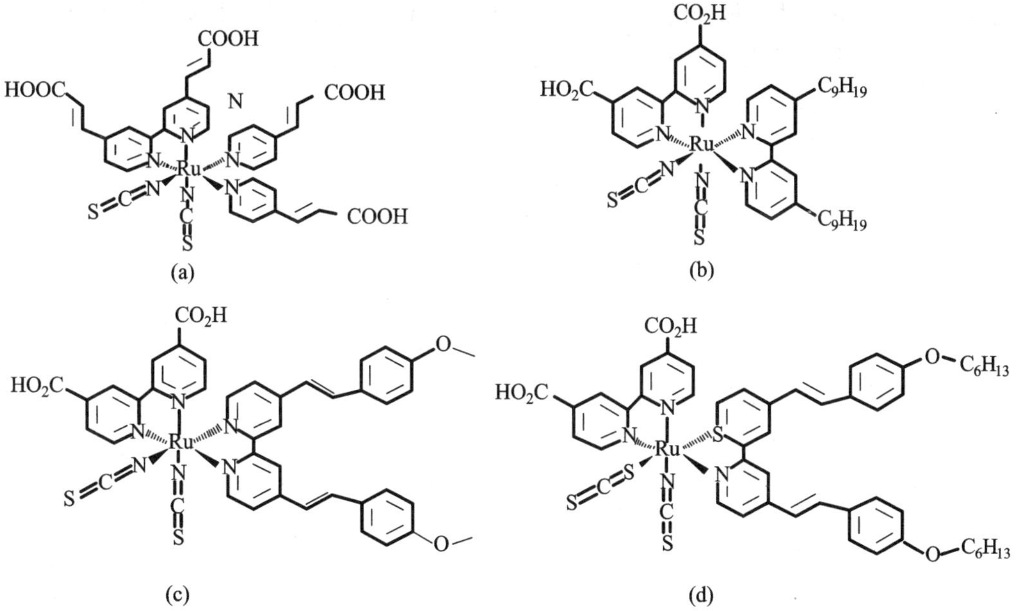

图 8.13　K8(a)、Z907(b)、Z910(c) 和 K-19(d) 染料结构图

Islam 等[115-117]将联吡啶配体替换为联喹啉配体以及菲咯啉，使光敏染料最大吸收波长红移到 700 nm。以 Ru(dcpq)₂(NCS)₂ 为例，吸附到纳米晶 TiO₂ 电极上后，激发态能级略微高于 TiO₂ 的导带电位，吸收光谱可达到 900 nm，其敏化的 DSC 单色光光电转换效率最大为 55%。Renounard 等[118,119]研究了四联吡啶钌光敏染料，四联吡啶的电子比二联吡啶更加离域，同时使硫氰根配体由顺式转为反式，这些因素都使得相比于二联吡啶钌光敏染料（N3），最大吸收波长红移了 44 nm，敏化的 DSSC 单色光的光电转换效率最大为 75%。

Ghanem 等[120]模拟光合作用中的光系统Ⅱ（PSⅡ），在联吡啶钌配体上引入酪氨酸（Tyr），Tyr 可有效抑制注入电子的复合，实现长寿命的电荷分离，扮演着关键的电子转移和传递作用。而 Pan 等[121]进一步在 Tyr 上引入吡啶，更有利于形成酚羟基自由基，提高分子内的电子转移速率。

2）多核联吡啶钌染料

联吡啶钌配合物因为具有可以选择接受电子和给出电子能力不同的配体的性质，可以改变基态和激发态的性质，因此将不同的联吡啶配合物利用桥键连接起来，就形成了多核配体，使得吸收光谱与太阳光谱更好地匹配，从而增加吸光效率。这类多核配合物的一些配体可以把能量转移给其它配体，被称为具有"能量天线"功能。

对多核钌基多吡啶配合物的研究始于 Amadeui 等关于配合物的报道[122]。Nazeeruddin 等[123]也进行了类似多核钌基敏化剂的研究，得到了较好的研究结果。Gratzel 等[124, 125]经过研究认为，天线效应尽管在单核联吡啶钌染料光吸收效率极低的长波区域增加了染料的吸收系数，但是并不能增加光的吸收效率，而且由于体积较大，比单核染料更难进入纳米 TiO_2 的孔洞中，限制了吸光效率。

3) 酞菁类染料多

酞菁是由 4 个异吲哚结合而成的十六环共轭体，金属原子位于环中间，与相邻的 4 个异吲哚相连。通过将磺酸基、羧酸基这类能与 TiO_2 表面结合的基团引入分子后，可用作光敏染料。分子中的金属原子可以是 Zn、Cu、Fe、Ti 和 Co 等。2007 年，Reddy 等[126]报道酞菁光敏染料 PCH001 采用离子液体电解质制作的 DSC，IPCE 最高可达 75%，光电转换效率为 3.1%，将这种染料用于固态太阳能电池时，IPCE 可达 43%。酞菁类（见图 8.14）染料很早就被用作光敏化剂。它具有良好的半导体性质，对太阳光有很高的吸收效率，化学性质稳定，通过改变金属种类可获得不同能级的染料分子，这些都

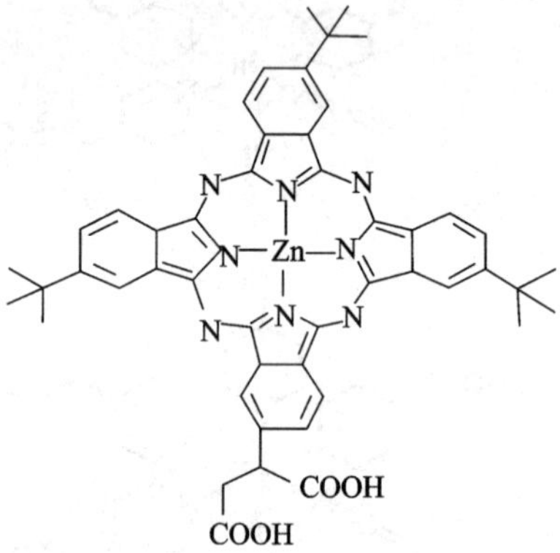

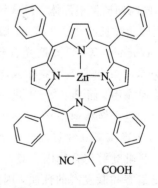

图 8.14　PCH001 染料结构图

有利于光电转换。但是酞菁在有机溶剂中的溶解态较差，易于在 TiO_2 表面形成聚集态，同时酞菁在溶液中很容易生成具有光学活性的二聚体，影响器件的光电转换效率。

4) 卟啉类染料

卟啉最初由于在红外和近红外区没有吸收无法与 N3 和黑色染料敏化剂进行竞争，但是 2000 年以后卟啉类染料有了很大的突破。它们能与铁、镁及其它金属离子相结合，形成含四个 N 原子的平面正方形结构，通过取代卟啉周边环可以调节其电子性质。而且卟啉在 400~450 nm 及 500~700 nm 范围内有很强的吸收，这使它有望在光电器件中得到应用。这类染料与 TiO_2 形成的键合状态、键合数量以及取代基的位置是影响 DSC 的重要因素。2005 年，Wang 等[127]报道了 Zn-3 卟啉化合物，它是将氰基丙烯酸引入卟啉上，其 IPCE 达到 80%，转换效率达到 5.6%。2007 年，Campbell 等[128]在 Zn-3 染料的基础上（见图 8.15），将氰基丙烯酸用多烯丙二酸代替，得到了另一种卟啉类染料，效率达到 7.1%，将这种染料应用于 spiro-MeOTAD 作为空穴传输材料的固态太阳能电池中，转换效率达到 3.6%。

图 8.15　Zn-3 染料结构图

8.5.4　对电极

对电极也称光阴极，主要用于收集电子[50]，还有一个主要功能就是催化作用，加速 I_3^- 与对电极之间交换电子的速度。这就需要对对电极进行修饰，以提高其催化性能[129-131]。根据对电极材料的种类不同，可将对电极分作两大类：金属质对电极和非金属质对电极。

1. 金属质对电极

1）铂对电极

铂因为对 I_3^- 具有良好的电催化活性而成为最早用于染料敏化太阳能电池的对电极材料，也是目前最常用的电极材料。铂对电极能获得最高的光电转换效率。到目前为止，对于铂对电极的研究较多且技术较为成熟。铂对电极的制备方法主要有磁控溅射镀膜法、热分解法和化学镀膜法等[132-133]。

（1）磁控溅射镀膜法。磁控溅射镀膜法是在 3×10^{-4} Pa 的真空条件下，以铂片作为激发源，用真空镀膜机溅射，在导电基片表面形成一层铂修饰膜。该方法的优点是无毒、无污染和无废液，成本与能耗低，所制得的铂修饰膜较均匀，在基片上的附着力强，也适宜在柔性基片上镀膜。该方法的缺点是制备的膜有色泽但颜色发暗，对透过光的反射性差，无法生成规则排列的铂金膜，缺陷很多，表面电阻很高（电极表面的电荷转移电阻越高，电池的短路电流和填充因子就会越低）。

（2）热分解法。热分解法就是在加热条件下将氯铂酸与水、有机溶剂的混合溶液滴加在导电玻璃上，烘干后得到铂修饰电极。该法的优点是：制备工艺简单，膜相对均匀并且呈多孔结构（比表面积较大）。因该法所制备的对电极具有较大的比表面积，并且对 I_3^- 的形成具有很好的催化功能，在电极工作时产生较大的交换电流密度，引起的电势损失较小且比较稳定，因此有望在将来大规模应用到玻璃基染料敏化太阳能电池中。该法所制得对电极的缺点是采用热分解也不能将高价铂完全还原为 0 价态，并且高温易增加导电玻璃的表面电阻，表面存在很多缺陷，不能用于柔性染料敏化太阳能电池。

（3）化学镀膜法。电化学镀膜法就是以铂金片作阳极，导电基片作阴极，在合适浓度的电镀液中进行电镀。该方法的优点是，晶粒顺着电镀时导电基体表面电流方向整齐地生长，在基片的导电面上得到光亮的铂镜，并且干扰因素少，不易在膜中引入杂质。

用电镀法所制得的铂金膜附着力强，均匀和致密，杂质、缺陷少，膜表面光亮、反射性能好，膜的厚度可以比较厚。而且，高价铂能够完全被还原为 0 价态，所需要的温度低，表面电阻小，膜的催化效率高。因此，电镀法在染料敏化太阳能电池对电极的制备中更具有优势。缺点则是电极的比表面积较小，铂的催化能力受到限制。

在玻璃基染料敏化太阳能电池中，通常用铂修饰的 FTO 导电玻璃作对电极（Pt/FTO）。该修饰电极对 I_3^- 显示出很高的催化活性，但它较高的表面电阻和在电池中较低的填充因子限制了其更广泛的(尤其是在大面积组件中)应用。为了进一步提高铂对电极的电性能,人们也尝试用其它方法构造铂对电极。

Fang 等[134]研究了所制备的铂层厚度对太阳能电池性能的影响,发现当铂层厚度大于 100 nm 后,厚度对电阻和电池性能产生的影响很小。Kim 等[135]采用脉冲电沉积法在导电玻璃基底上沉积铂,获得了光电转换效率为 5.0% 的太阳能电池。通过在导电玻璃基底上热分解 H_2PtCl_4 的方法在镀 NiP 的 FTO 上制备对电极,所得到的对电极与常规铂对电极相比,光反射有所加强,生产成本得到降低,电荷交换电阻减小为 $0.15\ \Omega \cdot cm^2$,方块电阻仅为 $0.5\ \Omega/\square$,进一步增大了光收集效率和电池的填充因子,光电转换效率由 5.6% 增加到 8.3%,提高了 33%。郝三存[170]用真空镀膜(磁控溅射)、电化学、热分解三种方法在 ITO 导电玻璃上制备了铂对电极,经过对比发现采用真空镀膜法制备的铂对电极,因为电阻过大降低了电池的短路电流,对 DSSC 的性能没有改善,而电化学方法获得的铂对电极使 DSSC 的最大输出功率提高了近 7 倍,电池的开路电压和短路电流均有所增加。电化学法制备的对电极载铂量偏高,与染料敏化太阳能电池价格低廉的特点不相适应。热分解法由于简便、快速,能够实现铂离子浓度与膜厚度的控制,因此寻找合适的涂膜液配方,减少有机物的残留,制备具有多孔网状结构、厚度均匀、高比表面积的铂修饰对电极,是今后的一个研究方向。

Wei 等[136]采用包覆的方法制备聚乙烯基吡咯烷铜包覆的铂纳米簇作为对电极,获得了 2.8% 的光电转换效率,该方法温度低,制备容易且载铂量少。陈今茂等[137]利用 L-B 膜及自组法的优势,并结合铂胶体制备,在 FTO 导电玻璃上研制了铂对电极,铂颗粒尺寸较小,密集均匀,载铂量低。在载铂量近似的情况下,自组铂对电极比热分解铂对电极的催化性能高 2~10 倍,光电转换效率高 1 倍左右。Khelashvili 等[138]比较了氢气还原、热分解、多羟基化合物还原、硼氢金属化合物还原等不同方法制备的铂对电极,发现制备温度比较低的方法有氢还原、多羟基化合和硼氢金属化合物还原,对 H_2PTC_{16} 前驱体进行热分解,在 580℃ 以上才能得到铂,XRD 和 TEM 分析铂颗粒的粒径均在纳米范围。氢气还原法工艺简单,制得的铂对电极表现出最好的电化学性能,是很有发展前途的一种制备方法。

为了适应柔性染料敏化太阳能电池的发展,人们越来越多地将铂与导电聚合物相复合获得的柔性对电极进行研究。导电聚合物成本较低,制备相对简单,但也同样存在催化活性、导电能力相对较低的问题,因此人们在对铂修饰电极进行深入研究的同时,又把目光转向性能更高、更稳定、制作更简单和成本更低的可替代材料上[139-146]。

Ma 和 Fang 等[147,148]采用磁控溅射法在金属和塑料柔性基底上制备了铂对电极,其中在不锈钢片、镍片和 ITO 包裹的聚苯二甲酸乙二酯(ITO-PEN)三种柔性基底上制备的铂对电极光电转换效率与在导电玻璃上制备的铂对电极接近。在柔性不锈钢基底上制备的铂对电极减小了电池的内阻,改善了电池的填充因子,提高了大尺寸 DSSC 的光电转换效率。

Seigo 等[149-150]在 ITO - PEN 基底上利用电化学法制备了铂/ITO - PEN 对电极，组装的柔性染料敏化太阳能电池得到了 7.2% 的光电转换效率，显示了柔性基底材料在对电极制备中的应用前景。有研究表明，含有 I_3^- 的电解液能够腐蚀铂生成碘化物(如 PtI_4)，但是长期的研究并没有证实铂对电极性能的退化，说明铂对电极具有良好的稳定性。虽然对电极载有很少量的铂(约 50 mg/m^2)就能获得需要的催化作用，但是每瓦电的生产成本还是很高，尤其当太阳能转换系统所生产的电量需要用兆兆瓦来衡量时，人们更希望所用的催化剂材料丰富而廉价。

2) 金对电极

Sapp 等[151, 152]依次用热蒸镀法在 FTO 导电玻璃上沉积 25 nm 的铬和 150 nm 的金，得到了金对电极(7.1×10^{-2} cm^2)，用含有 Co(II/III) 的 I^-/I_3^- 电解液制备了 DSSC 电池，经循环伏安法测试得到电子迁移动力学与电极表面的关系：对应 4，4'-dmb 和 dtb-bpy 两组电解液，金电极得到了最佳的可逆完整伏安曲线，碳对电极为准可逆，铂对电极则不可逆。电化学测试结果表明，铂对电极的性能不及金对电极，而且金对电极在测试中没有出现腐蚀现象。将 0.5 mol/L 的 LiI、0.05 mol/L 的 I_2、0.2 mol/L 的 4-叔丁基吡啶(TBP)溶解在甲氧基乙腈中作为电解液，所测得的金对电极最高光电转换效率 $\eta = 1.58\%$，$J_{SC} = 5.32$ mA/cm^2，$V_{OC} = 507$ mV，FF = 0.52，说明金电极具有一定的光电转换效率。

3) 镍对电极

范乐庆等[171]利用 52 g 的 $NiSO_4 \cdot 6H_2O$、2.2 g 的 NaCl、8 g 的 H_3BO_3 和 0.24 g 的 $Cl_2H_{25}NaO_4S$ 配置成 250 mL 的水溶液进行镍对电极的沉积，在制备时要将导电玻璃和镀铂一起经过涂油、活化后放入电镀液中在室温下进行电镀，电流密度控制为 0.01 A/cm^2，电镀时间为 1 min，镍的镀层厚度约为 0.2 μm。经过试验测试发现，石墨电极的性能不及镍电极，经镍修饰后，电池的光电流有所提高，IPCE 在 460 nm 光波长处最大，约为 41.8%，但是由于镍能与电解液中的 I_3^- 发生反应，V_{OC} 由镍修饰前的 478 mV 降为修饰后的 468 mV，限制了镍对电极在 DSSC 中的应用。

染料敏化太阳能电池的研究人员也曾尝试用其它金属材料[132, 133]，如钯、不锈钢、铜和铝等做对电极，但它们的电催化性能远不如铂修饰的对电极，新型金属对电极材料及制备方法有待进一步发展。

2. 非金属质对电极

1) 碳对电极

为提高染料敏化太阳能电池对电极的性能，降低电池的制作成本，科研人员把寻找对电极可替代材料的目光集中在碳基材料上。碳材料是电的良导体，其质轻，原料易得和无毒无污染，是很好的电极材料，成为对电极材料研究的一个热点。目前，碳对电极的研究主要有以下几种：

(1) 石墨对电极。石墨对电极[153-157]主要采用物理涂覆法和经热处理进行制备。石墨属于层状结构，电子的传导速度在其中间界面处会受到限制。而且石墨电极制备工艺不成熟，石墨与导电基底粘结不实，增大了对电极的面电阻，降低了石墨对电极的稳定性。

(2) 碳纳米管对电极。碳纳米管比表面积大、催化活性高，具有较高的纵向导电性，而且对电解质具有耐腐蚀性，是一种很有前途的对电极材料。因此，碳纳米管对电极有望在今后大面积染料敏化太阳能电池模块组中得到应用。2003 年 Suzuki 组分别在导电玻璃和特氟隆薄膜上制备了单壁碳纳米管对电极[146]，对染料敏化太阳能电池电解质具有很好的催化活性。2008 年，Lee 小组[172]在 FTO 导电薄膜上采用喷涂包覆法制备了复层碳纳米管对电极。用该电极制备的电池能量转换效率达到了 7.59%，比单壁碳纳米管电极的光电性能更高，同时考察了填充因子、电荷传输阻抗与喷涂时间的关系。新泽西理工学院的研究小组开发的染料敏化太阳能电池对电极使用了一种碳纳米管复合体[158]，这是一种圆柱型碳分子结构。他们把碳纳米管与碳 60 的正三十二面体（即富勒烯）相结合，尽管碳 60 正三十二面体不能产生电流，但能捕获电子，阳光的照射将激活聚合体，而碳 60 正三十二面体将捕获电子，此时纳米管的作用就象导线，能够产生电子或电流。把这种碳纳米管复合体电极运用于未来有机太阳能电池也能增强其效能。但是，由于碳纳米管的常规制备技术还不完善，而且成本较高，所以这些对电极目前还不能得到广泛的应用。

(3) 碳黑对电极。Imoto 等[145]曾用活性炭、石墨、碳黑和玻碳分别制备对电极，并对其性能进行了研究：对电极性能的提高取决于碳材料的粗糙度（比表面积）。其中，碳黑具有比表面积高、催化活性强、对电解质具有耐腐蚀性、制备工艺成熟和便宜易得等优点。相对铂对电极来说，碳黑是很好的可替代材料。1996 年，Kay 等[159]在石墨中加入 20% 的碳黑作碳对电极（FTO 玻璃基底），利用碳黑的高比表面积来增强电极的催化活性，同时碳黑聚集体填充了石墨结构之间的部分空隙，改善了电极的传导率。电池的 $I_{SC} = 4.425$ mA，$V_{OC} = 825.9$ mV，FF $= 0.712$，$\eta = 3.89\%$，低于磁控溅射制备的铂对电极 4.3% 的转换效率。为了降低碳对电极上 I^-/I_3^- 离子对的电荷交换电阻，抑制光电子与氧化态染料（或 I_3^-）的背反应和改善填充因子，人们尽可能增加碳对电极的粗糙度。同时，由于 I^-/I_3^- 电位的正位移，碳对电极 DSSC 的 V_{OC} 比铂对电极大了约 60 mV。2006 年，Murakami 等[157]报道了用碳黑和 TiO_2 质量比分别为 93∶7 所制备的另一种高性能碳对电极，该对电极的碳层厚度对填充因子和光电转换效率有影响，碳层较厚时，碳对电极的电荷交换电阻不到铂对电极的 3 倍。当碳层厚度为 14.47 μm 时，$J_{SC} = 16.8$ mA/cm^2，$V_{OC} = 789.8$ mV，FF $= 0.685$，$\eta = 9.1\%$。Huang 等[156]用糖溶液经水热和高温处理得到两种无定型碳材料，即 HCS-1 和 HCS-2，其中 HCS-2 有较高的比表面积（800 $m^2 g$），用丝网印刷技术在 FTO 导电玻璃上制备的碳对电极，光电转换率达到 5.7%。Suzuki 等[159]用碳纳米管制备对电极，取得了 4.5%（0.25 cm^2）的转换效率。

在柔性塑料基底上制备的碳对电极也有报道。Lindstrom[160]利用石墨和碳黑的混合物，在 ITO - PET 柔性基底上采用压制法制备了碳对电极（0.39 cm²），用该对电极组装的柔性染料敏化太阳能电池达到一定的光电效率，但在大电流密度下的光电转换效率还有待研究。

碳材料的催化活性点位于晶棱上，由于碳黑具有很多晶棱，所以它的催化活性要比高定向性的碳材料（如石墨和碳纳米管）高。用碳材料作为对电极催化剂时，其催化作用和阻抗的大小取决于碳层的厚度。碳对电极的催化反应速率比铂对电极慢，这是因为碳电极表面 I^-/I_3^- 的氧化还原反应的电荷跃迁电阻 R_{ct} 非常大。所有类型的碳对电极均存在这种情况，因此，碳对电极 DSSC 的光电转换效率比铂对电极的小。

2）聚合物对电极

Saito 等[161]采用聚对甲苯磺酸（TsO）掺杂聚（3，4-二氧乙基噻吩）制备聚合物 PEDOT：TsO 对电极。其方法是在甲苯磺酸铁、咪唑的丁醇溶液中加入单体 3，4-二氧乙基噻吩，滴加在 FTO 玻璃上表面并旋转（1000 r/min）成膜，在 110℃ 加热 5 min 使膜聚合，用甲醇洗掉膜中的对甲苯磺酸亚铁盐，干燥后得到 PEDOT：TsO 对电极，通过镀膜的次数和溶液浓度控制膜厚，此时 PEDOT：TsO 对电极为多孔结构，膜的比表面积随着厚度的增加而增大，R_{ct} 逐渐减小。若用离子液体作电解液，2 μm 厚的 PEDOT：TsO 对电极的 $J_{sc}=$ 10.2 mA/cm²，$V_{OC}=603$ mV，FF$=0.7$，$\eta=3.93\%$，比磁控溅射制备的多孔结构铂电极的性能要好。

Muto 等[162]采用聚（3，4-二氧乙基噻吩）掺杂聚苯乙烯磺酸（PSS）作为 PEDOT：PSS 对电极，在柔性 ITO - PEN 导电基底上制备电池，获得了 2.72% 的光电转换效率。为增强碘还原催化性能，在 PEDOT：PSS 分散在水－乙醇的分散相中加入纳米 TiO₂ 颗粒制成浆料，通过压印包覆的方法制备出半透明的对电极，将柔性 DSSC 的效率提高到 4.38%。

Hayase 等[163]的研究表明，PEDOT 对电极的性能会随着电解液的种类（有机液体、离子液体和离子凝胶）的不同而发生明显的改变。因此通过选择合适的电解液，并对 PEDOT 的结构进行优化，如孔隙率、厚度、掺杂离子等，可以进一步提高聚合物对电极的光电性能，降低生产成本。

3）氧化铜对电极

CuO 是一种窄禁带（1.2 eV）p 型半导体材料，由于具有较好的光电、光化学和催化性能，且价格低廉，因此受到了 DSSC 研究人员的关注。

Anandan 等[164]在一定浓度的氨水和 NaOH 的水溶液中放入经过盐酸处理的铜箔（1 cm²），一段时间后在铜箔表面生成排列整齐的 CuO 纳米棒，用去离子水冲洗后晾干，得到 CuO 对电极。CuO 纳米棒的表面形貌取决于溶液的 pH 值，p 型 CuO 对电极与 n 型 TiO₂ 制备的光电极组装构成染料敏化异质结电池，光电产生机理与 Tennakone 的描述相似[165]。在 pH 为 12.3 的溶液中反应 14 天所制备的 CuO 对电极具有较好的催化性能，$I_{sc}=0.45$ mA，$V_{OC}=564$ mV，FF$=0.17$，$\eta=0.29\%$。可以通过进一步优化 CuO 对电极的性能、减小界面缺陷、减小 CuO 纳米棒薄膜阻抗、引入 Al_2O_3 或者 MgO 阻挡层减小电子—空穴的复合等方式提高电池的填充因子。然而，CuO 对电极的研究才刚刚开始，其催化效果与铂金相比还比较差，光电转换效率有待进一步提高。

4）CoS 对电极

Wang 等[166]在柔性 ITO/PEN 导电基底上采用电化学法电沉积一层纳米 CoS 颗粒得到的对电极对碘离子(I^-/I_3^-)具有良好的催化活性，其催化能力与铂修饰电极接近。采用该对电极的染料敏化太阳能电池的光电转换效率可以达到 6.5%。但其长期稳定性不理想，一个月后电池的开路电压与填充因子均有较大幅度的下降。

铂对电极虽然具有高的能量转换效率，但它的高成本制约着其在染料敏化太阳能电池产业化进程中的应用，其它金属电极的催化活性远不如铂金，有待进一步发展。对电极未来的发展方向应该是开发性能稳定、成本低、表面电阻低、催化活性高且稳定性好、制备工艺简单、适宜制备大面积电池的电极材料。尽管采用碳材料和高分子聚合物对电极等制备太阳能电池的光电转换效率仍低于基于铂对电极的电池效率，但多孔高比表面积碳材料和导电高分子聚合物等对电极材料所制备的电池性能在逐步提高。目前，国际上对染料敏化太阳能电池对电极的研究仍以铂为主，其它对电极的研究探索也逐步呈现出多样化的趋势。

8.6　展　　望

作为一种高效价廉的太阳能电池，染料敏化太阳能电池受到了各国科学家的广泛关注，纵观其研究发展的现状，今后有几个方面的工作需进一步开展：

（1）电子在传输过程中，由于纳米晶粒之间存在大量晶粒间界，使得光生电子的传输效率较低，容易发生反向复合，从而使得光电转换效率难以进一步提高。如果能在导电衬底上构建一种具有高空间取向的半导体单晶纳米线阵列结构，则是大幅度提高染料敏化电池光电转换效率的一条可行途径。

（2）由于染料敏化电池使用了电解质溶液，故造成了封装困难，而且容易渗漏，以致使得光电池的稳定性降低和使用寿命缩短。因此，寻找新的电解质材料势在必行。例如，在溶液中加入碱性组分以增加光电压，加入高电导率的组分（如离子液体）以提高电导率和填充因子，加入高分子凝胶以形成准固态的凝胶高分子等。尤其是固态电解质的采用，既能保持液体电解质的高电导率和高转换效率，又可以解决液态电解质容易渗漏和封装困难等问题。

（3）寻找性能优异的染料敏化剂，如纯有机染料或共敏化染料，也将成为染料敏化电池的一个重要发展方向。开发新染料的目的是使其能在全可见光谱范围和近红外光谱区内吸收光子能量并具有高的量子效率。目前，扩展吸收光谱的研究工作中存在的主要问题是吸收光扩展后，由于 HOMO 增加使染料 I^-/I_3^- 之间的能量差减小，染料的复原速率下降，或者在 LUMO 降低后，电子向 TiO_2 导带的注入速率下降。纯有机染料在长波长范围内有比较好的吸收，最大的优点是它的成本低，恰好可以弥补 N3 染料的不足。但是，纯有机染料的转换效率与 N3 相比还有较大差距。虽然纯有机染料敏化太阳能电池的转换效率只有 $1\%\sim2\%$，但是它的成功合成为组装共敏化染料太阳能电池提供了可能。

（4）对电子注入和传输的内在机理进行更为深入的研究，这将有助于更好地优化电池，设计出更有利于光吸收、电子注入和传输的染料敏化太阳能电池，也为染料敏化太阳能电池走向实用化奠定了坚实的基础。

（5）提高电池的开路光电压。到目前为止，有关光电压的本质及主要影响因素的研究报道较少，仍不明其内在机理。现在所制备的染料敏化太阳能电池的开路电压较低，一般都小于 1 V。这限制了其在实际中的应用，如何提高开路电压将是今后研究的一个方向，提高开路电压将会大幅度地提高光电转换效率。

（6）电极材料及其修饰。目前主要用的阴极修饰材料是铂，但是铂的价格过高并且修饰过程不易控制，所以寻找价格便宜、性能优越的电极材料也是需要关注的问题之一。

（7）大面积电池的制备。要使染料敏化太阳能电池实用化和产业化，必须对大面积电池进行研究。

总之，染料敏化太阳能电池具有较低的成本、简单的制作工艺，这是其它种类的太阳能电池无法比拟的。虽然目前还存在一些问题，但随着技术的不断进步，其良好的应用前景将凸显，必将走向实用化，这将有助于解决人类的能源需求。

本章参考文献

[1]　Bequerel C A. Acad. Sci. ，1893，9：145.

[2]　Morser J，et al. Chem. ，1887，8：373.

[3]　Tsubomura H，et al. Nature，1976，261：402.

[4]　O'Regan B，et al. Nature，1991，353：737.

[5]　Ruile S，et al. Inorg. Chimica. Acta. ，1997，261：129.

[6]　Yoshida T，et al. The 16th International Conference of Photochemical Conversion and Solar Storage，2006.

[7]　Miyasak T，et al. the 16th International Conference of Photochemical Conversion and Solar Storage，2006.

[8]　Nazeeruddin M K，et al. J. Am. Chem. Soc. ，1993，115：6382.

[9] Nazeeruddin M K, et al. J. Am. Chem. Soc. , 2001, 123: 1613.

[10] Gratzel M. Nature, 2001, 6861: 338.

[11] Yum J H, et al. J. Photochem. Photobiol. A. , 2005, 173: 1.

[12] Pichot F, et al. Langmuir, 2000, 16: 5626.

[13] Longo C, et al. J. Phys. Chem. B, 2002, 106: 5925.

[14] Lindström H, et al. Nano Lett. , 2001, 1: 97.

[15] Lindström H, et al. J. Photochem. Photobiol. A. , 2001, 145: 107.

[16] Miyasaka T. Chem. Lett. , 2002, 31: 1250.

[17] Miyasaka T, et al. J. Electrochem. Soc. , 2004, 151: A1767.

[18] Dürr M, et al. Nature Materials, 2005, 4: 607.

[19] Miyasaka T, et al. The 16th International Conference of Photochemical Conversion and Solar Storage, 2006.

[20] Ito S, et al. Chem. Commun. , 2006, 38: 4004.

[21] Meng Q B, et al. Appl. Phys. Lett. , 2000, 77: 4313.

[22] Meng Q B, et al. Chem. Mater. , 2002, 14: 83.

[23] Yoon J H, et al. J. Photochem. Photobiol. A. : Chem. , 2006, 180: 184.

[24] Adachi M, et al. J. Electrochem. Soc. , 2003, 150: G48.

[25] Adachi M, et al. J. Am Chem Soc, 2004, 126: 14943.

[26] Zukalova M, et al. Nano Lett. , 2005, 5: 1789.

[27] Ren Y J, et al. Electro chemistry, 2002, 8: 5.

[28] Zeng L Y, et al. Chin. Phys. Lett. , 2004, 21: 1835.

[29] Ito S, et al. Chem. Commun. , 2005, 41: 4351.

[30] Sommeling P M, et al. J. Phys. Chem. B, 2006, 110: 19191.

[31] Wang Z S, et al. J. Phys. Chem. B, 2001, 105: 9210.

[32] Hao S C, et al. Sol Energy, 2004, 76: 745.

[33] Wang Z S, et al. Chem. Mater. , 2001, 13: 678.

[34] Kim S S, et al. J. Photochem. Photobiol. A. : Chem. , 2005, 171: 269.

[35] Lenzmann F, et al. J. Phys. Chem. B, 2001, 105: 6347.

[36] Diamant Y, et al. J. Phys. l Chem. B, 2003, 107: 1977.

[37] Chen S G, et al. Chem. Mater, 2001, 13: 4629.

[38] Yang S M, et al. Chem. Mater. , 2002, 14: 1500.

[39] Bandara J, et al. Sol. Energy Mater. Sol. Cells, 2005, 88: 341.

[40] Wang Z S, et al. Chem. Mater. , 2006, 18: 2912.

[41] Kay A, et al. Chem. Mater. , 2002, 14: 2930.

[42]　Peng B, et al. Chem. Rev. , 2004, 248: 1479.

[43]　Xia J B, et al. Chem. Lett . , 2006, 35: 252.

[44]　Wang Y Q, et al. J. Mater. Sci. , 1999, 34: 2773.

[45]　Ko K H, et al. Journal of Colloid and Interface Science, 2005, 283: 482.

[46]　Temnakone K. Semiconductor Sci. Technol, 1995, 10: 1689.

[47]　Kitiyanan A, et al. Mater. Lett. , 2005, 59: 4038.

[48]　孟庆波, 林原, 戴松元. 染料敏化纳米晶薄膜太阳电池. 物理, 2004, 33(3): 177 - 181.

[49]　Peter L M, et al. Electrochem. Commun. , 1999, 1: 576 - 580.

[50]　戴松元, 陈双宏, 肖尚锋, 等. 温度对不同电解质的大面积 DSCs 电池性能的影响. 高等学校化学学报, 2005, 26(6): 1102 - 1105.

[51]　Wang P, et al. J. Phys. Chem. B, 2003, 107: 13280.

[52]　Hagiwara R et. al. J. Fluor Chem, 1999, 99:1.

[53]　Matsumoto H. et al. Chem. Lett. , 2001: 26.

[54]　Kubo W, et al. J. Phys. Chem. B. 2001, 105: 12809.

[55]　Mohmeyer N, et al. J. Mater. Chem. 2004, 14: 1905

[56]　Cao F, et al. J. Phys. Chem. , 1995, 99: 17071.

[57]　郭力, 戴松元, 王孔嘉, 等, P(VDF - HFP)基凝胶电解质染料敏化纳米 TiO_2 薄膜太阳电池.

[58]　Kunara G, et al. Sol. Energy Mater. Sol. Cell, 2001, 69: 195 - 199.

[59]　Oregan B, et al. Chem. Mate. , 1998, 10: 1501 - 1509.

[60]　Tennakone K, et al. App. Phys. Lett. , 2000, 77: 2367 - 2371.

[61]　Park J T, et al. J. Nanosci. Nanotecho. , 2011, 11: 1718 - 1721.

[62]　Kuang D B, et al. Ionic Liquids Iv: Not just solvents anymore, 2007, 975: 212 - 219.

[63]　Tennakoke K, et al. Semicond. Sci. Technol. , 1997, 12: 128 - 132.

[64]　Tennakone K, et al. J. Phys. D: Appl. Phy. , 1998, 31: 1492 - 1495.

[65]　Simimanne P, et al. Sci. Technol. , 2003, 18: 708 - 712.

[66]　Taguchi T, et al. Chem. Commun. , 2003, 19: 2480 - 2481.

[67]　Kumara G, et al. J. Photochem. Photobiol. A. , 2004, 164: 183 - 185.

[68]　Kumara G, et al. Chem. Mater. , 2002, 14: 954 - 955.

[69]　Meng Q, et al. Langmuir, 2003, 19: 3572 - 3574.

[70]　Kumara G, et al. Langmuir, 2002, 18: 10493 - 10495.

[71]　O'Regan B, et al. Chem. Mater. , 2002, 14: 5023 - 5029.

[72] Sicot L, et al. Synth. Met. , 1999, 102: 991 – 992.

[73] Catellani M, et al. Thin Solid Films, 2002, 203: 66 – 70.

[74] Schn J, et al. Nature, 2000, 403: 408 – 410.

[75] Bach U, et al. Nature, 1998, 395: 583 – 585.

[76] Kruger J, et al. Appl. Phys. Lett. , 2001, 79: 2085 – 2087.

[77] Kruger J, et al. Appl. Phys. Lett. , 2002, 81: 367 – 370.

[78] Snaith H J, et al. Nano. Lett. , 2007, 7: 3372 – 3376.

[79] Jovanovski V, et al. Thin Solid Films, 2006, 511: 634 – 637.

[80] Hara K, et al. Chem. Commum. , 2001, 6: 569 – 570.

[81] Hara K, et al. J. Phys. Chem. B, 2003, 107: 597 – 606.

[82] Hara K, et al. New J. Chem. , 2003, 27: 783 – 785.

[83] Wang Z S, et al. J. Phys. Chem. B, 2005, 109: 3904 – 3907.

[84] Wang Z S, et al. Adv. Mater. , 2007, 19: 1138 – 1141.

[85] Hara K, et al. Sol Energy Mater Sol Cells, 2003, 77: 89 – 103.

[86] Wang Z S, et al. J. Phys. Chem. B, 2001, 105: 9210 – 9217.

[87] Yao Q H, et al. New J. Chem. , 2003, 27: 1277 – 1283.

[88] Chen Y S, et al. J. Mater. Chem. , 2005, 15: 1654 – 1661.

[89] Hara K, et al. J. Chem. Commun. , 2003, 2: 252 – 253.

[90] Hara K, et al. Sol Energy Mater Sol Cells, 2003, 77: 89 – 103.

[91] Cherian S, et al. 2000, 104: 3624 – 3629.

[92] Fungo F, et al. J. Mater Chem, 2000, 10: 645 – 650.

[93] Ito S, et al. J. Adv. Mater. , 2006, 18: 1202 – 1205.

[94] Hagberg D P, et al. J. Chem. Commun. , 2006, 21: 2245 – 2247.

[95] Hwang S, et al. J. Chem. Commun, 2007, 46: 4887 – 4889.

[96] Hagberg D P, et al. J. Am. Chem. , Soc, 2008, 130: 6259 – 6266.

[97] Tian H, et al. J. Chem. Commun, 2007, 36: 3741 – 3743.

[98] Bai Y, et al. Nature Mater. , 2008, 7: 626 – 630.

[99] Shi D, et al. J. Phys. Chem. C, 2008, 112: 17046 – 17050.

[100] Qin H, et al. J. Am. Chem. Soc. , 2008, 130: 9202 – 9203.

[101] Ferguson J, et al. J. Chem. Phys. Lett. , 1979, 68: 21 – 24.

[102] Delilvestro J, et al. J. Am. Chem. Soc. , 1985, 107: 2988 – 2990.

[103] Liska P, et al. J. Am. Chem. Soc. , 1988, 110: 3686 – 3687.

[104] Argazzi R, et al. J. Inorg. Chem. , 1994, 33: 5741 – 5749.

[105] Kohle O, et al. J. Inorg. Chem. , 1996, 35: 4779 – 4787.

[106] Nazeeruddin M K, et al. J. Inorg. Chem. , 1999, 38：6298 – 6305.

[107] Bond A M, et al. J. Electrochem. Soc, 1999, 146：648 – 656.

[108] Nazeeruddin M K, et al. J. Am. Chem. Soc. , 2005, 127：16835 – 16847.

[109] Nazeeruddin M K, et al. J. Am. Chem. Soc. , 2001, 123：1613 – 1624.

[110] Wang P, et al. Adv. Mater. , 2004, 16：1806 – 1811.

[111] Klein C, et al. J. Inorg. Chem. , 2005, 44：178 – 180.

[112] Wang P, et al. Adv. Mater. , 2003, 15：2101 – 2104.

[113] Wang P, et al. Adv. Mater. , 2004, 16：1806 – 1811.

[114] Wang P, et al. J. Am. Chem. Soc. , 2005, 127：808 – 809.

[115] Islam A, et al. Inorg. Chim. Act, 2001, 322：7 – 16.

[116] Islam A, et al. Chem. Lett. , 2000, 29：490 – 491.

[117] Islam A, et al. New J. Chem. , 2002, 26：966 – 968.

[118] Renouard T, et al. Inorg. Chem. , 2002, 41：367 – 378.

[119] Renouard T, et al. Tetrahedron, 2001, 57：8145 – 8150.

[120] Ghanem R, et al. Inorg. Chem. , 2002, 41：6258 – 6266.

[121] Pan J, et al. J. Phys. Chem. B, 2004, 108：12904 – 12910.

[122] Amadelli R, et al. J. Am. Chem. Soc. , 1990, 112：7099 – 7103.

[123] Nazeeruddin M K, et al. J. Helv. Chim. Acta. , 1990, 73：1788 – 1803.

[124] Kohle O, et al. J. Inorg. Chem. , 1996, 35：4779 – 4787.

[125] Bignozzi C A. J. Chem. Soc. Rev. , 2000, 29：87 – 96.

[126] Reddy P Y, et al. J. Angew. Chem. Int. Ed, 2007, 46：373 – 376.

[127] Wang Q, et al. J. Phys. Chem .B, 2005, 109：15397 – 15409.

[128] Campbell W M, et al. J. Phys. Chem. C, 2007, 111：11761 – 11762.

[129] Dai S, et al. Sol. Energy Mater. Sol. Cells, 2004, 84：125 – 133.

[130] Sastrawan R, et al. Prog. Photovolt：Res. Appl. , 2006, 15：612 – 616.

[131] 曾隆月, 史成武, 方霞琴, 等. 纳米 ZnO 在染料敏化薄膜太阳电池中的应用. 中国科学院研究生院学报, 2004, 21(3)：393 – 397.

[132] 李国, 胡志强, 高岩, 等. 染料敏化太阳能电池对电极的研究进展. 材料导报, 2007, 21(12)：16 – 19.

[133] 尹艳红, 许泽辉, 冯磊硕, 等. 染料敏化太阳能电池对电极的研究进展. 材料导报, 2009, 23(9)：109 – 112.

[134] Fang X M, et al. J. Photochem. Photobiol. A, 2004, 164：179.

[135] Kim S S, et al. Electrochimca. Acta , 2006, 51：3814.

[136] Wei T C, et al. Appl Phys lett, 2006, 88：103122.

[137] 陈今茂，马玉涛，王桂强，等. 纳晶敏化太阳电池中铂修饰对电极的一种新制法. 科学通报，2005，50(1)：28 - 31.

[138] Khelashvili G, et al. Thin Solid Films, 2006, 511：342.

[139] Green M A, et al. Prog. Photovolt：Res. Appl. , 2004, 12：55.

[140] Gratzel M. C. R. Chimie. , 2006, 9：578.

[141] Lagref J J, et al. Synth. Met. , 2003, 138：333.

[142] Lagemaat J, et al. J. Phys. Chem. B, 2001, 105：11194.

[143] Regan B O, et al. Chem. Mater, 2002, 14：5023.

[144] Shijni M, et al. J. Pbotochem. Photobiol. A, 2002, 148：33.

[145] Imoto K, et al. Sol. Energy Mater. Sol. Cells, 2003, 79：459.

[146] Suzuki K, et al. Chem. Lett, 2003, 32：28.

[147] Ma T L, et al. J. Electroanal. Chem. , 2004, 574：77.

[148] Fang X M, et al. Thin Solid Films, 2005, 472：242.

[149] Seigo L, et al. Chem. Commun. , 2006, 38：4004 - 4006.

[150] Fang X M, et al. J. Electroanal. Chem, 2004, 570：257.

[151] Ago H, et al. Adv. Mater, 1999, 11：1281.

[152] Sapp S A, et al. J. Am. Chem. Soc, 2002, 124：11215.

[153] Snaith H J, et al. Adv. Mater, 2007, 19：387.

[154] Wroblowa H S, et al. J. Electroanaly. Chem, 1973, 42：329.

[155] Tarasevich M R, et al. Modem aspects of electrochemistry. Plenum Press, 1989.

[156] Huang, et al. Electrochem. Commun. , 2007, 9：596.

[157] Murakami T N, et al. J. Electrochem. Soc. , 2006, 153：2255.

[158] Tetsuo H. Carbon, 2006, 44：880.

[159] Kay A, et al. Sol. Energy Mater. Sol. Cells, 1996, 44：99.

[160] Linstrom H, et al. Nano Lett. , 2001, 1：97

[161] Saito, et al. J. Photochem. Photobiol. A, 2004, 164：153.

[162] Muto T, et al. 16th Intemational Conference of Photochemical Conversion and Storage of Solar Energy, 2006.

[163] Hayase S, et al. Organic Photovoltaics Ⅳ. Procddings of SPIE, 2006, 52：15 - 16.

[164] Anandan S, et al. Mater. Chem. Phys. , 2005, 93：35.

[165] Perera V P S, et al. J. Phys. Chem. B, 2003, 107：13758.

[166] Wang M K, et al. J. Am. Chem. Soc, 2009, 131：15976.

[167] Kubo W, et al. Chem. Commum. , 2002, 374 - 375.

[168] Maziue F. et al. Inorg. Chem. , 2006, 45：1585.

[169] Kumara G, et al. Langmuir, 2002, 18：10493.

[170] 郝三存，吴季怀，林建明，等. 铂修饰光阴极及其在纳晶太阳能电池中的应用. 感光科学与光化学，2004，12(3)：175.

[171] 范乐庆，吴季怀，黄昀，等. 染料敏化太阳能电池的二氧化钛膜性能研究. 感光科学与光化学，2003，3(21)：231.

[172] Lee W J, et al. J. Photochem. Photbiol. 2008，194：27.

第九章　有机太阳能电池

　　太阳能取之不尽、用之不竭、清洁无污染，近年来越来越受到人们的青睐。以单晶硅、多晶硅、Ⅲ-Ⅴ族化合物等无机半导体材料为代表的太阳能电池效率很高，但是制造过程中需要大量能源并且会造成严重污染。特别是占主导地位的硅基太阳能电池相对高昂的成本大大阻碍了太阳能电池的发展和普及。有机材料因其具有成本低廉、光吸收系数高、质地轻、柔韧性好、制造工艺简单等特点[1]，它在太阳能电池中的应用引起了人们的广泛关注。

　　许多不同的有机物被用在电池中，包括大分子聚合物、小分子材料、富勒烯衍生物等，但是迄今为止最成功的组合是聚合物—富勒烯太阳能电池。在这种类型的太阳能电池中，聚合物充当电子给体，而富勒烯充当电子受体。1992 年，Sariciftci 等人[2]首次观察到了从有机半导体材料到富勒烯 C_{60} 之间有效的电子转移现象，在此之后有机太阳能电池越来越受到人们的关注。较早的聚合物—富勒烯有机太阳能电池基于可溶性的聚合物 Poly(2-methoxy-5-(2-ethylhexyloxy)-1,4-phenylenevinylene)（简称 MEHPPV）和富勒烯 C_{60} 材料，为双层异质结结构，其效率很低，只有 0.4％左右[3]，但是却开启了有机太阳能电池研究的热潮。下一个发展的里程碑是应用体异质结有机太阳能电池结构[4]。将给体材料和受体材料混合在一起形成互相贯通的网状结构可以有效地增加接触面积，提高效率。MEHPPV 和 phenyl-C61-butyric acid methyl ester （$PC_{60}BM$）的体异质结电池可以达到 2.5％的效率，远远高于双层异质结结构。通过改善有效层的形貌以及器件各层的界面特性，现今最常见的 Poly(3-hexylthiophene)（简称 P3HT）和 $PC_{60}BM$ 体系的体异质结有机太阳能电池可以达到 5％以上的效率[5]。许多原创性的研究都聚焦在材料的物理化学特性、工作机理和器件结构上面。除了使用新的材料体系外，最重要的提高效率的物理方法是在有效层以及电极之间加入界面层改善界面特性以及改进各种制备电池的方法，例如退火方法几乎在所有器件中都被应用。在化学方法方面，各种新型的有机物被开发出来并应用在器件当中。一般来说，窄禁带宽度的材料有利于光子的吸收，最终有利于提高器件效率。受体材料最成功的是富勒烯体系材料，最常见的是富勒烯衍生物 $PC_{60}BM$，而新的富勒烯衍生物 $PC_{70}BM$、$BisPC_{60}BM$ 拥有更高的效率[6,7]。本章将对有机太阳能电池做一简单介绍。

9.1　有机半导体的特点

有机半导体是碳基的材料，它同时具有半导体所拥有的基本性质。众所周知，无机半导体材料都是通过共价结构构成的，与此不同，有机半导体分子内的原子通过共轭的 π 键相连，而分子之间通过范德华力相连。这种成键结构使有机半导体拥有独一无二的柔性、较轻的重量以及有利于制造的比较低的升华温度。

从宏观角度来看，有机半导体的能带结构可以像无机半导体那样处理。在有机半导体中，最高分子占据轨道（the Highest Occupied Molecular Orbital，HOMO）与价带顶类似，而最低分子未占据轨道（the Lowest Unoccupied Molecular Orbital，LUMO）与导带底类似。HOMO 和 LUMO 对应于共轭的 π 键电子的成键态和反键态。价带被电子基本填满，而导带基本为空。

有机半导体由通过 π 键形成的有机分子组成。碳原子是 sp^2 杂化的。碳原子与周围的原子形成三个强的 σ 键，碳原子剩余的 P 轨道通过 π 键的形成而产生了共有化的电子云。这种成键结构使得共轭有机半导体分子成为一种准一维的结构。根据相邻原子上的电子波函数的重叠情况，π 键系统可表现出不同的成键状态。例如，在图 9.1 中可以看到 π 键的两种不同的状态，即对应于不同能级的成键态和反键态。

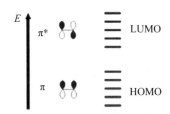

图 9.1　有机半导体中成键态和反键态示意图[8]

π 键的不同杂化态形成了有机半导体中的不同能级，而有机半导体的 HOMO 和 LUMO 是指这些不同能级形成的能带。当电子由有机半导体的 HOMO 激发到 LUMO 后，分子自身也被激发到了一个较高的能量状态，这与在无机半导体中电子由价带激发到导带的情况不同。

当入射的光子能量超过有机半导体材料的光学吸收带宽时，光子就会被有机材料吸收。但是不同于无机半导体的情况，光子的吸收在有机半导体中产生的通常不是自由的电子和空穴，而是强力束缚的电子和空穴对——激子。这是由于有机材料比较低的介电常数导致了电子和空穴之间存在着强大的库仑引力，同时有机半导体分子间通过范德华力相连，这导致它们之间的相互作用比较弱，如图 9.2 所示。图中原点为正电荷位置，库伦半径是指热能与库伦束缚能相等时电荷的距离，V_B 表征了分子间相互作用的强弱。由于跃迁过程对电子自旋状态的限制，一般产生的是单线态激子（Singlet Excitons）。

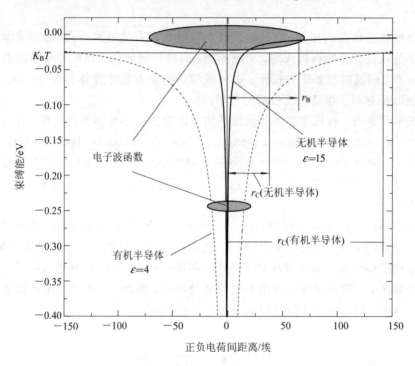

图 9.2　有机物与无机物中电荷之间束缚能的比较[9]

在有机半导体中载流子的传输机理也不同于传统的无机半导体。在有机半导体中，在热的激发下载流子能够克服无序的共轭聚合物结构中的能量势垒，从一个地点"跳跃"到另外一个地点，也就是说在有机半导体中通过"跳跃"的方式实现载流子的输运。这与无机半导体中的载流子输运机理非常不同，在无机半导体中，由于极强的共有化运动的存在，自由载流子可在导带或价带中传输。"跳跃"传输机理的存在使得有机半导体的载流子迁移率与无机半导体相比要低得多。硅中空穴的迁移率可达 450 cm² V⁻¹ s⁻¹，而在小分子有机半导体中空穴迁移率一般最高只能到 1.5 cm² V⁻¹ s⁻¹。另一方面，硅中电子的迁移率可超过 1400 cm² V⁻¹ s⁻¹，而小分子有机半导体中电子的迁移率最高只能到 0.1 cm² V⁻¹ s⁻¹ 左右。在太阳能电池应用中，最常用的 P3HT：PCBM 体系中的电子与空穴的迁移率大约在 0.001～0.0001 cm² V⁻¹ s⁻¹ 的量级。与无机半导体材料相比，有机半导体比较低的迁移率明显是一个不利因素，因此器件设计与制造中要特别注意。以单晶硅为例，总结有机材料和无机材料的差异如表 9.1 所示[9]。表 9.1 中显示的是典型的有机半导体材料的一些性质，对于具体的材料会有所偏移。

表 9.1   有机材料和无机材料单晶硅的比较

材 料	单 晶 硅	有机半导体
基本组成单元	原子	分子
晶体机构	单晶	无定型
迁移率 $\mu / \mathrm{cm^2\,V^{-1}\,s^{-1}}$	电子：1500 空穴：450	$\ll 0.1$
载流子传输机理	带传输	跳跃
传输特性	可传输两种载流子	一般只能传输一种载流子
载流子与温度 T 的关系	$T\uparrow \rightarrow \mu\downarrow$	$T\uparrow \rightarrow \mu\uparrow$
光学能带宽度 $E_{\mathrm{go}}/\mathrm{eV}$	1.1	一般大于 2
在 E_{go} 附近的吸收 $/\mathrm{cm^{-1}}$	约 10^3	约 10^5
相对介电常数	11.9	约 $2\sim4$
库伦势阱与波尔半径比值($\gamma = r_{\mathrm{C}}/r_{\mathrm{B}}$)	<1	>1
激子束缚能，300 K(meV)	<26	>100

9.2   有机半导体光伏器件材料

　　前面介绍了有机材料的一般特性，本节将专门对用于有机太阳能光伏器件的材料进行介绍。

　　有机太阳能电池中 p 型有机物一般用聚合物材料。这些材料的能带宽度、LUMO 的设计对于器件的外量子效率和填充因子至关重要。因此，HOMO 和 LUMO 的能级差对有机聚合物来说非常重要。为了控制有机半导体的禁带宽度，以下六个重要参数需要认真考虑：分子重量、键长变化、平面度、原子共振能级、替代能和分子间互相作用。为了取得窄禁带宽度的有机聚合物，所有六个因素都不可忽视，它们对器件效率都有影响。为了提高聚合物的溶解度，通常要加长烷基链，这样同时也影响替代能，最终增加扭转角。因此，任何新的材料设计都是多种因素相互制约折中的过程。图 9.3 显示了几种用于太阳能电池的有机半导体材料。下面将对有机太阳能电池中常用的材料进行简单介绍。

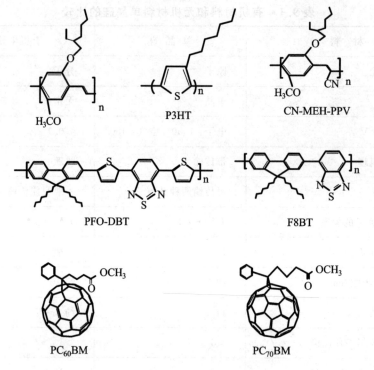

图 9.3　常见的几种有机材料结构

9.2.1　电子给体材料

1. poly(p-phenylenevinylene)的替代衍生物

如图 9.4 所示，两种 poly(p-phenylenevinylene)(PPV) 的衍生物材料最为常用：1 为 poly[2-methoxy-5-(2-ethylhexyloxy)-1, 4-phenylene vinylene](MEH－PPV)；2 为 poly[2-methoxy-5-(3′, 7′-dimethyloctyloxy)-1, 4-phenylene vinylene](MDMO－PPV)。使用 MEH－PPV 和 MDMO－PPV/PC$_{60}$BM 作有机层的电池效率可以达到 1.3% 和 2.5%。加入富勒烯衍生物后，PPV 的空穴迁移率会增加，有利于提高器件特性。但是 PPV 和 PCBM 之间的载流子迁移率不均衡、有机材料较大的禁带宽度都是导致该电池效率相对较低的原因。

2. poly(3-alkyl)thiophene 和 poly(3-hexylsenophene)衍生物

这类衍生物包括最常使用的 rrP3HT(规则性 poly(3-hexylthiophene))，如图 9.5(a)所示。将 P3HT 和 PC$_{60}$BM 以 1:1 的重量比混合的电池最高可以达到 5% 的效率。由于具有头对尾的链状结构，这类衍生物通常具有优良的光谱吸收能力和合适的空穴迁移率。rrP3HT 的光学带宽大约是 2 eV，其中 LUMO 为 2.8~3 eV，HOMO 为 5 eV 左右。

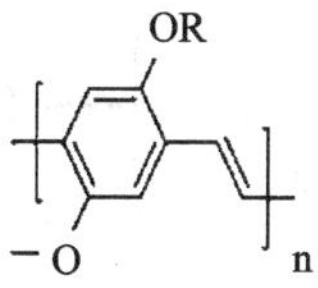

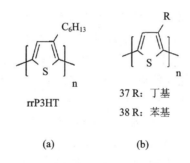

1 R：2-乙烯基己基(MEH-PPV)

2 R：3,7-乙甲基辛基(MDMO-PPV)

图 9.4　MEH - PPV 和 MDMO - PPV[10]

最近一系列的带有 butyl 或者 pentyl alkyl 侧链的 rrP3ATs (poly(3-alkylthiophenes)) 聚合物被成功地合成，并且它们的各项特性可以和 P3HT 进行媲美，如图 9.5(b) 所示。总体来说两种 rrP3ATs 都有能力得到很高的效率，但是它们不可预计的侧链长度是其最主要的问题。当侧链增长时，PCBM 会更加倾向于聚集成块状。聚集效应太明显时两种材料的接触面积会显著降低，而聚集效应太小时又不利于载流子连续传输。这个矛盾限制了器件性能的进一步提升。表 9.2 显示了这几种材料所做器件的性能对比。

C₆H₁₃　　　　　　　　　R

S

n

rrP3HT

S

n

37 R：丁基

38 R：苯基

(a)　　　　　　　(b)

图 9.5　规则结构 P3HT 示意图[10, 11]

表 9.2　rrpoly(3-alkylthiophenes)：PC₆₀BM 有机太阳能电池器件的参数[10,11]

混合物	比率	$J_{SC}/(mA/cm^2)$	V_{OC}/V	FF	PCE/%
37：PC₆₀BM	(1：0.8, w/w)	11.2	0.54	0.53	3.2
38：PC₆₀BM	(1：1, w/w)	12.5	0.55	0.62	4.3
rrP3HT：PC₆₀BM	(1：1, w/w)	12.0	0.57	0.68	4.6

3. 乙炔基聚合物(Acetylene-based polymers)

图 9.6 显示了几种乙炔基聚合物，编号分别为 27～30。它们都具有相似的分子结构，HOMO 能级比 P3HT 低 0.3 eV。当 27 和 PC₆₀BM 以重量比 1：4 混合时，可以得到 1.1% 的效率。经过研究人员的不懈努力，利用乙炔基衍生物的有机太阳能电池的效率可以达到 3.8%[12]。

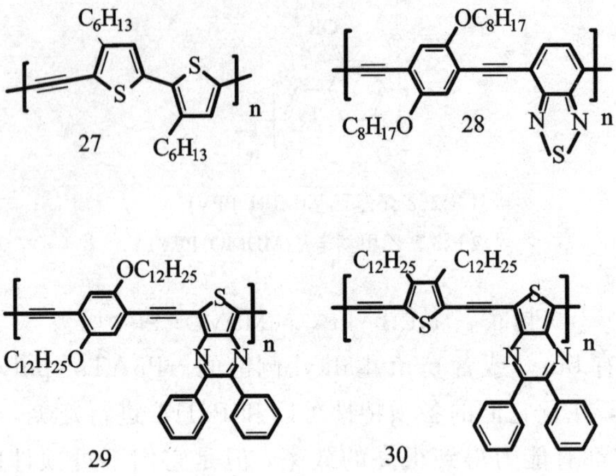

27

28

29

30

图 9.6　几种乙炔基聚合物[10]

9.2.2　电子受体材料

一般而言有机聚合物材料都是 p 型的，上面提到的所有材料都是电子施主材料，并且由于在有机物中空穴迁移率普遍大于电子迁移率，一般而言不会使用 n 型聚合物材料来制造电池。富勒烯 C_{60} 的衍生物，包括 $PC_{60}BM$、$PC_{70}BM$ 等小分子材料是主要的电子受体。富勒烯 C_{60} 及其衍生物具有很优秀的电子特性。它们通常具有很高的电子迁移率，可以很好地溶解在氯苯等有机溶剂中，与 P3HT 等常见的有机物可以很好地相分离。P3HT/PCBM 系统已经成为经典的聚合物有机电池材料。$PC_{60}BM$ 分子结构如图 9.7 所示。前文提到 P3HT/$PC_{60}BM$ 系统可以达到 5% 的效率，而基于 $PC_{70}BM$ 可以获得更高的效率。图9.8 中显示了另外一些富勒烯衍生物。富勒烯材料很好的电子俘获率是由于其有球状的结构——使其拥有有效的电负性，没有四极矩[13,14]等这些优良特性。

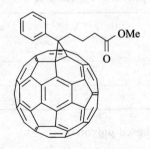

图 9.7　$PC_{60}BM$ 分子结构示意图

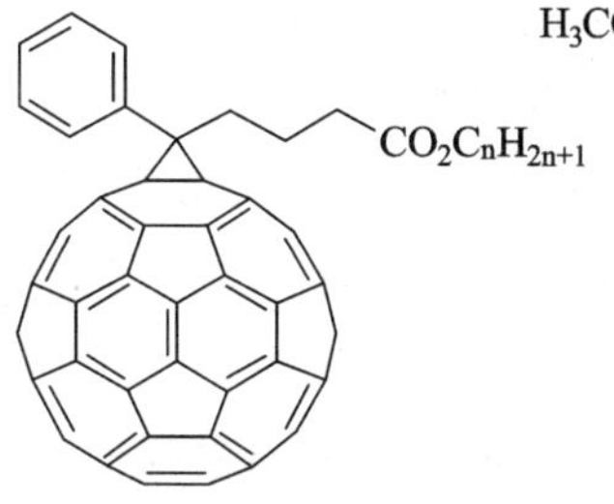

[60]PCBCn

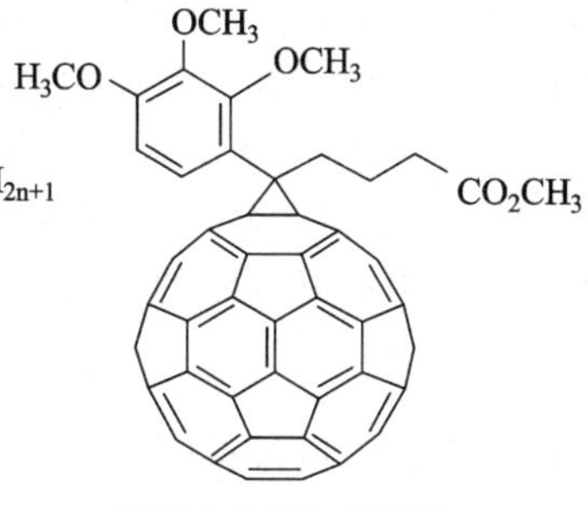

[60]2,3,4-OMe-PCBM

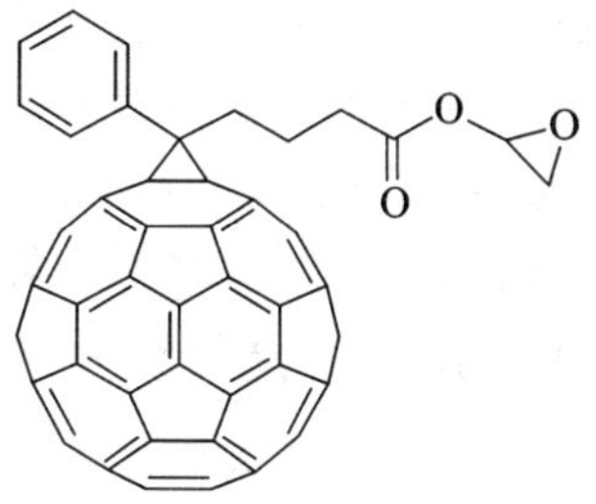

[60]PCBG

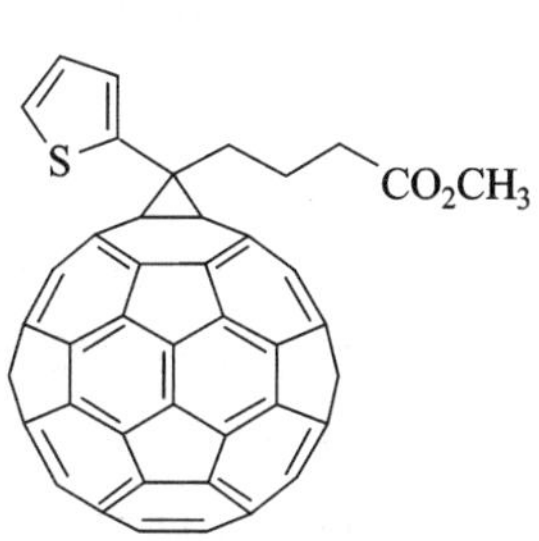

[60]ThCBM

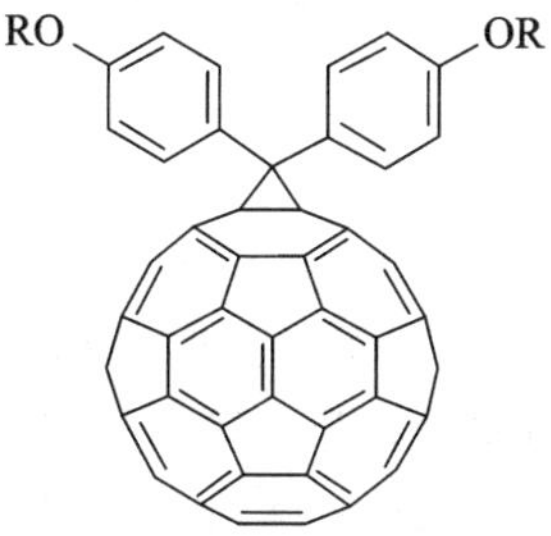

diphenyl-methanofullerene
(亚甲基二苯富勒烯)

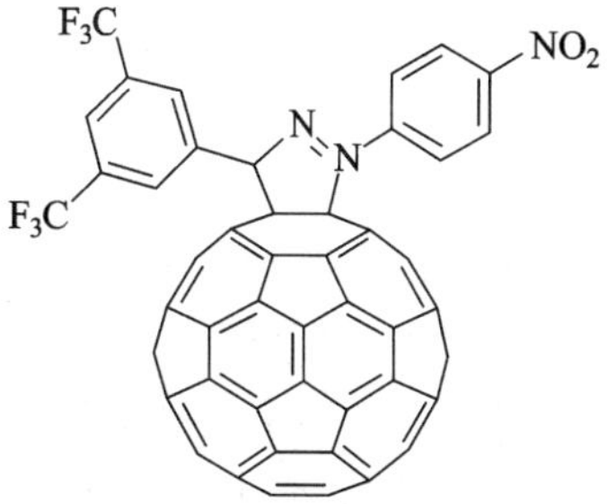

pyrazolinofullerene
(吡唑富勒烯)

图 9.8　一些富勒烯衍生物[15]

9.2.3　缓冲层界面材料

在有机太阳能电池研究中，优良的纳米尺寸表面形貌和良好的电学特性对于提高器件效率至关重要，因此研究人员进行了许多这方面的研究。迄今为止 polymer/fullerene 有效层已被广泛地进行了研究，因此该结构中合适的给体和受体材料的选择也就成为了研究热点，前文主要讨论了有效层中的有机材料。但是器件的效率不仅依赖于有效层，缓冲层的选择也至关重要。金属电极的作用主要是收集载流子，在有效层和电极之间插入缓冲层使其更有利于载流子的收集，这对器件来说非常有效和重要。这些缓冲层，在现今的器件结构中已经是必不可少的一部分了。缓冲层可以分为阳极缓冲层和阴极缓冲层。加入缓冲层之后，有机物/电极的界面被分离，载流子的流动会受到缓冲层能级的影响。一般而言，阴极缓冲层会产生对空穴很高的势垒，而拥有有利于电子流动的能级。阳极缓冲层的作用则正好相反，正是这类缓冲层使得器件的能级结构变得不对称，使得载流子更有效地被电极收集。除了收集载流子的好处之外，通常缓冲层还可以保护有机层免受衬底材料或者顶部金属电极的影响并且可以作为氧气和水的俘获者，可以极大地提高器件稳定性。另外，在一些精心设计的结构中，光场分布会由于缓冲层的作用而改变，因此可以提高效率，这时缓冲层又被称作"光学间隔层"。对于反转电池而言（后面会对电池结构进行介绍），缓冲层也是必不可少的一部分，它可以使 ITO 层做为阴极。正是阴极缓冲材料如氧化锌和阳极缓冲层材料如三氧化钼的插入能级作用，使 ITO 从通常的阳极变成了阴极。

1. 阳极缓冲层

ITO 的功函数大概是 4.7 eV，和大部分有机材料的 HOMO 能级或者富勒烯的 LUMO 能级都不匹配。如果直接使用 ITO/施主或者 ITO/受主结构，通常会形成非欧姆接触，因此这种电池的开路电压会大大降低，远远低于 LUMO 与 HOMO 之差。常见的几种阳极缓冲层的能级都可以有效地匹配电极和有效层能级形成欧姆接触并且具有单向导电性。下面是几个例子。

1）有机缓冲层

最常见的是 Poly（3,4-ethylenedioxithiophene）：poly（styrene sulfonic acid），即 PEDOT:PSS。这种掺杂了 PSS 材料的 PEDOT 有机物最早在 1980 年由德国的实验室合成，其具有优秀的空穴收集特性，没有毒性，并且掺杂了 PSS 之后可以有效地分散在水里面。表 9.3 中显示了几种利用 PEDOT:PSS 材料的器件参数。在 ITO/PEDOT:PSS/P3HT:PCBM/Al 器件结构中，效率最高可以达到前文提到的 5%。这种材料的优点在于它的透光率足够高，并且具有很高的功函数，大约为 $4.8 \sim 5.2$ eV[16]，因此可以有效地和大部分施主聚合物材料形成欧姆接触。通过 120℃左右的退火及 UV 处理，PEDOT:PSS 的功函数、迁移率等特性会改善，因此退火 UV 处理也成了制备该器件的标准工艺。此外，多元醇、甘油（polyalcohol, glycerol）也可被用做 PEDOT:PSS 中的添加剂。加入这些添加剂之后器件的串联电阻可以显著降低，器件效率因此会提高。研究人员将 Au 的纳米颗粒掺入 PEDOT:PSS 水溶液中，比率大约为 20%，这时器件最大效率大约为 4.19%，没有掺金的器件效率大约为 2.5%。亲水的石墨烯氧化物也可以用作 PEDOT:PSS 的掺杂剂，效率可以从 2.1% 提升到 2.4%。

表 9.3　常规结构中使用的几种 PEDOT:PSS 的器件参数[17]

PEDOT:PSS	电导率 /S·cm^{-1}	J_{sc} /mA·cm^{-2}	V_{oc} /V	FF	PCE /%
Baytron Al 4083 (H. C. Starck)	10^{-3}	8.12	0.617	0.526	2.64
Baytron P(H. C. Starck)	1	8.72	0.615	0.609	3.27
Baytron PH-500(H. C. Starck)	100	9.27	0.596	0.641	3.54

2）自组装层（SAM 层）

自组装层可以在两种材料界面形成一层很薄的高度规则的偶极子，这样就可以尽可能地减小载流子注入或者抽取过程中的能量势垒。Kim 等人[18]利用不同的硅烷化剂，即 N-propyl trimethoxysilane、3，3，3-trifluoropropyl trichlorosilane 或 3-aminopropyltriethoxysilane 这两种物质处理 P3HT：PCBM 层界面。硅烷可以在 ITO 表面形成一层 2 nm 厚的自组装层。这样阳极功函数就会发生变化，未处理的 ITO 功函数是 4.7 eV，而 NH_2-ITO 为 4.35 eV，CF_3-ITO 功函数降低到 3.62 eV。处理过的 ITO 功函数更加接近 P3HT 的 HOMO 能级，这样就可以形成更好的欧姆接触。图 9.9 显示了几种自组装层示意图。另外一些自组装层材料包括 4，4'-bis［（p-Trichlorosilylpropylphenyl）phenylamino］biphenyl（$TPDSi_2$）- ITO 材料、3-ercaptopropyltrimethoxysilane（MPTMS）- Au 材料等。自组装材料可以有效地改变材料界面特性、功函数，进而有利于提高开路电压等参数。

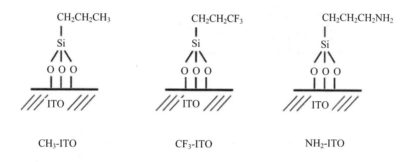

图 9.9　几种处理过后的自组装层示意图[17]

3）阳极缓冲层中的一些无机物

一些常见的无机缓冲层物质包括 V_2O_5、MoO_3、Au 纳米颗粒、NiO_x、WO_3、ReO_3、VO_x 等材料。当氧化钼在 ITO 表面厚度达到 3～5 nm 时，发现可以代替 PEDOT:PSS 的作用，氧化钼与 P3HT 接触可以有效传输空穴。

2. 阴极缓冲层（Cathode Buffer Layer，CBL）

与阳极缓冲层类似，阴极缓冲层的作用是传输电子和阻挡空穴。为了能够从富勒烯等电子受体中抽取电子，需要适宜功函数的金属，但是这样会形成非欧姆接触，因此需要可以和金属形成欧姆接触、有效地传输电子，并阻挡空穴的阻挡层。此外，高的透光特性和稳定性也非常重要。

1）碱金属化合物

氟化锂（LiF）是常规结构中最常用的一种 CBL 材料，其可以在金属界面形成偶极层，进而降低金属功函数，有助于欧姆接触的形成。碳酸铯也被成功地用来插入到 P3HT：PCBM 层中，它可以热蒸发或者旋涂在 ITO 表面。图 9.10 显示了不同退火温度下使用 CsCO₃ 缓冲层器件的性能。表 9.4 列出了一些常见的碱金属化合物作为缓冲层的太阳能电池，其中括号表示没有缓冲层的情况。

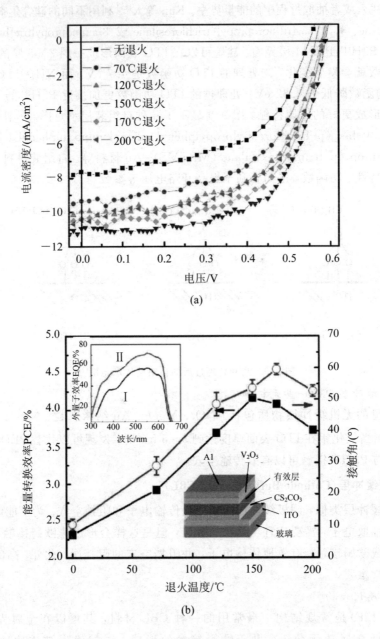

图 9.10　CsCO₃ 缓冲层的器件性能与结构图[19]

表 9.4　一些常见的碱金属化合物作为缓冲层的太阳能电池

阴极缓冲层 (CBL)	厚度 /nm	器 件 结 构	反型 与否	J_{SC} /mA·cm⁻²	V_{OC} /V	FF	PCE /%
LiF	0.3	ITO/PEDOT:PSS/MDMOPPV: PCBM/CBL/Al		5.25	0.82 (0.76)	0.61 (0.53)	~3.30
CsF	0.4	ITO/PEDOT:PSS/MEHPPV: PCBM/CBL/Al		(5.26)	(0.72)	(0.37)	2.20 (1.40)
Cs₂CO₃	0.2	ITO/PEDOT:PSS/P3HT:PCBM/ CBL/Al		10.20 (10.20)	0.61 (0.61)	0.66 (0.48)	4.10 (3.00)
Cs₂CO₃	1.0	ITO/PEDOT:PSS/P3HT:PCBM/ CBL/Al		5.95 (7.44)	0.52 (0.42)	0.66 (0.52)	1.55 (1.25)
Cs₂CO₃	1.0	ITO/CBL/P3HT:PCBM/ V2O5/Al	是	8.42 (6.97)	0.56 (0.30)	0.62 (0.41)	2.25 (0.66)
Cs₂CO₃	1.0	ITO/PEDOT:PSS/P3HT:PCBM/ CBL/Al		9.50 (11.20)	0.56 (0.41)	0.60 (0.50)	3.10 (2.30)

2）金属化合物

钛氧化物缓冲层被广泛地用在常规和反转结构中。氧化钛的能带宽度大约为 3.7 eV，因此有很好的透光性。其价带能级在−8.1 eV，导带在−4.4 eV，因此可以和富勒烯衍生物形成欧姆接触，并且有很高的空穴势垒。无定型材料中其电子迁移率大概是 $1.7×10^{-4}$ cm² V⁻¹ s⁻¹，说明它可以有效地传输电子。由于氧化钛隔绝氧气和水的作用，器件的可靠性可以显著提升。由于氧气和水能够通过金属中的缝隙并影响有机层，以及金属原子向有效层的扩散作用，没有阴极缓冲层的正常结构电池效率会很快下降。氧化钛的插入有效解决了这一问题。与氧化钛类似，氧化锌是另一种有效的 n 型材料，带宽大约是 3.2 eV，导带在−4.1 eV。氧化锌可以使用溶胶—凝胶法、溅射法等多种方法制备。在反型电池中，利用氧化锌和五氧化二钒插入层的 P3HT/PCBM 电池效率可达到 3.09%，利用水热法生长的氧化锌纳米线可以使效率从 3% 提升到 3.9%[20]。氧化钙是另一种有效的材料，1 nm 氧化钙材料可以使 P3HT:PCBM 系统达到 2.85% 的效率。如果使用 Ca/Al 电极并在空气中让 Ca 氧化成氧化钙，该系统的效率可以达到 5%[21]。金属氧化物的厚度可以改变光在器件中的分布，可以进行厚度设计使效率最大化。

3）有机物插入层

许多低分子量的有机物和聚合物也可以被用在缓冲层里面。10 nm 以下的 bathocuproine (BCP) 材料、N，N0-Tridecyl-3，4，9，10-perylenetetracarboxydiimide (PDI) 等材料都可以用来做缓冲层。p 型有机半导体材料，如 copper phthalocyanine (CuPC) 和并五苯都可以作

为插入层。图 9.11 中 BPhen 和 PFN 也是常用的有机插入层。

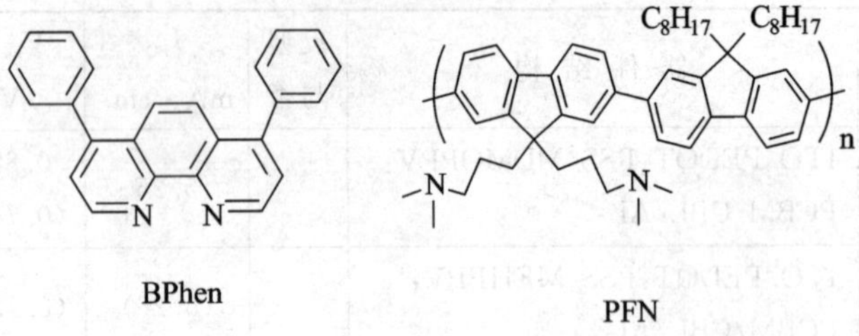

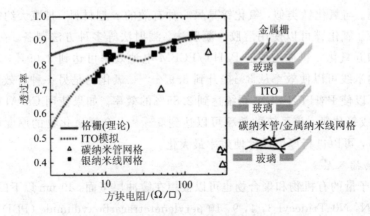

BPhen

PFN

图 9.11　有机物插入层材料[17]

4）自组装层（SAM）

这一部分的自组装层主要用来修饰阴极缓冲层，主要是修饰氧化锌和氧化钛材料。和阳极自组装层类似，阴极自组装层会在界面形成偶极子来改变功函数，形成欧姆接触及提高开路电压等。

9.2.4　代替 ITO 的一些新型材料

ITO（氧化铟锡）是一种非常受欢迎的材料，但是一些新型的价格低廉性能良好的材料在未来有希望替代 ITO。在有机物中 PEDOT:PSS 由于拥有高达 1×10^3 S/cm 的电导率[23]，因此其是有机物中最有希望代替 ITO 的物质之一。金属栅是另一种非常有希望的技术，单层碳纳米管也是很有前途的。碳纳米管的透光率非常高，但是电导率还不太理想。将一些不同材料集中在一起使用是非常有趣而又很重要的热点之一，例如在碳纳米管表面旋涂一层 PEDOT:PSS 材料以提高电导率。另外，金属的纳米颗粒层，石墨烯层等许多新材料也逐渐得到人们重视，但是它们的器件效率普遍低于 ITO，还需要人们进一步研究。图 9.12 显示了金属栅、ITO、碳纳米管这几种材料的示意图和方阻—透射率特性图。

图 9.12　几种透明导电材料的示意图和特性[22]

9.3 有机太阳能电池的基本结构

前面介绍了有机太阳能电池中的材料，本节介绍有机太阳能电池的基本结构。有机太阳能电池的发展经历了几个阶段，根据有效层结构的不同可分为以下几种。

9.3.1 单层有机太阳能电池

第一个有机光电转化器件是由 Kearns 和 Calvin 在 1958 年制备的[24]，在有效层中只有一种材料，其主要材料为酞菁镁（MgPc）染料，染料层夹在两个功函数不同的电极之间，这种结构可称为单层有机太阳能电池。此类器件的原理如图 9.13 所示：有机半导体内的电子在光照下被从 HOMO 能级激发到 LUMO 能级，产生一对电子和空穴—激子。电子被低功函数的电极提取，空穴则被来自高功函数电极的电子填充，由此在光照下形成光电流。理论上，有机半导体薄膜与两个不同功函数的电极接触时，会形成不同的肖特基势垒，这是光致电荷能定向传递的基础。此种结构在有机太阳能电池发展的前期占有主导地位，在最初发展的近 30 年中基本都是基于这种结构，只不过是在两个功函数不同的电极之间换用各种有机半导体材料。

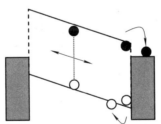

图 9.13 单层有机太阳能电池能带图——MIM 模型能带示意图

在这种单层有机太阳能电池中，激子的分离效率很成问题。光激发形成的激子，只有在肖特基结的扩散层内，依靠节区的电场作用或者在有机材料和电极界面才能得到分离。其它位置上形成的激子，必须先移动到这一区域才可能对光电流有贡献。但是有机染料内激子的迁移距离相当有限，所以大多数激子在分离成电子和空穴之前就复合掉了。由于在这种结构缺少将激子分离的有效手段，因此效率普遍较低。

9.3.2 双层异质结有机太阳能电池

1986 年，柯达公司的邓青云博士首先制备了一种新型的有机太阳能电池结构——双层异质结有机太阳能电池[25]，在这种结构中使用了两层有机材料：四羧基苝的一种衍生物和铜酞菁（CuPc）组成的双层膜。双层膜结构形成了异质结，这是在有机太阳能电池中首次成功地引入了异质结的概念，光电转换效率达到1%左右，这种双层膜异质结结构现在仍然是有机太阳能电池研究的重点之一。异质结概念的引入是有机太阳能电池发展的一个里程碑式的突破，以后太阳能电池的发展基本都基于这种异质结结构的概念。

　　双层异质结有机太阳能电池的工作能带结构示意图如图9.14所示。其工作原理大体为：给体的有机半导体材料吸收光子之后产生激子（过程(a)），激子会运动到给体与受体界面（过程(b)），在那里电子注入到作为受体的有机半导体材料后，空穴和电子得到分离（过程(c)）。在这种体系中，电子给体为 p 型，电子受体则为 n 型，从而空穴和电子分别传输到两个电极上，形成光电流（过程(d)）。这一过程包含了有机太阳能电池中最重要的光电转换过程，在后面的有机太阳能电池机理中将更加详细地讲述。

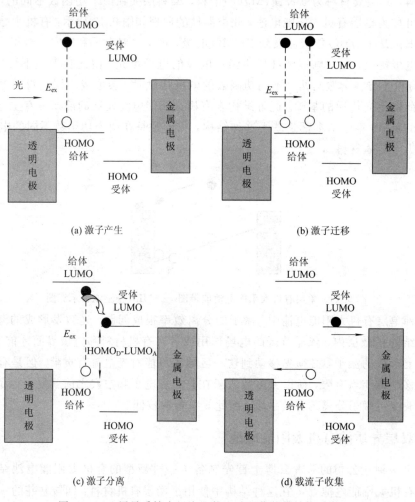

图 9.14　双层异质结有机太阳能电池工作能带结构示意图

与单层有机太阳能电池相比，双层异质结结构引入了电荷分离的机制——给体受体材料界面。激子的存在时间有限，未经彻底分离的电子和空穴会复合，释放出其吸收的能量。显然，未能分离成自由电子和空穴的激子，对光电流是没有贡献的。给体受体材料界面的引入明显地提高了激子分离的效率。电子从受激分子的 LUMO 能级注入到电子受体的 LUMO 能级，此过程本质上就是激子的分离。在给体材料中产生的激子，通过扩散可以较容易地到达两种材料的界面，将电子注入受体材料的 LUMO 能级以实现电荷分离。同时，受体材料亦可以吸收相应频率的光子形成激子，再将其 HOMO 能级上的空穴反向注入到给体材料的 HOMO 能级中。因此，激子可以同时在双层膜的界面两侧形成，再通过扩散在界面得到分离。相对于单层有机太阳能电池，采用给体－受体双层异质结结构可以显著地提高激子的分离效率。但是由于激子的扩散长度有限，只有距给体和受体界面在一个扩散长度的区域才是有效的器件区域，这个区域之外产生的激子在到达界面之前就损失掉了，这限制了有机太阳能电池的效率。

1992 年土耳其人 Sariciftci 发现，激发态的电子能极快地从有机半导体分子注入到 C_{60} 分子中，而反向的过程却要慢得多。也就是说，在有机半导体材料与 C_{60} 的界面上，激子可以以很高的速率实现电荷分离，而且分离之后的电荷不容易在界面上复合。这是由于 C_{60} 的表面是一个很大的共轭结构，电子在由 60 个碳原子轨道组成的分子轨道上离域，可以对外来的电子起到稳定作用。因此 C_{60} 是一种良好的电子受体材料。1993 年，Sariciftci 在此发现的基础上制成 PPV/C_{60} 双层膜异质结太阳能电池。此后，多种以 C_{60} 为电子受体的双层异质结太阳能电池出现，开启了有机－富勒烯太阳能电池的研究。

9.3.3　体异质结有机太阳能电池

随着有机太阳能电池的发展，出现了一种新型的结构——体异质结有机太阳能结构，如图 9.15 所示。"体异质结"的提出主要针对光电转换过程中激子分离和载流子传输这两方面的限制。激子只能在给体与受体材料界面才能有效分离，离界面较远处产生的激子往往还没移动到界面上就复合了。在体异质结结构中，将给体材料和受体材料混合起来，通过共蒸或者旋涂的方法制成一种混合薄膜。给体和受体在混合膜里形成一个个单一组成的区域，最终形成给体和受体材料互相贯穿的导电网络。在任何位置产生的激子，都可以通过很短的路径到达给体与受体的界面，从而使电荷分离的效率得到了提高。同时，在界面上形成的正负载流子亦可通过较短的途径到达电极，从而弥补载流子迁移率的不足。相对于双层异质结结构，体异质结结构大大提高了激子的分离效率，同时有效保证了载流子的传输与收集，极大地提高了有机太阳能电池的效率，这种结构已成为有机太阳能电池发展的另外一个里程碑。目前，几乎所有高效的有机太阳能电池都是基于体异质结结构的，而且现在还不断在发展中，本章的内容基本都是基于这种结构的。

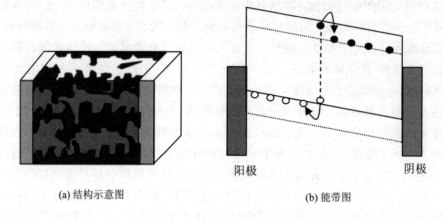

(a) 结构示意图　　　　　　　　　　(b) 能带图

图 9.15　体异质结有机太阳能电池

9.3.4　有机太阳能电池的常规结构及反转结构

对于体异质结有机太阳能电池，根据其电极极性的不同，又可分为常规结构电池和反转结构电池，如图 9.16 所示。

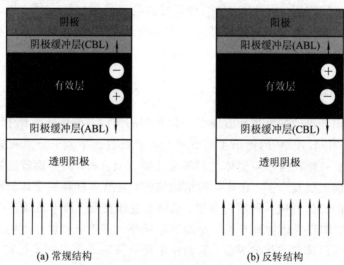

(a) 常规结构　　　　　　　　　　(b) 反转结构

图 9.16　体异质结有机太阳能电池的两种结构

图 9.16(a)是常规结构有机太阳能电池的示意图，图 9.16(b)是反转结构有机太阳能电池的示意图，其中，ABL(Anode Buffer Layer)是阳极缓冲层，CBL(Cathode Buffer Layer)是阴极缓冲层。可看到，这两种结构的区别在于透明电极是作为阳极(常规结构)还是作为阴极(反转结构)，也就是空穴还是电子流向透明电极(载流子流动方向如图 9.16 所示)。在最

常见的 P3HT:PCBM 体系的有机太阳能电池中,CBL 层材料包括氧化锌、二氧化钛、碳酸铯等材料,ABL 层最常用的材料包括 PEDOT:PSS 和三氧化钼(MoO₃)等。

在常规电池中,光是从阳极入射的,一般来说使用 ITO 作透明电极。ITO 的带宽大约为 3.5～4.2 eV,属于宽带隙材料,可以有效地使光通过,在有机吸收层的吸光范围 300～800 nm 波长范围内透光性可以达到 90%,而且导电性非常好,方块电阻可以达到 10 Ω/□以下。尽管一些替代材料,如 FTO(掺氟的氧化锡)、AZO(掺铝的氧化锌)可以替代 ITO,但是最高效率的器件都是在 ITO 上达到的。ITO 本身功函数就比较高,在早期的有机太阳能电池制作中大都用作阳极,由此制作的器件也就具有我们所说的常规器件结构。上面的阴极金属采用不透明的低功函数金属制造,最典型的例子是 Al,其它还包括 Ag 等。

反转电池有相反的结构,ITO 作为阴极,这就需要用界面材料对透明电极进行改性。与常规结构相比,反转结构主要有两个优势:① 它们可以拥有比常规结构更好的稳定性;② 可以提供更好的柔性,这有利于级联电池或多结电池的设计。根据相关报道,利用 ALD (Atom Layer Deposit)技术制造的包含氧化锌 CBL 层的反型电池可以在空气中稳定保持 90% 以上的效率长达 500 天,而一般的正常电池效率会衰减得很快,衰减到 90% 一般只需几小时或者若干天。

9.4　有机太阳能电池的工作原理

图 9.17 展示了有机太阳能电池光电转换的基本过程,图 9.18 同样在能带图上显示了

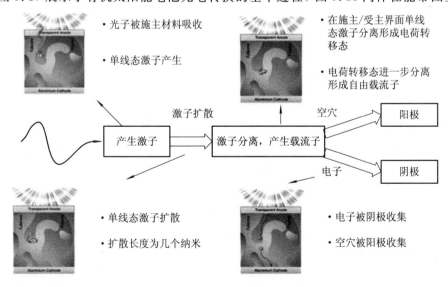

图 9.17　有机太阳能电池中光电转换的基本过程

这一过程。当入射的光子能量超过施主材料的光学吸收带宽（the Optical Absorption Gap）时，光子就会被施主材料吸收（见图 9.18 中(1)）。由于有机材料比较低的介电常数和分子间比较弱的相互作用（见图 9.2），光子的吸收产生的并不是自由电荷而是强力束缚的电子空穴对——单线态激子（Singlet Excitons）（见图 9.18 中(2)）。为了有效地将光能转换为电能，单线态激子必须在复合前扩散到施主/受主材料的异质结界面（图 9.18 中(3)），在那里电子会非常迅速地从施主材料转移到受主材料中，从而实现单线态激子的分离（见图 9.18 中(4)）。自由的电子和空穴传输到电极（见图 9.18 中(5)），继而分别被阴极和阳极所收集（见图 9.18 中(6)），从而产生光电流，这样就实现了有效的光电转换。下面将更加详细地讨论这一过程。

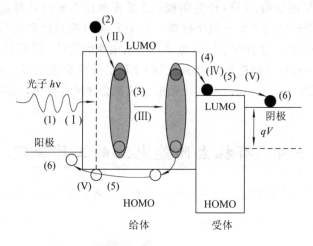

图 9.18　体异质结太阳能电池光电转换机理

9.4.1　光子的吸收

前面已经提到，有机材料的 LUMO 可认为相当于无机材料的导带底，而 HOMO 相当于无机材料的价带顶。根据量子力学的知识，由于有机材料分子之间一般无法形成无机材料那样的重复性的晶体结构，所以分子能级不能近似为连续的能带。对于无机材料，比如硅，能量大于带隙的光子会被吸收形成自由电子空穴对，而有机材料光子吸收后形成束缚在一起的电子空穴对，即激子。有机材料的光吸收系数一般大于 10^7 m^{-1}，因此厚度在 $100\sim300$ nm 的材料就能很好地吸收光子。相反，硅等无机半导体材料需要几百微米才能达到足够的吸收率。然而，相对于无机半导体材料，共轭聚合物半导体的吸收带宽相对来说是比较窄的，这也是有机太阳能电池的性能比无机太阳能电池的性能要差一些的主要原因。在一个有机太阳能器件中，其吸收谱只有一部分是与太阳能光谱匹配的。例如，禁带宽度为 1.1 eV 的材料的吸收谱可以覆盖 77% 的 AM1.5 太阳能光谱，然而在有机太阳能电池中最常用的半导体如 P3HT 的禁带宽度大于 $1.9\ \mathrm{eV}$，它只能覆盖 50% 的 AM1.5 的太阳能光谱。另外，由于有机半导体较低的载流子迁移率，有机太阳能电池中有效层的厚度是有限的，一般在 $100\ \mathrm{nm}$ 左右，这么薄的厚度又使得在材料吸收波峰处 40% 的光被浪费掉了[26]。

9.4.2 激子的产生

当入射光子的能量大于有机材料吸收边时，电子从 HOMO 跃迁到 LUMO，产生激子。由于激子在太阳能电池中扮演着非常重要的角色，因此这里再对激子进行进一步的讨论。之所以无机材料形成自由电子和空穴而有机材料会形成束缚的激子实际上在于电子与空穴之间吸引力的大小不同。电子空穴对之间会有库仑力，当电子空穴分开 $1\ \mathrm{nm}$ 而材料的相对介电常数是 3 时，库仑束缚能量大约是 $0.5\ \mathrm{eV}$。如果电子和空穴之间的吸引力在这个量级，那么它已经超过了材料在室温时的热能，此时就会形成所谓的稳定的激子。由于无机半导体的介电常数相对较大，激子能量不足以达到稳定状态，所以无法形成稳定的激子。有机材料的情况正好相反，在有机材料中典型的激子束缚能为 $0.4\ \mathrm{eV}$，使得有机材料非常容易形成稳定的激子。另外，在有机材料中比较容易形成激子的一个原因是有机分子之间的相互作用力是比较弱的，载流子不像在无机半导体里那样通过导带或者价带传输而是通过跳跃传输的，这样由于载流子移动较慢，从而使电子空穴对分开的机会比较小，光生的电子和空穴定域性是比较强的。在有机材料里，激子通常会呆在一个分子里或者沿着扩展的聚合物链分布，在极少的情况下分子间会形成激子。根据量子力学知识，激子分为自旋为 0 的单线态激子和自旋为 1 的三线态激子，三线态激子是包含三种不同态函数的激子。如果激子不是光照作用形成的，而是通过电极的载流子注入后的互相作用产生的，则理论上单线态和三线态的比率大约是 $3:1$，这是在 OLED 中常见的情况。由于选择定则的限制，光生的电子和空穴的自旋是相反的，所以一般只有单线态激子会产生，所以在太阳能电池中，单线态激子具有重要作用。

9.4.3 激子扩散

激子产生后只有有限的寿命，之后会产生辐射复合。对于单线态激子，寿命大约在纳秒级，而三线态激子的寿命可以达到毫秒，这是因为选择定则的限制三线态激子不易复合而大大增加了它的寿命。三线态激子能量要比单线态激子的能量低。在光电器件中如我们所讨论的太阳能电池中，三线态激子一般不会有很重要的地位，除非采用非常新颖的器件结构来利用其优势。

由于高能激子的存在(典型的束缚能为 $0.4\ \mathrm{eV}$)，室温时热能不足以将其分开，而为了有效地实现光电能量转换，激子必须迁移到给体材料和受体材料的界面。由于激子是电中性的，它并不能在电场的作用下运动，因此它的迁移主要是靠扩散来完成的。由于激子寿命的限制，激子的扩散长度 L_D 是很小的。例如，在 PPV 聚合物材料中，L_D 一般在 $5 \sim 8$ nm[27]。这意味着距离给体材料和受体材料界面超过 L_D 的激子将发生复合而对有效的光电转换没有贡献。L_D 的数值远小于有机太阳能电池有效层的厚度（100 nm 左右），因此在双层异质结结构中只有距离异质结界面在 L_D 之内的吸收层吸收的光才对最终的效率有贡献，所以这种结构器件的性能相对较低。理想的情况下，所有产生的激子都可以在复合前到达给体和受体材料界面。体异质结结构正是基于这种思想提出的。在体异质结结构中，给体材料和受体材料混合在一起形成相互贯穿的导电网络，大大增加了界面的有效面积，使几乎所有的激子都能在复合之前到达异质结界面。由于在双层太阳能电池中激子离异质结界面距离过长，导致很大一部分激子复合掉了，而体异质结材料的材料界面远远多于双层材料，激子会有更大概率有效分离，因此效率也会大大提高，正如前面所说的现在有效的太阳能电池基本上都是基于体异质结结构的。更大的激子扩散长度允许在体异质结中存在较大给体材料区域和受体材料区域，这将更加有利于对光的吸收和载流子的传输，从而得到更高的器件性能。在各种不同的聚合物材料中，激子的扩散长度变化较大，其值主要分布在 $5 \sim 20$ nm[28, 29]。

9.4.4 激子的分离

因为激子的束缚能大于有机半导体中的热能，因此需要另外的力来分开激子。如图9.18 所示，当两种材料存在能带差时，就会有力存在，激子运动到施主受主界面就会被这种力分开[30]，即过程（4）。但不是任何材料界面都会产生有效的激子分离过程。以 E_{ex} 表示激子中电子和空穴之间的能量差异，如图 9.19(a) 所示（图中 X 表示 $\mathrm{HOMO_D - LUMO_A}$），当

$$E_{ex} > \mathrm{HOMO_D - LUMO_A}$$

时，有效的激子分离就可以通过电荷转移发生，

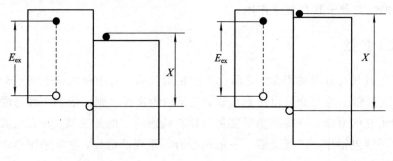

(a) 适于激子分离的界面   (b) 不适于激子分离的界面

图 9.19 给体材料和受体材料界面发生激子分离所需能带结构示意图

$$D^* + A \rightarrow D^+ + A^-$$

$$D + A^* \rightarrow D^+ + A^-$$

其中，D 表示给体材料，A 表示受体材料，D^* 和 A^* 分别表示给体材料和受体材料中的受激态，D^+ 和 A^- 分别表示电荷转移发生后给体材料和受体材料的状态。但是当给体材料和受体材料界面情况为

$$E_{ex} < HOMO_D - LUMO_A$$

时（如图 9.19(b) 所示），在能量上是不利于发生电荷转移的，也就不是有效的激子分离界面。

当在界面处发生电子的转移使电子由给体材料进入受体材料后，电子有可能成为自由电子，还有可能与留在给体材料中的空穴因库仑力的作用而形成束缚的电荷对（偶极子）。激子分离的机理长期以来为研究者所关注。激子 PL 谱消光测试和光电流的研究表明，在梯形聚合物中激子到自由电荷的形成是一个两步过程：在界面发生电荷转移后，原来激子中的空穴和电子首先形成库仑力束缚的电子—空穴对，这些电子—空穴对随后分离成自由电荷。在太阳能电池中是否也存在这样的两步过程呢？如果存在界面束缚的电子—空穴对，这与太阳能电池中非常高的内部量子效率的事实（已观测到 100% 的内量子效率）是相悖的。有人提出，在激子分离之后，电子和空穴有过剩的动能，这些过剩的动能能帮助激子的分离，结果电子还没有形成界面偶极子就彻底分离为自由的电子和空穴。也有人提出，电荷转移之后电子和空穴过剩的动能使得它们一开始分开的间隔距离就比较大，从而使得自由电荷的形成更加容易[31]。另外，界面偶极子的存在和载流子较高的迁移率也有利于激子的分离。

激子的分离效率对于器件的最终性能有较大的影响，对于光电流的计算应该考虑这一因素。对于理想的太阳能电池，假设没有载流子的复合和空间电荷的形成，那么光电流就可以用来测量激子到自由电荷的转换效率。器件内部的电场为 $E = (V_{OC} - V)/L$，其中 L 为有效层厚度，V_{OC} 为开路电压，V 为对器件所加电压。空穴光电流为 $J_{ph} = qp\mu E$，其中 μ 为空穴迁移率，p 为空穴的密度，q 为单位电荷电量。稳态时，载流子密度由自由载流子产生率和寿命决定，即 $p = \tau G$。理想状态下，假设载流子的寿命足够长以至于其值由载流子渡越时间决定，即 $\tau = L^2/\mu J$，则光电流为[32]

$$J_{ph} = qGL \tag{9.1}$$

对于电子将有同样的结果。所以，当自由载流子产生率 G 为常数时，J_{ph} 与电压 V 无关。J_{ph} 与 G 为一线性关系，可以由 J_{ph} 直接测量 G，因此也就可以得到激子分离后在界面处是否存在束缚的电子—空穴对（又称为偶极子）。以上的关系基于载流子寿命无限的假设，在实际器件中，载流子复合的时间大约在毫秒级别，而载流子的渡越时间也大约在这一数量级，所以，当器件工作在比较高的负电压下时，载流子渡越时间减少，上式成立。但对于低的偏置电压，上式却不成立。如果包括载流子的扩散效应，使用上面的同样假设，则光电流的值修订为[33]

$$J_{ph} = eGL \left[\frac{\exp\left(\dfrac{qV}{kT}\right) + 1}{\exp\left(\dfrac{qV}{kT}\right) - 1} \right] - \frac{2kT}{eV} \tag{9.2}$$

其中，k 为玻尔兹曼常数，T 为温度。利用上面公式对 MDMO - PPV:PCBM 太阳能电池的测试结果拟合如图 9.20 所示，图中实线代表计算值，$G = 1.46 \times 10^{27}$ m^{-3} s^{-1}。该公式在 $V_0 - V < 0.1$ 时，能够非常好地拟合实验数据，说明在这个区域扩散起着非常重要的作用。从图 9.20 的拟合结果可以看出，当电压超过 1 V 时，光电流并没有饱和在 eGL，而是随着电压而增大。这是因为上面的公式并没有考虑界面束缚的电子—空穴对的存在。它们的再次分离对光电流也有贡献。

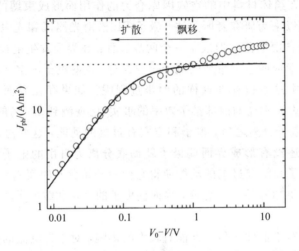

图 9.20　室温时 MDMO - PPV:PCBM(20：80 wt%)有机太阳能电池的电流、电压特性

我们假设激子在界面发生电荷转移后，在界面处形成束缚的电子—空穴对数目为 G_{MAX}，而自由载流子产生率 G 与 G_{MAX} 的关系为[33, 34]

$$G(T, E) = G_{MAX} P(T, E) \tag{9.3}$$

$P(T, E)$ 为界面处束缚的电子—空穴对分离的概率，其可以用 Onsager - Braun 模型来计算，其中 T 为温度，E 为电场。在 $P(T, E)$ 的计算中，只有两个可调的参数：激子在界面分离形成的界面电子空穴对初始距离 a 和它们到基态的衰减速率 k_F。利用上面的公式对变温的 MDMO - PPV:PCBM 电池的拟合如图 9.21 所示，图中实线代表拟合结果。在低的有效偏置时，$G(T, E)$ 开始饱和，它与前面的公式(9.2)一起很好地拟合了光电流；在高的有效偏置时(高于 10 V)，光电流饱和，与场和温度无关，这时所有的界面电子空穴对都已经分离了。利用上面的假设和公式很好地拟合了 MDMO - PPV:PCBM 电池的光电流，根据这一结果可以说至少对于 MDMO - PPV:PCBM 类型的电池，在界面处确实是存在界面电子—空穴对。对于其它的有机材料体系这一结论是否适用，现在还有较大的争议。现在对

于有机太阳能电池界面处激子动力学的研究仍然是科研的一个重要方向。

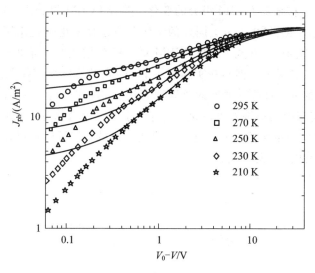

图 9.21 不同温度下的 MDMO - PPV：PCBM 有机太阳能电池光电流与有效偏置的关系

9.4.5 电荷传输

激子分离之后最终形成的自由电子与空穴分别留在受体材料和给体材料中，接着这些自由的电子和空穴分别在相互贯穿受体网络和给体网络中朝阴极和阳极运动，从而产生光电流。这里，如果两种材料之间分离得很好，即有连续的通道供载流子流动，载流子复合的效率就低很多；如果材料没有很好地分离，没有连续通道供载流子流动，到达电极的电流就会大大降低。对电子在受体材料与空穴在给体材料传输过程的研究对理解体异质结电池光电特性有着非常重要的作用。用于太阳能电池的单一有机材料载流子的迁移率已有较多研究，但是对于实际的太阳能电池器件，有效层是给体材料和受体材料混合在一起形成的，在这种结构中，载流子的迁移率与在单一材料中是有区别的。例如，在单一的 PCBM 材料中电子的迁移率比单一的 MDMO - PPV 中空穴的迁移率要高，超过三个量级。但是在很多实验中发现，MDMO - PPV：PCBM 有机太阳能电池中的空穴迁移率大大提高，使得最终电子和空穴的迁移率差别只有一个量级左右。在共混材料体系中载流子迁移率为什么会增加十分值得研究。现在很多测试证明，同一种有机材料在太阳能电池、晶体管和发光二极管中测得的迁移率差别很大，这充分说明要想完全理解太阳能电池中与 PCBM 共混时为什么聚合物的空穴迁移率会增加，需要在实际应用的器件中直接测量空穴与电子的迁移率，而不宜使用晶体管等这些不同结构的器件。

为直接测量共混有机物中一种类型电荷的空间电荷限制电流（SCLC），另外一种类型的载流子的传输必须被抑制，也就是说要制作只有电子传输或者空穴传输的器件。这种方法已经在实验中使用。如图 9.22 所示就是用这种方法测得的在 MDMO - PPV：PCBM 混合物中电子和空穴迁移率随 PCBM 组分的变化。随着 PCBM 组分由 33％增加到 88％，电子迁移率首先增加，然后发生饱和。同样的，空穴的迁移率也表现出了相同的趋势，这与我们的直觉认识是不同的。直觉上，当 PCBM 材料组分增大时，有机材料被稀释了，所以空穴的迁移率应该变低才对。但是在实际测量中，空穴的迁移率却随着 PCBM 组分的增加而增大，最终发生饱和，对这一现象的机理现在还不是很明白。但最近的研究表明，通过添加 PCBM 组分使有效层形貌发生变化，这有利于增强聚合物分子之间的相互作用，最终提高了聚合物之间电荷的传输。如果这一结论是正确的，就可以解释在共混物中空穴迁移率随 PCBM 组分增加而增大的现象。

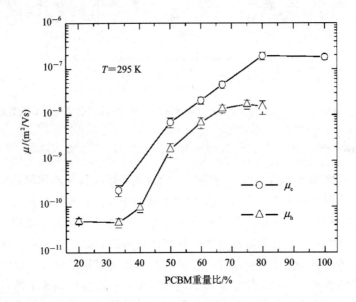

图 9.22 室温下 MDMO - PPV：PCBM 载流子迁移率随着 PCBM 组分的变化[35]

9.4.6 电极的收集

与对有效层组分和形貌的优化一样，对电极的修饰可以大大提高有机太阳能电池器件的性能。例如，在用 Al 作为电池的阴极时，通过在有效层和金属 Al 之间插入一层极薄的 LiF 不仅能增加 V_{OC}，同时也可以提高 J_{SC} 和 FF，最终效率可提高 20％左右。为什么 LiF 的加入能够大大增加器件效率还未完全理解。一个可能的解释是，LiF 的加入大大降低了器件的串联电阻，从而提高了器件的性能。界面修饰对器件性能提高的作用充分说明电极对电荷收集作用的重要性。目前已经取得了多种利用界面修饰提高有机太阳能电池性能的结果。

9.5 有机太阳能电池的宏观电学特性

与无机太阳能电池类似，有机太阳能电池最重要的器件参数仍然是转换效率 η。转换效率可用开路电压 V_{OC}、短路电流密度 J_{SC} 和填充因子 FF 的乘积来表示。填充因子由最大功率点(见图 9.23(a)中长方形阴影面积)与开路电压和短路电流乘积的比例表示。效率是最大输出功率和入射初始光强 P_{in} 的比值，与无机太阳能电池类似，用公式

$$\eta = \frac{J_{SC}V_{OC}FF}{P_{in}} \tag{9.4}$$

表示。

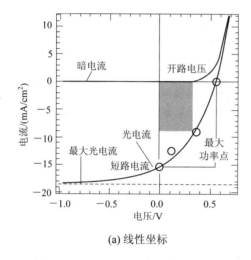

(a) 线性坐标

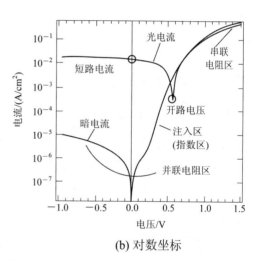

(b) 对数坐标

图 9.23 有机太阳能电池—电压曲线和参数示意图

有机太阳能电池的电流电压关系也可以用肖特基二极管方程式来表示，为了和实际器件一致，引入和二极管串联的电阻 R_s 描述接触电阻及和二极管并联的电阻 R_{sh} 描述两个电极之间的并联影响，等效电路如图 9.24 所示。

对于有机太阳能电池，电流和电压的关系可以用以下公式表示[36]：

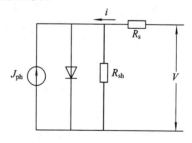

图 9.24 有机太阳能电池等效电路图

$$J(V) = J_0\left[\exp\left(\frac{q(V-R_sJ)}{nkT}\right)-1\right]+\frac{V-R_sJ}{R_{sh}}-J_{ph} \tag{9.5}$$

其中 J_0 是反向饱和电流密度，q 是基本电荷量，kT 是热能，n 是二极管理想因子。光生电

流表示为 J_{ph}。

如图 9.23(b)所示,和无机太阳能电池类似,有机太阳能电池的暗电流可以分为三个区域:电压较小时并联电阻占主导的区域、注入区(指数区)以及串联电阻区。有机太阳能电池有一些与无机太阳能电池不同的地方。在有机太阳能电池中,由于光生激子的分离和外电路对产生的电子空穴对的提取,产生了与电场有关的电流,它导致了明显的依赖电场的并联电阻 R_{sh};同时与无机半导体相比,有机半导体的串联电阻要大得多。这是由于在有机半导体中载流子的输运主要是靠跃迁方式完成的,其输运过程依赖电场和载流子密度。这导致了空间载流子限制电流不再严格遵守 Mott - Gurney 定律中与电压平方成正比的关系。

9.5.1　开路电压

开路电压对于太阳能器件非常重要。开路电压的大小首先与激子分离之后的偶极子的能量($E_{g, DA}$,是与 $\mathrm{HOMO_D - LUMO_A}$ 有关的量)有关,这一能量值的大小依赖于给体和受体材料。开路电压也与金属电极之间的功函数之差有关。另外,在开路情况下,给体材料和受体材料能带都不是平带,这也会影响开路电压的大小。对于双层结构的有机太阳能电池而言,能带倾斜效应会更加明显,因为给体材料和受体材料本身的尺度相对较大。

对于双层异质结有机太阳能电池,开路电压基本取决于准费米能级在开路情况下的差。界面偶极子的能量 $E_{g, DA}$ 决定了有机太阳能电池开路电压的上限。如果考虑电极功函数的差异以及给体材料和受体材料的能带弯曲,则开路电压可以表示为

$$V_{DC} = \frac{E_{g, DA}}{q} + BB_D + BB_A - \Delta\phi_D - \Delta\phi_A \tag{9.6}$$

BB_D 和 BB_A 取决于给体和受体材料层能带弯曲程度。$\Delta\phi_D$ 是阳极与给体材料之间的势垒高度,$\Delta\phi_A$ 是阴极与受体材料之间的势垒高度,它们表示了两个电极之间的功函数差。

在体异质结结构中,给体材料和受体材料混合在一起,开路电压的情况要比双层异质结结构复杂得多。考虑到体异质结电池的不同之处,Scharber 等人[37]给出了体异质结结构有机太阳能电池开路电压的经验公式,其利用线性关系

$$V_{OC} = \frac{\mathrm{HOMO_D - LUMO_A}}{q} - 0.3 \tag{9.7}$$

作为近似公式,这个公式注意到了施主材料的 HOMO 与受主材料的 LUMO 之差和开路电压之间的关系。后来,人们又发现给体和受体材料界面可以形成偶极子,偶极子的能量对开路电压有影响,Vandewal 等人[38]用

$$V_{OC} = \frac{E_{g, DA}}{q} - 0.43 \tag{9.8}$$

来近似表示体异质结有机太阳能电池的开路电压,这个公式考虑到了分子轨道以及偶极子对能量和开路电压之间的关系。最近,人们发现偶极子的不同方向也会影响器件的开路电

压,因此如果能人为地引入一定能量和一定方向的偶极子,则可以显著改变开路电压。为了简化,一般不考虑偶极子的影响,而把 $\dfrac{HOMO_D - LUMO_A}{q}$ 作为开路电压的上限,这表明了材料的 HOMO 和 LUMO 必须匹配以得到良好的特性。

9.5.2　短路电流和填充因子

短路电流和填充因子同样是太阳能电池中非常重要的参数。它们与材料对光的吸收能力、器件的具体结构、激子的分离效率、载流子的输运与复合以及电极对电荷的提取能力等因素都有着非常直接的关系。对于给定的材料体系,材料厚度的优化以及其它光控光场分布的方法可大大提高器件的总体吸光能力,对于形貌的具体优化可以提高激子的分离效率、降低载流子的复合、缩小载流子的渡越时间,对于器件界面的修饰有利于载流子的提取,这些措施都可以显著提高器件的短路电流和填充因子。这些因素在介绍有机太阳能电池的光电转换机理时讨论过,所以这里不再做详细的讲述。

9.6　有机叠层太阳能电池

前面介绍了单结有机太阳能电池,这里把单结有机太阳能电池的工作机理再作一回顾。在有机太阳能电池的光电转换过程中,光的吸收首先产生激子,产生的激子必须先扩散至给体材料和受体材料界面,在那里激子离化形成自由的电子和空穴,接着电子和空穴分别在受体材料和给体材料里传输,最终被电极所收集。因此,有机太阳能电池的光电转换过程主要可分为六步(如图 9.18 所示):(1) 光子吸收;(2) 激子产生;(3) 激子扩散;(4) 激子分离;(5) 电荷传输;(6) 电荷收集。而伴随着这六个过程有五个主要的效率限制因素和损失机理(如图 9.18 所示):(Ⅰ) 吸收损失;(Ⅱ) 热损失;(Ⅲ) 激子损失;(Ⅳ) 激子分离引起的能量损失;(Ⅴ) 电荷复合。吸收损失主要由于材料的吸收光谱和太阳能光谱不匹配,入射光子不能被材料完全吸收导致。而被吸收的光子,如果能量大于材料的光学吸收带宽,首先会激发热载流子,这些热载流子会很快弛豫而形成能量更低但更加稳定的激子,在此过程中会释放热量而造成热损失(Ⅱ)。激子束缚能量大,扩散长度约为 $5\sim10$ nm,如果不能及时离化为自由电荷就会损失掉而对电池效率无贡献(Ⅲ)。激子的分离需要施主材料和受主材料最低分子未占据轨道(LUMO)能量差异(offset)大于激子的束缚能,但是如果这个能量差异过大也会引起能量的损失(Ⅳ)。而电荷的复合伴随着电荷的传输和收集过程(Ⅴ)。

这些效率损失机制的存在大大限制了有机太阳能电池的性能,而有机电池性能提高的每一次突破都是因为在材料和结构设计上克服或抑制了某一个或某几个损失机理。如双层异质结结构的引入解决了如何使激子有效分离的问题而使有机太阳能电池有了里程碑式的发展。而在随后发展起来的体异质结结构中,给体材料和受体材料在有效层中形成互穿的网络结构,其既有利于激子扩散至给体/受体界面又有利于电荷的传输,这种结构设计使有机太阳能电池有了革命性的发展并成为现今器件的主流结构。最近,大力发展的窄禁带宽度材料也是为了尽量克服光的吸收损失。据 Scharber 模型预测(如图 9.25 所示),当调整聚合物 LUMO 位置和禁带宽度时,对于禁带宽度为 1.5 eV 的聚合物材料,单结有机太阳能电池最高效率在 11% 左右,现在的实验结果已经逐步接近这一数值。然而,在这以后单结有机太阳能电池效率的进一步提高将面临巨大的挑战。幸运的是,叠层结构(如图 9.26 所示)可进一步抑制效率的损失机制,提高有机太阳能电池的性能。

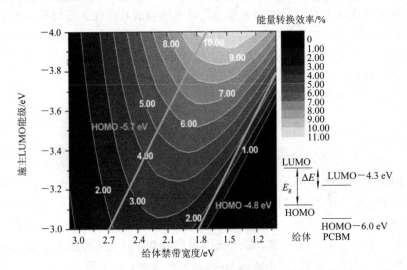

图 9.25　Scharber 模型预测的单结有机太阳能电池的效率[37]

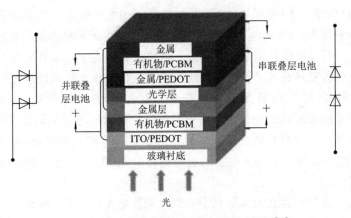

图 9.26　传统的叠层有机太阳能电池结构[39]

9.6.1　有机叠层电池机理

前面章节中已经涉及过叠层电池结构，这里针对有机太阳能电池再做一个简单讨论。叠层电池结构在提高器件总体性能方面有着明显的优势，其可以减弱（Ⅰ）、（Ⅱ）及（Ⅳ）等损失机理。首先吸收损失可以通过叠层结构大大降低。在叠层结构中，不同禁带宽度的有机材料前后叠加在一起，这些材料吸收谱之间形成互补，可最大限度地增加材料对光的吸收谱宽度，减小材料吸收谱与太阳光谱的失配程度（损失机理Ⅰ）。另外，热损失也可以通过叠层结构大大降低。在叠层结构中，可以利用禁带宽度较窄的材料吸收能量较低的光子从而转化为能量较低的激子，利用禁带宽度较宽的材料吸收能量较高的光子从而转化为能量较高的激子。这样，材料吸收光子后，形成的热载流子的能量降低，从而大大降低了热载流子到激子弛豫过程中的热损失（损失机理Ⅱ）。此外，叠层电池结构也可以降低激子分离所带来的能量损失（损失机理Ⅳ）。在前面的章节中，已经提到过界面处的能量差异必须大于激子的束缚能才能有效地分离激子。激子的束缚能典型值为 $0.1\sim0.4$ eV，而在常用的 P3HT:PCBM 材料体系中，界面处用于电荷转移的能量差异远大于这一数值。在前面对 V_{OC} 的讲述中已经提到，这么大的能量差异将降低 V_{OC} 而使器件效率降低。在叠层电池结构中，可以对各个子结电池的能带分别设计，在扩大光谱吸收范围的同时降低界面处能量的损失，这要比在单结器件中同时完成这些工作要简单得多。

叠层结构既可以串联也可以并联（如图 9.26 所示），这里以最常用的串联叠层结构为例讨论有机叠层电池的优势。在串联结构中，各个子结电池之间通过中间连接层直接相连。光照时，各个子结电池中都会有激子形成。一个子结电池中激子分离之后产生的自由电子和另外一个子结电池中形成的自由空穴都向中间连接层移动，它们在那里复合，如图 9.27 所示。

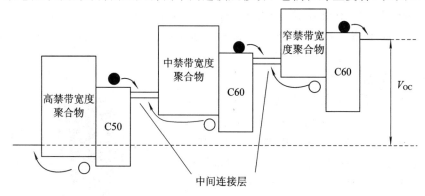

图 9.27　开路时串联结构的三结叠层的有机太阳能电池能带图[30,40]

在串联叠层结构中，总的电流由子结电池中产生的最小电流决定。因此，为使效率最高需要对各个子结电池的电流进行优化，以使各子结电池电流能够匹配。另外，串联叠层结构的电压为各子结电池电压的简单代数和。假设：各个子结电池之间已很好地串联；各个子结电池中的受体材料 LUMO 可调；每个子结电池被很好地优化且可以产生匹配的电流；电极与有效层之间接触良好，没有接触电阻。如果以上假设成立，同时器件的 FF 和量子效率给定就可以对叠层的效率进行预测，如图 9.28 所示（假定 FF＝65％，外量子效率为 60％）。结果显示，当叠层数目为 1 层时最高效率为 13％，2 层时为 19％，而 3 层时可达 24％。很明显，叠层可以有效地克服单层电池中的损失机理，从而提高器件的性能。

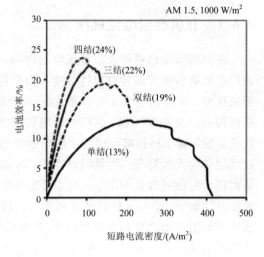

图 9.28　叠层有机太阳能电池 J_{sc} 对效率的影响

在叠层结构中，除了与单结电池结构对材料的相同要求（如好的吸光能力、适宜的能带结构以及高的迁移率等）以外，还有一些特殊的要求。各个子结电池的吸收谱应该是互补的，同时各个子结电池总的吸收谱应该能够尽量宽地覆盖太阳光谱。在叠层电池结构中，恰当地选择控制各个子结电池的材料体系对最终取得较高的效率有着极其重要的作用。将总的吸收谱扩展至近红外甚至中红外是提高总体叠层效率的一个重要方面。为取得较好的吸收，需要禁带宽度小于 1.8 eV 的材料，2012 年以来这类窄禁带宽度的材料取得了重要进展。

9.6.2　有机叠层电池结构介绍

在过去的几年中，有机叠层太阳能电池取得了非常迅速的发展，出现了各种有机叠层结构，如串联叠层结构、并联叠层结构、机械叠压结构、折叠反射结构等，下面对这些结构作一介绍。

1. 正常串联叠层结构

在正常结构串联太阳能电池中，子结电池由不同禁带宽度的有机聚合物组成。在这种结构中，禁带宽度较大的材料一般作为前结电池，而禁带宽度较小的材料一般用于后结电池。光首先通过前结电池，较大的禁带宽度使其不易吸收波长较长的光子，从而作为后结电池的窗口。图 9.29 显示了一个包含两个子结电池的叠层电池，可以看到禁带宽度较大的材料位于底部，而禁带宽度较小的材料位

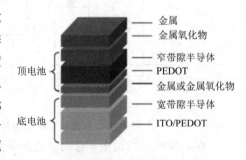

图 9.29　正常结构串联太阳能电池

于顶部,光子由底部入射,这样底部电池只吸收能量高的光子而让能量低的光子通过,顶部的器件就可以吸收该能量范围的光子。

2. 反转的串联叠层电池结构

这里的反转结构与单结电池中的反转结构不同。在单结电池中,反转结构指电池的电极极性反转,而在反转叠层电池结构中,反转指的是禁带宽度较小的有机物位于前结电池,而禁带宽度较大的有机物位于后结电池,它与上面的正常串联叠层结构在材料的放置位置上是相反的。之所以出现这种结构,是因为有机电池的厚度是很薄的,对于一个单结电池来说,有效层厚度一般为 100 nm,即使在两层叠层结构中,有效层加上中间连接层总厚度大约只有 200 nm。这么薄的厚度,光学的干涉作用是很强烈的,这使得光场在叠层中的分布并不是随着入射深度增加而递减。这种光学的再分布加上材料本身的吸光特性,使得某些情况下前结包含禁带宽度较小的有机物材料而后结包含禁带宽度较大的有机物材料,这样反倒更有利于对光的吸收。图 9.30 展示了吸光层分别为 P3HT 和 PCPDTBT 的反转叠层电池结构,材料的吸收谱也同时显示在图中。禁带宽度较小的 PCPDTBT:[70]PCBM 电池放在了前结,而禁带宽度较大的 P3HT:PCBM 放在了后结,实验显示,对于这里所使用的材料体系,这种反转的叠层结构可以得到最优化的效率。

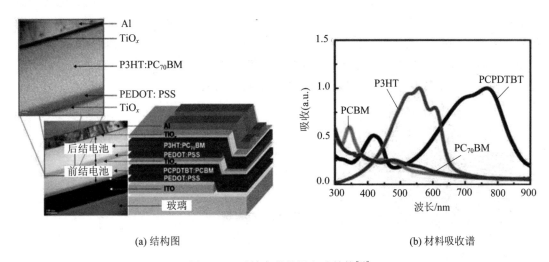

(a) 结构图　　　　　　　　　　　(b) 材料吸收谱

图 9.30　反转串联叠层电池结构[41]

3. 简单并联叠层电池结构

上面所介绍的电池结构都为传统的叠层电池结构,这些结构也有着明显的缺点。如图 9.26 所示,在传统的叠层结构中,各个子结电池互相叠加,它们之间在物理上是分离的,各子结电池之间通过中间层相连而组成一个整体。这种结构设计的劣势也是很明显的。首先,入射光从一个子结电池进入另外一个子结电池必须经过中间连接层,因此,中间连接层对光的吸收不可避免，这会降低器件的性能。为了增加光的有效吸收需要中间连接层尽量透明，这对中间连接层的光学性质提出了苛刻的要求。另外，中间连接层还要保证两个子结电池之间在电学上能够有效相连，因此需要中间层电阻尽量低，这也对中间层的电学性能提出了要求。而提高中间连接层的光学性能和电学性能在实际的制作中往往是相矛盾的。此外，传统叠层结构中各个子结电池间简单叠加的方式使器件所含材料层数急剧增加。器件总的层数不仅包括各个子结电池本身固有的层数还包括中间连接层，而且实际应用的中间连接层本身往往还包括两层甚至更多层数。这么多的材料层数使器件结构变得复杂，制作工艺难度也大大增加。这些缺点最终都会体现在增加器件制作的工艺难度和成本上，而最终使有机太阳能电池的成本优势削弱甚至丧失，这对叠层电池的结构设计提出了要求。

为了克服传统叠层电池所面临的这些问题，张春福设计并报道了一种简单的有机叠层太阳能电池结构[42]。如图 9.31(a)所示，在这种结构中去除了传统叠层结构中的中间连接层，使 CuPc 材料与 PCBM 材料形成双层异质结电池，CuPc 吸光所产生的激子可以有效地在 CuPC/PCBM 界面分离进而被电极收集；同时 PCBM 与 P3HT 材料形成体异质结电池，P3HT 吸光产生的激子在分散于混合层的 PCBM:P3HT 界面分离，进而被电极收集。材料的选择也有利于电荷的传输(如图 9.31(b)所示)。从等效电路上看，这两个子结电池可视作并联连接(如图 9.31(c)所示)。这种结构设计充分利用了有机太阳能电池的光电转换过程依赖于给体材料和受体材料界面这一特点，使两种给体材料共用同一种受体材料，从而巧妙地去掉了中间连接层。传统的以硅为代表的太阳能电池依赖于 PN 结而不是给体材料和受体材料界面，因此这种结构设计在传统太阳能电池中是不能实现的，它是一种新型的叠层结构，我们称之为简单并联叠层有机太阳能电池结构。

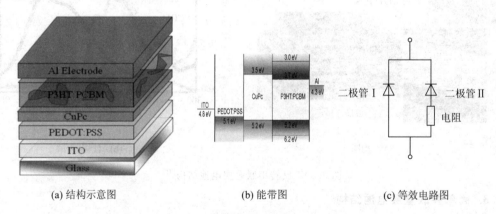

(a) 结构示意图　　　　　　(b) 能带图　　　　　　(c) 等效电路图

图 9.31　简单并联叠层电池结构设计

与传统叠层结构相比，简单并联叠层有机电池的结构设计有着明显的优点。首先，由于中间连接层的消失，避免了光通过此层时的附带吸收，有利于器件对光的有效吸收；另外，中间连接层的消失，避免了它的存在而引入的电阻，有利于器件电学性能的提高；更重要的是，中间连接层的消失使叠层电池总的材料层数大大减少，结构大大简化，这使得制造工艺变得简单，工艺流程更易控制，器件成本也因此大大降低。简单并联叠层有机电池在提高器件效率的同时能够继续保持成本优势，有着非常重要的研究意义。

近几年的研究进展已经证明了简单并联叠层有机太阳能电池的结构设计切实可行。在我们初期工作中，取得了 J_{sc} 为 $8.63\ mAcm^{-2}$，总的转换效率为 2.79% 的简单并联叠层器件，其接近于对应的单结 CuPc/PCBM 电池（$J_{sc}=2.09\ mAcm^{-2}$ 和 PCE $=0.43\%$）和单结 P3HT:PCBM 电池（$J_{sc}=6.87\ mAcm^{-2}$ 和 PCE $=2.5\%$）的短路电流与效率之和，说明了两个子结电池之间在电路上确实是有效并联的。在随后的工作中，我们通过对器件的优化，将这种简单并联叠层电池的效率提高到 4.1%。这一工作报道后，引起了本领域研究同行的广泛关注，其设计思路和方法已被广泛采用，特别是，近几年关于叠层有机电池的几篇综述文章都对这一结构做了介绍。但这种结构也有自身弱点，它对材料能带要求较高，工艺实现也不是很容易。不管怎样，这种简单并联叠层结构已应用于各种对于有机太阳能电池的研究当中，成为提高器件性能的重要途径之一。

4. 机械叠压结构

当子结电池的有效层通过溶液工艺实现时，有机叠层太阳能电池的制作变得比较困难。这是因为，由于溶液工艺的存在，在后结电池的制作过程中它可能破坏已经做好的中间连接层或者前结电池有效层。为了克服溶液工艺制作有机叠层电池的困难，可以先分别制作两个单结的有机太阳能电池，然后将其中一节机械地置于另外一节之上，这种电池可以称为机械叠压结构有机叠层电池。根据实际需要，这两节电池可以串联，也可以并联，如图 9.32 所示。

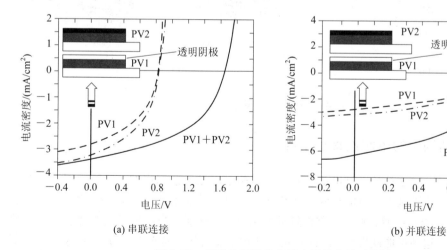

(a) 串联连接　　　　　　　　　　　　　　(b) 并联连接

图 9.32　机械叠压结构有机太阳能电池示意图

5. 折叠反射的叠层有机太阳能电池（Folded Tandem Cell）

折叠反射的叠层太阳能电池结构也是为了减少透明的中间连接层和克服溶液方法在叠层结构中引入的工艺难题而提出的。为了减小在同一基板上制造的并联或串联太阳能电池中光子在中间层的损耗，研究人员在两个基板上制造了电池，并把它们制造成折叠状，如图9.33(a)所示。在这种结构中，两个子结电池都带有反射性电极，这样不能被一个子结电池吸收的光将被反射到另外一个子结电池上，在那里它有可能被第二个子结电池所吸收。在这种折叠结构中，入射的光被两个子结电池的反射性电极多次反射而增加了光被器件吸收的概率，其实际是一种陷光结构。模拟结果显示，对于基于CuPc材料的太阳能电池，这种结构可将吸光能力提高三倍，而对于本身效率就比较高的材料体系，如P3HT：PCBM材料体系，吸光能力的提高相对有限。另外，光吸收的增强程度依赖于这两个子结电池摆放的角度。这种结构也为随意将两个子结电池并联或者串联提供了可能。结果显示，基于AFPO材料体系的折叠结构太阳能电池当两个子结电池角度由180°变为40°时，器件效率可从2.0%提高到3.7%。使用类似的设计，也可将多个器件放在同一个衬底上，如图9.33(b)所示。

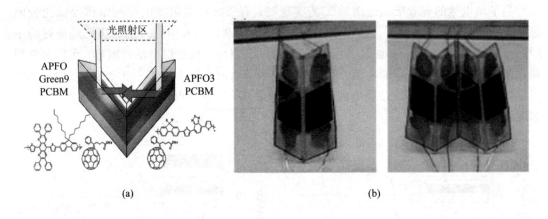

(a)　　　　　　　　　　　　　　　(b)

图9.33　折叠结构的叠层有机太阳能电池[44，45]

9.6.3　叠层结构中的中间连接层工程

在叠层电池中，许多高效子结电池的有效层是基于溶液工艺制作的，正如我们在介绍叠层结构时提到的，这种基于溶液的有效层制作工艺在叠层中面临着许多困难。例如，在后结电池有效层的制作中有可能破坏已经制作好的前结电池，特别是当前后子结电池有效层所使用的溶剂相同时，这种可能性更大。前面介绍的几种新型叠层结构就是为了克服这种工艺困难而提出的。除了利用新的叠层结构外，为了克服这种工艺的困难，热裂解有机材料被用于叠层电池。热裂解材料首先沉积在前结电池上，然后经过热处理使热裂解材料从可溶性的变为不溶性的材料，从而在后结电池的制作中有效保护前结电池。但是使用这种途径的叠层电池效率比较低，而现在大多数有效的叠层电池都是基于串联叠层结构的，因此叠层中间连接层工程在实现有效叠层电池中有着非常重要的作用，所以有必要对其进行介绍。

叠层电池中的中间连接层需要满足以下几点：

（1）在后结电池的制造中能够有效保护前结电池；

（2）自身也不会在后结电池的制作中受影响而发生性能变化；

（3）透光性要足够好，不能影响前后结电池对光的吸收；

（4）电学性能足够好，可以与前结和后结电池形成良好的接触。

在近几年的报道中，已经开发出多种可以作为中间连接层的材料，如金属中间层材料、金属氧化物中间层材料、导电有机物中间层材料以及它们的组合作为中间层材料，这些材料也可以在单结电池中作为界面材料，对于这些具体的材料将在后面的有机太阳能电池材料部分介绍，本节就不过多涉及，这里把实现这些中间层材料的主要方法以及一些特殊作用作一论述。

1）中间连接层材料的溅射制作法

应用此方法的典型材料是 ITO。由于 ITO 材料具有很高的透光性和导电性，制造完一层电池之后用溅射法溅射一层 ITO 过渡层就显得非常重要了。这样两个子结电池的特性都可以达到尽可能高，但是由于溅射可能损伤器件及工艺复杂，实用性并不高。

2）中间连接层材料的热蒸镀制作法

许多金属、金属氧化物及有机材料可以通过热蒸发的方式成膜，所以，热蒸镀工艺在中间层的制作中也起着非常重要的作用。图 9.34 显示了一种含有热蒸镀法制作的中间过渡层的叠层电池。中间过渡层由热蒸镀的 LiF、Al、Au 或 WO₃ 层组成。热蒸镀方式是常用的镀膜方法，也用于工业生产，是非常重要的薄膜制造方法。

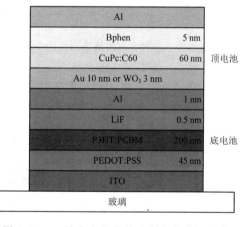

图 9.34　一种含有热蒸镀法制作的中间过渡层的叠层电池[46]

3）中间连接层材料的溶液制作法

许多有机中间层材料和金属氧化物材料可以使用溶液法来制作，如典型的导电有机物 PEDOT:PSS 以及金属氧化物 ZnO、TiO₂ 等材料。图 9.35 显示了一种含有溶液法制作的中间过渡层的叠层电池。中间过渡层由溶液法制作的 ZnO 层和 PEDOT:PSS 层组成。基于溶液法的中间层制作过程在工艺上与有效层的制作工艺类似，其潜在成本低廉，且适于卷对卷的大规模制造工艺，在以后的产业化过程中将扮演重要的角色。

上面三种方法是制作有机叠层电池中间连接层常用的工艺方法，由于通常叠层的中间连接层包含几层不同的材料，在这些不同的材料成膜可以使用不同的工艺实现，所以有时同一叠层器件的中间连接层可能同时使用以上三种工艺的两种甚至三种。另外，中间连接层不仅可以使用膜材料，有时也可以使用纳米材料，如图 9.36 所示，中间的 Ag 纳米颗粒层充当复合中心，电子和空穴都会在纳米颗粒层复合。Ag 纳米层厚大约 0.5 nm，并被 5 nm 厚的 m-MTDATA 层包裹。包裹层为了减小串联电阻，应增加电流。

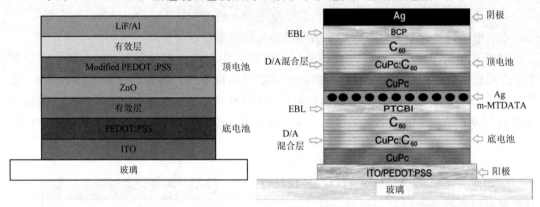

图 9.35　一种含有溶液法制作的中间　　　图 9.36　包含金属纳米颗粒的
　　　　　　过渡层的叠层电池　　　　　　　　　级联太阳能电池[47]

另外，叠层电池中的中间连接层不仅可以将前后结电池简单相连，它还可以充当器件的光学调节层，如图 9.37 所示。通常先将两个电池的电学特性进行匹配，选择串联或者并联结构，然后通过调节光学间隔层厚度就可以进一步优化光在器件中的分布，得到最优结果。这比简单以复合中心为隔离层的器件更有优势，设计相对简单，效率也更高。

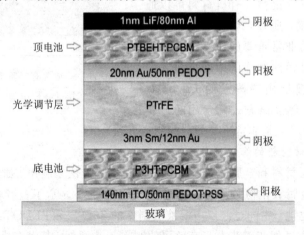

图 9.37　有机叠层太阳能电池的一种结构

　　叠层结构是实现高效有机太阳能电池非常重要的结构,根据计算,其两结、三结及四结叠层结构效率可达 19% 、22% 和 24%。为获得理论效率,必须提高有效层材料的吸收以尽可能地覆盖太阳能光谱,特别是要充分利用可见光与近红外光。另外,中间连接层在叠层结构中起着非常重要的作用。在串联结构中,中间连接层作为前后结电池载流子的复合中心,不需要太高的电导率,然而对于并联结构,中间连接层需要将载流子从子结电池器件中提取出来,所以需要足够高的电导率。

9.7　有机太阳能电池衰退机理

　　过去的十几年中,有机太阳能电池已经取得了长足的发展。但是其真正进入市场需要同时满足价格(工艺)、效率以及寿命等要求,如图 9.38 所示。有机太阳能电池的转换效率相对低和寿命相对较短,这些缺点可部分由其较低的价格来弥补。实际上正是由于有机太阳能电池超高的性价比激发了人们的研究和投资热情。近几年,有机太阳能电池的效率提升较快,已达 10% 左右,其效率的进一步提升可通过有机半导体材料和透明电极材料的改进、对入射光的管控以及对器件物理的深入认识来解决。另外一个限制有机太阳能电池商品化的因素是有机器件的可靠性。我们知道硅基太阳能电池可以工作 25 年以上,有机太阳能电池只有在可靠性上大大提高才能更加有吸引力。有机材料天生比无机材料更容易受到氧和水汽等的影响而发生化学衰退,在光的作用下,这种作用会更加明显。另外,在实际工作中,有机太阳能电池内部温度相对较高,这在一定程度上也会加速有机材料和电极材料的衰退。既然有机材料对氧和水汽非常敏感,因此需要对器件进行封装以将有效层与空气隔绝。

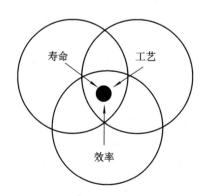

图 9.38　有机太阳能电池取得成功的三个重要因素

图 9.39 展示了在体异质结有机太阳能电池中存在的多种器件衰退机理。这些衰退机

理根据引起衰退的因素来源可以大致分为外部衰退机理和内部衰退机理。外部衰退机理是由于氧和水汽的扩散、机械应力、温度改变等外部因素引起的；内部衰退机理是由于内部的可移动粒子、有效层形貌变化等内部因素引起的。根据器件衰退是由化学反应引起还是由机械的物理变化引起可分为化学衰退机理和机械衰退机理。本节将对这些重要的衰退机理进行介绍。

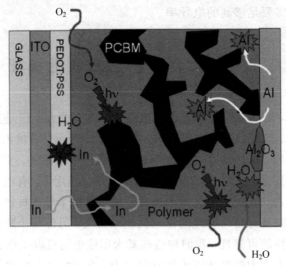

图 9.39　在体异质结有机太阳能电池中存在的多种器件衰退机理[48]

9.7.1　器件的化学衰退

　　有机太阳能电池的化学衰退主要指器件中与氧、水汽有关的化学反应或者电极与有效层的反应而导致的器件性能的退化。在器件的制作过程中，少量的氧和水汽会残留在器件的各层中，更为重要的是它们可以通过扩散而进入器件的内部。

　　在紫外线的照射下，氧可以被激活而与有机太阳能电池中的有机材料反应。有的有机材料非常容易与氧反应，而另外一些有机材料相对不易与氧反应，因此在太阳能器件中需要选择具有良好的光电特性且不易发生化学或光化学衰退的材料。在太阳能电池中常用的 PPV 材料如 MEH-PPV 聚合物等比较容易遭受化学侵蚀，利用其制作的太阳能器件在空气中 $1000~\mathrm{Wm}^{-2}$ 的光强照射下，在几分钟到几个小时内就可以发生非常严重的性能衰退。而另外一种常用的有机材料 P3HT 相对来说要稳定得多，但并不意味着制造的太阳能电池不会遭受化学衰退的影响。

　　当太阳能电池的性能作为时间的函数进行测量时，随着时间的推移，性能最终会发生衰退。一般来说，衰退曲线可以用下式进行拟合[49]：

$$\eta = a\mathrm{e}^{-\alpha t} + b\mathrm{e}^{-\beta t} \tag{9.9}$$

衰退曲线本质上反映了导致器件衰退各个因素总的影响。有时，衰退曲线也需要更加复杂的方程进行拟合。例如，在 MEH-PPV 的太阳能电池中，开始时衰退非常迅速，随后衰退速度减慢，它可以用二阶指数方程进行拟合。研究表明，电池初期的快速衰退与其是否暴露在空气或者氮气中并没有关系，它很有可能是由于金属电极(Al)与聚合物的反应引起的。在聚合物与 Al 电极之间沉积一层很薄的势垒层如 C_{60} 能够阻止器件的快速退化。而随后的较慢的器件退化在有空气存在时明显加速，因此与和氧的反应有关。在测量退化曲线时，一般测试开路电压、短路电流和填充因子随着时间的变化，而这些参数都是器件的宏观参数，很难反映器件衰退的微观细节。在这三个宏观参数中，开路电压相对来说不易作为衰退研究的对象。

1. 氧和水向有机光伏器件内部的扩散

当有机光伏器件置于空气中时，器件的衰退非常迅速。这是由于空气中的水和氧能够扩散到器件内部，进而与有机太阳能电池的有效层反应，从而加速了器件的衰退过程。水和氧主要是通过器件外部的电极进入器件内部的。在电极上存在着许多微观的小孔，这是水进入器件内部的主要通道。另外，在金属电极中存在着许多金属晶界，这也可能是水和氧进入器件内部的一个通道。无论是在光照时还是储存在暗处，氧和水都可以经过电极进入器件内部，然而，光可以加速进入的氧与靠近金属电极的有机物的反应。氧和水不仅能通过电极到达有效层界面，它甚至可以通过有机太阳能器件的有效层而到达另一侧的 ITO 电极。因此，减少甚至消除电极上的微孔对提高器件性能是非常重要的。

2. 有机物的光氧化过程

PPV 类材料曾广泛用于有机太阳能电池，但是它在光照下很容易被氧化，从而导致器件寿命比较短。关于这一化学衰退过程比较容易理解。光激发的聚合物材料将能量转移给吸附在其上的处于基态的氧，从而产生单线态的氧，如图 9.40 所示。这需要聚合物的三线态 T_1 的能量高于氧的单线态能量以便于能量的传递，同时在聚合物内由 S_1 到 T_1 态的转化也应该能够发生，T_1 的寿命也应该足够长以便于能量能够传递给氧。所形成的单线态的氧随后与 PPV 材料中的亚乙烯基(Vinylene Groups)发生反应，使聚合物的分子链发生断裂。

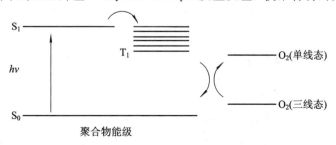

图 9.40　聚合物和氧的能带图[48]

氧与 P3HT 之间的反应过程还没有很好地被理解。研究表明，氧与 P3HT 之间电荷转移是可逆的，它不太可能导致聚合物的衰退。因为在 P3HT 中三线态的形成效率非常低，由 P3HT 的单线态的能量转移而形成氧的单线态概率较低。也许在电荷转移聚合物的分离过程中可以产生单线态的氧导致器件性能的退化。

3. 电极的化学衰退

Al 是有机太阳能电池中常用的电极，但是它易发生化学反应。如 PPV 材料和 Al 界面的研究显示，它们之间可以直接反应形成 Al-C 键。PCBM 以及别的富勒烯材料有非常高的电子亲和势，比较容易与金属电极反应。C_{60} 可与碱金属反应形成 K_3C_{60}。实验发现，当 Al 与 C_{60} 界面用于传输电荷时，它们之间的反应起着非常重要的作用，在界面上插入界面层或者对 C_{60} 掺杂能极大提高界面传输能力。另外，PEDOT:PSS 材料常用来修饰 ITO 界面，但是 PEDOT:PSS 本身是酸性的，它会与 ITO 发生反应而影响器件性能。

9.7.2 物理及机械衰退机理

在体异质结有机太阳能电池器件中，效率极大地依赖于有机层中给体材料和受体材料之间的相分离情况。理想情况下，给体和受体材料之间形成相互贯穿的网络，这种网络既有利于激子的分离又有利于载流子的传输。对于有效层形貌的优化成为有机太阳能电池研究的重点之一。小分子的 PCBM 与聚合物 P3HT 在比较高的温度下会随时间发生缓慢的扩散或者结晶。对于器件来说，它的内部结构最好是在热力学上稳定的，这样器件的可靠性才更高。有机太阳能电池有效层微结构的变化将导致器件性能的衰退。实验发现，在MDMO - PPV/PCBM 器件中 PCBM 会随着时间增长发生聚集而长大，这将影响其稳定性。形貌的变化与材料的玻璃化转变温度有关。P3HT 比 MDMO - PPV 有更高的玻璃化转变温度，结果基于 P3HT 的有机太阳能器件更加稳定。

9.7.3 器件的封装

有机太阳能电池对氧和空气都很敏感，封装能很好地保护有机电池器件不受它们的影响。目前，玻璃用作有机太阳能器件的透明衬底，它本身对器件有隔绝作用。然而，另一面的金属电极却极易受水和氧的侵蚀。如果不用玻璃而使用柔性衬底 PET 以及 PEN 等将会使问题变得更严重，因为这些材料与玻璃相比容易使水和氧透过。

氧和水在薄膜中传输用氧透过率（OTR）和水汽透过率（WVTR）来表征。对于用于有机太阳能电池的材料需要 OTR 上限值为 10^{-3} $cm^3 m^{-2} day^{-1} atm^{-1}$，EVTR 上限值为 $10^{-4} gm^{-2} day^{-1} atm^{-1}$ [48]。商业化的 PET 和 PEN 薄膜有较高的水氧传输率，通过在薄膜上加无机镀层可有效地提高其阻断水汽和氧气的能力。实验显示，SiO_x 和 PEN 的多层结构可以有效提高 MDMO - PPV/PCBM 电池的稳定性。另外报道的一种封装方法是一侧使用较厚的 Al 背板，一侧使用玻璃，中间用环氧树脂密封。这种结构能有效地隔绝水汽和氧气使大面积的 P3HT/PCBM 电池寿命达一年以上。其他的封装方法还有利用聚对二甲苯和氧化铝对器件封装等。

9.8 有机太阳能电池的制造工艺

为了制造价格低廉的有机太阳能电池，常见的工艺包括旋涂、退火、真空蒸发等。此外，印刷工艺、卷对卷工艺、喷涂等多种新型工艺也被不断研究。可预见在未来，当有机太阳能电池市场化之后，如何将工艺的廉价性、稳定性和大规模生产结合在一起是研究人员需要努力的方向。如果一种材料可以提供很高的效率，但是很容易退化或者极不稳定，或者制备工艺极其困难，都会成为实用化的障碍。

有机太阳能电池通常拥有一系列层状结构，每一层都需要独立的技术来成膜。有许多可以成膜的技术，但是很少有能够适用于有机太阳能电池的技术。主要有三个方面的原因：首先，许多技术需要大量的材料；其次，可重复性有时候非常困难；最后，许多技术不适合在实验室中小规模使用，所以没有办法充分验证它们的可靠性。而实验室中使用的旋涂等方法又很难大规模应用。尽管存在这些困难，一些技术非常有利于在大量的纸质、塑料、可塑性材料上面应用，这些材料通常是连续的卷状材料，因此人们常称之为卷对卷或者轨对轨覆盖技术（简称 R2R）。处理步骤通常包括展平材料、覆盖和重新成卷。更详细的步骤包括清洗和预处理（加热、烘干等）。由于这种工艺非常适合大规模高速生产，因而可以极大地降低成本。虽然这种技术的优势显而易见，但是确定一种适合大规模生产的覆层材料技术是一个重大挑战。由于需要控制材料层的一维尺度并在二维平面制备版图图案，一种可以同时覆盖多层材料形成三维结构的工艺就显得非常必要了。其次，传统的印刷工艺中油墨会因许多因素而变化，但是有机电池的特点要求器件非常稳定，最好是各个器件之间没有差别，这对于传统方法而言是个重大挑战。

理想的有机电池制备工艺包括将所有的材料溶解在溶剂中，然后通过覆盖、印刷等步骤在柔性衬底上面制备出三维结构的器件。最好这些步骤不要产生对环境有害的物质而且器件非常稳定，效率不会短时间内衰减。

覆层和印刷技术有着本质的区别。一般而言，印刷是指将一层油墨通过印章将图案转移到另外一种衬底上面；而覆层是指将油墨通过喷涂、沾染等方法转移到衬底上面。印刷技术通常意味着形成文字等非常复杂的图案，但是覆层仅仅指在特定区域形成一层材料层。印刷的技术主要有丝网印刷、转移印刷、凸版印刷、柔版印刷等。覆层技术主要包括旋涂、刮刀覆层（Doctor Blading）、绘制、喷涂等。可以同时归类为印刷和覆层技术的是喷墨印刷。本质上，喷墨印刷是一种覆层技术，但是它同时可以形成图形，因此也可以算是一种印刷技术。本节将对用于有机太阳能电池制造的一些技术进行介绍，有些技术在前面有所涉及，但针对太阳能电池有其独特的要求和特点。

1. 浇铸（Casting）

浇铸是最简单的一种成膜工艺。它除了水平的工作台之外不需要其他设备，其步骤是简单地将溶液在衬底上覆盖，然后通过干燥成膜定形。由于缺乏有效控制膜厚的手段，当薄膜干燥之后会出现边框效应等现象。因为溶液里通常会存在表面张力，成膜后会更加不均匀，甚至出现裂痕。它需要所涂材料在溶液中有良好的溶解特性，以避免在干燥过程中发生沉淀等现象。

2. 旋涂（Spinning Coating）

最重要的有机太阳能电池制备工艺就是旋涂工艺。尽管成膜存在复杂性，但是这种工艺可以大批量制备薄膜，而且薄膜的重复性高。它有着其它涂覆工艺所没有的一些优点，它能够形成大面积的非常均匀的薄膜（衬底尺寸可达 30 cm）。这种工艺在微电子的制造过程中广泛应用在光刻过程中光刻胶的涂覆。典型的操作过程是将所要涂覆的液体滴于衬底之上，然后使衬底以一定的角速度旋转，由于基片旋转过程中的角速度、离心力影响，多余的溶液会被甩出去，只留下一层薄膜。有时也会先让衬底旋转，然后将所要涂覆液体滴于旋转的衬底上面。图 9.41 展示了旋涂工艺的操作过程。薄膜的厚度及表面形貌重复度主要依赖于转速、溶液黏性、挥发性、材料分子量及浓度等因素，而与所滴加的溶液量的多少及旋转的时间关系不大。所获薄膜的厚度可由下式给出：

$$d = k\omega^{\alpha} \tag{9.10}$$

式中，ω 为转速，k 和 α 为经验参数。典型的 α 值为 -0.5，k 与溶液的黏度等参数有关。

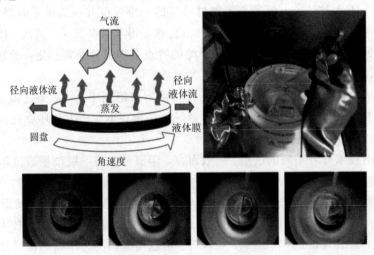

图 9.41　旋涂工艺的操作过程[50]

　　在有机光伏器件使用悬涂工艺的制作过程中，大部分的材料在衬底旋转过程中被浪费了，而这不是一个严重的问题，因为即使这样只用极少的材料(如 0.1 ml)就可以得到所需薄膜。在旋涂成膜过程中要经历几个变化过程，如溶剂的挥发、黏度的改变、溶液的径向流动、固液表面及气液表面分子的自组、混合物中相分离等众多过程，这也是为什么在许多科研报道中器件的最终性能会与工艺过程密切相关的原因。在旋涂工艺中，除了最终成膜的厚度非常关键之外，薄膜中的均匀性、缺陷密度(针孔等)以及混合材料相分离的界面特性等对于最终的器件性能也非常重要。旋涂工艺能比较好地控制这些参数，这也是为什么它在有机光伏器件制作中广泛被应用的原因。其一个成功应用旋涂方法的体系是 P3HT:PCBM 体系[5]。通常将它们溶解在 1，2-氯苯当中，将它们旋涂之后，湿润的薄膜可以缓慢干燥，最后形成非常有效的器件层。几乎所有实验室中的相关工作都是基于这种工艺的。虽然这种方法在实验室小规模应用中非常有效，但是当我们将其应用在大规模生产中时，生产速度就成了主要制约因素。另外，由于只有一部分材料可以使用这种工艺，这种方法的适用性也备受考验。

3. 刮刀覆盖

　　相对于旋涂工艺来说，实验室有机太阳能电池制作中使用刮刀覆盖工艺的相对较少。刮刀覆盖工艺如图 9.42 所示。这种方法同样可以很好地控制膜厚。与旋涂工艺不同的是，溶液的浪费可以在该工艺中减小到最小。损失的溶液在 5% 左右。这个技术首先将一个刮刀放置在距离衬底一定距离(通常 10~500 μm 远)的地方，然后覆盖溶液被放置在刮刀前面，刮刀线性通过衬底，过后会留下一个很薄的薄膜。膜厚不仅与刮刀和衬底的距离有关，也可能因为衬底表面形貌、表面能、溶液的挥发性和表面张力的变化而变化。最终的薄膜膜厚 d 可以用以下经验公式表示：

(a) ErichsenCoatmaster 509 MC-I型刮刀设备图　　　　(b) MEHPPV刮刀工艺照片

图 9.42　刮刀覆盖工艺[50]

$$d = \frac{1}{2}\left(g\,\frac{c}{\rho}\right) \tag{9.11}$$

其中，g 是刀和衬底的距离，c 是固体物质在墨水中的浓度，ρ 是最终物质的密度。

　　与旋涂工艺相比，刮刀工艺成膜很快，适合大规模快速应用。刮刀工艺和旋涂工艺有相同的仪器花费及操作复杂度，但刮刀工艺可以与 R2R 工艺兼容而旋涂工艺不具备这一点，在大规模生产中刮刀工艺要优于旋涂工艺。研究人员已经将刮刀工艺应用在 MDMOPPV：PCBM 系统器件中制备薄膜，但与旋涂工艺相比，刮刀工艺的相关研究还是很少。据报道，刮刀工艺制备的 PCBM 具有更好的晶体特性，这种优良特性可以归因于溶剂缓慢的蒸发干燥过程，因此刮刀工艺中薄膜更加趋向于热力学平衡。

4. 丝网印刷

　　丝网印刷技术可以追溯到 20 世纪初，它与其它印刷和涂覆技术的差别在于它需要高黏度、低挥发性的涂层溶液。这种技术如图 9.43 所示，它需要固定于支架的编织丝网（如金属网格等），印刷的部分应是镂空的，丝网填充涂覆溶液然后接近衬底。刮刀（Squeegee）压在丝网上以使其与衬底接触，然后刮刀沿直线运动，使溶液通过丝网到达衬底，实现图形转移。所最终形成薄膜的厚度 d 与通过丝网黏附于衬底的溶液体积 V_{Screen} 有关，同时也与涂覆溶液中的浓度 c 以及干燥后材料的密度 ρ 有关，即

$$d = V_{Screen}\,k_p\,\frac{c}{\rho} \tag{9.12}$$

式中，k_p 为与工艺相关的常数。

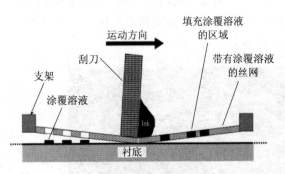

(a) 丝网印刷技术示意图

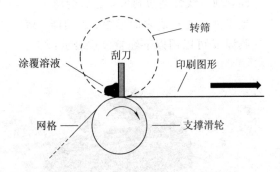

(b) 丝网印刷技术用于卷对卷的生产

图 9.43　丝网印刷技术

　　丝网印刷技术需要高黏度、低挥发性的涂层溶液，而且此工艺制作的薄膜厚度较大，因而在有机太阳能电池中的应用受到一些限制，但是最近的一些发展逐渐克服了这些问题。丝网印刷非常适合进行批量生产，而且可用于卷对卷的生产工艺。丝网印刷技术很可能成为大规模有机太阳能电池生产的最重要的技术。但现在还面临一些困难，器件有效层

材料溶液可能还不能满足这种工艺的要求，但是导体材料如 PEDOT：PSS，导电胶体比如银、银-铝都已经用于丝网印刷，而这些材料都是在制造太阳能电池中所需要的。

5. 喷墨印刷

喷墨印刷如图 9.44 所示。从印刷工业的角度看，喷墨印刷是一个相对新的印刷技术，它主要是由办公用低成本的喷墨打印机技术发展来的。它的打印头是陶瓷的或者其它能够抵御有机溶剂的材料，因此可以使用多种不同的溶剂来制作器件。喷墨印刷技术可以有很高的分辨率，像素可以达到 300～1200 dpi。与其它制造有机太阳能电池的印刷技术相比，喷墨印刷技术自身不需要任何图形来源（如掩膜板、丝网等），而它的缺点是打印速度有限。喷墨印刷薄膜干燥之后的厚度由单位面积上的墨滴数目 N_d、每滴墨滴的体积 V_d 和材料的浓度决定：

$$d = N_d V_d \frac{c}{\rho} \tag{9.13}$$

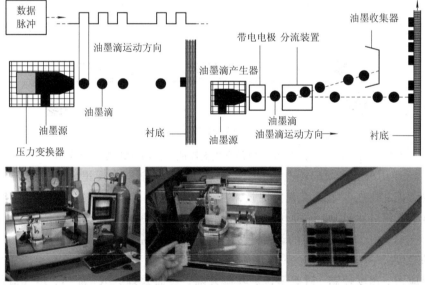

图 9.44　喷墨印刷技术示意图[51]

喷墨印刷技术是相当复杂的，它基于小墨滴的形成。墨滴的形成可以通过喷嘴对油墨机械的压缩或者对油墨加热得到。然后墨滴需要带上电荷，当衬底和喷头之间有电场存在时，墨滴就可以加速向衬底运动。这样同时增加了制备油墨的难度。油墨需要较低的黏度，同时需要加入静电电荷。一般来说，油墨是多种溶剂的混合体，其中至少一种溶剂是极易挥发的。另外，为了油墨很好地形成墨水流，需要油墨有一定的表面应力作用。这就需要向溶液中加入添加剂，浓度大约为 1%，这对于有机太阳能电池制造来说十分不利。这种技术是否能够成为有机太阳能电池的主流技术还要依赖于其技术的突破。

6. 卷对卷技术（R2R）

上面的技术都是在单一器件中可以使用的一些重要技术，这里简单介绍一下大规模生产用的卷对卷的概念。在卷对卷的生产中，衬底材料都是非常长的，它可以弯曲成卷状，这就需要衬底材料有一定的机械柔性。在印刷和覆层过程中，材料通过滚轮后被拉平经过印刷机或者覆层机，而后材料又经过滚轮卷成一卷。除了印刷或者覆层工艺外，其它工艺如加热、干燥、UV处理等也会包括其中。理想情况下，衬底材料从机器一端进入，经过一系列标准的工艺步骤之后从另一端输出之后就是完整的器件，不需要人工操作。图9.45中显示了一系列制造有机太阳能电池的R2R步骤。

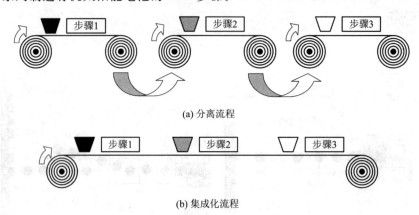

图 9.45　包含 3 层材料的有机太阳能电池的 R2R 工艺示意图

R2R已经用于有机太阳能电池的实际制造中。为了能够实现集成化的生产，一些实际情况需要考虑。在许多印刷或者覆层技术中只关注湿的薄膜的形成而忽略了对薄膜的干燥。干燥步骤相对比较复杂，简单来说，对于运行速度不同的系统来说，材料干燥后的厚度是不一样的。由于不同系统的运行速度不同，同一系统运行速度也可能变化，这就加大了制备的难度。一个小型 R2R 系统通常包括去卷曲、覆盖单元、干燥和卷曲单元。此外，衬底材料应力、速度控制、衬底清洗、电荷去除、表面处理、IR-加热、热气流烘干、UV处理和衬底冷却等单元也需要集成在系统中。

9.9　有机太阳能电池的发展

有机太阳能电池基于有机材料，而有机材料容易进行化学改性，这就使得根据需要对材料进行设计变得相对容易。通过改善材料的光谱吸收能力，扩展光谱吸收范围，可大大提高有机太阳能电池光吸收范围与太阳能光谱的匹配程度。另外，加工过程简单，可以大面积成膜，利于大规模生产，生产成本低，再加上有机材料本身价格便宜，因此有机太阳能电池有着巨大的成本优势。另外，有机材料柔韧性好，可大弧度机械弯曲，这为太阳能电池的柔性应用提供了保证。而且，有机材料可以降解，对环境的影响小，在今天人们更加关注环保的前提下，也成为其巨大的优势之一。

有机太阳能电池除了常规的应用外，还有一些特殊的用途。有机太阳能电池重量轻，在相同重量下，展开后受光面积会大大增加。如果解决了可靠性问题，那么它在空间应用中将发挥巨大优势，因为对于空间发射，重量是必须考虑的因素之一。有机太阳能电池轻薄易携带，可与衣服手包等结合，也可应用于消费类电子产品。另外，有机太阳能电池可以做成透明、半透明及不透明的各种类型，它可以做成各种颜色及图案，可与建筑物结合用于建筑物外墙等，也可应用于汽车贴膜等领域。有机太阳能电池有着广泛的用途及光明的应用前景。

有机太阳能电池的发展经历了单层有机电池结构、双层异质结电池结构以及体异质结电池结构，特别是体异质结结构的引入大大促进了有机太阳能电池的发展。基于体异质结结构，在过去的十几年中有机太阳能电池的效率迅速提升。在 2000 年左右，有机太阳能电池效率普遍在 1% 以下，但在随后的时间里，电池效率不断提升，至今最高效率已达 10% 以上，接近了市场化的门槛。但是有机太阳能电池的发展还面临着诸多问题，需要来自化学、物理以及电子等领域的科学家通力合作尽快找到相应的解决途径。图 9.46 展示了有机太阳能电池进一步发展需要解决的问题，这些问题既包括材料问题，也包括工艺问题，当然，对于电池机理的进一步深入研究也是不可或缺的。这些问题在本章对于有机太阳能电池的讲述中或多或少有所触及，对于这些问题的进一步解决将大大促进有机太阳能电池的发展。从过去有机太阳能电池十余年的发展以及现在的实验结果来看，我们对于有机太阳能电池的发展前景充满了信心。

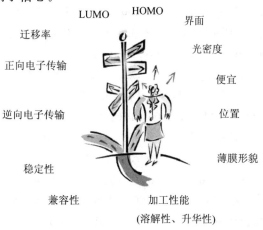

图 9.46　有机太阳能电池进一步发展需要解决的问题

本章参考文献

[1]　Darling S B. Energy Environ. Sci. , 2009, 2: 1266 - 1273.

[2]　Sariciftci N S, et al. Science, 1992, 258: 1474 - 1476.

[3]　Sariciftci N, et al. Appl. Phys. Lett. , 1993, 62: 585 - 587.

[4]　Yu G, et al. Appl. phys. lett. , 1994, 64: 3422 - 3424.

[5]　Li G, et al. Nature materials, 2005, 4: 864 - 868.

[6]　Wienk M, et al. Angew. Chem. -Int. Edit. , 2003, 115: 3493 - 3497.

[7]　LenesM, et al. Adv. Mater. , 2008, 20: 2116 - 2119.

[8]　Choy W C. Organic Solar Cells: Materials and Device Physic. Springer, 2013.

[9]　Zhang C. Mechanism investigation and structure design of organic photovoltaic cells for improved energy conversion efficiency. Ph. D thesis, NUS, 2009.

[10]　Chochos C, et al. Prog. Polym. Sci. , 2011, 36: 1326 - 1414.

[11]　Zhang W, et al. J. Am. Chem. Soc. , 2010, 132: 11437 - 11439.

[12]　Egbe D A, et al. J. Mater. Chem. , 2010, 20: 9726 - 9734.

[13]　Imahori H. Bulletin of the Chemical Society of Japan, 2007, 80: 621 - 636.

[14]　Verlaak S, et al. Adv. Funct. Mater. , 2009, 19: 3809 - 3814.

[15]　Po R. J. Phys. Chem. C, 2009, 114: 695 - 706.

[16]　Ponomarenko S A, et al. Chem. Mater. , 2006, 18: 579 - 586.

[17]　Po R, et al. Energy Environ. Sci. , 2011, 4: 285.

[18]　Kim J S, et al. Appl. Phys. Lett. , 2007, 91: 112111.

[19]　LiaoH, et al. Appl. Phys. Lett. , 2008, 92: 173303.

[20]　Hains A W, et al. ACS Appl. Mate. r Interfaces, 2009, 2: 175 - 185.

[21]　Wang Y, et al. Sol. Energy Mater. Sol. Cells, 2011, 95: 1243 - 1247.

[22]　Lee J -Y, et al. Nano Lett. , 2008, 8: 689 - 692.

[23]　Gadisa A, et al. Synth. Met. , 2006, 156: 1102 - 1107.

[24]　Kearns D, et al. J. Chem. Phys. , 1958, 29: 950 - 951.

[25]　Tang C W. Appl. Phys. Lett. , 1986, 48: 183.

[26]　Blom P W, et al. Adv. Mater. , 2007, 19: 1551 - 1566.

[27]　Markov D E. J. Phys. Chem. A, 2005, 109: 5266 - 5274.

[28]　Theander M, et al. Phys. Rev. B, 2000, 61: 12957.

[29]　Stubinger T, et al. J. Appl. Phys. , 2001, 90: 3632 - 3641.

[30] Peumans P. J. Appl. Phys. , 2003, 93: 3693.

[31] Peumans P, et al. Chem. Phys. Lett. , 2004, 398: 27 – 31.

[32] You H. Chin. Phys. B, 2009, 18: 349.

[33] Mihailetchi V, et al. Phys. Rev. lett. 2004, 93: 216601.

[34] Koster L, et al. Phys. Rev. B, 2005, 72: 085205.

[35] Mihailetchi V D, et al. Adv. Funct. Mater. , 2005, 15: 795 – 801.

[36] Zhang C. J. Appl. Phys. , 2011, 110: 064504.

[37] Scharber M C, et al. Adv. Mater. , 2006, 18: 789 – 794.

[38] Vandewal K, et al. Adv. Funct. Mater. , 2008, 18: 2064 – 2070.

[39] Siddiki M K, et al. Energy Environ. Sci. , 2010, 3: 867 – 883.

[40] Hadipour A, et al. Adv. Funct. Mater. , 2006, 16: 1897 – 1903.

[41] Kim J Y, et al. Science, 2007, 317: 222 – 225.

[42] Zhang C, et al. Appl. Phys. Lett. , 2008, 92: 083310.

[43] Shrotriya V, et al. Appl. Phys. Lett. , 2006, 88: 064104.

[44] Tvingstedt K, et al. Appl. Phys. Lett. , 2007, 91: 123514.

[45] Zhou Y, et al. Appl. Phys. Lett. , 2008, 93: 033302.

[46] Hung L, et al. Mater. Sci. Eng. R, 2002, 39: 143 – 222.

[47] Xue J, et al. Appl. Phys. Lett. , 2004, 85: 5757 – 5759.

[48] Jorgensen M, et al. Sol. Energy Mater. Sol. Cells, 2008, 92: 686 – 714.

[49] Féry C. Appl. Phys. Lett. , 2005, 87: 213502.

[50] Krebs F C. Sol. Energy Mater. Sol. Cells, 2009, 93: 394 – 412.

[51] Aernouts T, et al. Appl. Phys. Lett. , 2008, 92: 033306.

第十章　高效半导体光伏器件概述

10.1　太阳能电池的效率

太阳能电池是将光能转换为电能的器件，入射的光子(光能量)被太阳能电池吸收而产生电子和空穴，这些电荷最终以电能的形式在外部电路做功从而实现能量的转换。这一光电转换过程可以用每个入射光子最终在外部电路做功的多少来衡量，因此是一个量子能量转换的过程，而太阳能电池的光电转换效率是总的光子最终做功多少的量度。增加太阳能电池的效率本质上就是在这一光电转换过程中提高每个光子所能最终做功的数量，也就是说增大从每个光子中提取能量的比率。无论是理论上或是实践中都有很多方法可以提高光子能量的提取比率。

图 10.1 所示为只含有一种禁带宽度的太阳能电池能带图。这种情况下，能量小于禁带宽度 E_g 的入射光子 $h\nu$ 不能被吸收；能量大于禁带宽度 E_g 的入射光子 $h\nu$ 将被材料吸收；电子被激发到导带而产生电子—空穴对。处于激发态的电子和空穴很快弛豫到导带底和价带顶，能量以热的形式损失。入射光子的能量接近于材料的禁带宽度时，光能到电能的转换是最大的。电子和空穴经过禁带宽度的复合过程要慢得多，在太阳能电池中，它们在复合前可以被有效提取出来。

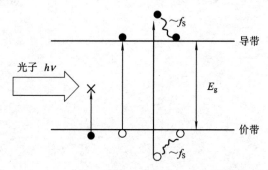

图 10.1　只含有一种禁带宽度的太阳能电池能带图

如前所述，早在 1961 年，Shockley 和 Queisser 就基于细致平衡原理对太阳能电池的最终效率问题进行过讨论[1]，这种分析方法也成为现在对太阳能电池进行效率分析时最常用的方法[2-4]。基于细致平衡原理分析可知，对于一个简单的单结太阳能电池在标准的 AM 1.5 的光谱下，它的最终效率大约是 33%。但这个最终效率是在做了一系列的假设的前提下取得的，在这些假设中，比较重要的假设是：每吸收一个光子只能产生一个电子—空穴对，电子和空穴形成后，过剩的能量将发生弛豫，最终传递给晶格，从而与晶格形成热平衡，而且所有的光都被只含一种禁带宽度的 PN 结所吸收。在这些限定条件下，太阳光能量的主要损失过程有以下两种[5]：

（1）当入射光子能量小于材料的禁带宽度时将不能被材料吸收而发生能量损失；

（2）当入射光子的能量大于禁带宽度时，多余的能量将以热能的方式消耗掉。

太阳光能量的损失过程如图 10.1 所示。在优化的禁带宽度下，过程（1）和过程（2）损失的能量大约分别占太阳能总能量的 23% 和 33%。而当入射光子的能量小于禁带宽度时，能量转换效率为零，因为光子不能被材料所吸收；当入射光子的能量大于禁带宽度时，由于过程（2）的存在，能量的转换效率会相对较低；当入射光子的能量接近于材料的禁带宽度时，光能到电能的转换是最大的，在这种情况下过程（1）和过程（2）的损失被最大限度地避免了。这一变化过程清楚地表现在了图 10.2 所示的太阳能电池输出能量与入射光谱能量的对比之中。由此可见，能量的损失主要来源于太阳能电池材料的禁带宽度与太阳能光谱的不匹配。

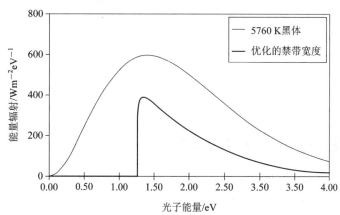

图 10.2　计算的太阳能电池输出能量与入射光谱能量的对比[5]

细致平衡原理在一系列的假设之下很好地讨论了太阳能电池的效率极限问题，是现在讨论太阳能电池效率极限问题应用得最多和最成熟的理论。在前几章对各种太阳能电池的详细介绍中，当涉及材料和器件效率限制时，都是基于细致平衡原理的前提进行讨论的。但是，在应用细致平衡原理对太阳能电池效率极限问题进行讨论时做了过多的假设[6]，而且这些假设是比较严格的，在这些严格的假设之下，实际上低估了器件的极限效率。本章将超越细致平衡原理的假设对太阳能电池的理论效率进行讨论，介绍高效太阳能电池发展的一些概念和实际可行的一些途径。

下面将首先回顾基于细致平衡原理的效率极限以及其所基于的假设。接着将讨论细致平衡原理的假设前提放宽的情况下提高每个光子的能量转换效率的措施。简单地说，这些措施包括：

(1) 增加禁带宽度的数量，利用不同的禁带宽度吸收不同能量的光子（叠层以及多能带结构太阳能电池）；

(2) 增加每个光子产生的电子—空穴对数目（碰撞电离太阳能电池）；

(3) 减少光生载流子的热能损失（"热载流子"太阳能电池）。

在以上措施中，叠层结构已经在前几章对太阳能电池的介绍中多次提及，它是一种切实可行且比较成熟的方法。除了叠层结构之外，其余的提高太阳能电池效率的各种措施离实际的应用还有一段距离，虽然理论上这些措施是可行的，在实验中也观测到了相应的现象，但是它们的真正实现要依赖于具有特殊属性的一些材料，而这些材料距离成熟还需要进一步的研究。无论如何，理论研究和实验结果已经显示这些提高太阳能电池效率的途径离实际应用虽然还有一段距离，但在未来的应用中是切实可行的，因此本书中有必要对其进行介绍。在下面所讲述的各种提高太阳能电池的途径中，叠层结构是前面介绍比较多的，其余概念在前面各章的讲述中有的也有所提及，本章内容对具体的器件性能不做过多的论述，而是基于 J. Nelson 的讨论[5]把重点放在各种太阳能电池提高途径的概念介绍和理论预测上面，以便对这些措施最终能将电池效率提高到何种程度有一个完整的了解。

10.2　太阳能电池效率的极限

10.2.1　太阳能电池效率的热力学极限

太阳能电池是将光能转换为电能的器件，如果只考虑热力学理论，太阳能电池的最终效率能达到多少呢？下面讨论这个问题。

可把太阳能电池看做一个冷体，它与周围环境通过辐射的方式相耦合，通过吸收一个温度较高（为 T_s）的热源的辐射，能够使所吸收的能量以对外做功的方式提取出来进行工作，从而实现能量的转换。根据细致平衡原理，太阳能电池也需要以它自身的特征温度 T_c 发出辐射，以达到平衡。为了简化，可将太阳和太阳能电池都视为黑体，它们都以各自的特征温度辐射能量，如图 10.3 所示，可用图中的模型表示这一过程，假设入射光可以全部到达太阳能转换器，其中，T_c 为转换器特征温度，T_s 为热源特征温度，T_a 为环境特征温度。

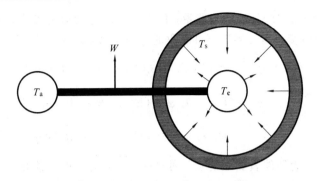

图 10.3　理想的太阳能转换器示意图

根据热力学知识，一个特征温度为 T 的黑体，它在单位时间和单位面积发出的能量总量为 $\sigma_s T^4$，其中 σ_s 为斯特藩(Stefan)常数。如果入射的能量都能到达太阳能电池，而唯一能量损失的途径是电池器件自身的自发辐射，则太阳能电池接收到净的能流密度为

$$\sigma_s T_s^4 - \sigma_s T_c^4 \tag{10.1}$$

可将电池器件看做一个热机，能量的转换将通过这个热机对外做功而实现。如果太阳能电池以卡诺(Carnot)循环的方式工作，则能量的损失将是最小的。这样，由热机所做的功为

$$W = (\sigma_s T_s^4 - \sigma_s T_c^4)\left(1 - \frac{T_a}{T_c}\right) \tag{10.2}$$

上式中的最后一项代表了熵不变的情况下由太阳能电池所做功的卡诺因子。能量转换效率为热机所做的功与入射的能量之比为

$$\eta = \frac{W}{\sigma_s T_s^4} = \left[1 - \left(\frac{T_c}{T_s}\right)^4\right]\left(1 - \frac{T_a}{T_c}\right) \tag{10.3}$$

太阳的黑体特征温度可视为 5760 K，太阳能电池工作环境的黑体特征温度为 300K，通过上式可以得到当太阳能电池温度为 2470 K 时效率最大，大约为 85%。需要注意的是，这个计算也做了一些假设：光子都能被吸收而且每个光子的能量都能最大限度地实现转换，能量转换过程中不存在热的能量耗散。在上面计算过程中没有考虑电池本身的一些情况，下面将从半导体材料的能带分析太阳能电池的效率。

10.2.2　太阳能电池效率的细致平衡原理极限

现在讨论只含有唯一禁带宽度 E_g（只有导带和价带两个能级）的太阳能电池的极限效率。当入射光子的能量小于禁带宽度时将不能被吸收，只有能量高于禁带宽度的光子才能被吸收而产生电子—空穴对，产生的电子—空穴对与晶格之间形成热平衡。

假设太阳能电池器件是一个平面结构，在一个半球状的空间中它能接收和发射能量。如图 10.4 所示，对非聚光的太阳光，器件可以接收 $0 < \theta < \theta_{sun}$ 方位角内的太阳辐射和方位

角在 $\theta_{sun} < \theta < \pi/2$ 角度内的环境辐射能量。假设唯一的能量损失过程是辐射符合，这样输出的电流等于单位电荷电量 q 乘以器件吸收的光子与辐射的光子之差。

$$I = q \left[\iint \alpha(E, s, \theta, \varphi)\beta_s(E, s, \theta, \varphi)\mathrm{d}E\mathrm{d}S\mathrm{d}\Omega \right.$$
$$+ \iint \alpha(E, s, \theta, \varphi)\beta_a(E, s, \theta, \varphi)\mathrm{d}E\mathrm{d}S\mathrm{d}\Omega$$
$$\left. - \iint \alpha(E, s, \theta, \varphi)\beta_e(E, s, \theta, \varphi)\mathrm{d}E\mathrm{d}S\mathrm{d}\Omega \right] \tag{10.4}$$

其中：$\alpha(E, s, \theta, \varphi)$ 为器件表面上的点 s 对沿 (θ, φ) 方向入射的能量为 E 的光的吸收率，也就是光子被吸收的概率；β_s 和 β_a 是分别由太阳和周围环境沿 (θ, φ) 方向入射到器件表面上的点 s 的能量为 E 的光子流，而 β_e 是器件表面上的点 s 沿 (θ, φ) 方向发射出的能量为 E 的光子流。（光子流为单位时间单位固体角内通过单位面积的光子数目。）对 β_s 和 β_a 应该在相对应的方位角进行积分，如图 10.4 所示。

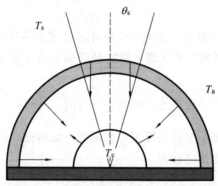

图 10.4 太阳能电池吸收太阳和环境辐射与自身发射辐射模型

为了简化，将太阳和周围环境都视为黑体，产生各向同性的光子流，由普朗克（Planck）黑体辐射公式描述。对于太阳，其特征温度为 T_s，有

$$\beta_s = \frac{2}{h^3 c^2} \frac{E^2}{\mathrm{e}^{\frac{E}{kT_s}} - 1} \tag{10.5}$$

其在 $0 < \theta < \theta_{sun}$ 角度内入射。对于周围环境，其特征温度为 T_a，有

$$\beta_a = \frac{2}{h^3 c^2} \frac{E^2}{\mathrm{e}^{\frac{E}{kT_a}} - 1} \tag{10.6}$$

其在 $\theta_{sun} < \theta < \pi/2$ 角度内入射。假设太阳能电池在光照射时具有统一的化学势 $\Delta\mu$，它以特征温度 T_a 与周围环境平衡。太阳能电池将自发辐射出光子，其发射的各向同性的光子流为

$$\beta_e = \frac{2}{h^3 c^2} \frac{E^2}{\mathrm{e}^{\frac{E/\Delta\mu}{kT_a}} - 1} \tag{10.7}$$

且在 $0 < \theta < \pi/2$ 角度内发射光子。

为使太阳能电池效率最高，假设它可以吸收所有能量大于禁带宽度的入射光子，即

$$\alpha(E) = \begin{cases} 1 & E \geqslant E_g \\ 0 & E < E_g \end{cases} \tag{10.8}$$

另外，假设化学势是常数，且等于 q 乘以偏置电压：

$$\Delta\mu = qV \tag{10.9}$$

这一假设意味着在光的吸收和电荷的输运过程中没有电势的损失，也就是说电荷的输运过程是没有损耗的，载流子的迁移率无限大。另外，使用一般的细致平衡原理的结果

$$\alpha(E) = \varepsilon(E) \tag{10.10}$$

这里 $\varepsilon(E)$ 是发射率。

基于以上的假设，对于面积为 A 的拥有完美背面反射的平面太阳能电池，可以通过式 (10.4) 积分算出在偏置为 V 时所产生的电流：

$$I(V) = qA\left(\frac{2F_s}{h^3c^2}\int\frac{E^2}{e^{\frac{E}{kT_s}}-1}\mathrm{d}E + \frac{2(F_a-F_s)}{h^3c^2}\iint\frac{E^2}{e^{\frac{E}{kT_a}}-1}\mathrm{d}E - \frac{2F_a}{h^3c^2}\iint\frac{E^2}{e^{\frac{E-qV}{kT_a}}-1}\mathrm{d}E\right) \tag{10.11}$$

其中，$F_a=\pi$，$F_s=\pi f_s$，$f_s=\sin^2\theta_s=2.16\times10^{-5}$ 为与太阳辐射角度范围。如果光被聚光 X 倍，则有

$$F_s = \pi X f_s \tag{10.12}$$

当 $X = \dfrac{1}{f_s}$ 时，有

$$F_s = \pi$$

为全聚光状态。

假定

$$N(E_{min}, E_{max}, T, \Delta\mu) = \frac{2\pi}{h^3c^2}\int_{E_{min}}^{E_{max}}\frac{E^2}{e^{\frac{E-qV}{kT_a}}-1}\mathrm{d}E \tag{10.13}$$

则 $N(E_{min}, E_{max}, T, \Delta\mu)$ 代表了在能量间隔为 E_{min} 和 E_{max} 之间所能吸收或发射的最大的光子流密度。

令

$$L(E_{min}, E_{max}, T, \Delta\mu) = \frac{2\pi}{h^3c^2}\int_{E_{min}}^{E_{max}}\frac{E^3}{e^{\frac{E-qV}{kT_a}}-1}\mathrm{d}E \tag{10.14}$$

则 $L(E_{min}, E_{max}, T, \Delta\mu)$ 代表了在能量间隔为 E_{min} 和 E_{max} 之间所能吸收或发射的最大的能量流密度。

利用 $N(E_{min}, E_{max}, T, \Delta\mu)$，则产生的电流密度为

$$J(V) = \frac{I(V)}{A}$$

$$= q\{Xf_s N(E_g, \infty, T_s, 0) + (1-Xf_s)N(E_g, \infty, T_a, 0) - N(E_g, \infty, T_a, qV)\} \tag{10.15}$$

输出的能量功率为

$$P(V) = V \times J(V) \tag{10.16}$$

可看到，输出的能量为 E_g 和 V 的函数。对于 E_g 的每一个固定值，存在一个在 0 到 E_g 之间确定的 V（定义为 V_m），使输出功率最大。

$$P_{max} = P(V_m) \tag{10.17}$$

V_m 可通过 P 对 V 的微分求导得出：

$$\left. \frac{\partial P}{\partial V} \right|_{V=V_m} = 0 \tag{10.18}$$

最终，最大效率是 E_g 和 X 的函数，为

$$\eta_{max} = \frac{P(V_m)}{P_s} \tag{10.19}$$

其中，

$$P_s = X f_s L(0,\ \infty,\ T_s,\ 0) \tag{10.20}$$

为太阳能电池接收的来自太阳的能量。对于非聚光的太阳光（$X=1$），禁带宽度为 1.3 eV 的材料的 η_{max} 为 31%[2]。

由上面的公式可以看到，聚光可以提高太阳能电池吸收与发射光子之间的平衡，也就是说可以提高器件的转换效率。在最大的聚光强度下，也就是 $X=1/f_s$ 时，电流密度变为

$$J(V) = q \left\{ N(E_g,\ \infty,\ T_s,\ 0) - N(E_g,\ \infty,\ T_a,\ qV) \right\} \tag{10.21}$$

在全聚光条件下，对禁带宽度为 1.1 eV 的材料，太阳能电池的最大能量转换效率可达 41% 左右。计算的太阳能电池效率与材料禁带宽度的关系如图 10.5 所示。图中，（a）为非聚光情况，6000 K 黑体辐射；（b）为全聚光情况，6000 K 黑体辐射；（c）为非聚光情况，AM 1.5D；（d）为非聚光情况，AM 1.5G。

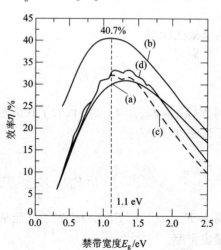

图 10.5　禁带宽度变化时理想的太阳能电池极限效率[7]

以上回顾了细致平衡原理，讨论了在此原理下太阳能电池的极限效率。可以看到，这一讨论过程是基于众多假设前提的，总结这些假设有以下结论：

（1）只有入射光子能量大于禁带宽度的光子才能被吸收，且一个光子只能产生一个电子—空穴对，而入射光子能量小于禁带宽度的光子是不能被材料吸收的。

（2）产生的电子—空穴对通过弛豫与晶格形成热平衡，晶格特征温度为 T_a。

（3）整个器件中电子和空穴分离的准费米能级值是常数，其值大小为 qV，V 为器件两端的电势差。

（4）载流子的迁移率趋于无穷大，唯一的能量损失机理是自发辐射。

10.3　含有多带隙吸光结构的电池

在太阳能电池中，如果不同能量的光子可以被不同禁带宽度的单元吸收，每个光子所能转换的能量总量能够明显地增加。只有一种禁带宽度材料的太阳能电池在入射光子的能量正好等于禁带宽度时，其光电转换效率最高。也就是说只有一种禁带宽度材料的太阳能电池工作在能量等于禁带宽度的单色光的照射下，其光电转换效率最高。这时，由于入射光的能量刚好等于禁带宽度，入射的光子刚好被太阳能电池吸收，所产生的电子或空穴没有过剩的动能，也就没有动能的损失。但是太阳能光谱中光子的能量分布范围是很宽的，太阳能电池实际中不可能工作在单色光下，能量的损失不可避免。如图 10.6 所示，如果太阳能电池中包含多个禁带宽度单元，同时将太阳能光谱进行分离，每一部分的光子分别入射到太阳能器件中不同禁带宽度单元上，这样就有更多的太阳能被利用，损失的能量能够大大降低，最终可获得更高的太阳能转换效率[8]。所以说单禁带宽度系统能量损失较大，多禁带宽度系统能量损失较小。这种利用太阳能的系统概念如图 10.7 所示，在这种结构中，太阳光通过分光系统进行分光，然后被太阳能电池中不同禁带宽度单元吸收，从而实现效率的最大化。实现这一系统有两种途径，一种是利用叠层结构，另外一种是利用多能带材料体系。

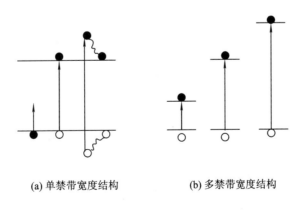

(a) 单禁带宽度结构　　　　　(b) 多禁带宽度结构

图 10.6　单禁带宽度和多禁带宽度系统内的光子吸收

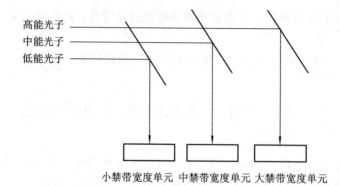

高能光子
中能光子
低能光子

小禁带宽度单元　中禁带宽度单元　大禁带宽度单元

图 10.7　多能带系统示意图

10.3.1　叠层太阳能电池

叠层结构的概念在前面章节中已经有所涉及，这里再深入讨论这种结构。

在图 10.7 所示的多能带系统概念中，需要将入射的光子根据能量进行分光，以到达太阳能电池中不同的禁带宽度单元。但是利用光学镜片对太阳能光谱的有效分光是非常困难的，一个更加实际的途径是将具有不同禁带宽度的 PN 结在光学上进行串联，以使禁带宽度较大的材料首先吸收能量较大的光子，而能量较小的光子可以透过它到达禁带宽度较小的材料区域而被吸收，从而实现不同的光子被不同的禁带宽度材料所吸收，如图 10.8 所示。由图可见，光由顶部入射，由上到下禁带宽度逐渐减小。

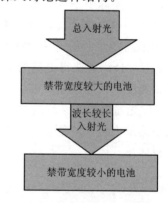

总入射光

禁带宽度较大的电池

波长较长入射光

禁带宽度较小的电池

图 10.8　太阳能电池叠层结构示意图

以两结叠层为例，当只是将前后两结电池简单光学级联而同时保留每一子结电池的两个引出电极时，最大的转换效率可通过对前后两结电池分别独立的优化而取得，这是一种四端器件，如图 9.26 所示。在这种四端器件中，需要前后两个子结电池分别做各自独立的电极，这在实际的器件制作中是非常困难的，这一点在第四章中也提到过。在实际的叠层结构中，一般是将前后两结电池直接电学级联，也就是说只保留两个引出电极，最终电池为两端器件，如图 9.26 所示。在这种串联结构中电压为前后两结电池各自电压的代数和，而电流需要通过前后两结电池，因此需要前后两结电池的电流能够匹配以实现最大的太阳能电池效率。由于在不同的太阳光照射下，前后两结电池产生的电流会发生变化，也就是说在一种光照下匹配的电流在变化了的光照下可能变得不匹配，因此对于叠层结构的设计必须考虑实际的工作情况。

现在来计算一下两结叠层电池的效率。假定前结电池的禁带宽度为 E_{g2}，后结电池的禁带宽度为 E_{g1}，且 $E_{g2} > E_{g1}$。

在四端叠层结构中，最大的输出效率为所包含的两个独立子结电池最大输出效率的代数和。假定太阳能光谱的分光是完美的，也就是说所有能量大于 E_{g2} 的光子都被前结电池所吸收，所有能量介于 E_{g1} 和 E_{g2} 之间的光子全部都被后结电池吸收。在全聚光条件下，输出最大功率为

$$P_{\max} = qV_{m1}\{N(E_{g1}, E_{g2}, T_s, 0) - N(E_{g1}, E_{g2}, T_a, qV_{m1})\}$$
$$+ qV_{m2}\{N(E_{g2}, \infty, T_s, 0) - N(E_{g2}, \infty, T_a, qV_{m2})\} \qquad (10.22)$$

其中，V_{m2} 为前结电池的电压，V_{m1} 为后结电池的电压。假定这两个子结电池可以独立进行优化，$P_{\max}$ 仅仅是这两个子结电池禁带宽度的函数。

在两端结构中，最大效率由下式给出：

$$P_{\max} = q(V_1 + V_2)\{N\{E_{g1}, E_{g2}, T_s, 0\} - N(E_{g1}, E_{g2}, T_a, qV_{m1})\} \qquad (10.23)$$

在这里 V_1 和 V_2 已不是每个子结电池最大的输出电压，因为由于电流匹配的要求每个子结电池不能再各自独立优化。由电流匹配条件可得

$$\{N(E_{g1}, E_{g2}, T_s, 0) - N(E_{g1}, E_{g2}, T_a, qV_{m1})\}$$
$$= \{N(E_{g2}, \infty, T_s, 0) - N(E_{g2}, \infty, T_a, qV_{m2})\} \qquad (10.24)$$

可以看出，对于两端器件结构，极限效率相对要低一些，而且对禁带宽度的值更加敏感。图 10.9 展示了包含两个理想子结电池的叠层电池在 AM 1.5D 光照下极限效率随两个子结电池禁带宽度的变化。

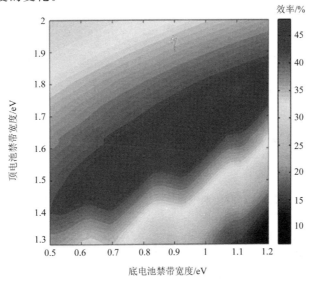

图 10.9　在非聚光的 AM 1.5D 光照下包含有两个子结电池的叠层电池的极限效率随两个子结电池禁带宽度的变化

　　无论对于串联(两端)叠层结构还是并联(四端)叠层结构,增加禁带宽度的个数都能提高极限效率。在无限多结的情况下,所包含的最小的禁带宽度为 0 eV,在一个太阳光下的极限效率为 69%,在全聚光条件下,极限效率可接近热力学极限效率 86%。

　　随着太阳能电池的不断发展,各种不同的材料组合体系已经被实际应用到叠层结构中。由于在技术上将各种不同的结集成到同一个多层结构中比较容易实现,因此串联的叠层器件结构相对于并联的叠层器件结构更多地被人们所采用。在实际的串联电池结构中,各个不同的 PN 结之间使用隧穿结进行物理连接。所谓的隧穿结就是一个重掺杂的 PN 结,其中一端与一个子结电池的 p 型端相连形成欧姆接触,另一端与另外一个子结电池的 n 型端相连形成欧姆接触。Ⅲ-Ⅴ族材料由于具有比较高的吸收系数,而且其禁带宽度可以通过改变其中的组分进行调控,因此在实际应用中非常适于制作叠层器件。第四章提到 GaAs 单结器件已经被深入研究,在叠层结构中经常被选择来做其中的一个子结电池。GaAs 的禁带宽度有 1.42 eV,该值在两结叠层结构中并不是理想的前结或者后结电池的理想禁带宽度,但由于其良好的材料质量和较高的载流子迁移率,实际叠层电池器件性能往往优于具有理想禁带宽度的三元合金材料。另外,在实际的叠层结构中需要考虑的是各层材料之间的晶格及热导率匹配问题。失配的晶格常数材料存在较高的界面缺陷,增加了载流子的复合损失;而不同的热导率系数使得在器件温度变化时引入了应力。叠层电池的制造是非常昂贵的,其研发的主要目的是为了空间应用,这在 GaAs 体系太阳能电池中已经进行过介绍。图 10.10 展示了在 AM1.5D 光照下理想叠层电池随禁带宽度个数的变化。

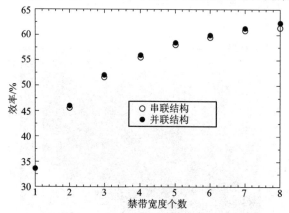

图 10.10　在 AM1.5D 光照下理想叠层电池随禁带宽度个数的变化[9]

10.3.2　中间带隙及多带隙太阳能电池

　　叠层结构包含几个子结电池,各个子结电池的禁带宽度不同,在每一个子结电池内,光生电子和空穴的准费米能级分离与激发光子的化学势相近,从而降低了能量的损失,提高了器件总的能量转换效率。也就是说,如果一个系统同时支持几个准费米能级分离,那么在这个系统中每一个光子就可以转换更多的能量。如果多个准费米能级的分离不是通过几种不同的材料实现的,而只使用一种材料实现,那么无疑这种系统是非常吸引人的。

如果太阳能电池中的有效层材料只含有单一的禁带宽度,则不同的准费米能级的分离是不可能实现的。这是因为导带中的各态之间是通过声子互相耦合的,结果所有光生的电子都会发生弛豫而达到热力学平衡,最终电子只有一个统一的化学势 μ_n。所有的光生空穴也会发生同样的情况而拥有统一的化学势 μ_p。虽然可以设计一个 PN 结,在其内部禁带宽度是变化的,这样可以使在 PN 结的不同位置吸收不同能量的光子,但是声子之间的耦合作用最终会使光生电子和空穴很快弛豫而最终拥有统一的化学势 μ_n 和 μ_p。理想情况下,化学势 μ_n 和 μ_p 是由器件中最小的禁带宽度决定的。

比较理想的方案是某种材料同时含有两个及两个以上的禁带宽度[10]。图 10.11 就描述了这样一个系统。在这个系统中,某种材料含有两个分离的导带 C1 和 C2,当有光子入射时,电子从价带激发到中间导带和最上面的导带中,也可以从中间导带激发到最上面的导带中。假设中间导带和最上面的导带之间是相互独立的,它们之间不存在耦合作用,那么在中间导带和最上面导带的电子都会各自达到平衡,最终有各自的准费米能级 μ_{ni}。中间导带可以通过杂质掺杂引入,也可以由具有量子特性的异质结引入,或者更为理想情况是材料本身就有这种能级结构。这种中间带隙结构的太阳能电池已成为太阳能电池研究的一个重要方向,例如"量子阱"或"量子点"太阳能电池的核心机理就是基于上面讨论的概念[11, 12]。

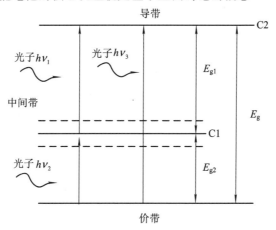

图 10.11　拥有中间带隙的材料能带结构示意图

要使中间带隙或多带隙太阳能电池有效工作,需要满足以下几点:

(1)在同一种材料中能够拥有不同的准费米能级,载流子必须满足在各个子带内部的碰撞、散射要比各子带间的碰撞、散射更加频繁。这就需要各子带之间的能量间隔要大于最大的声子能量,否则,载流子很容易被声子散射到更低的能量状态。

（2）提供中间能带的结构应该是周期性的。周期性意味着可以发生共有化从而有利于载流子的传输，一个不完美的周期排列将使载流子局域化，不利于载流子的传输。此外，能带内的中间能级所在位置应能够抑制声子散射。对于距导带或价带在 kT 之内的中间能带，由于热能的存在，能带之间的散射从能量上看总是允许的，但也要受动量守恒的限制。对于离散的杂质能级，由于所有的动量态都包含在缺陷静止的波函数中，所以能级之间跃迁的动量限制也就不复存在，因此需要提供中间能带的结构周期性排列，以限制能带间的散射。另外，对于距离导带或者价带边缘超过 kT 多倍的深能级，多声子过程的存在也会使能带之间发生散射。在周期结构中，这种多声子的相继弛豫过程由于对称的要求是被禁止的，因此也需要中间能带的结构是周期性排列的。

（3）为了使中间导带能够与上面导带之间热隔绝，只能从一个导带上提取电子。所以，电极必须与上面导带选择性接触，而不与中间导带产生接触，否则，产生的电子将通过接触实现热平衡。这一要求也意味着中间导带仅通过光学传输与上面导带和价带发生耦合。

当以上几点都得到满足时，电池器件内部就可以产生分离的准费米能级，中间带系或者多带隙太阳能电池才能有效工作。假设器件是平面结构且处于全聚光的情况，在器件内部有三个光子吸收过程：

（1）当光子能量大于 E_{g2} 时，电子可以从价带激发到 C1；

（2）当光子能量大约为 E_g 时，电子可以从价带激发到 C2；

（3）当光子能量大约为 E_{g1} 时，电子可以从 C1 激发到 C2。

由于 C1 和 C2 都是导带，也就是说它们的态基本上是空的，所以由 C1 到 C2 的激发应该是从 C1 的下边缘激发到 C2 的下边缘，也就是说 $E_{g1}+E_{g2}=E_g$。为了使每个光子能量转换效率最大，光子吸收后激发的电子应该跃迁到能量允许的最高导带上。也就是说 V - C1 跃迁的吸收系数应该比 C1 - C2 跃迁的吸收系数大得多，由 V - C2 跃迁的吸收系数应该比 V - C1 跃迁的吸收系数大得多。只有这样，才能保证上面提到的三个电子跃迁过程都经历最大的能量变化范围：E_{g1} 到 E_{g2}，E_{g2} 到 E_g，以及 E_g 到无穷大。这样，输出的电流密度表示为

$$J(V) = q\{N(E_g, \infty, T_s, 0) - N(E_g, \infty, T_a, \mu_{C2} - \mu_V)\}$$
$$+ q\{N(E_{g2}, E_g, T_s, 0) - N(E_{g2}, E_g, T_a, \mu_{C1} - \mu_V)\} \qquad (10.25)$$

其中，μ_V、μ_{C1} 和 μ_{C2} 是价带、中间导带和最上导带的准费米能级。在稳态情况下，由 V 到 C1 和由 C1 到 C2 的电流必须是匹配的，因此有

$$q\{N(E_{g1}, E_{g2}, T_s, 0) - N(E_{g1}, E_{g2}, T_a, \mu_{C2} - \mu_{C1})\}$$
$$= q\{N(E_{g2}, E_g, T_s, 0) - N(E_{g2}, E_g, T_a, \mu_{C1} - \mu_V)\} \qquad (10.26)$$

准费米能级应该满足

$$(\mu_{C1} - \mu_V) + (\mu_{C2} - \mu_{C1}) = \mu_{C2} - \mu_V = qV \qquad (10.27)$$

可以看到电流密度是 E_g 和 E_{g1} 的函数，对于变化的 E_g 和 E_{g1} 可以找到优化的组合以使转换

效率最大。如果将太阳等效为 6000 K 的黑体，当 $E_g = 1.93$ eV 和 $E_{g1} = 0.7$ eV 时，输出效率极限值最大为 63%。

现在将中间带隙的太阳能电池与叠层太阳能电池做一对比。对于两结的叠层电池结构，其包含有两个不同禁带宽度值，可等同于包含一个中间带隙的情况，与理想的中间带隙太阳能电池相比，叠层的极限效率要比中间带隙太阳能电池的极限效率低一些。这是因为包含一个中间带隙的太阳能电池共包含三个可能的能级跃迁过程，严格地说它应该与三结叠层电池结构相比较，因此比两结叠层效率要高些。另外，对于级联的叠层电池结构，由于电流匹配的要求，为使电子到达外电路需要在两个子结电池内同时都有一个跃迁过程，而对于中间带隙太阳能电池完成电子到达外电路的过程既可以需要一个跃迁过程也可以需要两个跃迁过程，因此其效率更高一些。但现阶段由于技术和材料的限制，中间带隙电池的真正实现要比叠层结构难得多。

现在已提出多种实现中间带隙或多带隙太阳能电池的方案。其中，最简单的方案是利用材料内部的带内态实现，而带内态可通过半导体中的掺杂工艺引入。这些带内态可以帮助吸收能量低于禁带宽度的光子使电子由导带跃迁至杂质态，或者由杂质态跃迁至导带。在掺杂 In 的 Si 中已观测到了低于禁带宽度的光子吸收而导致的光电流增大效应。但是，由于分离的杂质原子也可通过多声子过程作为非辐射复合中心，没有足够的证据表明在这种结构中能够产生分离的准费米能级。

另外一种途径是利用本身就具有窄的多带隙结构的材料，例如极性半导体，包括一些Ⅱ-Ⅵ族材料、氧化物半导体和分子半导体。

还有一种更加有希望的途径是利用低维材料的异质结实现所希望的能带结构，例如使用量子点结构，如图 10.12 所示。在这些纳米尺寸的半导体微粒中，材料的维度是被限制的，从而产生了类原子结构的离散能带结构。如果量子点生长在一种禁带宽度较大的半导体材料中，这些量子点就可以在这种半导体材料中引入离散的能级。量子点规则的周期排列将在主材料中引入子带。带与带之间转换所需要的动量守恒降低了带间声子散射的可能

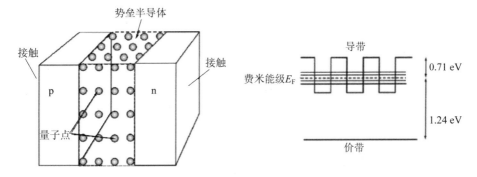

图 10.12　量子点阵列中的多能带机构[3]

性，这使得产生分离的准费米能级成为可能。如果量子点的尺寸和间隔可以控制，那么就可以调控子带的能量大小和宽度。

10.4　热载流子太阳能电池

多带隙结构太阳能电池是利用不同禁带宽度的单元吸收能量不同的光子，从而减少光能的损失。另外一种提高单个光子能量转换效率的途径是充分利用光生载流子弛豫之前的过剩动能。对载流子过剩动能的利用主要有两种方法，一种是通过降低电子和声子之间的相互作用速度以使光生载流子被收集时仍然有过剩的动能，即使光生载流子被收集时还是"热"的；另一种是利用热载流子的过剩动能通过"碰撞电流"的方式产生更多的载流子，从而提高单个光子能量的转换效率[13-16]。其中，前一种方法是增加电压，而后一种方法是增大电流。这两种方法都是利用光生载流子的过剩动能，但由于它们的物理表现不同（一种方法是增加电压，另一种方法是增大电流），因此在本节和下节中将分别讨论。

如果入射光子的能量大于材料的禁带宽度，则在光子被半导体材料吸收，电子刚由价带激发到导带时，产生的光生载流子具有过剩的动能，这些动能的大小根据入射的太阳能光谱和材料的吸收光谱而进行分布。在接下来的几百飞秒中，载流子与载流子之间的散射很快使这些光生载流子达到自我平衡状态，此平衡态可用一个特征温度 T_H 来表示，而产生的化学势为 μ_H。T_H 要比环境温度 T_a 高，在一定情况下可等于 T_s。在接下来几皮秒的时间里，热载流子通过与声子的碰撞而损失能量，直到其统计分布的特征温度与晶格温度 T_a 相同，从而载流子被"冷却"了，而不再是热载流子。这一过程如图 10.13 所示，其中各过程为：（0）热平衡；（1）光激发后；（2）载流子之间的散射、碰撞电离等；（3）光学声子散射；（4）光学声子到声学声子的衰变；（5）进一步的声子发射；（6）趋于热平衡。

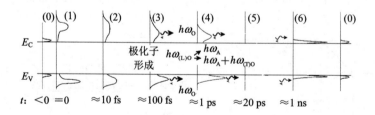

图 10.13　半导体中载流子的冷却机理[17]

这时，在统计分布概念上载流子与晶格处于准热平衡状态，声子的吸收与发射是相等的。同时，电子和空穴数目之间不再处于热平衡。在导带中电子的数目和价带中空穴的数目已经超过无光照时的平衡数目，因此电子的准费米能级向导带底移动，而空穴的准费米能级向价带顶移动。电子和空穴费米能级的分离随着光强的增加而增大。在"冷却"状态时，载流子将动能以热的形式传递给晶格，系统的熵增加。

　　在一个更长的时间内，载流子将通过辐射和非辐射的方式复合。辐射复合依赖于材料的吸收系数，其时间在纳米到毫秒的时间间隔内。复合的作用是降低电子和空穴的数目，使载流子的准费米能级向平衡时的位置移动。在光照强度不变的情况下，当光生载流子的产生率与复合率和载流子提取率(电流)之和相等时，载流子的数目将不再发生变化。这一平衡状态决定了太阳能电池的功率输出。对于有效的光电转换过程，载流子的提取率应该大于载流子的复合率。载流子之间的自平衡和"冷却"过程是比较迅速的，前面章节对太阳能电池的讨论中一般都假设它在载流子被提取前就已经完成，在分析器件的能量输出时只需考虑复合过程，本节将讨论如何利用热载流子冷却之前的能量。

　　热载流子太阳能电池的中心概念是在载流子被"冷却"前将载流子提取出来。如果提取过程速度能够加快或者"冷却"过程速度能够降低，载流子就有可能在"热"的状态下被提取出来，而载流子过剩的动能也会被电池以电的形式输出，这能够在特殊的电学和光学结构中实现。"冷却"过程与存在的具有适宜能量和动量的声子多少有关；另外，"冷却"过程还与能够散射到的具有更低能量的状态数目有关，这些可以用来控制热载流子的"冷却"速度。此外也需要设计电极，以使其在提取载流子的过程中不会将热载流子"冷却"。

　　忽略载流子与晶格的散射，现在来看一下热载流子太阳能电池的极限效率。考虑一种禁带宽度为 E_g 的材料，做如下假设：所有能量大于 E_g 的光子都能被吸收，每个光子只产生一个电子—空穴对，而且辐射复合是唯一的损失途径。仍然假设太阳为一特征温度为 T_s 的黑体，其结构参数是 F_s。

　　在光生载流子产生后，电子通过它们自身之间的碰撞达到平衡，空穴也一样。在平衡态，吉布斯(Gibbs)自由能是最小的，因此其值

$$\sum_i \eta_i \, dn_i \tag{10.28}$$

在任何散射过程中都是守恒的。其中 η_i 为载流子 i 的化学势，dn_i 为对应的载流子数目。对于电子散射事件

$$e_i + e_2 = e_3 + e_4 \tag{10.29}$$

因为对于一个载流子来说 $dn_i = 1$，所以有

$$\eta_{1e} + \eta_{2e} = \eta_{3e} + \eta_{4e} \tag{10.30}$$

既然载流子的散射是弹性的，动能遵守

$$E_{e1} + E_{e2} = E_{e3} + E_{e4} \tag{10.31}$$

若 η_i 与动能的关系为线性关系

$$\eta_i = \eta_0 + \gamma E_i \tag{10.32}$$

则以上方程对所有载流子对都是成立的。如果 $\gamma = 0$，这就是所有载流子在平衡时都有相同

化学势的情况。假设对于空穴也有同样的情况，那么电子空穴对的化学势为

$$\Delta\mu = \eta_{e0} + \eta_{h0} + \gamma(E_e + E_h) \tag{10.33}$$

因此由能量为 E 的光子激发的电子一空穴对的化学势为

$$\Delta\mu = \mu_0 + \gamma E \tag{10.34}$$

其中

$$\mu_0 = \eta_{e0} + \eta_{h0} - \gamma E_g \tag{10.35}$$

常数 η_{e0} 和 η_{h0} 依赖于提取的条件。

假设光子的能量为 E，载流子的分布遵守

$$f = \frac{1}{e^{(E-\Delta\mu)/kT_a} + 1} \tag{10.36}$$

这里，T_a 是环境温度，$\Delta\mu$ 如上面所述。因此 f 可写为

$$f = \frac{1}{e^{\frac{E(1-\gamma)-\mu_0}{kT_a}} + 1} \tag{10.37}$$

定义

$$T_H = \frac{T_a}{1-\gamma} \tag{10.38}$$

则分布函数可以用一个单一的化学势 μ_H 来描述，那么

$$\Delta\mu = \mu_H \frac{T_a}{T_H} + E\left(1 - \frac{T_a}{T_H}\right) \tag{10.39}$$

由上面的分析可以看到，载流子可以用热载流子温度来表示。

现在来看热载流子太阳能电池的电流输出。J 由吸收和发射的光子数之差决定：

$$J(V) = q\{Xf_s N(E_g, \infty, T_s, 0) + (1 - Xf_s)N(E_g, \infty, T_a, 0) - N(E_g, \infty, T_H, \mu_H)\} \tag{10.40}$$

在全聚光条件下，Xf_s 为 1。

对于热载流子太阳能电池，V 特别依赖于化学势 μ_H。在提取时，载流子必须"冷却"到环境温度 T_a，在这个过程中，提取载流子的化学势会增加。在最大能量输出状态，冷却过程中熵应保持不变。当电子和空穴被具有极窄能带宽度（$\Delta E \ll kT$）电极提取时，在载流子的冷却过程中没有动能的损失，熵保持不变这是可能的。当熵为常数时，$\Delta\mu$ 的表达式保持不变，因此提取的载流子的化学势为

$$\mu_{out} = \mu_H \frac{T_a}{T_H} + E_{out}\left(1 - \frac{T_a}{T_H}\right) \tag{10.41}$$

这里，E_{out} 是电子提取电极和空穴提取电极的能量差异。所以，输出电压为 $V = \mu_{out}/q$，提取的能量为

$$P(V) = \frac{V_{out}}{q} \times J \tag{10.42}$$

当载流子提取速度与载流子和载流子之间的散射相比慢时,上面的讨论成立。

现在来计算热载流子太阳能电池的功率输出。由于能量由光子的吸收而带入,能量的损失由能量的提取和热载流子发射引起,所以有

$$JE_{out} = q\{Xf_sL(E_g, \infty, T_s, 0) + (1 - Xf_s)L(E_g, \infty, T_a, 0) - L(E_g, \infty, T_H, \mu_H)\}$$

(10.43)

可见,热载流子太阳能电池的性能依赖于 E_{out}、E_g 和 V 三个参数。E_{out} 会极大地影响电池器件的性能。

对于给定的 E_{out} 及 E_g,V 的值可在 0 到 V_{OC} 变化,变化的输出电压控制载流子的温度。在短路情况下,所有载流子都可以被提取,$\mu_{out} = 0$ 且 $T = T_a$,即没有热载流子效应。当 V 增加到 V_{OC} 时,由于增加的辐射复合,J 逐渐减小,T_H 逐渐增加,一直到开路状态时其值才接近 T_s。

可以从能量平衡的角度理解这一特性。光生载流子的过剩动能在弹性碰撞过程中是守恒的,且不通过冷却而损失。在短路时,由光产生的所有的载流子都被提取出来,因此过剩动能对于载流子的分布没有贡献,故 $T_H = T_a$。当输出电压增加时,电池中的载流子密度增加,载流子的动能增加,所以载流子分布的特征温度也增加了。在开路时,没有载流子提出,T_H 有最大值。

器件效率可通过参数 E_{out} 及 E_g 来确定。对于全聚光情况,效率最大为 85%;对于非聚光情况,效率最大为 65% 左右。对于热载流子太阳能电池来说,两种材料体系是必需的:一种是有效层材料,在这层中热载流子冷却的速度小于载流子传输到接触的速度;二是接触材料,其允许通过很窄的能带选择的电子和空穴,如图 10.14 所示。

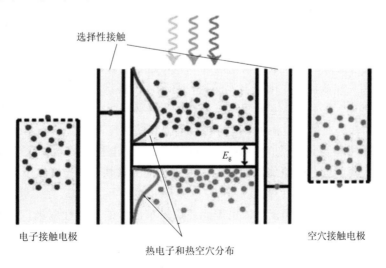

图 10.14　热载流子太阳能电池结构

在典型的体半导体材料器件中，冷却的过程一般小于 10 ps，而载流子的传输时间一般需要纳秒甚至更长的时间。冷却的速度依赖于将受激的电子散射到较低能量状态过程中所需要的能量及动量都适宜的声子的数目。声子分为两种：一种是声学声子，其在室温时能量在几毫电子伏；另一种是纵向(LO)的光学声子，其能量相对较高，在Ⅲ-Ⅴ材料中，其能量大约在 30～40 meV。LO 声子最有可能参与热载流子的冷却过程。在体材料中，声子的动量分布近似是各向同性的，其依赖于晶体的能带结构。由于在体材料中，电子态密度是连续、各向同性的，在激发态的载流子被声子散射到空的较低能量态的概率较大。这个过程可通过适宜的声子缺失和没有空电子态的方式减弱。第一种情况在光照强度很大的情况下可以满足。在足够高的光注入条件下，可能没有足够多的声子使光生载流子发生弛豫，这样在稳态时载流子的能量分布还是"热"的，即存在热载流子。另外，高能的声子与热载流子强烈的反应使声子的分布平衡态受到影响，以至于声子本身也变成热的，最终使得冷却过程变慢。然而，这需要非常高的光密度，强度要求比太阳光自身强度高几个数量级。

降低冷却速度还能在低维的半导体结构中实现。在量子阱结构中，载流子被限定在二维的空间里，电子结构量子化而产生了子带。虽然态密度仍然是连续的，但它的确是各向异性的，这样，一个激发态的电子只能在声子的动量合适的时候才能被散射到更低的能量状态。在 GaAs/AlGaAs 结构的量子阱中，在光照强度为 10^4 倍太阳光的情况下，热载流子的冷却时间可由 GaAs 体结构中的 10 ps 提高到量子阱结构中的 1000 ps。

量子点结构用在热载流子太阳能电池中也非常有潜力。量子点中的电子由于各个方向维度的降低，其能带量子化为离散的能级。如果这些能级之间的距离都比声子的最大能量高，那么仅通过一个声子就使载流子由激发态散射到低的能量状态的情况就不能发生。载流子的弛豫只能通过多声子散射过程发生，而这一过程又是比较慢的。在量子点结构中，降低的热载流子冷却速度已经观测到，其也发生在较高强度光的照射下，但是其值比预想的要低得多。这可能是由于其余的弛豫过程如俄歇过程也存在的原因。

另外一个实现热载流子太阳能电池的途径是利用一种结构，使得在这种结构中电荷的分离过程极其迅速。在半导体电解质结以及有机半导体异质结界面发生的电荷转移过程是非常迅速的。如在染料敏化电池中，电荷转移过程有些情况下可以小于 1 ps。电荷转移后，注入的载流子不可避免地是热的，如果在它们冷却前被电极所提取，就可以利用热载流子。这需要非常薄的电荷传输层以使电荷的渡越时间非常快，其难度在于同时保证高的光学吸收和非常快的电荷提取速度。

另外，实现热载流子太阳能电池也需要使用极窄能带的选择性电极。常用的接触材料如金属和重掺杂的半导体是不适宜的，而低维的半导体材料却有可能实现这种功能。一个可能的途径是使用超晶格结构，在这种结构中会形成子带，通过选择材料和设计结构周期可以使子带变窄的同时使子带之间分离，从而实现所需的接触。

10.5　碰撞电离太阳能电池

上面的讨论只涉及了热载流子通过与声子的作用而发生的弛豫现象，实际上热载流子也可以通过碰撞电离过程产生电子—空穴对而发生弛豫。

碰撞电离过程或者说俄歇过程是与俄歇复合过程相反的过程。俄歇复合过程是一个三体作用的过程，在这个过程中一个电子与另外一个电子或者杂质发生碰撞，从而与空穴复合而将化学势能以动能的方式传递给第二个电子。在这个相反的过程中，一个电子与一个晶格发生碰撞，释放它自身的动能激发出一个电子—空穴对，如图 10.15 所示。在太阳能电池器件中，这意味着对于光的能量大于两倍的 E_g 时，器件的量子效率会大于1。高能的光子能够产生多电子—空穴对。在 Ge 的光电二极管中，当光子能量大于 2.5 eV（$E_g=0.67$ eV）时，在 Si 二极管中，当光子能量大于 3.3 eV（$E_g=1.12$ eV）时，这种效应已经被观测到。

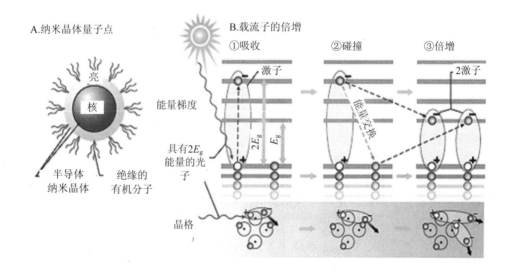

图 10.15　可以精确控制尺寸的量子点结构中的热载流子通过碰撞电离实现倍增的过程

在俄歇过程中能量和动量必须是守恒的。假设电子 e_1 的动能为 E_{e1}，动量为 k_{e1}，俄歇产生的电子对为 e_2、h_2，则有

$$k_{e1} = k'_{e1} + k_{e2} - k_{h2} \tag{10.44}$$

$$E_{e1} = E'_{e1} + E_{e2} - E_{h2} \tag{10.45}$$

俄歇的产生依赖于具有适宜的 k 和 E 的电子和空穴态的数量，因此能带结构对于决定俄歇产生的概率是非常重要的。

下面看一下碰撞电离太阳能电池的极限效率。为了满足细致平衡条件，需要考虑碰撞电离的反过程——俄歇复合。假设由于声子作用决定的载流子的弛豫时间足够慢，以至于可忽略这个因素，那么，光生的载流子虽然可以处于平衡状态，但是并不会被冷却，载流子的复合只能通过辐射复合或者俄歇复合。由前结内容可知，平衡的载流子对的化学势依赖于载流子的能量

$$\Delta\mu = \eta_{e0} + \eta_{h0} + \gamma(E_e + E_h) \tag{10.46}$$

当俄歇复合存在时，由俄歇复合和俄歇产生之间可以达到平衡。平衡时，具有能量 E_{ch1} 和化学势 $\Delta\mu_{ch1}$ 的电子空穴对数 dn_1 转变为能量 E_{ch2} 和化学势 $\Delta\mu_{ch2}$ 的电子空穴对数 dn_2。由于能量守恒以及自由能 $\Sigma_i\mu_i\,dn_i$ 需要最小，这意味着化学势必须正比于载流子能量，即

$$\Delta\mu = \gamma(E_e + E_h) \tag{10.47}$$

假设光子的能量为 E，载流子的分布遵守

$$f = \frac{1}{e^{(E-\Delta\mu)/kT_a} + 1} \tag{10.48}$$

这里，T_a 是环境温度，$\Delta\mu$ 如上面所述。因此 f 可写为

$$f = \frac{1}{e^{\frac{E(1-\gamma)}{kT_a}} + 1} \tag{10.49}$$

定义

$$T_H = \frac{T_a}{1-\gamma} \tag{10.50}$$

则分布可用特征温度 T_H 来表示，化学能 $\mu_H = 0$。

在计算太阳能电池的能量转换效率时，由于碰撞电离过程中会产生新的电子—空穴对，所以要注意这时的电流不再是入射太阳光产生的电流与辐射复合电流之间的差值。在俄歇过程中虽然载流子的数目是不守恒的，但能量依然守恒。此时，电流应该通过能量平衡原理计算

$$JE_{out} = q\{Xf_s L(E_g, \infty, T_s, 0) + (1+Xf_s)N(E_g, \infty, T_a, 0) - L(E_g, \infty, T_H, 0)\} \tag{10.51}$$

输出功率为

$$\begin{aligned} P = JV = q\left(1 - \frac{T_a}{T_H}\right)\{Xf_s L(E_g, \infty, T_s, 0) \\ + (1-Xf_s)N(E_g, \infty, T_a, 0) - L(E_g, \infty, T_H, 0)\} \end{aligned} \tag{10.52}$$

输出电压 V 与提取的能量 E_{out} 有关，计算为

$$V = \frac{1}{q}\mu_{out} = E_{out}\left(1 - \frac{T_a}{T_H}\right) \tag{10.53}$$

由上面的公式可以看到，虽然在器件的 J - V 关系中有三个参数：E_g、E_{out} 和 V，但实际上只有两个量是独立变化的。输出功率 P 依赖于两个参数 E_g 和 T_H，而 T_H 是与变化的 V 或者 E_{out} 相关的。也就是说 P 也依赖于同样的两个变量。所以在碰撞电离太阳能电池中其极限效率的决定因素与在热载流子太阳能电池中是一样的，所以它们应该有相同的极限效率。如同在热载流子太阳能电池中一样，随着 V 从零到 V_{out} 的变化，即从短路状态到开路状态的过程中 T_H 由零逐渐增大，在最大功率点时的 T_H 依赖于入射光的强度。

对于非聚光的情况，当禁带宽度为 1 eV 时，效率最大，其值为 55%。而对于全聚光的情况，当禁带宽度趋于零时，效率最大，值为 85%。全聚光时的特性与热载流子太阳能电池的特性相同，此时的电池的极限效率都是由热力学限制决定的。

需要注意的是，除了全聚光的情况外，与热载流子太阳能电池相比，碰撞电离太阳能电池的极限效率要低一些。这意味着材料的能带结构如果有利于碰撞电离，它可能并不是高效太阳能电池所希望的。但是，碰撞电离太阳能电池由于不需要优化 E_{out} 去获得最大效率，也就是对电极的选择性要求不是那么高，因此它更容易设计和实现。

碰撞电离过程与声子散射过程是两个竞争的过程，在碰撞电离太阳能电池中需要抑制声子散射，所以在热载流子太阳能电池中讨论的抑制声子散射、延长热载流子"冷却"时间的方法仍然是适用的。

10.6　总　　结

当考虑光吸收和辐射复合之间的细致平衡时，单结太阳能电池的极限效率在 33% 左右。在放宽一个或几个细致平衡原理假设前提的条件下这一极限效率能够被突破。考虑热力学原理，增大太阳能电池的途径有：

（1）不同能量的光子被不同禁带宽度的材料吸收，也就是说可以使用叠层电池结构和多带隙太阳能电池结构；

（2）在光生热载流子弛豫前快速地进行收集，利用载流子的过剩动能；

（3）利用热载流子比较大的能量产生碰撞电流增加电子—空穴对数目。

所有这些方案的实现都依赖于有效的半导体材料体系。理想的材料质量足够高以克服非辐射结合，这些材料也应该有适宜的电学和光学特性。纳米材料，如半导体低维结构以及量子点等是实现高性能太阳能电池重要的材料结构[18, 19]。

本章参考文献

[1] Shockley W, et al. J. Appl. Phys. , 1961, 32: 510 - 519.

[2] Araújo G L, et al. Sol. Energy Mater. Sol. Cells, 1994, 33: 213 - 240.

[3] Luque A, Hegedus S. Handbook of photovoltaic science and engineering. Wiley. Com, 2011.

[4] Mathers C. J. Appl. Phys. , 1977, 48: 3181.

[5] Nelson J. The physics of solar cells (Properties of semiconductor materials). Imperial College, 2003.

[6] Würfel P, et al. Physics of Solar Cells: From Basic Principles to Advanced Concepts. Wiley. Com, 2009.

[7] Hulstrom R, et al. Sol. Cells, 1985, 15: 365 - 391.

[8] Green M A. Prog. Photovoltaics Res. Appl. , 2001, 9: 137 - 144.

[9] Bremner S, et al. Prog. Photovoltaics Res. Appl. , 2008, 16: 225 - 233.

[10] Martí A, et al. Sol. Energy Mater. Sol. Cells, 1996, 43: 203 - 222.

[11] Barnham K, et al. Appl. Phys. Lett. , 1991, 59: 135 - 137.

[12] Kramer I, et al. Chem. Rev. , 2013, 114: 863 - 882.

[13] Würfel P. Sol. Energy Mater. Sol. Cells, 1997, 46: 43 - 52.

[14] Ross R T, et al. , J. Appl. Phys. , 1982, 53: 3813 - 3818.

[15] Werner J H, et al. Appl. Phys. Lett. , 1995, 67: 1028 - 1030.

[16] Landsberg P, et al. J. Phys. D: Appl. Phys. , 2002, 35: 1236.

[17] König D, et al. Physica E, 2010, 42: 2862 - 2866.

[18] Green M. A. Nanotechnology, 2000, 11: 401.

[19] Schaller R D, et al. Phys. Rev. lett. , 2004, 92: 186601.